普通高等教育“十三五”规划教材

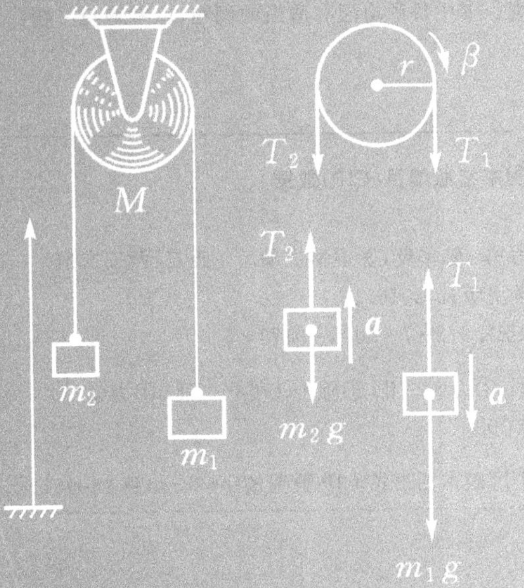

力学

主　编　陈华英　姜卫群
副主编　刘　崧　洪文钦　王同标
编　者　刘文兴　钱沐杨　唐庆文
何灵娟　代国红

西安交通大学出版社
XI'AN JIAOTONG UNIVERSITY PRESS

内容简介

本教材根据所适用的研究观点不同，将内容分为质点运动学、质点动力学、刚体力学、振动、波动以及狭义相对论，涵盖经典力学的主要原理（牛顿三大定律、动量定理、角动量定理、动能定理、功能原理）和应用，主要介绍了刚体力学的基本原理和应用，在此基础上介绍了振动和波动的描述，以及简单介绍了狭义相对论的时空观。书中每章均配有适当的例题、思考题与习题。

图书在版编目(CIP)数据

力 学/陈华英，姜卫群主编．—西安：西安交通大学出版社，2016.12

ISBN 978-7-5605-9173-5

Ⅰ.①力… Ⅱ.①陈…②姜… Ⅲ.①力学 Ⅳ.①O3

中国版本图书馆 CIP 数据核字(2016)第 280961 号

书　　名 力学
主　　编 陈华英　姜卫群
责任编辑 任振国　杨丽云

出版发行 西安交通大学出版社
地　　址 （西安市兴庆南路 10 号　邮政编码 710049）
网　　址 http://www.xjtupress.com
电　　话 (029)82668357　82667874(发行中心)
(029)82668315(总编办)
传　　真 (029)82668280
印　　刷 虎彩印艺股份有限公司

开　　本 787mm×1092mm　1/16　**印张** 14.75　**字数** 345 千字
版次印次 2016 年 12 月第 1 版　2016 年 12 月第 1 次印刷
书　　号 ISBN 978-7-5605-9173-5
定　　价 38.00 元

读者购书、书店添货、如发现印装质量问题，请与本社发行中心联系、调换。
订购热线：(029)82665248　(029)82665249
投稿热线：(029)82664954
读者信箱：jdlgy31@126.com

前 言

力学是物理学、天文学和许多工程学的基础，是一门独立的基础学科。力学是有关力、运动和介质、宏观、微观力学性质的学科，研究以机械运动为主，及其同物理、化学、生物运动耦合的现象。力学研究能量和力以及它们与固体、液体及气体的平衡、变形或运动的关系。力学可区分为静力学、运动学和动力学三部分，静力学研究力的平衡或物体的静止问题；运动学只考虑物体怎样运动，不讨论它与所受力的关系；动力学讨论物体运动和所受力的关系。

力学是研究物质机械运动规律的科学。自然界物质有多种层次，从宇观的宇宙体系，宏观的天体和常规物体，到微观的分子、原子、基本粒子。力学又称经典力学，是研究通常尺寸的物体在受力下的形变，以及速度远低于光速的运动过程的一门自然科学。力学运动，是物质在时间、空间中的位置变化。物质运动的其他形式主要还有热运动、电磁运动、原子及其内部的运动和化学运动等。因此，力学是力和(机械)运动的科学。力学在汉语中的意思是力的科学。"力学"的英语是 mechanics，既可译为"力学"，也可译为"机械学""结构"等。

力学知识最早起源于对自然现象的观察和在生产劳动中的经验。但是对力和运动之间的关系，只是在欧洲文艺复兴时期以后才逐渐有了正确的认识。16 世纪到 17 世纪间，力学开始发展为一门独立的、系统的学科。伽利略通过对抛体和落体的研究，在实验研究和理论分析的基础上，最早阐明自由落体运动的规律，提出加速度的概念，提出惯性定律并用以解释地面上的物体和天体的运动。17 世纪末牛顿继承和发展前人的研究成果(特别是开普勒的行星运动三定律)，提出力学运动的三条基本定律，使经典力学形成系统的理论。伽利略、牛顿奠定了动力学的基础。此后两个世纪中在很多科学家的研究与推广下，终于成为一门具有完善理论的经典力学。力学的研究对象由单个的自由质点，转向受约束的质点和受约束的质点系。弹性力学和流体力学基本方程的建立，使得力学逐渐脱离物理学而成为独立学科。20 世纪初，随着新的数学理论和方法的出现，力学研究又蓬勃发展起来，创立了许多新的理论，同时也解决了工程技术中大量的关键性问题。从 20 世纪 60 年代起，计算机的应用日益广泛，力学无论在应用上或理论上都有了新的进展。

力学是综合性大学物理学专业低年级的一门重要的专业基础课。学好力学可以帮助学生打好必要的物理基础，也可以锻炼学生科学的思维方式、研究问题和解决问题的能力。本教材在内容的选择和安排上，借鉴和吸收了国内外近二十多年来出版的优秀力学教材的优点，精选传统内容并保证其系统性，力图透彻地讲解力学的基本概念、理论、规律、分析方法以及重要应用，为学生进一步学习和开展研究工作打下坚实的基础。

本教材根据所适用的研究观点不同，将内容分为质点运动学、质点动力学、刚体力学、振动、波动以及狭义相对论，涵盖经典力学的主要原理(牛顿三大定律、动量定理、角动量定理、动能定理、功能原理）和应用，主要介绍了刚体力学的基本原理和应用，在此基础上介绍了振动和波动的描述，以及简单介绍了狭义相对论的时空观。书中每章均配有适当的例题、思考题与习题。

本教材可作为综合性大学和高等师范院校物理学专业的力学课程教材，也可以作为有关工程类专业的类似课程的教学参考书。作为讲义使学生理解力学知识在实际中的应用，提高学习兴趣，更能适应综合性大学使用本教材的需要。

如果书中存在不当之处，敬请读者批评指正！

编 者

2016 年 9 月

物理量的名称、符号和单位(SI)一览表

物理量名称	物理量符号	单位名称	单位符号
长度	l, L	米	m
面积	S, A	平方米	m^2
体积,容积	V	立方米	m^3
时间	t	秒	s
[平面]角	α、β、γ、θ、φ	弧度	rad
立体角	Ω	球面度	sr
角速度	ω	弧度每秒	$rad \cdot s^{-1}$
角加速度	β	弧度每二次方秒	$rad \cdot s^{-2}$
速度	v, u, c	米每秒	$m \cdot s^{-1}$
加速度	a	米每二次方秒	$m \cdot s^{-2}$
周期	T	秒	s
转速	n	每秒	s^{-1}
频率	ν, f	赫[兹]	Hz($1 Hz = 1 s^{-1}$)
角频率	ω	弧度每秒	$rad \cdot s^{-1}$
波长	λ	米	m
波数	$\sigma, \tilde{\nu}$	每米	m^{-1}
振幅	A	米	m
质量	m	千克(公斤)	kg
密度	ρ	千克每立方米	$kg \cdot m^{-3}$
面密度	ρ_s, ρ_A	千克每平方米	$kg \cdot m^{-2}$
线密度	ρ_l	千克每米	$kg \cdot m^{-1}$
动量 冲量	P, p I	千克米每秒	$kg \cdot m \cdot s^{-1}$
动量矩,角动量	L	千克二次方米每秒	$kg \cdot m^2 \cdot s^{-1}$
转动惯量	I, J	千克二次方米	$kg \cdot m^2$
力	F, f	牛顿	N
力矩	M	牛[顿]米	$N \cdot m$
压力,压强	p	帕[斯卡]	Pa
相[位]	φ	弧度	rad
功 能[量] 动能 势能	W, A E, W E_k, T E_p, V	焦[耳] 电子伏[特]	J eV

物理量名称	物理量符号	单位名称	单位符号
功率	P	瓦[特]	W
热力学温度	T,Θ	开[尔文]	K
摄氏温度	t,θ	摄氏度	℃
热量	Q	焦[耳]	J
热导率(导热系数)	k,λ	瓦[特]每米开[尔文]	$W \cdot m^{-1} \cdot K^{-1}$
热容[量]	C	焦[耳]每开[尔文]	$J \cdot K^{-1}$
比热[容]	c	焦[耳]每千克开[尔文]	$J \cdot kg^{-1} \cdot K^{-1}$
摩尔质量	M	千克每摩尔	$kg \cdot mol^{-1}$
定压摩尔热容 定体摩尔热容	C_p C_V	焦[耳]每摩尔开[尔文]	$J \cdot mol^{-1} \cdot K^{-1}$
内能	U,E	焦[耳]	J
熵	S	焦[耳]每开[尔文]	$J \cdot K^{-1}$
平均自由程	$\bar{\lambda}$	米	m
扩散系数	D	二次方米每秒	$m^2 \cdot s^{-1}$
电量	Q,q	库[仑]	C
电流	I,i	安[培]	A
电荷密度	ρ	库[仑]每立方米	$C \cdot m^{-3}$
电荷面密度	σ	库[仑]每平方米	$C \cdot m^{-2}$
电荷线密度	λ	库[仑]每米	$C \cdot m^{-1}$
电场强度	E	伏[特]每米	$V \cdot m^{-1}$
电势 电势差,电压 电动势	U,V U_{12},U_1-U_2 $\mathscr{E}$	伏[特]	V
电位移	D	库[仑]每平方米	$C \cdot m^{-2}$
电位移通量	Ψ,Φ_e	库[仑]	C
电容	C	法[拉]	$F(1F=1C \cdot V^{-1})$
电容率(介电常数)	ε	法[拉]每米	$F \cdot m^{-1}$
相对电容率 (相对介电常数)	ε_r	无量纲	
电[偶极]矩	p,p_e	库[仑]米	$C \cdot m$
电流密度	j,δ	安[培]每平方米	$A \cdot m^{-2}$
磁场强度	H	安[培]每米	$A \cdot m^{-1}$
磁感应强度	B	特[斯拉]	$T(1T=1Wb \cdot m^{-2})$

物理量名称	物理量符号	单位名称	单位符号
磁通量	Φ	韦[伯]	Wb(1Wb=1V・s)
自感 互感	L M	亨[利]	H(1H=1Wb・A^{-1})
磁导率	μ	亨[利]每米	H・m^{-1}
磁矩	m,p_m	安[培]平方米	A・m^2
电磁能密度	ω	焦[耳]每立方米	J・m^{-3}
坡印廷矢量	S	瓦[特]每平方米	W・m^{-2}
[直流]电阻	R	欧[姆]	Ω(1Ω=1V・A^{-1})
电阻率	ρ	欧[姆]米	Ω・m
光强	I	瓦[特]每平方米	W・m^{-2}
相对磁导率	μ_r	无量纲	
折射率	n	无量纲	
发光强度	I	坎[德拉]	cd
辐[射]出[射]度 辐[射]照度	M I	瓦[特]每平方米	W・m^{-2}
声强级	L_I	分贝	dB
核的结合能	E_B	焦[耳]	J
半衰期	τ	秒	s

目　录

第 1 章

质点运动学

力学作为物理学的一个重要组成部分，由于在现代科学技术中的重要地位，已发展成一门独立的学科，并含多种子学科，如材料力学、弹性力学、塑性力学、断裂力学、声学与超声波、海洋力学、语言声学等。力学是一门研究物体机械运动和相互作用的学科。力学的研究对象是机械运动，机械运动是物质运动的最基本的形式。

以牛顿运动定律为基础的力学理论称为牛顿力学，又称经典力学。经典力学有其严谨的理论体系和完备的研究方法；它提出的许多物理概念和物理原理有着广泛的适用性。这就使得力学成为物理学和许多工程技术的理论基础。但是量子力学、狭义相对论和广义相对论对经典力学也带来了冲击，然而它们并未否定经典力学，而是为经典力学确定其适用范围。在这个范围内，量子力学、狭义相对论和广义相对论将回到经典力学。

在本章中，我们着重阐明三个问题：第一，如何描述物体的运动状态，通过位置矢量、速度、加速度等概念的建立，加深对运动的瞬时性、矢量性和相对性等基本性质的认识。第二，运动学的核心是运动学方程。通过建立运动学方程，掌握得到质点的位置、速度和加速度等特征物理量，同时学会使用微积分运算分析运动学的两类问题。第三，如何描述同一质点在不同参考系中的运动情况，表明运动的相对性，提出伽利略变换。

机械运动是物质运动的最简单、最基本和最普遍的运动形式。一个物体相对于另一个物体的位置，或者一个物体的某些部分相对于其他部分的位置，随着时间而变化的过程，称为机械运动。

运动学的任务是描述随时间的变化物体空间位置的变动，而不涉及物体间相互作用与运动的关系。本章首先讨论机械运动的基本特征及其描述方法，引入参考系、坐标系、质点的概念，进而定义描述机械运动的物理量——位置矢量、位移、速度和加速度；在此基础上，讨论质点运动学的两类问题。

1.1 机械运动的描述

描述机械运动必须抓住其基本特征。机械运动的基本特征是：运动的绝对性和运动描述的相对性，运动的瞬时性和运动的矢量性。

下面阐述运动的基本特征及其相应的描述方法。

1.1.1 机械运动的基本特征

1. 运动的绝对性和描述的相对性

自然界的一切物质都处在永恒的运动之中，宇宙在膨胀，星系在远离地球而去，地球有自转和公转等等，所有这一切运动实例说明，运动和物质是不可分割的，运动作为物质存在的形式，也和物质本身一样是客观存在的。这便是运动本身的绝对性和普遍性。

在描述一个具体物体的运动时，必须先选定另一个物体作为参考，而运动的描述就是相对于这个参考物体而言的。同一物体的运动，由于我们所选取的参考系不同，所得到该物体的运动描述也是不同的，这就称为运动描述的相对性，简称运动的相对性。例如，在作匀速直线运动的车厢中，有一个自由下落的物体，以车厢为参考系，物体作直线运动；以地面为参考系，物体作抛物线运动。

2. 运动的瞬时性和矢量性

运动的瞬时性是指物体的运动情况是随时间不断变化的。因此，描述运动的物理量，如速度、加速度等都是以时间为自变量的函数。

运动具有矢量性表现在运动具有方向性，因此描述物体运动的许多物理量必须用矢量来表示；另外运动是可以叠加合成的，符合矢量的加法法则。运动叠加原理就是矢量叠加性的具体体现。

1.1.2　机械运动的描述方法

1. 质点

物体总有一定的大小和形状，它在运动时各部分运动可以不一样。选定了参考系和坐标系之后，要描述一个物体的运动，即使是描述一个任意扔出去的粉笔头的运动，也仍是很复杂的，因为粉笔头可能一边翻转，一边前进，各点运动不相同，但是如果我们关心的只是粉笔头扔出去多远，考虑到扔出去的距离比粉笔头的大小(线度)要大得多，从而不管它是否翻滚，那么它各点运动的差别可以不予考虑(忽略不计)，这实际上是将粉笔头看成没有大小和形状的一个点。当然实际上还存在着许多简单的物体运动的情况，如活塞在气缸中的运动，抽屉的运动，上面扔出去的粉笔头(或扔手榴弹)若在空中不翻转，其上任意两点的连线总是平行于自身方向前进，等等，在这些情况下，物体上每个点都作同样的运动，于是其中任意一点的运动都可以用来代表整体的运动。

任何物体都有一定的形状、大小、质量和内部结构，一般说来，物体在运动时，其内部各点的位置变化通常是各不相同的；而且物体的大小和形状也可能发生变化。因此，如果在所研究的问题中，物体的大小和形状不起作用，或者所起的作用可以忽略不计时，为了使问题简化，我们可以近似地把该物体看作是一个具有质量而其形状和大小可以忽略的几何点，这样的理想模型称为质点。

质点模型是在一定条件下对实际物体的理想模型。一个物体是否可以视为质点，是有条件的、相对的，应根据所研究的问题的性质来决定。

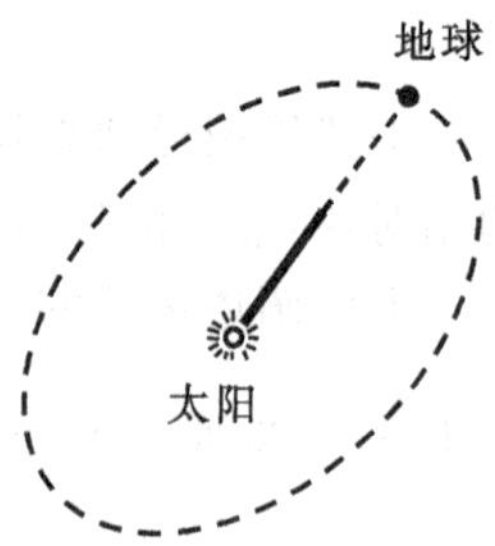

图 1.1　地球绕太阳公转

如果一个物体的线度与它运动的空间范围相比很小，它的转动和形变在所研究的问题中完全不重要时，可将它视为质点。例如，研究地球绕太阳公转时，地球的直径(约为 1.30×10^4 km)远小于日地之间的距离(1.50×10^8 km)，如图 1.1 所示，地球上各点相对于太阳的运动就可看作是相同的，这时就可以忽略地球的大小和形状，所以在研究地球绕太阳公转中可将地球视为质点。而在研究地球的自转和潮汐问题时，就不能把地球看成质点，即使物体很小，像微粒、分子、原子等，如果问题涉及到它们的转动和内部结构，也不能把它们视为质点。可见一个物体能否作为质点，要看在研究的问题中各点运动的差别能否忽略，而不在物体本身线度的大小。同一个物体的运动，在有些问题中可当质点，另一些问题中就不能当质点。

综上所述，质点是力学中描述物体的一个简化的理想理论模型，是在一定条件下对实际物体的抽象描述。在物理学的研究中，以及一切自然科学的研究中，为了简化问题，常把复杂的研究对象加以去粗取精的科学的改造，而代之以理想模型，以便突出主要矛盾，忽略次要因素，找出其中的规律，然后再进一步研究较为复杂的实际问题，这是一种重要的科学研究方法。

质点的运动是机械运动中最简单最基本的运动形式，一个实际物体通常可以看作是由许多质点组成的集合，因此，分析质点的运动是研究实际物体复杂运动的基础。

2. 参考系和坐标系

描述一个物体的机械运动时，被选作参考的物体或物体系称为参考系，然后研究这个物体相对于参考系是如何运动的。因此，我们在讨论任何力学问题时，都必须明确指出所选定的参考系。

在运动学中，参考系的选择，原则上可以是任意的，主要依问题的特点和研究的方便而定。例如，研究地面上物体的运动，一般是以地面和相对于地面静止的物体作参考系较方便；在描述太阳系中行星的运动时，则常选太阳作为参考系。

为了从数量上确定地描述物体的运动，必须在参考系上建立一个适当的坐标系，一般在参考系上选定一点作为坐标系的原点 O，取通过原点并标有长度的线作为坐标轴。常用的坐标系是直角坐标系（也称为笛卡儿坐标系）。根据问题的需要，我们也可以选用其他的坐标系，如极坐标系，自然坐标系等。如果已知物体的运动轨迹，选用自然坐标系更为方便。

1.2 质点运动的位置矢量和运动学方程

为了定量地描述一个质点的运动，必须引入位置矢量、坐标、位移、速度和加速度这五个物理量。

1.2.1 位置矢量

要描述可以当作质点的物体的运动，如电子的运动，天体、人造卫星、单摆等物体的运动都可当作质点，首先得描述质点在空间的位置，因为位置的变化即运动，因此为了描写质点在空间的运动情况，首先要确定质点在任一时刻的位置。为此，应先选取一个参考系，并在其上建立一个坐标系，比如图1.2的三维直角坐标系 $Oxyz$。

设某时刻质点运动到 P 点，这样，质点在坐标系中的位置可以由原点 O 引向 P 点作一矢量 $\boldsymbol{r}=\overrightarrow{OP}$ 来表示，矢量 $\boldsymbol{r}$ 的大小和方向已经唯一确定了质点相对于参考系的位置，称为位置矢量，简称位矢。当然，质点在 P 点的位

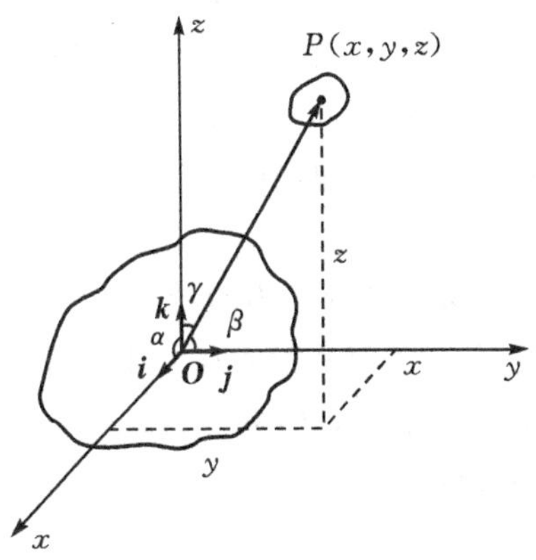

图1.2 位矢在直角坐标系下的分解

置还可由 P 点的坐标 (x,y,z) 来确定。

由图 1.2 可知，质点在 P 点的直角坐标 (x,y,z) 也就是位矢 $\boldsymbol{r}$ 沿坐标轴 x,y,z 的投影分量。若用 $\boldsymbol{i}$, $\boldsymbol{j}$, $\boldsymbol{k}$ 分别表示沿这三个坐标轴正方向的单位矢量，则可将位矢 $\boldsymbol{r}$ 在直角坐标系中的正交分解形式为

$$\boldsymbol{r} = x\boldsymbol{i} + y\boldsymbol{j} + z\boldsymbol{k} \tag{1.1}$$

用 $|\boldsymbol{r}|$ 表示 $\boldsymbol{r}$ 的大小，即质点 P 离原点 O 的距离，则有

$$|\boldsymbol{r}| = \sqrt{x^2 + y^2 + z^2} \tag{1.1a}$$

质点 P 相对于原点 O 的方位，即位矢 $\boldsymbol{r}$ 的方向可由三个方向余弦来共同确定

$$\cos\alpha = \frac{x}{|\boldsymbol{r}|}, \cos\beta = \frac{y}{|\boldsymbol{r}|}, \quad \cos\gamma = \frac{z}{|\boldsymbol{r}|}, \tag{1.1b}$$

其中 α, β, γ 分别是位矢 $\boldsymbol{r}$ 与 x,y,z 三个坐标轴的夹角，并且它们之间有如下关系：

$$\cos^2\alpha + \cos^2\beta + \cos^2\gamma = 1$$

位矢 $\boldsymbol{r}$ 和坐标 (x,y,z) 都可用来描写运动质点的空间位置。当然，对于质点的一个确定位置，位矢 $\boldsymbol{r}$ 的大小和方位以及坐标的取值，都依赖于坐标系的选取，这也反映了运动描述的相对性的特征。

1.2.2 质点的运动学方程

当质点相对于参考系运动时，用来确定质点位置的位矢 $\boldsymbol{r}$、直角坐标 (x,y,z) 等都将随时间 t 变化，都是 t 的单值连续函数，即

$$\boldsymbol{r} = \boldsymbol{r}(t) \tag{1.2}$$

$$\begin{cases} x = x(t) \\ y = y(t) \\ z = z(t) \end{cases} \tag{1.3}$$

式(1.2)具体地描述了质点相对于参考系的运动情况，它包含有质点如何运动的全部信息，并称为质点的运动学方程。方程(1.3)为质点运动学方程的标量形式。一旦得到了运动学方程，就能知道质点运动的全部情况，确定任一时刻质点的位置、速度和加速度，从而确定质点的运动状态。所以说，运动学方程详尽地描述了质点相对于参考系的运动情况，质点运动学的一个重要任务就是要根据具体的已知条件，建立质点的运动学方程。

运动质点在空间所经过的路径称为质点的轨迹，即为位置矢量的矢端画出的曲线。可以从方程(1.3)中消去时间 t，可得到质点的轨迹方程。

例 1.1 身高 l 的人夜间在一条笔直的马路上匀速行走，速率为 v_0，路灯距地面高度为 h，如图 1.3 所示。求人影中头顶的运动学方程。

解 选地面为参考系，沿马路建立一维坐标 Ox，如图 1.3 所示。设 $t=0$ 时人通过坐标原点 O，任一时刻 t，人行至 A 点，$\overline{OA} = x_1 = v_0 t$，此时人头的影子位于 B 点的 x 处，则由几何关系可得

$$\frac{x}{h} = \frac{x - v_0 t}{l}$$

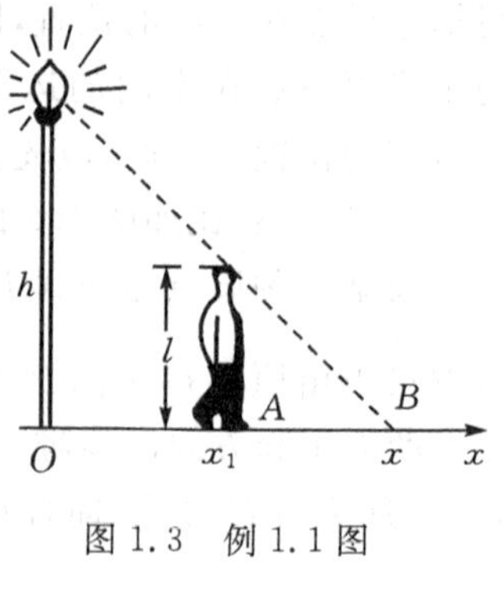

图 1.3 例 1.1 图

解上式,得

$$x = \frac{hv_0}{h-l}t$$

此即为人影中头顶的运动学方程。可见,人影中头顶仍作匀速运动,但速率大于 v_0。

例 1.2　一质点的运动方程是 $\boldsymbol{r} = R\cos\omega t\boldsymbol{i} + R\sin\omega t\boldsymbol{j}$,R, ω 为正常数。求该质点的轨迹方程。

解　由运动学方程可知

$$x = R\cos\omega t$$

$$y = R\sin\omega t$$

从上述运动学方程中消去时间参数 t,可得质点的轨迹方程

$$x^2 + y^2 = R^2$$

说明质点的轨迹是一个圆,半径为 R。

1.3　质点运动的位移、速度和加速度

1.3.1　位移

当质点运动时,其位置将随时间变化。我们引入一个新的物理量——位移矢量来描述质点在一定时间间隔内位置的变动。如图 1.4 所示,质点在 t 时位于 P 点,位矢为 $\boldsymbol{r}(t)$;而经时间 Δt 后,质点在 $t+\Delta t$ 时到达 Q 点,位矢为 $\boldsymbol{r}(t+\Delta t)$ 。在这 Δt 时间内,质点位置的变化可用从质点初位置到 Δt 以后的末位置的矢量 $\overrightarrow{PQ}$ 来表示,称为质点在该 Δt 时间内的位移,记作 $\Delta\boldsymbol{r}$ 。

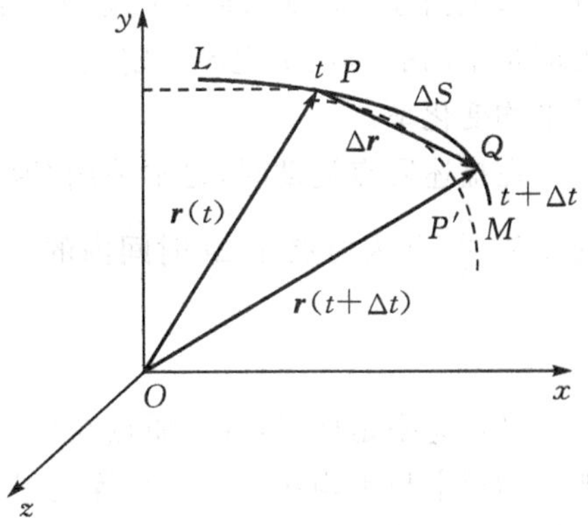

图 1.4　质点的位移与路程

位移是矢量。质点在某段时间内的位移定义为该时间间隔内位置矢量的增量,由图 1.4 可知,位移 $\Delta\boldsymbol{r}$ 与位矢 $\boldsymbol{r}$ 的关系是

$$\begin{aligned}\overrightarrow{PQ} &= \Delta\boldsymbol{r} = \boldsymbol{r}(t+\Delta t) - \boldsymbol{r}(t)\\ &= [x(t+\Delta t) - x(t)]\boldsymbol{i} + [y(t+\Delta t) - y(t)]\boldsymbol{j} + [z(t+\Delta t) - z(t)]\boldsymbol{k}\end{aligned} \tag{1.4}$$

显然,位移与位矢是两个不同的概念。位矢确定质点的空间位置,而位移描述的是质点位置的变化。位矢与坐标原点的位置有关,而位移只取决于质点的起点和终点的位置,与坐标原点的位置无关。

另外,还应注意位移和路程的区别。首先,位移是矢量,它反映在一段时间内质点始末位置的变化,并未给出质点是沿何种路径由起点运动到终点的;而路程表示质点在一段时间内实际经过的运动轨迹的长度,是标量。在图 1.4 中,质点在 Δt 时间内从 P 点运动到 Q 点的过程中走过的路程即为弧线 $\overset{\frown}{PQ}$ 的长度。

其次,质点在 Δt 时间间隔内的位移的大小 $|\Delta\boldsymbol{r}|$ 一般也不等于这段时间内经过的路程。

这一点也是很显然的，例如：运动员在 400 m 跑道上跑了两圈回到起点时，他在这段时间内的位移是 0，但是路程是 800 m。

还要指出，位移 $\Delta\boldsymbol{r}$（即位矢增量）的大小 $|\Delta\boldsymbol{r}|$ 与位矢大小的增量 Δr 的区别。在图 1.4 中，$|\Delta\boldsymbol{r}| = \overline{PQ}$，而 $\Delta r = r(t+\Delta t) - r(t) = \overline{P'Q}$。一般说来，$|\Delta\boldsymbol{r}| \neq \Delta r$。类似地，对于大小和方向都随时间变化的任一矢量来说，比如速度 $\boldsymbol{v}$ 和加速度 $\boldsymbol{a}$ 等，这一结论也是正确的，即某段时间 Δt 内矢量增量的大小 $|\Delta\boldsymbol{A}|$ 与同一时间内该矢量大小的增量 ΔA，一般是不相等的。

1.3.2 速度

研究质点的运动，还要知道质点位置变化的快慢程度和变化方向。速度就是用来描述质点运动的快慢和方向的物理量。

1. 平均速度

如图 1.4 所示，设质点沿轨迹 LM 作一般曲线运动，它在 t 到 $t+\Delta t$ 这段时间内的位移是 $\Delta\boldsymbol{r}$，则位移 $\Delta\boldsymbol{r}$ 与发生这段位移所经历的时间 Δt 的比值，称为质点在这段时间内的平均速度，用 $\bar{\boldsymbol{v}}$ 表示，即

$$\bar{\boldsymbol{v}} = \frac{\Delta\boldsymbol{r}}{\Delta t} = \frac{\boldsymbol{r}(t+\Delta t) - \boldsymbol{r}(t)}{\Delta t}$$

显然，平均速度是矢量，它的方向与位移 $\Delta\boldsymbol{r}$ 的方向相同，而且与所取的时间间隔有关。用 $\bar{\boldsymbol{v}}$ 可以近似地描述 t 时刻附近质点运动的快慢和方向。由于在 Δt 时间内各时刻质点运动的方向可能是不同的，与 $\Delta\boldsymbol{r}$ 也不一定同方向；而且这段时间内运动的快慢并不一定均匀，$\bar{\boldsymbol{v}}$ 给出的只是平均变化率。

在描述质点运动时，也常采用“速率”这个物理量。把路程 Δs 与经历这段路程的时间 Δt 的比值 $\frac{\Delta s}{\Delta t}$ 称为质点在 Δt 时间内的平均速率 $\bar{v}$，即为

$$\bar{v} = \frac{\Delta s}{\Delta t}$$

平均速率是标量，等于质点在单位时间内所通过的路程，它并不给出运动的方向，也不能把平均速率与平均速度的大小等同起来，例如，质点在一段时间内经过了一个闭合路径又回到起始位置，显然在这段时间内质点的位移为零，所以平均速度也为零，但平均速率却不为零。

2. 瞬时速度

由 $\bar{\boldsymbol{v}}$ 的定义可知，Δt 越减小，它的近似程度就越好，$\frac{\Delta\boldsymbol{r}}{\Delta t}$ 就越能比较精确地反映出 t 时刻的真实运动情况，但仍只能是一种近似描述。为了要精确地描述质点在某一时刻 t（或某一位置）的运动情况，我们利用极限的概念，即使 Δt 趋近于零，这时 $\frac{\Delta\boldsymbol{r}}{\Delta t}$ 将趋近一个确定的极限矢量，这个极限矢量精确地描述了质点在 t 时刻运动的快慢和方向。因此，我们把 $\Delta t \to 0$ 时平均速度 $\frac{\Delta\boldsymbol{r}}{\Delta t}$ 的极限值定义为质点在 t 时刻的瞬时速度，简称速度，即

$$\boldsymbol{v} = \lim_{\Delta t \to 0} \frac{\Delta\boldsymbol{r}}{\Delta t} = \frac{\mathrm{d}\boldsymbol{r}}{\mathrm{d}t} \tag{1.5}$$

由式(1.5)可见，质点在 t 时刻的速度 $\boldsymbol{v}$ 等于该时刻质点的位矢对时间的一阶导数。已知质点的运动学方程 $\boldsymbol{r} = \boldsymbol{r}(t)$，就可由求导得到质点在任意时刻的速度。

可见速度是矢量，瞬时速度的方向由在 Δt 趋于零时平均速度 $\frac{\Delta \boldsymbol{r}}{\Delta t}$ 的极限方向或位移 $\Delta \boldsymbol{r}$ 的极限方向来决定，如图 1.5 所示，质点在曲线轨道上运动时，在 Δt 时间内的位移 $\Delta \boldsymbol{r} = \overrightarrow{AB}$ 沿割线 AB 方向，当 Δt 趋近于零时，B 点逐渐趋近 A 点，相应地，割线 AB 趋近于 A 点的切线方向。所以，质点在任一时刻的速度的方向总是沿该时刻质点所在处轨迹的切线方向，并指向前进的一侧。瞬时速度的方向反映了质点在某时刻的运动方向。

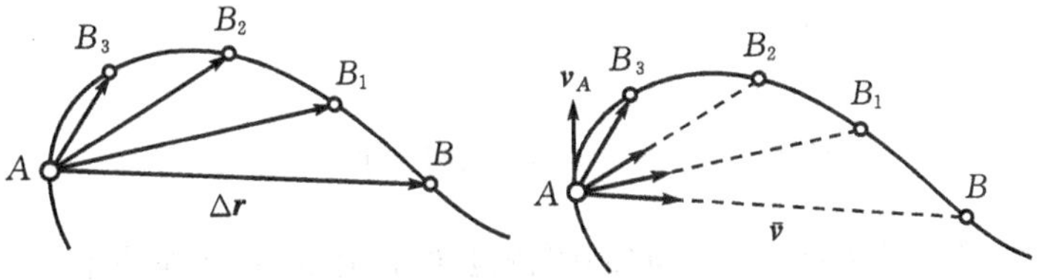

图 1.5　平均速度与瞬时速度

在直角坐标系中，由位矢的正交分解式为

$$\boldsymbol{r} = x\boldsymbol{i} + y\boldsymbol{j} + z\boldsymbol{k}$$

根据式(1.5)，速度可表示成

$$\boldsymbol{v} = \frac{\mathrm{d}\boldsymbol{r}}{\mathrm{d}t} = \frac{\mathrm{d}x}{\mathrm{d}t}\boldsymbol{i} + \frac{\mathrm{d}y}{\mathrm{d}t}\boldsymbol{j} + \frac{\mathrm{d}z}{\mathrm{d}t}\boldsymbol{k} = v_x\boldsymbol{i} + v_y\boldsymbol{j} + v_z\boldsymbol{k} \tag{1.6}$$

其中速度沿三个坐标轴的分量分别是

$$v_x = \frac{\mathrm{d}x}{\mathrm{d}t}, \qquad v_y = \frac{\mathrm{d}y}{\mathrm{d}t}, \qquad v_z = \frac{\mathrm{d}z}{\mathrm{d}t}$$

瞬时速度的大小称为瞬时速率，简称速率 v，是算术量，在直角坐标系中，有

$$v = |\boldsymbol{v}| = \sqrt{v_x^2 + v_y^2 + v_z^2}$$

而速度的方向，也可由三个方向余弦来确定，即

$$\cos\alpha = \frac{v_x}{|\boldsymbol{v}|}, \quad \cos\beta = \frac{v_y}{|\boldsymbol{v}|}, \quad \cos\gamma = \frac{v_z}{|\boldsymbol{v}|}$$

其中 α，β，γ 分别是速度 $\boldsymbol{v}$ 与 x，y，z 三个坐标轴的夹角，并且它们之间有如下关系：

$$\cos^2\alpha + \cos^2\beta + \cos^2\gamma = 1$$

1.3.3　加速度

质点运动时，瞬时速度的大小和方向都可能随时间而变化，为了反映速度变化的快慢和方向，需引入平均加速度和瞬时加速度。加速度是用来描述速度矢量大小和方向的变化的物理量。

1. 平均加速度

类似地，我们引入平均加速度和瞬时加速度来分别对速度变化情况作粗糙和精确的描述。

如图 1.6 所示，设质点沿曲线运动，质点在 t 时刻位于 P 点，速度为 $\boldsymbol{v}(t)$，在 $t+\Delta t$ 时刻质点在 Q 点，速度为 $\boldsymbol{v}(t+\Delta t)$。于是，质点在 Δt 时间内的速度增量为 $\Delta \boldsymbol{v} = \boldsymbol{v}(t+\Delta t) - \boldsymbol{v}(t)$，则质点在 Δt 时间内的平均加速度 $\bar{\boldsymbol{a}}$ 定义为

$$\bar{\boldsymbol{a}} = \frac{\Delta \boldsymbol{v}}{\Delta t}$$

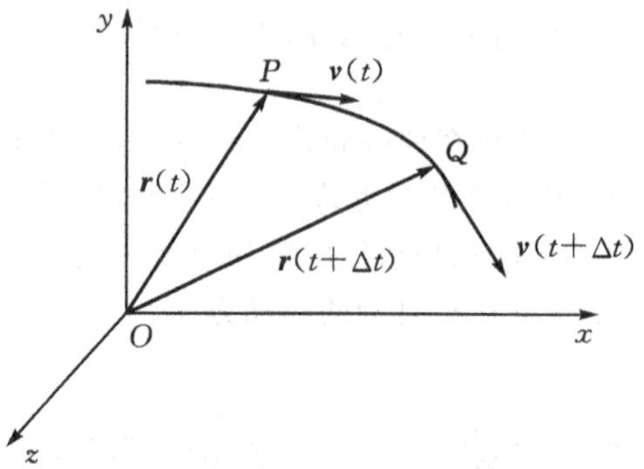

图 1.6　由速度的增量可得到平均加速度

平均加速度是矢量，其方向与该时间间隔内速度增量 $\Delta \boldsymbol{v}$ 的方向相同。显然，平均加速度只给出了在 Δt 时间内速度的平均变化率。

2. 瞬时加速度

为了精确地描述质点在某一时刻 t 的速度变化率，必须引入瞬时加速度的概念。

在 t 至 $t+\Delta t$ 时间内平均加速度 $\bar{\boldsymbol{a}}=\dfrac{\Delta \boldsymbol{v}}{\Delta t}$ 当 Δt 趋近于零时的极限，定义为质点在 t 时刻的瞬时加速度（简称加速度），记作 $\boldsymbol{a}$，

$$\boldsymbol{a}=\lim_{\Delta t\to 0}\frac{\Delta \boldsymbol{v}}{\Delta t}=\frac{\mathrm{d}\boldsymbol{v}}{\mathrm{d}t}=\frac{\mathrm{d}^2\boldsymbol{r}}{\mathrm{d}t^2} \tag{1.7}$$

加速度等于速度对时间的一阶导数，或位矢对时间的二阶导数。

可见加速度也是矢量，瞬时加速度的方向就是当 Δt 趋近于零时平均加速度 $\dfrac{\Delta \boldsymbol{v}}{\Delta t}$ 的极限方向或速度增量 $\Delta \boldsymbol{v}$ 的极限方向。应该指出：$\Delta \boldsymbol{v}$ 的方向及其极限方向一般与速度 $\boldsymbol{v}$ 的方向是不同的，因而加速度的方向一般与同一时刻速度的方向也是不同的。在直线运动的情况下，加速度 $\boldsymbol{a}$ 与速度 $\boldsymbol{v}$ 在同一直线上，但也有同向和反向两种可能，例如自由落体运动和竖直上抛运动。在曲线运动中，因为速度是沿轨迹曲线的切线方向，故在时间 Δt 内速度的增量 $\Delta \boldsymbol{v}$ 总是指向曲线凹的一侧，如图 1.7 所示。

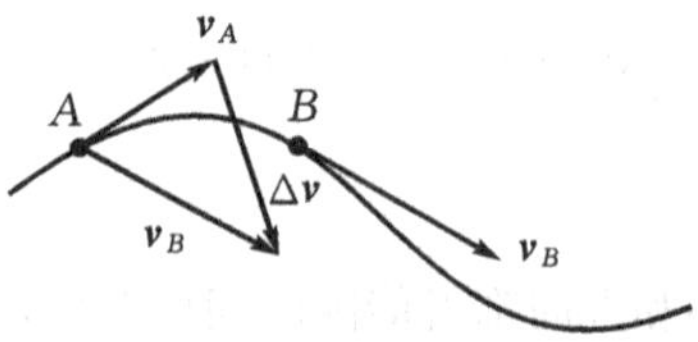

图 1.7　速度的增量指向曲线的凹侧

在直角坐标系中，加速度可表示成正交分解式为

$$\boldsymbol{a}=a_x\boldsymbol{i}+a_y\boldsymbol{j}+a_z\boldsymbol{k}$$

其中加速度沿三个坐标轴的分量分别是

$$\begin{cases} a_x = \dfrac{\mathrm{d}v_x}{\mathrm{d}t} = \dfrac{\mathrm{d}^2 x}{\mathrm{d}t^2} \\ a_y = \dfrac{\mathrm{d}v_y}{\mathrm{d}t} = \dfrac{\mathrm{d}^2 y}{\mathrm{d}t^2} \\ a_z = \dfrac{\mathrm{d}v_z}{\mathrm{d}t} = \dfrac{\mathrm{d}^2 z}{\mathrm{d}t^2} \end{cases} \tag{1.8}$$

加速度 $\boldsymbol{a}$ 的大小为

$$a = \sqrt{a_x^2 + a_y^2 + a_z^2}$$

$\boldsymbol{a}$ 的方向则由三个方向余弦来确定

$$\cos\alpha = \frac{a_x}{a}, \quad \cos\beta = \frac{a_y}{a}, \quad \cos\gamma = \frac{a_z}{a}$$

其中 α，β，γ 分别是加速度 $\boldsymbol{a}$ 与 x，y，z 三个坐标轴的夹角，并且它们之间有如下关系：

$$\cos^2\alpha + \cos^2\beta + \cos^2\gamma = 1$$

综上所述，只要已知质点的运动学方程，就可求得质点在任意时刻速度和加速度。

例 1.3　已知一质点的运动方程为 $\boldsymbol{r} = 4t^2\boldsymbol{i} + (2t+3)\boldsymbol{j}$ (SI)，试求：

(1)质点的轨迹方程；

(2)从 $t = 0$ s 到 $t = 1$ s 时间内，质点的位移和平均速度；

(3) $t = 3$ s 时质点的速度和加速度。

在国际单位制 SI 中，t 用 s，x，y 用 m 为单位，以下同，以后不再一一说明。

解　(1)从运动学方程中可知　　$x = 4t^2$，　$y = 2t + 3$

消去参量 t，得轨迹方程为

$$x = (y-3)^2$$

轨迹为抛物线。

(2)当 $t = 0$ 时，得　　$\boldsymbol{r}_1 = 3\boldsymbol{j}$ (m)

当 $t = 1$ 时，得　　$\boldsymbol{r}_2 = 4\boldsymbol{i} + 5\boldsymbol{j}$ (m)。

所以从 $t = 0$ s 到 $t = 1$ s 时间内，质点的位移为

$$\Delta\boldsymbol{r} = \boldsymbol{r}_2 - \boldsymbol{r}_1 = (4\boldsymbol{i} + 5\boldsymbol{j}) - 3\boldsymbol{j} = 4\boldsymbol{i} + 2\boldsymbol{j} \text{ (m)}$$

从 $t = 0$ s 到 $t = 1$ s 时间内，质点的平均速度为

$$\bar{\boldsymbol{v}} = \frac{\Delta\boldsymbol{r}}{\Delta t} = \frac{4\boldsymbol{i} + 2\boldsymbol{j}}{1} = 4\boldsymbol{i} + 2\boldsymbol{j} \text{ (m/s)}$$

(3)由速度的定义，得到速度　$\boldsymbol{v} = \dfrac{\mathrm{d}\boldsymbol{r}}{\mathrm{d}t} = 8t\boldsymbol{i} + 2\boldsymbol{j}$

由加速度的定义，得到加速度　$\boldsymbol{a} = \dfrac{\mathrm{d}\boldsymbol{v}}{\mathrm{d}t} = 8\boldsymbol{i}$

当 $t = 3$ 时，得　　$\boldsymbol{v} = 24\boldsymbol{i} + 2\boldsymbol{j}$ (m/s)

$\boldsymbol{a} = 8\boldsymbol{i}$ (m/s^2)

例 1.4　有一质点沿 x 轴作直线运动，t 时刻的坐标为 $x = 4.5t^2 - 2t^3$ (SI)，试求：

(1)第 2 秒内的平均速度；

(2)第 2 秒末的瞬时速度和瞬时加速度；

(3)第 2 秒内的路程。

解 (1) 以 $t_1 = 1$ s 和 $t_2 = 2$ s 代入坐标表达式，得质点在第 2 秒内的位移

$\Delta x = x_2 - x_1 = (4.5\times 2^2 - 2\times 2^3) - (4.5\times 1 - 2\times 1) = -0.5$ m

负号表示沿 x 轴负方向。

$$\bar{\boldsymbol{v}} = \frac{\Delta x}{\Delta t}\boldsymbol{i} = -0.5\boldsymbol{i}\ (\text{m/s})$$

负号表示平均速度沿 x 轴负向。

(2) $\boldsymbol{v}(t) = \dfrac{\mathrm{d}x}{\mathrm{d}t}\boldsymbol{i} = (9t - 6t^2)\boldsymbol{i}$，则 $\boldsymbol{v}(2) = (9\times 2 - 6\times 2^2)\boldsymbol{i} = -6\boldsymbol{i}(\text{m/s})$

$\boldsymbol{a}(t) = \dfrac{\mathrm{d}v}{\mathrm{d}t}\boldsymbol{i} = (9 - 12t)\boldsymbol{i}$，则 $\boldsymbol{a}(2) = (9 - 12\times 2)\boldsymbol{i} = -15\boldsymbol{i}\ (\text{m/s}^2)$

(3) 当质点的速度变为零，其后它将沿相反方向运动，令 $v = 9t - 6t^2 = 0$，解得 $t = 1.5$ s 时，故第 2 秒内质点走过的路程

$$\Delta s = |x(1.5) - x(1)| + |x(2) - x(1.5)| = 2.25\ \text{m}$$

1.4 自然坐标系中的速度和加速度表示

1.4.1 自然坐标系

用坐标法确定质点的位置，当然不限于直角坐标系。根据分析问题的不同特点，也可以选用其他的坐标系，例如，如果质点在平面上沿曲线运动的轨迹是已知的，还可采用一种“自然坐标系”来描述质点位置，即可用一个标量函数就能确切描述质点运动。

建立自然坐标系的方法如下：沿已知的质点轨迹建立一弯曲的“坐标轴”，在轨道曲线上任取一点作为坐标原点 O（见图 1.8），规定从 O 点起沿轨迹的某一方向（例如运动方向）为自然坐标的正向，反之为负向。则由原点 O 至质点位置的曲线长度 s 可唯一地确定质点的位置，并称 s 为质点 P 的自然坐标。根据原点与正方向的规定，s 可正可负。在自然坐标系中，质点运动学可写作

$$s = s(t) \tag{1.9}$$

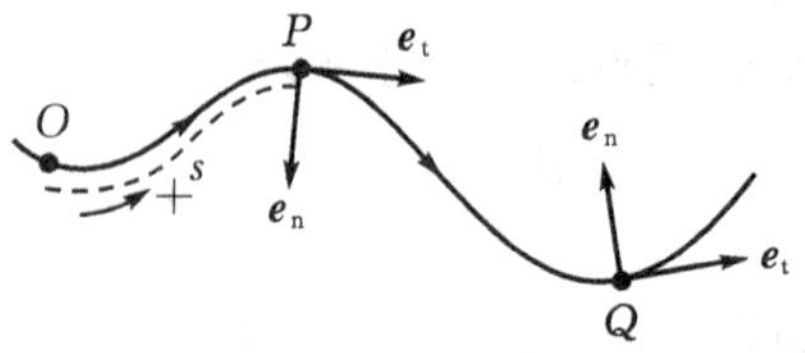

图 1.8 自然坐标系

使用自然坐标系时也可对矢量进行正交分解。在任一时刻时，在质点所在处取两个互相垂直的单位矢量 $\boldsymbol{e}_\tau$ 和 $\boldsymbol{e}_n$，$\boldsymbol{e}_\tau$ 沿轨迹切线且指向自然坐标 s 增加的方向，称为切向单位矢量；$\boldsymbol{e}_n$ 沿轨迹曲线的法线且指向轨迹曲线的凹侧，称为法向单位矢量。这两个单位矢量 $\boldsymbol{e}_\tau$ 和 $\boldsymbol{e}_n$ 的大小恒等于 1，但它们的方向随质点在轨迹上的位置不同而改变其方向。

1.4.2　速度的自然坐标表示

在自然坐标系中，设质点的运动学方程为

$$s = s(t)$$

则在 t 到 $t+\Delta t$ 这段时间内，质点的位移为 Δr，自然坐标 s 的增量为

$$s = s(t+\Delta t) - s(t)$$

注意 Δs 是代数量，要与路程相区别，可知 $|\Delta \boldsymbol{r}| \neq |\Delta s|$，如图 1.9 所示，只有当 $\Delta t \to 0$ 时，才有 $|\Delta \boldsymbol{r}|$ 与 $|\Delta s|$ 趋于相等，即

$$\lim_{\Delta s \to 0} \left| \frac{\Delta \boldsymbol{r}}{\Delta s} \right| = 1$$

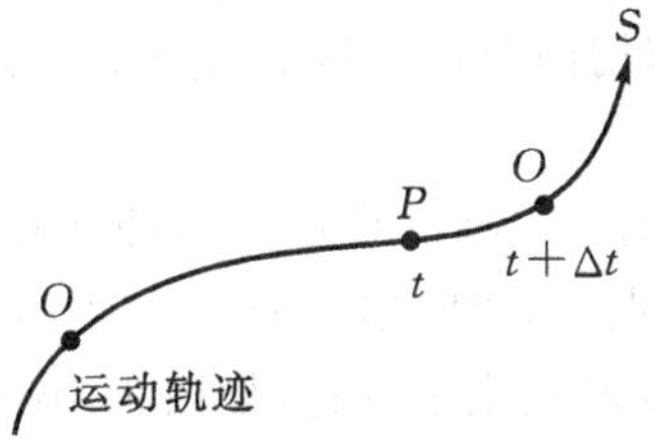

图 1.9　沿质点运动轨迹建立自然坐标系

又因为当 $\Delta s \to 0$ 时，$\Delta \boldsymbol{r}$ 趋近于 P 点处轨迹曲线的切线方向，即切向单位矢量 $\boldsymbol{e}_\tau$ 的方向，故可写成

$$\lim_{\Delta s \to 0} \frac{\Delta \boldsymbol{r}}{\Delta s} = \boldsymbol{e}_\tau \tag{1.10}$$

根据速度的定义

$$\boldsymbol{v} = \lim_{\Delta t \to 0} \frac{\Delta \boldsymbol{r}}{\Delta t} = \lim_{\substack{\Delta t \to 0 \\ \Delta s \to 0}} \left(\frac{\Delta \boldsymbol{r}}{\Delta s} \cdot \frac{\Delta s}{\Delta t} \right)$$

$$= \left(\lim_{\Delta t \to 0} \frac{\Delta s}{\Delta t} \right) \left(\lim_{\Delta s \to 0} \frac{\Delta \boldsymbol{r}}{\Delta s} \right) = \frac{\mathrm{d}s}{\mathrm{d}t} \left(\lim_{\Delta s \to 0} \frac{\Delta \boldsymbol{r}}{\Delta s} \right)$$

从而可得在自然坐标系中速度 $\boldsymbol{v}$ 表示为

$$\boldsymbol{v} = \frac{\mathrm{d}s}{\mathrm{d}t} \boldsymbol{e}_\tau = \boldsymbol{v}_\tau \boldsymbol{e}_\tau \tag{1.11}$$

由式(1.11)可知，质点速度的大小由自然坐标 s 对时间的一阶导数决定，方向沿着质点所在处轨迹的切线，当 $\frac{\mathrm{d}s}{\mathrm{d}t} > 0$ 时，速度指向切线的正方向，即质点沿 $\boldsymbol{e}_\tau$ 的方向运动，反之，指向切线的负方向，即质点逆 $\boldsymbol{e}_\tau$ 的方向运动。$v_\tau = \frac{\mathrm{d}s}{\mathrm{d}t}$ 是速度矢量沿切线方向的投影，它是一个代数量。

1.4.3　加速度的自然坐标表示

在自然坐标系中研究质点的平面曲线运动时，常将加速度分解为在切线方向的分量和在法线方向的分量，前者称为切向加速度，用 a_τ 表示；后者称为法向加速度，用 a_n 表示。切向加速度反映速度大小的变化，法向加速度反映速度方向的变化。这样，我们可将加速度表示为

$$\boldsymbol{a} = a_\tau \boldsymbol{e}_\tau + a_n \boldsymbol{e}_n \tag{1.12}$$

现在我们来讨论切向加速度 a_τ 和法向加速度 a_n 。

在自然坐标系中，根据式(1.11)，质点的速度为

$$\boldsymbol{v} = \frac{\mathrm{d}s}{\mathrm{d}t}\boldsymbol{e}_\tau = v\boldsymbol{e}_\tau$$

根据加速度的定义，得到

$$\boldsymbol{a} = \frac{\mathrm{d}\boldsymbol{v}}{\mathrm{d}t} = \frac{\mathrm{d}v}{\mathrm{d}t}\boldsymbol{e}_\tau + v\frac{\mathrm{d}\boldsymbol{e}_\tau}{\mathrm{d}t} \tag{1.13}$$

式(1.13)右方第一项中的 $\frac{\mathrm{d}v}{\mathrm{d}t}$ 为质点的速度沿切线方向的分量 v 的时间变化率，方向与切向平行，即切向加速度 a_τ，它表示由于质点速度的大小变化而具有的加速度；而式(1.13)右方第二项表示由于质点速度的方向（亦即切向单位矢量 $\boldsymbol{e}_\tau$ 的方向）变化而具有的加速度，即为法向加速度 a_n。

下面具体分析式(1.13)右方的第二项。设质点沿曲线运动，如图 1.10 所示。在 t 到 $t+\Delta t$ 时间内，质点由 P 点运动到 Q 点，则切向单位矢量 $\boldsymbol{e}_\tau$ 也由 $\boldsymbol{e}_\tau(t)$ 变化为 $\boldsymbol{e}_\tau(t+\Delta t)$，由于 $\boldsymbol{e}_\tau$ 是单位矢量，大小始终等于 1，但方向发生了变化，如图 1.10 所示。$\boldsymbol{e}_\tau$ 的增量

$$\Delta\boldsymbol{e}_\tau = \boldsymbol{e}_\tau(t+\Delta t) - \boldsymbol{e}_\tau(t)$$

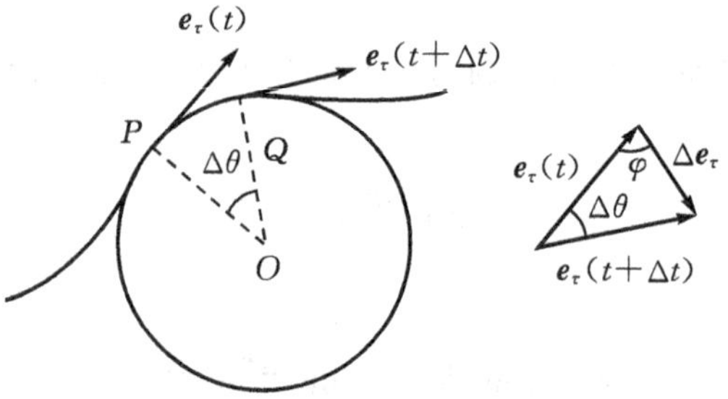

图 1.10 曲线运动时切向单位矢量的增量

图中 $\Delta\theta$ 为 P 和 Q 两点切线间的夹角。当 Δt 趋近于零时，$\Delta\theta$ 很小且亦趋近于零，应有

$$|\Delta\boldsymbol{e}_\tau| = |\boldsymbol{e}_\tau|\Delta\theta = \Delta\theta$$

同时当 $\Delta\theta$ 趋近于零时，图中等腰三角形的底角 φ 趋于 $\frac{\pi}{2}$，即 $\Delta\boldsymbol{e}_\tau$ 趋于与 $\boldsymbol{e}_\tau$ 垂直，也就是 $\Delta\boldsymbol{e}_\tau$ 趋向于法向单位矢量 $\boldsymbol{e}_n$ 方向，可以得到

$$\frac{\mathrm{d}\boldsymbol{e}_\tau}{\mathrm{d}t} = \lim_{\Delta t\to 0}\frac{\Delta\boldsymbol{e}_\tau}{\Delta t}$$
$$= \lim_{\Delta t\to 0}\frac{\Delta\theta}{\Delta t}\boldsymbol{e}_n = \frac{\mathrm{d}\theta}{\mathrm{d}t}\boldsymbol{e}_n$$

设质点的轨迹曲线在 P 点的曲率半径为 ρ，根据定义 $\mathrm{d}s = \rho\mathrm{d}\theta$，所以得到

$$\frac{\mathrm{d}\boldsymbol{e}_\tau}{\mathrm{d}t} = \frac{1}{\rho}\frac{\mathrm{d}s}{\mathrm{d}t}\boldsymbol{e}_n = \frac{v}{\rho}\boldsymbol{e}_n$$

于是得到式(1.13)的右边第二项可表示为

$$v\frac{\mathrm{d}\boldsymbol{e}_\tau}{\mathrm{d}t} = \frac{v^2}{\rho}\boldsymbol{e}_n = a_n\boldsymbol{e}_n$$

可以看出法向加速度 a_n 与 v^2 成正比，与曲率半径 ρ 成反比。可见，当质点运动速率一定时，轨迹的曲率半径越小，则法向加速度就越大。或者当轨迹的曲率半径一定时，质点运动速率越大，则法向加速度也越大。

因此根据以上分析，得到在自然坐标系中研究质点的平面曲线运动时，质点的加速度 $\boldsymbol{a}$ 可表示为

$$\boldsymbol{a} = a_\tau \boldsymbol{e}_\tau + a_n \boldsymbol{e}_n = \frac{\mathrm{d}v}{\mathrm{d}t}\boldsymbol{e}_\tau + \frac{v^2}{\rho}\boldsymbol{e}_n = \frac{\mathrm{d}^2 s}{\mathrm{d}t^2}\boldsymbol{e}_\tau + \frac{v^2}{\rho}\boldsymbol{e}_n \tag{1.14}$$

总加速度 $\boldsymbol{a}$ 的大小为

$$a = \sqrt{a_\tau^2 + a_n^2} = \sqrt{\left(\frac{\mathrm{d}v}{\mathrm{d}t}\right)^2 + \left(\frac{v^2}{\rho}\right)^2}$$

而总加速度 $\boldsymbol{a}$ 的方向可由 $\boldsymbol{a}$ 与速度 $\boldsymbol{v}$ 的夹角 θ 来确定(见图 1.11)

$$\tan\theta = \frac{a_n}{a_\tau}$$

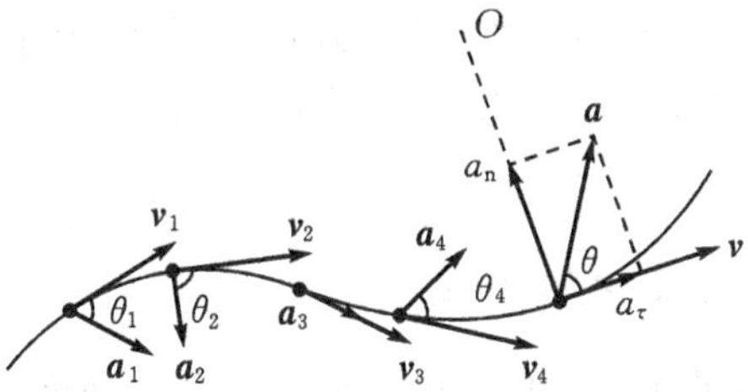

图 1.11　加速度在自然坐标中的表示

当质点作一般曲线运动时，通常速度的大小和方向均会改变，则该质点同时具有切向加速度和法向加速度。如果当质点作变速直线运动时，速度只有大小的变化，没有方向的变化，这时切向加速度 a_τ 不为零，法向加速度 a_n 为零，则 $a = a_\tau$；若当质点作匀速率曲线运动时，速度大小不变，但速度方向发生变化，这时切向加速度 a_τ 为零，法向加速度 a_n 不为零，则 $a = a_n$；若当质点作变速率曲线运动时，速度大小和方向均发生变化，这时切向加速度 a_τ 和法向加速度 a_n 均不为零，

例 1.5　一个半径为 R 的飞轮边缘上一点所经过的路程与时间的关系为：$s = v_0 t - bt^2/2$ (v_0, b 都是正常数)，求：(1)该点在 t 时刻的加速度？(2)当 t 为何值时，该点的切向加速度与法向加速度的大小相等？

解　根据题意，该点的速率为

$$v = \frac{\mathrm{d}s}{\mathrm{d}t} = v_0 - bt$$

在自然坐标系中，其加速度的切向和法向分量分别为

$$a_\tau = \frac{\mathrm{d}v}{\mathrm{d}t} = -b,\quad a_n = \frac{v^2}{R} = \frac{(v_0 - bt)^2}{R}$$

故其加速度的大小为

$$a = \sqrt{a_\tau^2 + a_n^2} = \frac{\sqrt{R^2 b^2 + (v_0 - bt)^4}}{R}$$

加速度的方向由它和速度间的夹角 α 确定，即

$$\alpha = \arctan\left[\frac{(v_0 - bt)^2}{-Rb}\right]$$

(2) 由 $a_\tau = a_n$，则有

$$b = \frac{(v_0 - bt)^2}{R}$$

所以

$$t = \frac{(v_0 - \sqrt{bR})}{b}$$

1.5 质点运动学的两类典型问题

已知质点的运动学方程，即确定了质点在任意时刻的位置，那么可以通过微分计算确定质点在任意时刻的速度和加速度。因此，根据已知条件建立质点的运动学方程，是质点运动学的一个重要任务。如果已知质点的速度或加速度随时间变化的规律，同时根据初始条件，则可以通过积分计算得到质点的运动学方程。以上这两种情况就是所说的质点运动学的两类典型问题。

1.5.1 从运动学方程求速度和加速度

已知质点的运动学方程，求质点在任意时刻的速度和加速度。由位矢、速度和加速度三者定义之间的关系

$$\boldsymbol{v} = \frac{\mathrm{d}\boldsymbol{r}}{\mathrm{d}t}, \quad \boldsymbol{a} = \frac{\mathrm{d}\boldsymbol{v}}{\mathrm{d}t} = \frac{\mathrm{d}^2\boldsymbol{r}}{\mathrm{d}t^2}$$

则在直角坐标系中的正交分解式为

$$\begin{cases} v_x = \dfrac{\mathrm{d}x}{\mathrm{d}t} \\ v_y = \dfrac{\mathrm{d}y}{\mathrm{d}t} \\ v_z = \dfrac{\mathrm{d}z}{\mathrm{d}t} \end{cases} \qquad \begin{cases} a_x = \dfrac{\mathrm{d}v_x}{\mathrm{d}t} = \dfrac{\mathrm{d}^2x}{\mathrm{d}t^2} \\ a_y = \dfrac{\mathrm{d}v_y}{\mathrm{d}t} = \dfrac{\mathrm{d}^2y}{\mathrm{d}t^2} \\ a_z = \dfrac{\mathrm{d}v_z}{\mathrm{d}t} = \dfrac{\mathrm{d}^2z}{\mathrm{d}t^2} \end{cases}$$

因此将质点的位置坐标 $x(t)$，$y(t)$ 和 $z(t)$ 分别对时间 t 求一阶导数或二阶导数，可以得到质点在任意时刻的速度或加速度在 x，y 和 z 轴上的分量。

1.5.2 从加速度求运动学方程

已知质点的速度 $v(t)$（附以初始条件）求质点的运动学方程，或已知质点的加速度 $\boldsymbol{a}(t)$（附以初始条件）求质点在任意时刻的速度和运动学方程。这类问题可以由质点的速度在 x，y 和 z 轴上的分量分别对时间 t 积分计算得到质点的位置坐标 $x(t)$，$y(t)$ 和 $z(t)$；或先由质点的加速度在 x，y 和 z 轴上的分量分别对时间 t 积分计算得到质点的速度 x，y 和 z 轴上的分量，再进一步作积分运算可以得到质点的运动学方程 $x(t)$，$y(t)$ 和 $z(t)$。

例 1.6 已知 $\boldsymbol{r} = R\cos\omega t\boldsymbol{i} + R\sin\omega t\boldsymbol{j} + 2t\boldsymbol{k}$，$R$ 为正常数，求任意时刻 t 秒时的速度大小和加速度大小。

解　质点的速度为

$$v = \frac{dx}{dt}\boldsymbol{i} + \frac{dy}{dt}\boldsymbol{j} + \frac{dz}{dt}\boldsymbol{k}$$
$$= -\omega R\sin\omega t\boldsymbol{i} + \omega R\cos\omega t\boldsymbol{j} + 2\boldsymbol{k}$$

则得到速度大小

$$v = \sqrt{(-\omega R\sin\omega t)^2 + (\omega R\cos\omega t)^2 + 4} = \sqrt{\omega^2 R^2 + 4}$$

质点的加速度为

$$\boldsymbol{a} = \frac{d^2 x}{dt^2}\boldsymbol{i} + \frac{d^2 y}{dt^2}\boldsymbol{j} + \frac{d^2 z}{dt^2}\boldsymbol{k}$$
$$= -\omega^2 R\cos\omega t\boldsymbol{i} - \omega^2 R\sin\omega t\boldsymbol{j}$$

则得到加速度大小

$$a = \sqrt{(-\omega^2 R\cos\omega t)^2 + (-\omega^2 R\sin\omega t)^2} = \omega^2 R$$

求解这种类型的问题，所遇到的困难是：若题目未直接给出质点的运动学方程 $\boldsymbol{r} = \boldsymbol{r}(t)$，而只已知质点的具体运动情况。这就需要按题意先确定得到质点的运动学方程 $\boldsymbol{r} = \boldsymbol{r}(t)$，再进行求导运算来确定质点的速度和加速度。

例 1.7　在离水面高为 h 的岸上，有人用轻绳跨过一定滑轮拉船靠岸，当绳子以水平速度 v_0（常量）通过定滑轮时，忽略绳子的伸长，如图 1.12 所示，试求船的速度和加速度。

解　题目已知条件是人收绳的速率为 v_0，而要求的是船的速度和加速度，但我们可以从确定船的位置坐标的关系式即船的运动学方程入手。由于题目没有直接给出船的运动学方程，但可根据问题进行分析得到船的位置和其他有关变量的函数关系，从而确定船的速度和加速度。具体步骤如下：

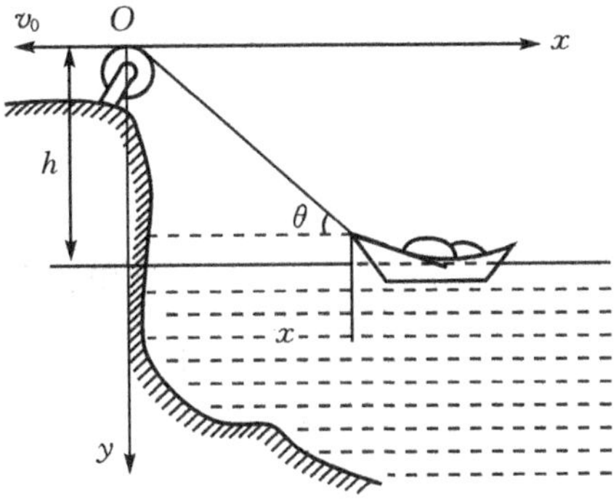

图 1.12　例 1.7 图

以岸为参考系，建立二维直角坐标，原点选定滑轮处，x 轴沿水平方向向右，y 轴竖直向下，如图 1.12 所示。选船为研究对象，并视为质点。则任一时刻船的坐标为

$$x = \sqrt{l^2 - h^2}$$
$$y = h\text{（常量）}$$

这里 l 为这一时刻的绳长。在人拉绳使船靠岸的过程中，l 随时间变短，说明 l 是时间 t 的函数。因此说明坐标 x 是关于时间的隐函数。由速度的定义

$$v_y = \frac{\mathrm{d}y}{\mathrm{d}t} = 0$$

$$v_x = \frac{\mathrm{d}x}{\mathrm{d}t} = \frac{l}{\sqrt{l^2 - h^2}} \frac{\mathrm{d}l}{\mathrm{d}t}$$

因为收绳过程中 l 随时间减小,所以 $\frac{\mathrm{d}l}{\mathrm{d}t} = -v_0$,代入上式,得

$$v_x = \frac{-l}{\sqrt{l^2 - h^2}} v_0 = -\frac{\sqrt{x^2 + h^2}}{x} v_0$$

因为 $x > 0$,可见 $v_x < 0$,这表明船的速度方向沿 x 轴的负方向,而 $v_y = 0$,说明船在沿 x 轴负方向作直线运动。

再根据加速度的定义

$$a_y = \frac{\mathrm{d}v_y}{\mathrm{d}t} = 0$$

$$a_x = \frac{\mathrm{d}v_x}{\mathrm{d}t} = -v_0^2 \frac{h^2}{x^3}$$

同理, $a_x < 0$,船的加速度方向也沿 x 轴的负方向。由于速度和加速度同方向,且加速度不是常量,表示船在作变加速直线运动。由已得分析可知,船的速率和加速度的大小均随坐标 x 的减小而增大。

例 1.8 一小球在粘性的油液中由静止开始下落,已知其加速度 $a = A - Bv$,式中 A,B 为常量,试求小球的速度和运动学方程。

解 选小球下落方向为 x 轴正方向,取小球下落的起点为坐标原点,开始下落时作为计时起点,因而小球运动的初始条件为 $t = 0$ 时, $x_0 = 0$, $v_0 = 0$ 。根据加速度的定义

$$a = \frac{\mathrm{d}v}{\mathrm{d}t} = A - Bv$$

分离变量后得

$$\frac{\mathrm{d}v}{A - Bv} = \mathrm{d}t$$

对上式两边积分,并利用初始条件 $t = 0$ 时, $v_0 = 0$,来确定积分下限得到

$$\int_0^v \frac{\mathrm{d}v}{A - Bv} = \int_0^t \mathrm{d}t$$

积分得到

$$v = \frac{A}{B}(1 - \mathrm{e}^{-Bt}) 。$$

这就是小球下落速度随时间 t 的变化规律。由此式可知,当 $t \to \infty$时, $v \to \frac{A}{B}$(常量),小球将达到最大速度,我们常称之为终极速度。

为求小球的运动学方程,可由速度的定义出发,因为

$$v = \frac{\mathrm{d}x}{\mathrm{d}t} = \frac{A}{B}(1 - \mathrm{e}^{-Bt})$$

分离变量后得到

$$\mathrm{d}x = \frac{A}{B}(1 - \mathrm{e}^{-Bt})\mathrm{d}t$$

积分上式，并利用初始条件当 $t=0$ 时，$x_0=0$，来确定积分下限，于是

$$\int_0^x \mathrm{d}x = \int_0^t \frac{A}{B}(1-\mathrm{e}^{-Bt})\mathrm{d}t$$

得到

$$x = \frac{A}{B}t + \frac{A}{B^2}(\mathrm{e}^{-Bt}-1)$$

这就是小球下落的运动学方程。

例 1.9　一质点沿 x 轴运动，其加速度 $a=-cx$（c 为常量）。设起始时刻 $t=0$ 时，质点静止不动，质点位于 $x=A$ 处，求质点的运动学方程。

解　由题设

$$a = \frac{\mathrm{d}v}{\mathrm{d}t} = -cx$$

可利用

$$\frac{\mathrm{d}v}{\mathrm{d}t} = \frac{\mathrm{d}v}{\mathrm{d}x}\cdot\frac{\mathrm{d}x}{\mathrm{d}t} = v\frac{\mathrm{d}v}{\mathrm{d}x}$$

于是原方程可改写为

$$v\mathrm{d}v = -cx\mathrm{d}x$$

对上式积分，并考虑初始条件得到

$$\int_0^v v\mathrm{d}v = -c\int_A^x x\mathrm{d}x$$

因而质点的速度为

$$v = \frac{\mathrm{d}x}{\mathrm{d}t} = \sqrt{c(A^2-x^2)}$$

再将上式分离变量，得

$$\frac{\mathrm{d}x}{\sqrt{A^2-x^2}} = \sqrt{c}\mathrm{d}t$$

对上式积分，并考虑初始条件：$t=0$ 时，$x=A$，得到

$$\int_A^x \frac{\mathrm{d}x}{\sqrt{A^2-x^2}} = \sqrt{c}\int_0^t \mathrm{d}t$$

积分得到

$$-\arccos\frac{x}{A} = \sqrt{c}t$$

于是，质点的运动学方程为

$$x = A\cos\sqrt{c}t$$

可见质点是在 $x=-A$ 与 $x=+A$ 之间作周期运动，质点作简谐振动。

例 1.10　已知一质点作平面运动，其瞬时加速度的变化规律为

$$\boldsymbol{a} = -A\omega^2\cos\omega t\boldsymbol{i} - B\omega^2\sin\omega t\boldsymbol{j}\ （A, B, \omega \text{ 均为正常数}）$$

在 $t=0$ 时，$x=A$，$y=0$，$v_x=0$，$v_y=B\omega$。试求：质点的运动学方程和轨迹方程。

解　根据加速度的定义，有

$$a_x = -A\omega^2\cos\omega t = \frac{\mathrm{d}v_x}{\mathrm{d}t}$$

对上式积分,并考虑初始条件得到

$$\int_0^{v_x} \mathrm{d}v_x = \int_0^t - A\omega^2 \cos\omega t\,\mathrm{d}t$$

得到

$$v_x = - A\omega \sin\omega t$$

同理

$$a_y = - B\omega^2 \sin\omega t = \frac{\mathrm{d}v_y}{\mathrm{d}t}$$

对上式积分,并考虑初始条件得到

$$\int_{B\omega}^{v_y} \mathrm{d}v_y = \int_0^t - B\omega^2 \sin\omega t\,\mathrm{d}t$$

得到

$$v_y = B\omega \cos\omega t$$

再根据速度的定义,分离变量积分

$$\int_A^x \mathrm{d}x = \int_0^t - A\omega \sin\omega t\,\mathrm{d}t$$

$$\int_0^y \mathrm{d}y = \int_0^t B\omega \cos\omega t\,\mathrm{d}t$$

最终得到

$$x = A\cos\omega t\ ; \qquad y = B\sin\omega t$$

则质点的运动学方程为

$$\boldsymbol{r} = A\cos\omega t\boldsymbol{i} + B\sin\omega t\boldsymbol{j}$$

联立消去时间 t,得到轨迹方程

$$\frac{x^2}{A^2} + \frac{y^2}{B^2} = 1$$

1.6 圆周运动

1.6.1 平面极坐标系

描述质点作平面曲线运动时,也可采用平面极坐标系。在参考系上取点 O 作为原点,引有刻度的射线 Ox 轴为极轴,即构成平面极坐标系,如图 1.13 所示。为了唯一表示质点在任一时刻的位置,可用该位置离 O 点的距离 r(称为极径)以及极径与 Ox 轴的夹角 θ(称为幅角)来共同确定,因此(r,θ)就是质点位置的平面极坐标。通常规定自极轴逆时针转至极径的幅角为正,反之为负。随着时间 t 的变化,质点的位置发生变化,则得到质点的运动学方程为

$$r = r(t)\ , \qquad \theta = \theta(t)$$

将时间变量 t 看作参数,则由上式联立消去参数 t,得到质点的轨迹方程在平面极坐标系中的形式为 $r = r(\theta)$ 。

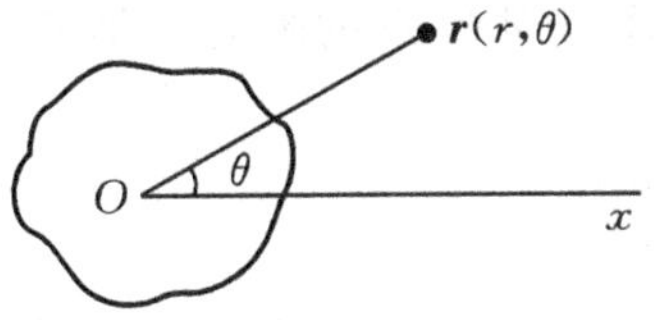

图1.13　平面极坐标系

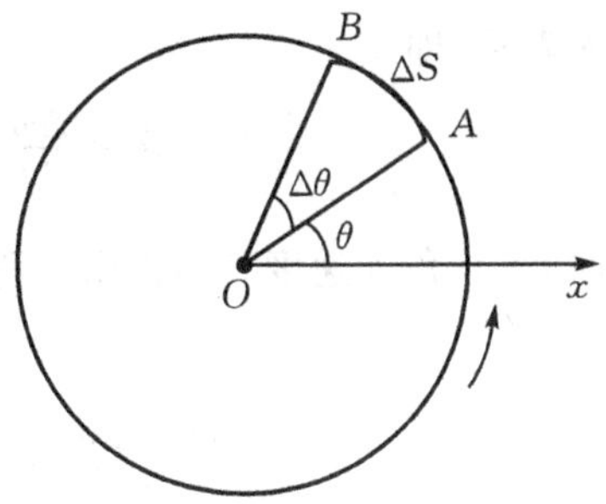

图1.14　圆周运动在极坐标系中的表示

下面利用极坐标系来讨论质点作圆周运动的情况。

1.6.2　圆周运动的角量描述

当质点绕圆心 O 作半径为 r 的圆周运动时，以圆心 O 为原点建立极坐标系，如图1.14所示。可以看出质点在任意位置处的极径 r 均是一个常量，则在任一时刻 t 时质点在圆周上的位置由幅角 θ 可以确定，幅角 θ 也称为质点的角坐标。当质点在圆周上运动时，角坐标 θ 随时间 t 而变化，是时间 t 的函数：

$$\theta = \theta(t) \tag{1.15}$$

式(1.15)就是质点作圆周运动时以角坐标表示的运动学方程。

1. 角位移

设任一时刻 t，质点位于 A 点，角坐标为 θ，经过一段时间 Δt，运动到 B 点，角坐标为 $\theta+\Delta\theta$，则角坐标的改变量 $\Delta\theta$ 就称为该 Δt 时间间隔内质点对 O 点的角位移，如图1.14所示。角位移是代数量，国际单位是弧度(rad)，其正负取决于角坐标变化的方向是与规定的正方向相同还是相反。

2. 角速度

引入角速度来描述质点作圆周运动的快慢和方向。角位移 $\Delta\theta$ 与发生这一角位移所经历的时间 Δt 的比值，称为该 Δt 时间间隔内质点对 O 点的平均角速度，用 $\bar{\omega}$ 表示，即

$$\bar{\omega} = \frac{\Delta\theta}{\Delta t}$$

当 Δt 趋近于零时，平均角速度 $\bar{\omega}$ 的极限值就称为质点在 t 时刻对 O 点的瞬时角速度(简称角速度)，即

$$\omega = \lim_{\Delta t\to 0}\frac{\Delta\theta}{\Delta t} = \frac{\mathrm{d}\theta}{\mathrm{d}t} \tag{1.16}$$

注意角速度是标量，国际单位是弧度/秒(rad/s)。若角速度 $\omega>0$，表示质点沿逆时针作圆周运动；反之 $\omega<0$，表示沿顺时针作圆周运动。

3. 角加速度

为了描述质点作圆周运动角速度的时间变化率，我们引入角加速度这一物理量。设质点在 t 时刻的角速度为 ω_0，经过 Δt 时间后，角速度变为 ω，因此，在该 Δt 时间间隔内角速度的增量

$$\Delta\omega = \omega - \omega_0$$

角速度的增量 $\Delta\omega$ 与产生这一增量所经历的时间 Δt 的比值称为该段时间内质点对 O 点的平

均角加速度，用$\bar{\beta}$表示，即

$$\bar{\beta}=\frac{\Delta\omega}{\Delta t}=\frac{\omega-\omega_0}{\Delta t}$$

当Δt趋近于零时，平均角加速度$\bar{\beta}$的极限值称为t时刻质点对O点的瞬时角加速度(简称角加速度)，即

$$\beta=\lim_{\Delta t\to 0}\frac{\Delta\omega}{\Delta t}=\frac{\mathrm{d}\omega}{\mathrm{d}t}=\frac{\mathrm{d}^2\theta}{\mathrm{d}t^2} \tag{1.17}$$

注意角加速度是标量，国际单位是弧度/秒^2($\mathrm{rad/s^2}$)。若角加速度β与角速度ω同号时，表示质点沿圆周作加速运动；反之角加速度β与角速度ω异号时，表示质点沿圆周作减速运动。

当质点作匀速圆周运动时，角速度ω是恒量，角加速度β为零；如果当质点作匀变速圆周运动时，则角加速度β为恒量；如果当质点作变速圆周运动时，角速度ω不是恒量，角加速度β一般也不是恒量。

1.6.3 线量与角量的关系

当质点作圆周运动时，也可沿圆周运动轨迹建立自然坐标系。则质点作圆周运动，既可用线量(自然坐标s，速度v，加速度a等)来描述，也可用角量(角位置θ，角速度ω，角加速度β等)来描述，因而，从图1.14可得，线量Δs和角量$\Delta\theta$之间的关系为

$$\Delta s=r\Delta\theta \tag{1.18}$$

Δs是作圆周运动质点在Δt时间内沿轨迹自然坐标的增量，$\Delta\theta$为角位移。同时，质点的速度沿切线方向的投影v与角速度ω的关系为

$$v=\frac{\mathrm{d}s}{\mathrm{d}t}=\lim_{\Delta t\to 0}\frac{\Delta s}{\Delta t}=r\lim_{\Delta t\to 0}\frac{\Delta\theta}{\Delta t}=r\frac{\mathrm{d}\theta}{\mathrm{d}t}=r\omega \tag{1.19}$$

又由切向加速度和法向加速度的定义，可得到线量(a_τ，a_n)和角量(ω，β)的关系为

$$a_\tau=\frac{\mathrm{d}v}{\mathrm{d}t}=r\frac{\mathrm{d}\omega}{\mathrm{d}t}=r\beta \tag{1.20}$$

$$a_\mathrm{n}=\frac{v^2}{r}=r\omega^2 \tag{1.21}$$

式(1.18)～式(1.21)分别表述了质点作圆周运动的线量(Δs，v，a_τ、a_n)与角量($\Delta\theta$，ω，β)之间的关系。

若当质点以恒角加速度β作匀变速圆周运动时，则角坐标θ、角位移$\Delta\theta$、角速度ω、角加速度β和时间t之间的关系，与匀变速直线运动中相应线量间的关系类似，可以得到

$$\begin{cases}\Delta\theta=\theta-\theta_0=\omega_0 t+\dfrac{1}{2}\beta t^2\\ \omega=\omega_0+\beta t\\ \omega^2-\omega_0^2=2\beta(\theta-\theta_0)=2\beta\Delta\theta\end{cases} \tag{1.22}$$

式中：θ_0，ω_0分别是$t=0$时刻质点的角坐标和角速度；θ，ω则为t时刻质点的角坐标和角速度。

当飞轮等刚体(形状和大小都不变的物体)绕固定轴线转动时，刚体内任一点都在垂直于转轴的各个平面内绕轴作圆周运动。在同一时间间隔Δt内，各点的角位移$\Delta\theta$都相同，从而角速度ω和角加速度β的数值都相同。故也把$\Delta\theta$，ω，β分别称为刚体绕定轴转动的角位移、角

速度和角加速度。若当刚体作匀变速转动时，角加速度 β 为常量，则也可以利用式(1.22)来计算刚体绕定轴转动时刚体的角位移、角速度和角加速度。

例 1.11 一质点沿半径 $r=0.1\ \text{m}$ 的圆周运动，其角位置可用 $\theta=-t^2+4t$ (SI)表示，试求 $t=1\ \text{s}$ 时质点的速度和加速度的大小。

解 根据 ω, β 的定义和线量与角量的关系，有

$$\omega=\frac{\mathrm{d}\theta}{\mathrm{d}t}=-2t+4\ (\text{rad/s})$$

$$\beta=\frac{\mathrm{d}\omega}{\mathrm{d}t}=-2\ (\text{rad/s}^2)$$

当 $t=1\ \text{s}$ 时，质点的速度 v、切向加速度 a_τ 和法向加速度 a_n 分别为

$$v=r\omega=r(-2t+4)=0.2\ \text{m/s}\ ,$$

$$a_\tau=r\beta=-0.2\ \text{m/s}^2\ ,$$

$$a_n=r\omega^2=r(-2t+4)^2=0.4\ \text{m/s}^2\ 。$$

所以，质点的加速度的大小

$$a=\sqrt{a_\tau^2+a_n^2}=\sqrt{(-0.2)^2+(0.4)^2}=0.45\ \text{m/s}^2\ 。$$

计算可知，质点的 β，a_τ 均为常量，所以质点作匀变速圆周运动。在 0 到 2s 内，$\beta<0$，$a_\tau<0$，$v>0$，故质点作匀减速圆周运动；当 $t>2\ \text{s}$ 时，质点沿相反的方向作匀加速圆周运动。

例 1.12 一飞轮从静止开始以恒角加速度 2 rad/s² 转动，经过某一段时间后开始计时，在 5 s 内飞轮转过 75 rad。问开始计时以前，飞轮转动了多长时间？

解 由于飞轮角加速度 $\beta=2\ \text{rad/s}^2$，说明飞轮作匀变速转动。因为飞轮从静止出发，即 $\omega_0=0$。设在开始计时以前，飞轮已经转过 t 时间，根据匀变速圆周运动的角位移公式

$$\Delta\theta=\theta-\theta_0=\omega_0 t+\frac{1}{2}\beta t^2$$

则飞轮在 t 时间内转过的角位移为

$$\Delta\theta_1=t^2\ (\text{rad})$$

而飞轮在 $t+5$ 时间内转过的角位移为

$$\Delta\theta_2=(t+5)^2\quad (\text{rad})$$

由已知在计时之后的 5 s 内飞轮转过 75 rad，有

$$\Delta\theta_2-\Delta\theta_1=(t+5)^2-t^2=75$$

所以可得 $t=5\ \text{s}$，即在开始计时以前，飞轮转动了 5 秒。

例 1.13 已知质点的角加速度 $\beta(t)=6t^2+2$ (SI)，当 $t=0$ 时，$\theta=\frac{\pi}{6}$，$\omega=3$，求质点在任意 t 时刻的角速度 $\omega(t)$ 和角坐标 $\theta(t)$。

解 由角加速度的定义 $\beta(t)=\frac{\mathrm{d}\omega}{\mathrm{d}t}=6t^2+2$，先分离变量，根据初始条件确定积分上下限，积分有

$$\int_0^t(6t^2+2)\mathrm{d}t=\int_3^\omega \mathrm{d}\omega$$

得到角速度为

$$\omega(t) = 2t^3 + 2t + 3 \quad (\text{rad/s})$$

然后根据角速度的定义 $\omega(t) = \dfrac{\mathrm{d}\theta}{\mathrm{d}t} = 2t^3 + 2t + 3$

先分离变量,根据初始条件确定积分上下限,积分有

$$\int_0^t (2t^3 + 2t + 3)\mathrm{d}t = \int_{\frac{\pi}{6}}^{\theta} \mathrm{d}\theta$$

得到角坐标为

$$\theta(t) = \frac{t^4}{2} + t^2 + 3t + \frac{\pi}{6} \quad (\text{rad})$$

1.7 相对运动

运动关系的相对性是牛顿力学所研究的中心内容。研究牛顿力学,必须从研究相对运动入手。由于运动描述的相对性,在不同的参考系中对同一质点的运动情况的描述是不同的。现在,我们来讨论在两个作相对运动的参考系中描述同一质点运动的物理量,如位矢、位移、速度和加速度之间的关系。在这里,我们只讨论两个参考系之间相对平动,即一个参考系上的各点相对于另一参考系有相同的速度的情形。这时,可以说一个参考系以某一速度相对于另一参考系运动。

考虑质点 P 在运动,设有两个参考系 S 和 S',如图 1.15 所示,已知运动参考系 S' 相对基本参考系 S 以速度 u 运动,由于平动,S' 和 S 系的相应坐标轴的方向始终保持平行。下面分别从 S 和 S' 系中分析质点 P 的运动。

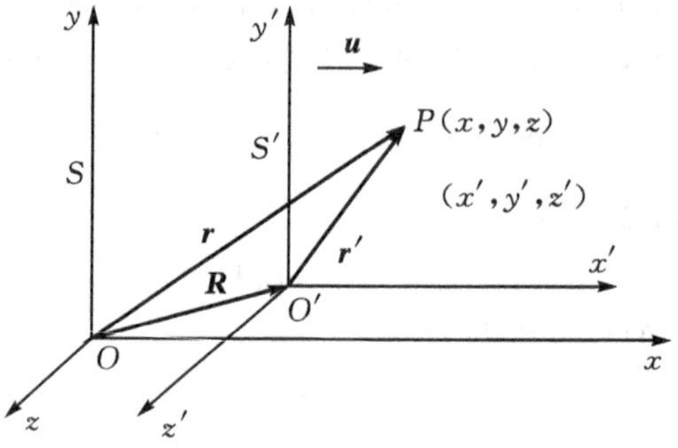

图 1.15 基本参考系和运动参考系

设在 t 时刻,质点 P 在 S 和 S' 系中的位矢、速度和加速度分别为 $\boldsymbol{r}$, $\boldsymbol{v}$, $\boldsymbol{a}$ (基本参考系 S)和 $\boldsymbol{r}'$, $\boldsymbol{v}'$, $\boldsymbol{a}'$ (运动参考系 S'),而同时 S' 系的坐标原点 O' 对 S 系原点 O 的位矢为 $\boldsymbol{R}$,由图 1.15 可知

$$\boldsymbol{r} = \boldsymbol{R} + \boldsymbol{r}' \tag{1.23}$$

下面讨论质点在 S 和 S' 系中的速度间的关系,将式(1.23)对时间 t 求一阶导数,得到

$$\frac{\mathrm{d}\boldsymbol{r}}{\mathrm{d}t} = \frac{\mathrm{d}\boldsymbol{R}}{\mathrm{d}t} + \frac{\mathrm{d}\boldsymbol{r}'}{\mathrm{d}t}$$

式中, $\dfrac{\mathrm{d}\boldsymbol{r}}{\mathrm{d}t}$ 是运动质点在基本参考系 S 中的速度 $\boldsymbol{v}$,称之为绝对速度; $\dfrac{\mathrm{d}\boldsymbol{R}}{\mathrm{d}t}$ 是运动坐标系 S' 相对

于基本坐标系 S 的速度 $\boldsymbol{u}$，称之为牵连速度；而 $\frac{\mathrm{d}\boldsymbol{r}'}{\mathrm{d}t}$ 是同一运动质点在运动参考系 S' 中的速度 $\boldsymbol{v}'$，称之为相对速度。于是上式可写成

$$\boldsymbol{v} = \boldsymbol{u} + \boldsymbol{v}' \tag{1.24}$$

式(1.24)就是两个相对平动的参考系中同一质点的速度变换关系。

根据加速度的定义，同样可以由式(1.24)得到同一运动质点在两个相对平动的参考系中的加速度变换关系

$$\frac{\mathrm{d}\boldsymbol{v}}{\mathrm{d}t} = \frac{\mathrm{d}\boldsymbol{u}}{\mathrm{d}t} + \frac{\mathrm{d}\boldsymbol{v}'}{\mathrm{d}t}$$

即

$$\boldsymbol{a} = \boldsymbol{a}_0 + \boldsymbol{a}' \tag{1.25}$$

其中 $\boldsymbol{a}_0$ 是 S' 系相对于 S 系的加速度，常称牵连加速度；$\boldsymbol{a}'$ 是质点相对于运动参考系 S' 的加速度，称为相对加速度；而 $\boldsymbol{a}$ 是质点相对于基本参考系 S 的加速度，称为绝对加速度。

需要指出，上面得到的速度变换公式和加速度变换公式，只适用于相互间作平动的两个坐标系，对运动坐标系(S' 系)相对基本坐标系(S 系)作转动时，它们将不再适用。还应当指出，式(1.23)～式(1.25)都是在认为长度和时间的测量与参考系无关的前提下得出的，这些关系式在经典力学中是成立的。但是在狭义相对论中将会看到，当两个参考系之间的相对运动速度大到可与光速相比较时，在这两个参考系中，同一物体的长度、同一事件的时间测量都和参考系有关，此时式(1.23)～式(1.25)这些关系式都不再适用。

例 1.14　一辆在雨中行驶的带蓬卡车，蓬高 $h=2$ m，当它停在路旁时，雨滴可落入车内距车厢后缘 $d=1$ m 远处，如图 1.16 所示。当它以 $u=18$ km/h 的速率沿平直马路行驶时，雨滴恰好不能落入车内，求雨滴的速度。

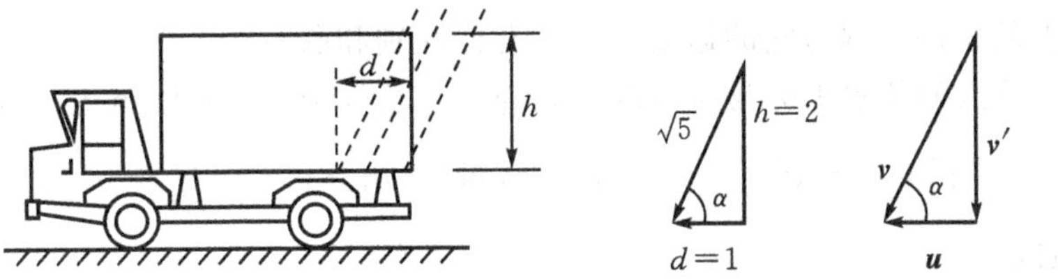

图 1.16　例 1.14 图

解　设地面参考系为基本参考系 S，卡车参考系为运动参考系 S'，且雨滴在 S 和 S' 系中的速度分别为 $\boldsymbol{v}$ 和 $\boldsymbol{v}'$，车对地的速度为 $\boldsymbol{u}$，则有

$$\boldsymbol{v} = \boldsymbol{u} + \boldsymbol{v}'$$

可知 $\boldsymbol{v}$ 的方向与地面的夹角

$$\alpha = \arctan\frac{h}{d} = 63.4°$$

当车行驶时，$\boldsymbol{v}'$ 应恰与 $\boldsymbol{u}$ 垂直，三个速度间的关系如图 1.16 所示，故雨滴的速度大小

$$v = \frac{|\boldsymbol{u}|}{\cos\alpha} = \frac{18}{1/\sqrt{5}} = 40.2\ \mathrm{km/h}$$

例 1.15　在相对地面静止的坐标系内，A，B 二船都以 2 m/s 的速率匀速行驶，A 船沿 x 轴正向，B 船沿 y 轴正向，今在 A 船上设置与静止坐标系方向相同的坐标系(x，y 方向单位矢

量用 $\boldsymbol{i}$, $\boldsymbol{j}$ 表示)，那么在 A 船上的坐标系中，求 B 船的速度。

解 题目要求的是在 A 船上的坐标系中 B 船的速度，说明研究对象为 B 船。A 船为运动参考系，一般选取地面为基本参考系。因此可知运动参考系 A 船相对于地面(基本参考系)的速度是牵连速度，有

$$\boldsymbol{v}_A = 2\boldsymbol{i} \quad (\text{m/s})$$

而研究对象 B 船的速度对地面(基本参考系)的速度是绝对速度，有

$$\boldsymbol{v}_B = 2\boldsymbol{j} \quad (\text{m/s})$$

因此在 A 船上的坐标系中 B 船的速度是相对速度，等于绝对速度减去牵连速度的矢量差，最后得到

$$\boldsymbol{v}_{B\to A} = \boldsymbol{v}_B - \boldsymbol{v}_A = -2\boldsymbol{i} + 2\boldsymbol{j} \quad (\text{m/s})$$

复习思考题

1.1 机械运动的基本特征是什么？采用哪些描述方法？

1.2 考察地球的运动，在什么情况下可将它视为质点？又在什么情况下不可将它视为质点？

1.3 说人造地球卫星的轨道形状近似圆形，是以什么为参考系？若以日心参考系，人造地球卫星的运动轨道又是怎样的？

1.4 什么是质点的运动学方程？你学过几种形式的质点运动学方程？

1.5 一质点作匀速圆周运动，圆半径为 r，角速度为 ω，试分别写出用直角坐标、位矢、自然坐标表示的质点运动学方程，并写出直角坐标系下质点的轨迹方程。

1.6 质点的轨迹方程与它的运动学方程有何区别和联系？

1.7 已知质点的位置坐标与时间的关系为 $x = R\cos\omega t$ ，$y = R\sin\omega t$ 。求质点速率时，有人根据 $\boldsymbol{r} = x\boldsymbol{i} + y\boldsymbol{j}$ 计算 $r = \sqrt{x^2 + y^2} = R =$ 常量，并由此得 $v = \dfrac{\mathrm{d}r}{\mathrm{d}t} = 0$ ，这个结论是错误的。指出错误的原因。

1.8 (1)位移和路程有何区别？在什么情况下两者的量值相等？在什么情况下并不相等？(2)平均速度和平均速率有何区别？在什么情况下两者的量值相等？(3)瞬时速度与平均速度的区别和联系是什么？是否在任何运动中平均速度都只是运动的近似描述？(4)瞬时速率与平均速率的区别和联系是什么？

1.9 匀加速运动是否一定是直线运动？为什么？圆周运动中，加速度的方向是否一定指向圆心？

1.10 圆周运动中质点的加速度是否一定和速度方向垂直？任意曲线运动的加速度是否一定不与速度方向垂直？

1.11 (1)一物体具有加速度而其速度为零，是否可能？(2)一物体具有恒定的速率但仍有变化的速度，是否可能？(3)一物体具有恒定的速度但仍有变化的速率。是否可能？(4)一物体具有沿 Ox 轴正方向的加速度而有沿 Ox 轴负方向的速度，是否可能？(5)一物体的加速度大小恒定而其速度的方向改变，是否可能？

1.12 回答下列问题：

(1)有人说:"物体的加速度越大,物体的速率也越大",你认为对不对?

(2)有人说:"物体在直线上运动前进时,如果物体向前的加速度减小了,物体前进的速度也就减小了",你认为对不对?

(3)有人说:"物体加速度的值很大,而物体速度的值可以不变,是不可能的",你认为对不对?

1.13　加速度沿轨道切线的投影 a_τ 为负的含义是什么?

有人说:"某时刻 a_τ 为负说明该时刻质点的运动是减速的。"你认为这种说法对吗?如何判断质点的曲线运动是加速的还是减速的?

1.14　能通过作图说明质点作曲线运动时加速度总是指向轨道曲线凹的一侧吗?

1.15　试求因地球自转所引起的地面上任一点的速度和向心加速度随该点纬度的变化。假设地球为均匀的球体,半径 $R=6.37\times10^6\,\text{m}$,自转角速度 $\omega=7.29\times10^{-5}\,\text{s}^{-1}$。

1.16　试画出斜抛运动的速率-时间曲线。

习　题

1.1　一质点作直线运动,某时刻的瞬时速度 $v=2\ \text{m}\cdot\text{s}^{-1}$,瞬时加速度 $a=-2\ \text{m}\cdot\text{s}^{-2}$,则1s后质点的速度等于[　　]。

(A)0　　(B)$2\ \text{m}\cdot\text{s}^{-1}$　　(C)$-2\ \text{m}\cdot\text{s}^{-1}$　　(D)不能确定

1.2　一质点作一般平面曲线运动,其瞬时速度为 $\boldsymbol{v}$,速率为 v,平均速度为 $\bar{\boldsymbol{v}}$。平均速率为 $\bar{v}$。则这些量之间的关系必定是[　　]。

(A) $|\boldsymbol{v}|=v$,　$|\bar{\boldsymbol{v}}|=\bar{v}$　　(B) $|\boldsymbol{v}|\neq v$,　$|\bar{\boldsymbol{v}}|=\bar{v}$

(C) $|\boldsymbol{v}|\neq v$　$|\bar{\boldsymbol{v}}|\neq\bar{v}$　　(D) $|\boldsymbol{v}|=v$　$|\bar{\boldsymbol{v}}|\neq\bar{v}$

1.3　一质点作平面曲线运动,某一瞬时的位矢为 $\boldsymbol{r}(x,y)$,则它该时刻的速度大小为[　　]。

(A) $\dfrac{\mathrm{d}\boldsymbol{r}}{\mathrm{d}t}$　　(B) $\dfrac{\mathrm{d}r}{\mathrm{d}t}$

(C) $\dfrac{\mathrm{d}|\boldsymbol{r}|}{\mathrm{d}t}$　　(D) $\left[\left(\dfrac{\mathrm{d}x}{\mathrm{d}t}\right)^2+\left(\dfrac{\mathrm{d}y}{\mathrm{d}t}\right)^2\right]^{1/2}$

1.4　一质点的运动方程是 $\boldsymbol{r}=R\cos\omega t\boldsymbol{i}+R\sin\omega t\boldsymbol{j}$,$R$,$\omega$ 为正常数。从 $t=\pi/\omega$ 到 $t=2\pi/\omega$ 时间内该质点经过的路程是[　　]。

(A) $2R$;　(B) πR;　(C) 0;　(D) $\pi R\omega$

1.5　质点沿 x 方向运动,加速度随时间变化关系为 $a=3+2t$ (SI),初始时质点速度 v_0 为 5 m/s,则 $t=3\text{s}$ 时,质点速度 v 为[　　]。

(A) 13 m/s　(B) 14 m/s　(C) 23 m/s　(D) 24 m/s

1.6　一质点在平面上运动,已知质点位置矢量的表达式为 $\boldsymbol{r}=at^2\boldsymbol{i}+bt^2\boldsymbol{j}$ (其中 a、b 为常量),则该质点作[　　]。

(A) 匀速直线运动　(B)变速直线运动

(C)抛物线运动　　(D)一般曲线运动

1.7　一质点沿 x 轴作直线运动,其 v-t 曲线如图1.17所示,如 $t=0$ 时,质点位于坐标原点,则 $t=4.5$ s时,质点

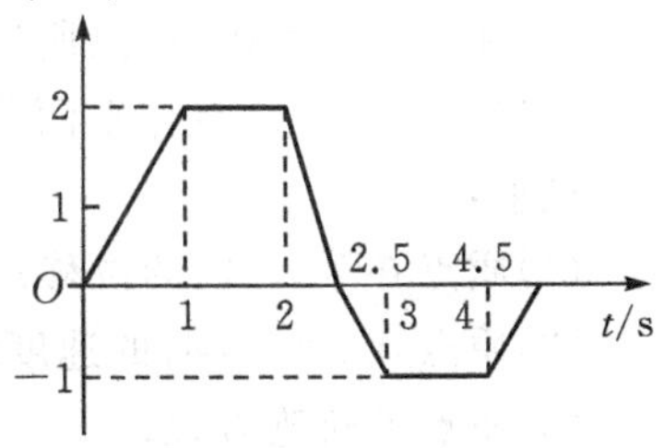

图1.17

在 x 轴上的位置为［　　］。

(A) 0　　(B) 5 m

(C) 2 m　　(D) −2 m

1.8　一质点在 Oxy 平面内运动，它的运动方程为：$\boldsymbol{r}=4t^3\boldsymbol{i}+(2t+3)\boldsymbol{j}$ (SI)则从 $t=0$ 到 $t=1\text{s}$ 质点的平均速度 $\boldsymbol{v}=$ ________；

从 $t=0$ 到 $t=2\text{s}$ 质点的平均加速度 $\boldsymbol{a}=$ ________。

1.9　试说明质点作何种运动时，将出现下述各种情况（$v\neq0$）：

(1) $a_\tau\neq0$，$a_n\neq0$；________；

(2) $a_\tau\neq0$，$a_n=0$；________；

(3) $a_\tau=0$，$a_n\neq0$；________。

1.10　一质点作如图 1.18 所示的斜抛运动，测得它在轨道 A 点处的速度大小为 v，方向与水平方向成 30°角，则该质点在 A 点的切向加速度 $a_\tau=$ ________；轨道该点的曲率半径 $\rho=$ ________。

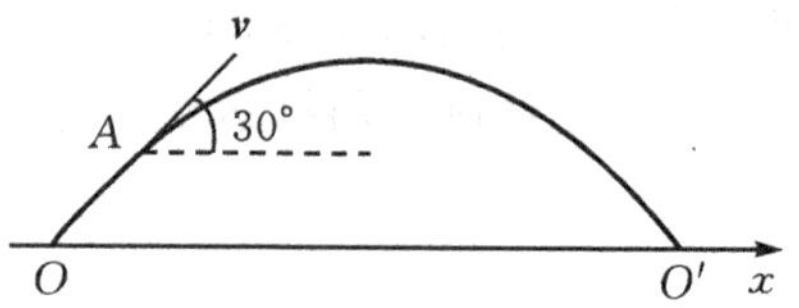

图 1.18

1.11　一质点沿半径为 R 的圆周运动，在 $t=0$ 时经过 P 点，此后它的速率 v 按 $v=A+Bt$（A,B 为正的已知常量）变化，则质点沿圆周运动一周再经过 P 点时的切向加速度 $a_\tau=$ ________，法向加速度 $a_n=$ ________。

1.12　某物体沿 x 轴作直线运动规律为 $a=-kv^2$，k 是常数。当 $t=0$ 时，$v=v_0$，$x=0$。则求速度 v 随坐标 x 变化的规律是________，速度 v 随时间 t 变化的规律是________，坐标 x 随时间 t 变化的规律是________。

1.13　已知一质点沿 Ox 轴作直线运动，其运动方程为 $x=2+6t^2-2t^3$（式中 x 的单位为 m，t 的单位为 s)，求：

(1)质点在运动开始后 4.0 s 内的位移大小；

(2)质点在该时间间隔内所通过的路程。

1.14　如图 1.19 所示，一人自原点出发，25 s 内向东走 30 m，又 10 s 内向南走 10 m，再 15 s 内向正西北走 18 m，求在这 50 s 内：

(1)平均速度的大小和方向；

(2)平均速率的大小。

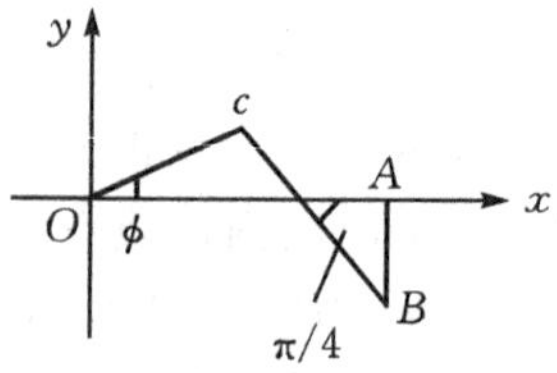

图 1.19

1.15　质点从静止出发沿半径为 $R=3$ m 的圆周作匀变速圆周运动，已知切向加速度 $a_\tau=3\ \text{m/s}^2$，求：

(1)经过多少时间后质点的加速度恰好与半径成 45°角？

(2)在上述时间内，质点所经过的路程和角位移各为多少？

1.16　已知一质点作平面曲线运动，运动学方程为 $\boldsymbol{r}=2t\boldsymbol{i}+(2-t^2)\boldsymbol{j}$ (SI)。试求：

(1)质点在第 2s 内的位移；

(2)质点在 $t=2$ s 时的速度和加速度；

(3)质点的轨迹方程；

(4)在 Oxy 平面内画出质点的运动轨迹，并在图上标出 $t=2$ s 时质点的位矢 $\boldsymbol{r}$，速度 $\boldsymbol{v}$ 和

加速度 $\boldsymbol{a}$。

1.17　一运动质点的位置与时间的关系为 $x = 10t^2 - 5t$，试求：

(1)质点的速度和加速度与时间的关系，以及初速度的大小和方向；

(2)质点在原点左边最远处的位置；

(3)何时 $x=0$，此时质点的速度是多少？

1.18　一质点在 Oxy 平面内运动，运动学方程为 $x = 2t$，$y = 19 - 2t^2$ (SI)，求：

(1)计算并图示质点的运动轨迹；

(2)写出 $t=1\text{s}$ 和 $t=2\text{s}$ 时刻质点的位矢；并计算这一秒内质点的平均速度；

(3)计算 $t=1\text{s}$ 和 $t=2\text{s}$ 时刻的速度和加速度；

(4)在什么时刻质点的位矢与其速度恰好垂直？

(5)在什么时刻，质点离原点最近？距离是多少？

1.19　一质点以初速度 v_0 沿与水平地面成 θ 角的方向上抛，并落回到同一水平地面上，求该质点在 t 时刻的切向加速度和法向加速度，以及该抛体运动轨道的最大和最小曲率半径。

1.20　一质点沿半径为 0.1 m 的圆周运动，其角位置 $\theta = 2 + 4t^3$ (SI)，求：

(1)$t=2$ s 时的切向加速度 a_τ 和法向加速度 a_n；

(2)当 $a_\tau = \dfrac{a}{2}$ 时，θ 等于多少？

(3)何时质点的加速度与半径的夹角为 45°。

1.21　一质点作圆周运动，在 $t=0$ 时角速度为 ω_0，由于计时之后质点在转动过程中受到阻力作减速转动，角加速度 $\beta(t) = -2t$，求质点从减速后到静止时所经过的时间是多少？

1.22　一质点沿 x 轴运动，其加速度 a 与位置坐标 x 的关系为 $a = -3x^2$ (SI)，若质点在原点处的速度为 6，试求其任意位置处的速度？

1.23　质点沿直线运动，加速度 $a = 4 - t^2$，式中 a 的单位为 $\text{m}\cdot\text{s}^{-2}$，当 $t = 3$ s 时，$x = 9$ m，$v_x = 2\ \text{m}\cdot\text{s}^{-1}$。求质点的运动学方程。

1.24　一质点在铅直方向上作一维振动，其加速度与坐标的关系为 $a = -ky$，式中 k 为常量，y 为以平衡位置为原点测得的坐标。已知质点在 $y = y_0$ 处的速度为 v_0，求质点的速度与坐标 y 的函数关系。

1.25　一辆直线行驶的摩托车，关闭发动机后其加速度方向与速度方向相反，大小与速率平方成正比，即 $a = -kv^2$，式中 k 为正的常量。试证明：摩托车在关机后又行驶 x 距离时的速度为 $v = v_0 \text{e}^{-kx}$，其中 v_0 是发动机关闭时的速度。

1.26　当一列火车以 72 km/h 的速率向东行驶时，相对于地面在匀速竖直下落的雨滴，在列车的窗子上形成的雨迹与竖直方向成 30°角。求：

(1)雨滴相对于地面的水平分速有多大？相对于列车的水平分速有多大？

(2)雨滴相对于地面的速率如何？相对于列车的速率如何？

1.27　一条南北走向的大河，河宽为 l，河水自北向南流，河中心水流速度为 u_0，靠两岸流速为零。在垂直河宽方向上任一点的水流速度与 u_0 之差和该点到河中心的距离的平方成正比。今有一汽船由西岸出发，以相对于水流的速度 v_0 向东偏北 45°方向航行，试求：汽船航线的轨迹方程及它到达东岸的地点。

1.28　一个人骑车以 18 km/h 的速率自东向西行进时，看见雨点竖直下落。当他的速率增至 36 km/h 时，看见雨点与他前进的方向成 120°角下落，则求：雨点对地的速度大小是多少？雨点对地的速度方向与竖直向下方向夹角是多少？

1.29 一只轮船在河中航行，相对于河水的速度为 20 $\mathrm{km \cdot h^{-1}}$，相对于流水的航向为北偏西 30°，河水自西向东流，速度为 10 $\mathrm{km \cdot h^{-1}}$。此时有风吹向正西，风速为 10 $\mathrm{km \cdot h^{-1}}$。试求在船上观测到烟囱冒出的烟缕的飘行方向（设烟离开烟囱后很快就获得与风相同的速度）。

1.30 一质点从静止开始作直线运动，开始加速度为 a，此后加速度随时间均匀增加，经过时间 t 的加速度为 $2a$，经过时间 $2t$ 后，加速度为 $3a$，…，求经过时间 nt 后，该质点的加速度和走过的距离。

第 2 章

牛顿运动定律

运动学研究的是运动状态的描述，并没有涉及引起运动状态变化的原因——物体间的相互作用。在本章及以后几章中，本书着手研究物体间的相互作用以及由此而引起的物体运动状态变化的内在规律性，讨论质点之间的相互作用与质点机械运动变化之间的关系，称为质点动力学。

在本章中，先提出关于力和质量的概念，再讨论外力作用与质点运动状态变化的关系。质点动力学基本规律是牛顿运动三个定律，这也是整个牛顿力学的基础。现代物理学的研究结果表明，动量、角动量和动能是表征机械运动的三个基本量，动量守恒定律、角动量守恒定律和能量守恒定律以及与之相关的动量定理、动能定理和角动量定理深刻反映了机械运动相互传递或机械运动与其他运动形式相互转化之间的关系，具有普遍意义。从这章开始，将先对牛顿运动定律进行讨论。

2.1 牛顿第一定律

2.1.1 惯性定律

牛顿定律不是不证自明的。在追究物体运动的起因时，从表面上看，亚里士多德的观点：要维持一个物体的运动，必须不断地用力推它，似乎是正确且符合事实的。这里有一个更重要的事实曾被人们忽视了 2000 年，那就是如果不用力推它，它并不立即停止下来。直到 17 世纪伽利略把科学的实验方法与物理学规律的研究结合起来，才使物理学走上真正科学的道路。他用精确的数学分析总结实验数据，并进行理论演绎或逻辑推理，得出超过实验本身的更普遍的理论结论。为了说明不受外力作用的物体会保持自己的速度不变，伽利略在著名的斜面实验结果中推理指出："在倾斜的平面上，向上运动的物块，若要使它作匀速运动，必须持续施以向上的推力，在倾斜的平面上，向下滑的物块，必须不断地受到外力阻碍才能够做匀速运动。那么在水平的光滑平面上，物体维持匀速运动就既不需要推力也不需要阻力。"这是对亚里士多德观点认真的批驳。于是根据实验结论进行合理的推理、归纳、总结："一个运动的物体假如有了某种速度以后，只要没有增加或减少速度的外部原因，便会始终保持这种速度——这个条件只有在水平平面上才有可能，因为假如在沿斜面运动情况里，朝下运动已有了加速的因素，而朝上运动，则已有了减速的因素。"

牛顿(I. Newton)在前人工作的基础上进行自己的研究，把伽利略提出的这种加速(或减速)因素，明确地称为力，从而确立了力不是维持物体运动的原因，而是使物体运动状态发生变化的原因。在牛顿的代表作《自然哲学的数学原理》一文中将这表述为牛顿运动第一定律：每个物体继续保持其静止或沿一直线作匀速运动的状态，除非有力加于其上迫使它改变运动状态。

牛顿运动第一定律包含两个重要的物理概念:①每个物体都具有保持其静止或沿一直线作匀速运动的性质,这性质称为惯性,所以牛顿第一定律又称惯性定律。②改变物体的运动状态,使它产生加速度,必须给物体作用以力,这就给力以确切的定性定义:力是使物体改变运动状态的作用。

任何物体都保持静止或匀速直线运动状态,直到其他物体作用的力迫使它改变这种状态为止。这就是通常所说的牛顿第一定律。物体保持静止或匀速直线运动状态的这种特性,叫做惯性,因此,牛顿第一定律又称为惯性定律。

惯性定律可以改用较为现代化的说法表述如下:自由粒子永远保持静止或匀速直线运动的状态。

所谓"自由粒子"是不受任何相互作用的粒子或质点,它应该是完全孤立的,或者是世界上唯一的粒子。显然,实际上我们不能找到这样的粒子。但是,当其他粒子都离它非常远,从而对它的影响可以忽略时,或者当其他粒子对它的作用相互抵消时,这个粒子也可看成是自由的。

由此可见,惯性定律是不能直接用实验来严格验证的,它是理想化抽象思维的产物。我们确信它的正确性,是因为由它导出的其他结果都和实验事实相符合。像这种研究问题的方法,在科学发展史中也是屡见不鲜的。

惯性定律不仅适用于质点运动的整体,也对质点运动的一个独立分量成立,例如一铅球从正在匀速直线行驶的帆船的桅杆顶部落下时,由于铅球下落前已获得了与帆船相同的水平速度,按照惯性定律,它在下落过程中将保持这一水平速度分量不变,因而仍将落在桅杆脚下,与船静止时下落的位置相同。

2.1.2 惯性系

从上章可知,由于速度是个具有相对的物理量,与参考系的选择有关,因此并不是所有参考系中牛顿第一定律都能成立,例如,一个物体放在桌子上,水平方向不受外力,它静止不动。在地球参考系中牛顿第一定律成立,但将其旁边的一辆加速行驶过去的汽车作为参考系,这个物体水平方向不受外力,而在作与汽车反方向的加速运动。在这个汽车参考系中牛顿第一定律不成立。

惯性定律成立的参考系称为惯性参考系,惯性定律不成立的参考系称为非惯性参考系。为了使用牛顿定律解决问题,必须选用惯性参考系,所以动力学问题中,参考系的选择就不是任意的了。牛顿第一定律作为力学的基础,实际上是关于惯性参考系存在的一种表述。它告诉我们:如果不存在其他物体的作用力,就存在一簇参考系,相对于这些参考系,质点的加速度为零。从以上的分析可知,惯性参考系是相对静止或作匀速直线运动的参考系。于是还可以推论得到:凡是相对于某一已知的惯性系作匀速直线运动的参考系也都是惯性系。

那么,作为参考系的那些物体,也应该是远离其他物体的,于是,我们只能在宇宙范围里去寻找惯性系。因为星体之间距离很大,所以常取星体作为惯性系,然而完全不受其他物体作用的星体也是不存在的,以星体为基础的惯性系也只能是近似的。所以参考系是否可以近似看成惯性系,一般由实验来判断。地球就是常用的惯性系,惯性定律就是在地球上发现的,地球自转赤道上的点对地心向心加速度 3.4×10^{-2} m/s^2,地球绕太阳公转向心加速度为 $5.9\times$

10^{-3} m/s^2，对精度要求不高的实验里，地球是很好的惯性系。精度要求较高的情况下，可以选用太阳为参考系，这是以太阳为原点，以太阳和其他恒星组成坐标轴的参考系。精确观察表明太阳对银河系中心也在运动，其相对速度为 3×10^5 m/s，假定用圆周运动来估算太阳对银河系中心的加速度，太阳距银河系中心约 3×10^{20} m，则加速度 a 为 3×10^{-10} m/s^2，这样的加速度值足够小了。可见太阳是比地球精度高得多的惯性系。然而这个惯性系在观察恒星运动时仍达不到要求，目前实用最好的惯性系是 FK_4 系，它是以选定的 1535 颗恒星的平均静止位形作为基准的参考系，它比太阳参考系的精度又高得多。进一步提高惯性系精度的研究仍在不断进行中。

2.2　动量　牛顿运动定律

2.2.1　惯性质量　动量

物体具有惯性大小的量度称为惯性质量，简称质量。惯性大者较难改变其运动状态，惯性小者较易改变运动状态。质量的国际单位是千克(kg)，取巴黎国际计量局中铂铱合金国际千克原器为标准物体，规定其质量为 1 千克，此即国际单位制质量的基本单位。对微观粒子又常用"原子质量单位"(符号"u")，它为碳的同位素 ^{12}C 原子质量的 1/12，即

$$1\ \text{u}=1.660\ 565\times10^{-27}\ \text{kg}\approx1.66\times10^{-27}\ \text{kg}$$

在经典力学中，质量为一恒量，当质点速度可与光速相比时，经典力学应让位于相对论力学，这时，质量随速度增加而增加，即

$$m=\frac{m_0}{\sqrt{1-\frac{v^2}{c^2}}} \tag{2.1}$$

式中，m_0 表示静止质量；v 和 c 分别表示质点速度大小和真空中光速。可以看出，当质点速度大小 v 远小于光速 c 时，质点质量近似等于静止质量。

现在引入质点动量的概念。一个质点的质量与其速度的乘积定义为该质点的动量。动量是矢量，其方向与速度的方向相同。分别用 $m,\boldsymbol{v},\boldsymbol{p}$ 表示质点的质量、速度和动量，则

$$\boldsymbol{p}=m\boldsymbol{v} \tag{2.2}$$

在国际单位制(SI)中，动量的单位是千克·米/秒(kg·m/s)。

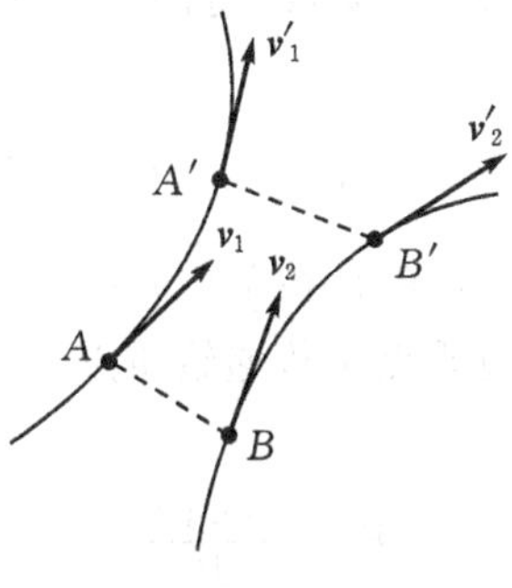

图 2.1　只存在相互作用时两质点的运动

假设我们观察宇宙中两个质点 1 和 2,这两个质点受它们之间的相互作用的影响,而与宇宙中的其余物体隔绝,由于它们之间的相互作用,各自的速度不断随时间而改变,一般说来,它们作曲线运动,如图 2.1 所示。设在任一时刻 t,质点 1 位于 A 点,速度为 $\boldsymbol{v}_1$,质点 2 位于 B 点,速度为 $\boldsymbol{v}_2$;在稍后的另一时刻 t',这两个质点分别运动到 A' 和 B' 处,速度各为 $\boldsymbol{v}'_1$ 和 $\boldsymbol{v}'_2$。因此,在 $\Delta t(=t'-t)$ 这段时间间隔内,这两个质点的速度改变量分别是

$$\Delta \boldsymbol{v}_1 = \boldsymbol{v}'_1 - \boldsymbol{v}_1$$

$$\Delta \boldsymbol{v}_2 = \boldsymbol{v}'_2 - \boldsymbol{v}_2$$

实验表明:

(1) 在任意给定的时间间隔 Δt 内,这两个速度的变化 $\Delta \boldsymbol{v}_1$ 和 $\Delta \boldsymbol{v}_2$ 具有相反的方向,且不论时间间隔 Δt 如何,速度变化 $\Delta \boldsymbol{v}_1$ 和 $\Delta \boldsymbol{v}_2$ 的大小之比总是一样的,且与它们的质量成反比,即

$$\Delta \boldsymbol{v}_1 = -\frac{m_2}{m_1}\Delta \boldsymbol{v}_2$$

式中,m_1,m_2 分别为质点 1 与质点 2 的质量。

(2) 在 $\Delta t \to 0$ 的极限下,$\Delta \boldsymbol{v}_1 \to \mathrm{d}\boldsymbol{v}_1$,$\Delta \boldsymbol{v}_2 \to \mathrm{d}\boldsymbol{v}_2$,矢量 $\mathrm{d}\boldsymbol{v}_1$ 和 $\mathrm{d}\boldsymbol{v}_2$ 在两质点的瞬时联线上,于是得到

$$\frac{\mathrm{d}}{\mathrm{d}t}(m_1 \boldsymbol{v}_1) = -\frac{\mathrm{d}}{\mathrm{d}t}(m_2 \boldsymbol{v}_2) \tag{2.3}$$

它表明当两质点相互作用时,各自动量对时间的变化率大小相等、方向相反。考虑到动量随时间连续而光滑地变化,上式求导是合理的。

2.2.2 牛顿第二定律

以上讨论着眼于含 m_1 和 m_2 的质点系。现在分别考察两质点,它们各自的运动状态都发生了变化。容易想到,运动状态的变化源于相互作用,m_1 运动状态变化是由于 m_2 对它的作用;m_2 运动状态变化是因为 m_1 对它的作用。现在引入力概念描述该作用:力是一物体对另一物体的作用,将受力物体视为质点时,力可用受力物体动量的变化率来量度。动量是矢量,动量对时间的变化率和力也是矢量,力的方向沿受力物体动量对时间的变化率的方向。对于 m_1 和 m_2,分别用 $\boldsymbol{F}_{12}$ 和 $\boldsymbol{F}_{21}$ 表示 m_2 对 m_1 以及 m_1 对 m_2 的作用力,根据式(2.3),有

$$\boldsymbol{F}_{12} = k\frac{\mathrm{d}}{\mathrm{d}t}(m_1 \boldsymbol{v}_1), \qquad \boldsymbol{F}_{21} = k\frac{\mathrm{d}}{\mathrm{d}t}(m_2 \boldsymbol{v}_2)$$

式中,k 为一比例常数,在国际单位制中,动量、时间和力的单位分别是 kg·m/s,s 和 N(牛顿),则 $k=1$,于是

$$\boldsymbol{F}_{12} = \frac{\mathrm{d}}{\mathrm{d}t}(m_1 \boldsymbol{v}_1), \qquad \boldsymbol{F}_{21} = \frac{\mathrm{d}}{\mathrm{d}t}(m_2 \boldsymbol{v}_2) \tag{2.4}$$

即表明质点 2 作用于质点 1 的力 $\boldsymbol{F}_{12}$ 也就是在单位时间内质点 2 传递给质点 1 的动量,质点 1 作用于质点 2 的力 $\boldsymbol{F}_{21}$ 为单位时间内质点 1 传递给质点 2 的动量。

将式(2.4)可一般地写成

$$\boldsymbol{F} = \frac{\mathrm{d}(m\boldsymbol{v})}{\mathrm{d}t}$$

推广至一般情况,设有诸力 $\boldsymbol{F}_i$ $(i=1,2,\cdots,n)$ 作用于质点 m,则质点所受的合力等于所有其他质点对它的作用力的矢量和,这个结论通常称为力的叠加原理,即

$$\sum_i \boldsymbol{F}_i = \boldsymbol{F}_1 + \boldsymbol{F}_2 + \cdots + \boldsymbol{F}_n$$

于是得到

$$\sum_i \boldsymbol{F}_i = \frac{\mathrm{d}}{\mathrm{d}t}(m\boldsymbol{v}) = \frac{\mathrm{d}\boldsymbol{p}}{\mathrm{d}t} \tag{2.5}$$

其物理意义为:质点动量对时间的变化率等于作用于该质点的力的矢量和,称质点的动量定理。

在经典力学中,物体的质量被认为是恒定不变的,即不存在质量的相对论改变,故由式(2.5)得到

$$\sum_i \boldsymbol{F}_i = m\boldsymbol{a} \tag{2.6}$$

式中,$\boldsymbol{a} = \frac{\mathrm{d}\boldsymbol{v}}{\mathrm{d}t}$ 是质点的加速度。

式(2.6)表明质点的惯性质量与其加速度的乘积等于该质点所受合力,此即牛顿第二定律的常用形式,又称为质点的动力学方程。而式(2.5)才是牛顿第二定律的更普遍的表达式。在相对论中,物体的质量与速度有关,不能看成是不变的,式(2.6)不再成立,而式(2.5)仍然适用。

牛顿第二定律是实验定律,它给出了力、质量和加速度三个物理量之间的定量关系。

2.2.3　牛顿第三定律

根据式(2.3)和式(2.4),可以得到

$$\boldsymbol{F}_{12} = -\boldsymbol{F}_{21} \tag{2.7}$$

两力分别称为作用力和反作用力。式(2.7)即牛顿第三定律的数学表述,其表明是当两个质点相互作用时,作用在一个质点上的力,与作用在另一个质点上的力大小相等,方向相反,且在同一直线上。它是力的概念和动量守恒定律的推论。

作用力和反作用力同时存在,互为因果,就是产生的机制也是相同的。譬如,若作用力是摩擦力,则反作用力也是摩擦力;作用力是弹性力,反作用力也是弹性力。但作用力与反作用力是作用在两个不同物体上的,所以不会相互抵消。

牛顿第三定律是直接实验定律,不包含任何新的定义,是可以用实验检验的。

在上节中,已经说明了牛顿第一定律就是惯性定律,在这节里又得到了牛顿第二定律和第三定律。这样,我们就从惯性和动量的概念出发,导出了全部牛顿运动定律。

2.3　常见的力

牛顿运动第二定律(又常称为运动定律)确立了外力与物体加速度和质量之间的关系,这就为解决各种不同力学问题提供了理论依据。周围物体对被研究物体能作用一些什么样的力？这些力的性质如何？是应用牛顿定律解决问题必须先弄清楚的。

到目前为止,大家公认宇宙中存在四类基本相互作用:引力相互作用、电磁相互作用以及所谓的强相互作用和弱相互作用。

强相互作用和弱相互作用只有在原子核范围($\sim 10^{-15}$ m)才有重要作用,表现为短程力,

对研究宏观物体的运动没有影响。引力和电磁力都是长程力，它们在一个很大范围内起作用，与两物体间距的平方成反比。电子和质子间的静电力约是引力的 10^{39} 倍，电作用决定着原子、分子和更复杂各种物质的结构；然而电荷有正负之分，电作用有排斥和吸引之别。只有引力作用只存在相互吸引一种形式。在更大范围系统内正负电荷成对抵消，电作用的排斥和吸引作用也抵消；只有引力作用是不可能抵消的，所以引力作用范围最大，为整个宇宙空间。

2.3.1 万有引力和重力

在牛顿万有引力定律发表之前，开普勒(Johannes Kepler)已经运用第谷·布拉赫(Tycho Brahe)对行星运动极为精确观察到的大量数据，修改"行星绕太阳作圆周运动"的假说，反复计算与实际测量值比较，经不断失败，终于陆续完成和发表了关于行星运动的开普勒三定律，表述为：①所有行星都沿椭圆轨道绕太阳运行，太阳位于椭圆轨道的两个焦点之一；②太阳到行星的矢径在相等的时间内扫过相等的面积；③行星公转周期的平方正比于它轨道半长轴的立方。第谷·布拉赫的精确观察与开普勒的抽象概括和深入研究相结合，是科学史上理论与实践相结合的光辉范例。

当时，包括开普勒在内许多物理学家都试图用动力学观点来解释天体运动的原因。1666年牛顿已经把他的运动定律公式化了。在开普勒关于行星运动三定律基础上，牛顿研究了太阳对行星的作用，地球对月球的作用，发现了万有引力定律。牛顿万有引力定律表述为：两个质点，沿着它们的连线相互吸引，吸引力的大小与这两个质点的质量乘积成正比，与它们之间距离的平方成反比。

质量为 m 的质点受到质量为 M 质点的作用力为 F，则

$$\boldsymbol{F} = -G\frac{Mm}{r^2}\boldsymbol{e}_r = -G\frac{Mm}{r^3}\boldsymbol{r} \tag{2.8}$$

式中，$\boldsymbol{r}$ 是从 M 至 m 的矢径；$\boldsymbol{e}_r$ 是 $\boldsymbol{r}$ 方向的单位矢量；负号是指万有引力 $\boldsymbol{F}$ 的方向与矢径 $\boldsymbol{r}$ 的方向相反；G 称为万有引力常量，这个常量直到牛顿发现万有引力定律之后 100 多年，于 1798 年由卡文迪许用扭秆法首次测出。万有引力常量现在测量值为 $G=(6.6720\pm0.0041)\times10^{-11}\ \mathrm{N\cdot m^2\cdot kg^2}$。

万有引力定律只对两质点适用。两物体间距离远大于物体本身线度时，可以直接当质点用万有引力定律计算其引力。如果两个物体之间距离与物体本身线度接近时，这两个物体不能当质点。若要计算这样两个物体之间的万有引力，必须将这两个物体分别分割成很小很小的质元，每个质元可以当作质点，应用积分办法将所有这些质点间贡献的引力矢量叠加起来，这种积分一般是复杂的，特别对形状复杂，质量分布又不均匀的物体，甚至无法严格积分。

当质点以线悬挂并相对于地球静止时，质点所受重力的方向沿悬线且铅直向下，其大小在数值上等于质点对悬线的拉力。实际上，重力是悬线对质点拉力的平衡力。通常将地球视作惯性系，这时，重力即地球作用于质点的万有引力。地球并非精确的惯性系，考虑这一点，重力和地球引力有微小差别。

地球表面附近的物体都受到地球的吸引作用，这种因地球吸引而使物体受到的力叫做重力。在重力作用下，任何物体产生的加速度都是重力加速度 g，重力的方向和重力加速度的方向相同，都是竖直向下的。

重力的存在主要是由于地球对物体的引力，在地面附近和一些要求精度不高的计算中，可

以认为重力近似等于地球的引力。对于地球附近的物体，所在位置的高度变化与地球半径(约为 6370 km)相比极为微小，可以认为它到地心的距离就等于地球半径，物体在地面附近不同高度时的重力加速度也就可以看作是常量。但重力加速度是因高度而不同的，例如在珠穆朗玛峰上的重力加速度比海平面处约少 3/1000。此外，因地球微呈扁球形，故重力加速度还与纬度有关。由于地球各部分地质构造不同，也造成各处重力加速度的不同。当地球内某处存在大型矿藏，从而破坏了地球质量的对称分布时，会使该处的重力加速度值表现出异常，因此可通过重力加速度的测定来探矿，这种方法叫做重力探矿法。在距地面数百公里的高空中，重力很小，故称为微重力环境。

2.3.2　洛伦兹力

带电粒子在电磁场中受到场的作用力 $\boldsymbol{F}$ 与电场强度 $\boldsymbol{E}$、磁感应强度 $\boldsymbol{B}$ 的关系为

$$\boldsymbol{F} = q(\boldsymbol{E} + \boldsymbol{v} \times \boldsymbol{B}) \tag{2.9}$$

式中，q 和 $\boldsymbol{v}$ 分别为带电粒子的电量和运动速度。带电粒子受的作用力 $\boldsymbol{F}$ 称为洛伦兹力，这公式称为洛伦兹公式。

2.3.3　接触力

前面所述两类力都是场力，作用以力的质点之间并没有接触，而且场力的存在与是否存在其他作用力无关，只要满足场力存在的条件。譬如万有引力，只要两质点有质量，就一定相互吸引。

物体通过接触，在接触处产生的相互作用力，称为接触力。摩接力、弹性力都是接触力，这里的接触是在宏观意义上而言的。从微观上看也只是组成物体的原子或分子比较接近，因而，接触力是原子、分子的相互作用力引起的。

1. 摩擦力

一个物体放在另一个物体上运动，或具有相对运动趋势时，两接触面之间有一种阻碍相对运动或相对运动趋势的作用力，称为摩擦力。摩擦力可以分为两类。

(1)静摩擦力。物体之间只有相对运动趋势便存在的摩擦力，称为静摩擦力。静摩擦力随外力而变化，可以在 0 到最大静摩擦力 f_{m} 之间变化，它的方向总与外力反向或与相对运动趋势相反。由实验可知最大静摩擦力 f_{m} 的大小与正压力成正比，记作

$$f_{\mathrm{m}} = \mu_{\mathrm{s}} N \tag{2.10}$$

式中，N 为正压力；μ_{s} 为静摩擦系数，它与接触面的材料和表面情况有关，它的大小可以在工程手册中给出。

(2)滑动摩接力。当外力超过最大静摩擦力时，物体间产生了相对运动，这时两物体接触面之间还存在阻碍相对运动的摩接力，称为滑动摩擦力。其实验规律是：

1)滑动摩擦力与正压力成正比而与两物体表观接触面积无关(两物体实际接触部分是属于原子、分子尺度上的微观接触面，摩擦力正比于微观接触面积，而微观接触面积正比于正压力)，则有

$$f = \mu N \tag{2.11}$$

式中，μ 为滑动摩擦系数；N 为正压力。滑动摩擦系数也和相互接触的两物体的材料和表面情况有关。

2)滑动摩擦力与接触面间相对运动速度有关,如图 2.2 所示,相对速度为零,由最大静摩擦力 f_m 开始先有所下降,然后随相对速度增大而缓慢增加。在相对运动速度不大时一般可认为不变化。

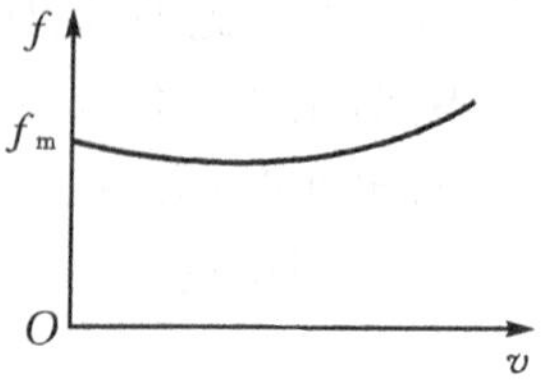

图 2.2　滑动摩擦力与接触面间相对运动速度的关系

前面讲的摩擦力都是固体物体之间接触产生的,称为干摩擦。

2. 弹性力

发生形变的物体,由于要恢复原状,对与它接触的物体会产生力的作用,这种力就是弹性力。弹性力产生在直接接触的物体之间并以物体的形变为先决条件的。弹性力的表现形式是多种多样的,下面只讨论三种表现形式。

(1) 弹簧的弹性力。如图 2.3 所示,将弹簧(不计质量)的一端固定,另一端系一物体(可看作质点)放在光滑水平桌面上,建立坐标,原点取在弹簧原长处,以伸长方向为 x 轴正向,在弹簧伸长量较小情况下,作用在物体上的弹性力 F 与伸长量 x 关系为胡克定律:

$$F = -kx \tag{2.12}$$

式中,负号表示力指向平衡位置(即弹簧原长处);k 称为弹簧的劲度系数(或称为倔强系数)。

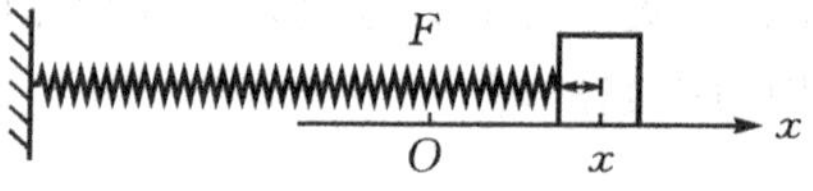

图 2.3　弹簧的弹性力

(2) 绳内张力。物体悬挂在绳上,悬物对绳作用以力,绳被拉长。一般绳子形变量极小,讨论悬挂物的运动时,这种伸长形变可忽略,讨论弹性力时,这形变必须考虑。绳要恢复原长,对物体施作用力,这作用力称为张力,也是弹性力。如图 2.4 所示,想象将绳切开,不管切口在何处,上、下两部分都存在相互作用的张力,方向相反沿绳拉直方向。所以张力存在于被拉紧有形变的绳内,处处皆有,方向沿绳拉直方向。如果不计绳子质量,张力各处相等。

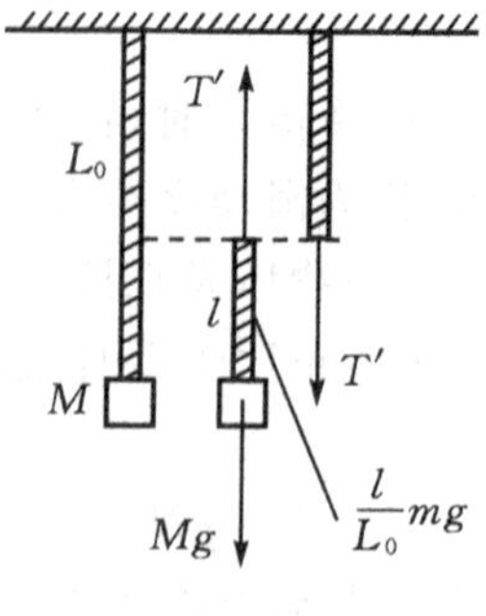

图 2.4　绳内张力

若考虑绳子质量，设绳总长 L_0，总质量为 m，悬物质量为 M，在离下端 l 处若设想切开，相互作用的张力设为 T'，当悬物静止平衡时：

$$T' = Mg + \frac{l}{L_0}mg$$

因此考虑绳子质量时，可见绳内张力便与 l 长度有关。另外张力的大小还与悬挂物的运动状态及其他受力情况有关。

(3) 支承力。将一个物体放在另一个物体的表面上，上面物体对支承物体作用以力，使其变形，下面物体要恢复原形，对上面被支承物体用以力，称为支承力。支承力有两个特点：支承力总垂直于接触表面；支承力的大小与物体(及支承物)运动状态有关。

2.4　牛顿运动定律的应用

牛顿运动定律是经典力学的基础。虽然牛顿运动定律一般是对质点而言的，但这并不限制定律的广泛适用性，因为复杂的物体在原则上可看作是质点的组合。从牛顿运动定律出发可以导出刚体、流体、弹性体等的运动规律，从而建立起整个经典力学的体系。

牛顿集前人有关力学研究结果，特别是吸取了伽利略的研究成果，在 1687 年发表了名著《自然哲学的数学原理》，这本名著的出版标志着经典力学体系的确立。牛顿在书中概括的基本定律有三条，就是通常所说的牛顿运动三定律。

2.4.1　牛顿运动三定律

牛顿第一定律(惯性定律)：任何物体都保持静止或匀速直线运动状态，直到其他物体作用的力迫使它改变这种状态为止。

牛顿第二定律：质点动量对时间的变化率等于作用于该质点的力的矢量和，其数学表达式为

$$\sum_i \boldsymbol{F}_i = \frac{\mathrm{d}}{\mathrm{d}t}(m\boldsymbol{v}) = \frac{\mathrm{d}\boldsymbol{p}}{\mathrm{d}t}$$

在牛顿力学中，质点的质量 m 为一常量时，故有

$$\sum_i \boldsymbol{F}_i = m\boldsymbol{a}$$

牛顿第三定律：两物体之间的作用力和反作用力大小相等，方向相反且作用在同一直线上，其数学表达式为

$$\boldsymbol{F}_{12} = -\boldsymbol{F}_{21}$$

应当指出，牛顿第一、第二定律本身只适用于质点，而第三定律中所说的作用力和反作用力它们分别作用在不同的物体上，总是同时出现，同时变化，同时消失，且属于同种性质的力。

2.4.2　牛顿运动定律的适用范围

牛顿运动定律也和其他一切物理定律一样，都是人类认识自然界的知识长河中的相对真理。科学的发展表明，以牛顿运动定律为基础的经典力学理论有着一定的适用范围。

从 19 世纪末到 20 世纪初，物理学的研究领域从宏观世界深入到了微观世界，从低速运动扩展到了高速(与光速相比拟)运动，在这些研究领域里，实验发现了许多用经典力学概念无法

解释的新现象，从而显示了经典力学理论的局限性。因此，牛顿运动定律的适用范围主要体现在以下四个方面：

(1) 牛顿运动定律仅适用于惯性系。在像地面这样的近似惯性系中，将牛顿运动定律应用 于某些力学问题时是存在误差的。

(2) 牛顿运动定律仅适用于物体速度 v 远小于光速 c 的情况，而不适用于接近光速的高速运动物体。物体的高速运动遵循相对论力学规律，经典力学是相对论力学的低速近似。

(3) 牛顿运动定律一般仅适用于宏观物体，在微观领域中，微观粒子的运动遵循量子力学的规律，而经典力学则是量子力学的宏观近似。

(4) 经典力学仅适用于实物，不完全适用于场。例如，经典力学认为力的作用是超距作用，可以超越空间瞬时地传递，但现代理论认为，两物体间的相互作用实际上是靠场来传递的，而场的传递速度是有限的，因而两个物体间的相互作用的传递是需要时间的。当施力物体的作用已经发出，而受力物体尚未接受到这种作用之前，受力物体并未受到力，这时施力物体和受力物体的相互作用显然不遵守牛顿第三定律。所以在电磁学中，两个运动电荷之间的电磁力一般并不遵守牛顿第三定律。在这种情况下，要考虑以更普遍适用的动量守恒定律来替代牛顿第三定律。

但是应该指出，数百年来，以牛顿运动定律为基础的力学已发展成具有许多分支的宠大的严密的理论体系，无论是日常生活、工程建设，还是探索宇宙，都离不开牛顿力学的指导，它仍然是一般技术科学的理论基础和解决工程实际问题的重要工具。

2.4.3 牛顿运动定律的应用

牛顿运动定律定量地反映了物体所受合外力、质量和运动之间的关系。关于牛顿定律的应用，主要是如何应用牛顿定律来分析问题和解决问题。这里提出的系统性的方法，对初学者是必要的，掌握了这方法解题，应用牛顿定律就得心应手。当然，这样介绍方法不是要束缚大家的思想，而是帮大家整理一个头绪，所以每个学生，还必须具体分析所遇问题中物体的运动，灵活运用这些步骤，利用自己的理解能力和分析能力去创造每个具体问题的解题捷径和最佳方法。

从已知力的情况，研究将会发生怎样的运动；反之，对已知运动的研究，寻找物体之间的相互作用，是牛顿定律最重要的应用。一般说来，可以把质点动力学问题归纳为以下三种类型：

(1)已知质点的运动情况，求其他物体作用于该质点上的力；

(2)已知其他物体施于质点的力，求该质点的运动情况；

(3)已知质点运动情况与其所受力的某些方面，求质点运动情况与所受力的未知方面。

第一类问题包括了力学的归纳性和探索性的应用，是发现新定律的一个重要途径。例如牛顿从开普勒的行星运动规律导出了万有引力定律。譬如，设计一个加速器，就是要安排好带电粒子受的电场力和磁场力，使它在力学规定的轨道上加速；若要发射一颗人造地球卫星，便是要巧妙地安排好火箭的推力，使卫星上升并送入规定的轨道。这些都是第一类应用。

第二类和第三类问题是对物理学和工程力学问题作出成功的分析和设计的基础。近代高能物理实验，通过高能粒子的散射来揭示微观粒子之间的相互作用，便是第二类应用的实例。

下面通过一些简单问题，帮助大家初步掌握应用牛顿定律求解质点动力学问题的方法，即为隔离物体法。所谓隔离物体法，就是要根据问题的性质和求解的方便，确定研究对象，并把所选择的研究对象从其周围环境中单独分离出来，以便分别对研究对象作进一步的具体分析。隔离物体法的具体步骤如下。

(1) 隔离物体，分析受力。牛顿定律只适用于质点。当遇到的问题比较复杂时，几个物体相互作用，它们的相对运动牵连在一起，而各部分运动又不相同时，需要把运动不相同的部分一一隔离出来，隔离成可以用牛顿定律解决问题的质点为止。然后，把物体之间的相互作用，用力的形式表示出来。所谓分析受力，是分析被隔离出来的一个个单独的物体受其他物体的作用力。这些力就是 2.3 中的常见力。把每个隔离体画出，标明它的受力情况后，问题就十分清楚了。

(2) 建立坐标，列出方程。运动是相对的，首先要选好参考系，建立好坐标系，才能描述运动，把物理问题转化为数学问题。要用牛顿定律时必须选择惯性参考系。所谓列出方程，是将矢量形式的质点动力学方程，按照坐标列出分量式。由于运动常常受到某种限制(称为约束)，因此限制除了表现为对被限制物以某种作用力(约束力)之外，还经常可表示为坐标或某些运动学物理量之间的函数关系(称为约束方程)。列出方程也包括分析运动条件，列出约束方程。列出的方程必须相互独立，独立方程数要和方程中未知数总数相等，才能有定解。

(3) 求解结果，分析讨论。为了能解出结果，还需要根据题意，正确确定运动的起始条件，以便确定积分的上、下限或确定出积分常数。另外尽管求解运算过程是数学问题，但需要注意到求解过程某些量在运算过程中可以消去，以减少运算的工作量，并且关于运算得到的结果，可以用量纲分析方法检验该结果的正确性。

物理问题转化为数学方程，以及求解过程的数学演绎，都可能造成数学问题的解不符合物理问题的要求。最后必须根据物理问题，对结果进行取舍分析。对于正确的解，有时还需要讨论它在一些特殊情况下得出的结果，以便扩大解题的效果，加深对问题的理解，从解一个题中得到许多有益的启发。因此，做一定量的习题是复习巩固已学的知识，培养分析和解决问题能力的一种训练，通过对自己所解习题的分析讨论，可以达到更好的学习效果。

下面通过例题来说明如何具体应用牛顿定律解题的方法。

例 2.1　皮带绕在滑轮上，它与轮相接触的一段对轮心的张角为 θ，如图 2.5 所示。其间的静摩擦系数为 μ。求皮带处于将要滑动的临界状态时，皮带两端的张力 T_1 和 T_0 之间的数量关系。设皮带的质量可忽略不计。

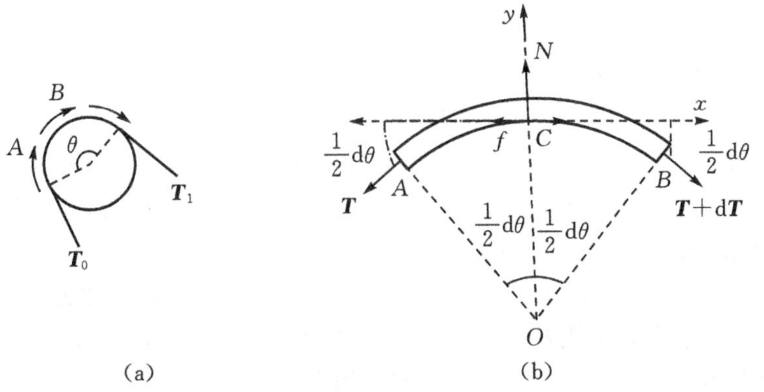

图 2.5　例 2.1 图

解　(1)为了求皮带的受力情况，设皮带相对于滑轮有顺时针方向的滑动趋势。在这里，由于皮带围绕滑轮，其上各处张力的指向、大小都各不一样，研究的是一个“变力”问题，因此截取一小段皮带来研究。

将皮带的一小段 AB 隔离出来，这一小段对轮心的张角为 dq（如图所示）。AB 段与轮接触，受到轮的正压力 N，沿半径向外，又受到轮给予的静摩擦力 f。因皮带有顺时针的滑动趋势，所以 f 沿轮的切线向左。因皮带处在滑动的临界状态，所以这里的 f 为最大静摩擦力，$f=\mu N$。此外，AB 段又在其两端受到皮带的其余部分施予的张力，分别沿两端的切线，其指向是使 AB 段拉紧。由于摩擦力的存在，因此两端张力不等，分别记作 T，$T+\mathrm{d}T$。忽略皮带质量，其所受重力不予考虑。

(2)以地面为参考系，取固定于地面的二维直角坐标系，原点在 AB 段的中点 C，x 轴沿 C 点的切线向右，y 轴沿半径 OC 向外。

(3)列出 AB 段的动力学方程式。由于 AB 段处于滑动的临界状态，其加速度 $a=0$，于是有

$$(T+\mathrm{d}T)\cos\frac{\mathrm{d}\theta}{2}-T\cos\frac{\mathrm{d}\theta}{2}-\mu N=0$$

$$N-T\sin\frac{\mathrm{d}\theta}{2}-(T+\mathrm{d}T)\sin\frac{\mathrm{d}\theta}{2}=0$$

考虑到 $\mathrm{d}\theta$ 很小，$\sin\frac{\mathrm{d}\theta}{2}\approx\frac{\mathrm{d}\theta}{2}$，$\cos\frac{\mathrm{d}\theta}{2}\approx 1$，并忽略上式中的二阶无穷小量 $\mathrm{d}T\mathrm{d}\theta$，于是上面两式化简为

$$\mathrm{d}T-\mu N=0$$

$$N-T\frac{\mathrm{d}\theta}{2}-T\frac{\mathrm{d}\theta}{2}=0$$

因此得到

$$\mathrm{d}T=\mu N,\quad N=T\mathrm{d}\theta$$

联立消去 N，得到 AB 段两端的张力差为

$$\mathrm{d}T=\mu T\mathrm{d}\theta$$

将上式先分离变量然后积分得到

$$\int_{T_0}^{T_1}\frac{\mathrm{d}T}{T}=\int_0^{\theta}\mu\mathrm{d}\theta$$

最后得到 T_0，T_1 之间的关系

$$T_1=T_0\mathrm{e}^{\mu\theta}$$

例如有 2000 吨的船正在下水，正沿坡度为 1/20 的轨道下滑。万一因故要紧急制动船在轨道上的运动，单凭体力是不可能实现的，因为这要求 $T_1=2000$ 吨力 $\times 1/20=100$ 吨力。如将船上的缆索迅速在固定的桩子上绕几圈，比如绕 5 圈，再用手拉住缆索，则只需 $T_0=T_1\mathrm{e}^{-\mu\theta}=100\mathrm{e}^{-\mu\cdot 10\pi}$ 吨力，设 $\mu=0.25$，则 $T_0=100\mathrm{e}^{-0.25\times 10\pi}=100\times 3.9\times 10^{-4}$ 吨力 $=39$ 千克力。只要 39 千克力，完全为普通人力所能及。100 吨与 39 千克力相差多大，其差额全由摩擦力承担了。摩擦力的这种作用在日常生活和工程技术中应用都很广。

例 2.2　一条质量分布均匀的绳子，质量为 M、长度为 L，一端拴在竖直转轴 OO' 上，并以恒定角速度 ω 在水平面上旋转，如图 2.6 所示。设转动过程中绳子始终伸直不打弯，且忽略重

力，求距转轴为 r 处绳中的张力 $T(r)$。

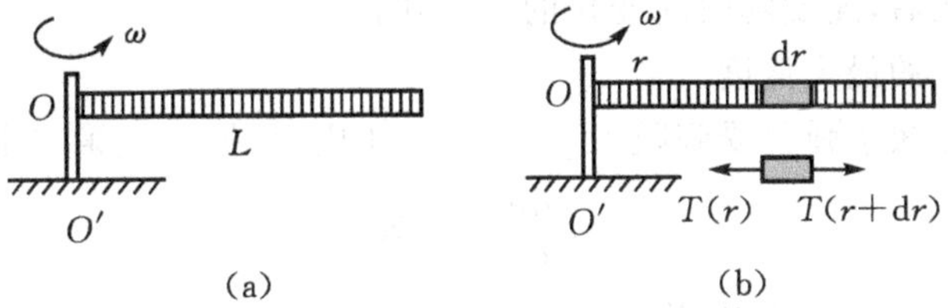

图 2.6 例 2.2 图

解 取距转轴为 r 处，长为 $\mathrm{d}r$ 的小段绳子为质量微元，其质量为 $\frac{M}{L}\mathrm{d}r$，质元的受力分析如图所示。由于绳子作圆周运动，所以小段绳子有法向加速度，由牛顿定律得

$$T(r)-T(r+\mathrm{d}r)=\frac{M}{L}\omega^2 r\mathrm{d}r$$

令

$$T(r)-T(r+\mathrm{d}r)=-\mathrm{d}T(r)$$

得到

$$\mathrm{d}T=-\frac{M}{L}\omega^2 r\mathrm{d}r$$

由于绳子的末端是自由端 $T(L)=0$，两边积分有

$$\int_0^T \mathrm{d}T=-\int_L^r \frac{M}{L}\omega^2 r\mathrm{d}r$$

因此得到距转轴为 r 处绳中的张力

$$T(r)=\frac{M\omega^2}{2L}(L^2-r^2)$$

例 2.3 用长为 L 的绳子把质量为 m 的小球挂在固定点 O 上，使小球绕铅垂线以角速度 ω 转动，使绳子与铅垂线成 α 角，这个装置叫做圆锥摆。试求锥角 α 与摆球转速 ω 的关系。

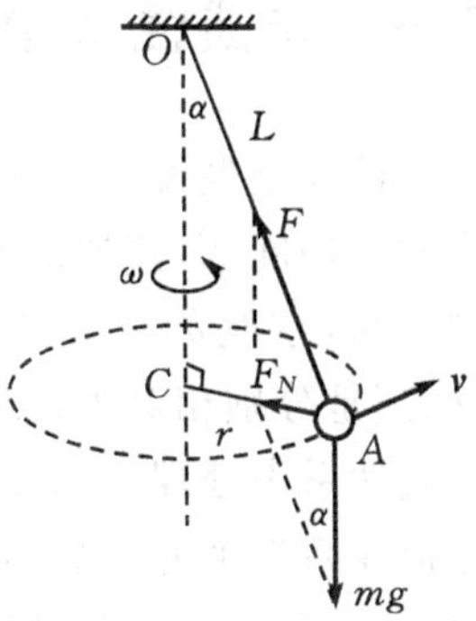

图 2.7 例 2.3 图

解 小球 A 绕铅垂线 OC 运动，描出半径 $r=L\sin\alpha$ 的圆，如图 2.7 所示。作用在小球上的力有重力 $G=mg$ 和绳的张力 F，它们的合力 F_N 就是使小球沿这圆周运动所需的向心力，于是

$$F_N=m\omega^2 r=m\omega^2 L\sin\alpha$$

由图可知

$$\tan\alpha=\frac{F_N}{G}=\frac{\omega^2 L\sin\alpha}{g}$$

所以得到

$$\cos\alpha=\frac{g}{\omega^2 L}$$

可以看出角速度 ω 越大，角 α 越大。因此，在蒸汽机中，长期以来用圆锥摆作为速度调节器；当速度超过规定的极限时，它就将蒸汽进气阀关闭，而当速度低于规定的极限时，它就将阀打开。

例 2.4 质量为 m 的子弹以速度为 v_0 水平射入沙土中，设子弹所受阻力与速度方向相反，大小与速度成正比，比例系数为 k，忽略子弹的重力，求：

(1)子弹射入沙土后，速度随时间变化的函数式；

(2)子弹进入沙土的最大深度。

解 (1)由题意可知子弹只受到阻力 $f=-kv$ 作用，根据牛顿第二定律得到

$$m\frac{\mathrm{d}v}{\mathrm{d}t}=-kv$$

由初始条件 $t=0$ 时 $v=v_0$，两边积分有

$$\int_0^v\frac{\mathrm{d}v}{v}=-\frac{k}{m}\int_0^t\mathrm{d}t$$

因此得到子弹的速度

$$v=v_0\mathrm{e}^{-\frac{k}{m}t}$$

(2)由子弹的速度得到

$$\frac{\mathrm{d}x}{\mathrm{d}t}=v_0\mathrm{e}^{-\frac{k}{m}t}$$

由初始条件当 $t=0$ 时 $x=0$，两边积分有

$$\int_0^x\mathrm{d}x=\int_0^t v_0\mathrm{e}^{-\frac{k}{m}t}\mathrm{d}t$$

得到

$$x=\frac{mv_0}{k}(1-\mathrm{e}^{-\frac{k}{m}t})$$

因此得到子弹进入沙土的最大深度为

$$x_{\max}=\frac{mv_0}{k}$$

2.5 非惯性系中的动力学

前面已经说过，牛顿定律只适用于惯性系。然而，在实际情况下仍难免要在非惯性系中观察和处理问题，例如地球这个参考系，严格地讲也不是惯性系，加速运动着的火车车厢也不是惯性系，宇航员在人造卫星上做实验，卫星参考系也不是惯性系等等。但记录物体的位置变化，还是分别相对于地球、火车、卫星比较直观和方便。但非惯性系中牛顿定律不成立，这就给非惯性系中处理问题带来了困难。为了在非惯性系中在形式上仍用牛顿定律处理问题，得把非惯性系带来的影响，表示成一种作用力，称为惯性力。这不仅开辟了另一条解决力学问题的途径，并且这一物理思想在广义相对论中得到发展：非惯性系和惯性系是等价的，相对性原理亦能推广于非惯性系。

下面先介绍如何在非惯性系中引入惯性力，再具体讨论两种常见的非惯性系。

2.5.1 非惯性系中的惯性力

设有一非惯性系 S' 相对于某惯性系 S 的加速度为牵连加速度 $\boldsymbol{a}_0$；考虑一个质量为 m 的质点，所受合外力为 $\boldsymbol{F}$，已知该质点在 S' 和 S 系中的加速度分别为相对加速度 $\boldsymbol{a}'$ 和绝对加速度 $\boldsymbol{a}$。为了找到一个适用于非惯性系中描述质点运动的运动方程的普遍形式，从适用于惯性

系的牛顿定律和关于相对运动的加速度变换式来共同考虑这个问题。

由相对运动的加速度变换关系，可以得到上述三个加速度之间的变换关系

$$\boldsymbol{a} = \boldsymbol{a}' + \boldsymbol{a}_0$$

又因为 S 系是惯性系，因此牛顿定律在惯性系 S 中是成立的，则有

$$\boldsymbol{F} = m\boldsymbol{a}$$

按经典力学理论，质量 m 和相互作用力 $\boldsymbol{F}$ 都与参考系的性质无关，因此，若用 $\boldsymbol{a} = \boldsymbol{a}' + \boldsymbol{a}_0$ 代入，就得到质点在 $\boldsymbol{S}'$ 系中的运动方程

$$\boldsymbol{F} = m\boldsymbol{a}' + m\boldsymbol{a}_0$$

上式反映了非惯性系 S' 中质点的合外力、质量和相对加速度 $\boldsymbol{a}'$ 三者的关系。显然，这个式子已经不同于牛顿运动定律，即牛顿定律在 S' 系中已不再成立。但是，将上式右边第二项移项，则有

$$\boldsymbol{F} - m\boldsymbol{a}_0 = m\boldsymbol{a}'$$

这个式子表明了在非惯性系中讨论物体的运动时，如果认为物体除受到其他物体作用的合外力 $\boldsymbol{F}$ 之外，还受到一个力

$$\boldsymbol{F}_i = - m\boldsymbol{a}_0 \tag{2.13}$$

这个在非惯性系中被引入的力 $\boldsymbol{F}_i$ 称作惯性力。于是可以得到

$$\boldsymbol{F} + \boldsymbol{F}_i = m\boldsymbol{a} \tag{2.14}$$

此式表明，在非惯性系中，质点的质量与相对加速度的乘积等于作用于此质点的相互作用力和惯性力的合力，上式即为质点在非惯性系中的动力学方程。

由于惯性力的引入，因而能够利用相同形式的运动方程来描述物体在任何参考系(无论是惯性系还是非惯性系)中的运动。由式(2.13)可知，惯性力的一个重要特征是，它的大小 与物体的质量成正比。这个特征使惯性力与引力类似，正是这种相似性，爱因斯坦在广义相对论中提出了引力效应与加速度效应等效的等效原理。

从上面的讨论可知，惯性力是在非惯性系中物体所受到的一种力，它是由于非惯性系本 身的加速度运动所引起的。惯性力不是两物体之间的相互作用，它没有施力物体，也不存在反作用力，从这个意义上可以说惯性力是虚拟力；但是，在非惯性系中，惯性力是可以用弹簧秤等测力器测量出来的，加速上升电梯中的人们也确实感受到惯性力的压迫，从这个意义上又可以说惯性力是真实存在的。其实，在非惯性系中惯性力的效应，从惯性系看是惯性的一种表现形式。

下面讨论两种常见的非惯性系中的惯性力。

2.5.2 平动加速参考系中的惯性力

当非惯性系的坐标原点相对于惯性系作加速运动，但坐标轴没有转动时，就称它为平动加速参考系，这是一个非惯性系。在任何时刻，平动参考系中所有各固定点有相同的速度和加速度，可以称之为整个参考系的速度和加速度。设某平动参考系 S' 相对于惯性系 S 的加速度为牵连加速度 $\boldsymbol{a}_0$，在该平动加速参考系 S' 中测得质点的加速度为相对加速度 $\boldsymbol{a}'$，该质点在惯性系 S 中的加速度是绝对加速度 $\boldsymbol{a}$，由于 $\boldsymbol{a} = \boldsymbol{a}' + \boldsymbol{a}_0$，可得在平动加速参考系 S' 系中质点所受到的惯性力

$$\boldsymbol{F}_i = - m\boldsymbol{a}_0 \tag{2.15}$$

此式表明，在平动加速运动的非惯性系中，质点所受惯性力 $\boldsymbol{F}_i$ 的大小等于质点的质量 m 与非

惯性系的加速度$\boldsymbol{a}_0$的乘积，且惯性力方向与该非惯性系的加速度方向相反。在乘车途中当遇到突发事件急刹车时会感到有一种力向前猛推了人一把，这就是车子这个非惯性系中惯性力的体现。而在惯性系中的观察者看来，这是惯性的表现。

在平动加速参考系中，质点的动力学方程为

$$\boldsymbol{F} + \boldsymbol{F}_i = m\boldsymbol{a}' \tag{2.16}$$

即表明在平动加速参考系中，只要在质点所受合外力的基础上，再加上惯性力，就等于质点的质量与质点在平动加速参考系中的相对加速度的乘积。这样就能象在惯性系中用牛顿第二定律的形式那样来处理这类非惯性系中的动力学问题。

例 2.5　如图 2.8 所示，在一个加速的电梯中测得质量为$m=0.5\ \text{kg}$的静止物体对弹簧的拉力$T=5.4\ \text{N}$，求电梯的加速度。

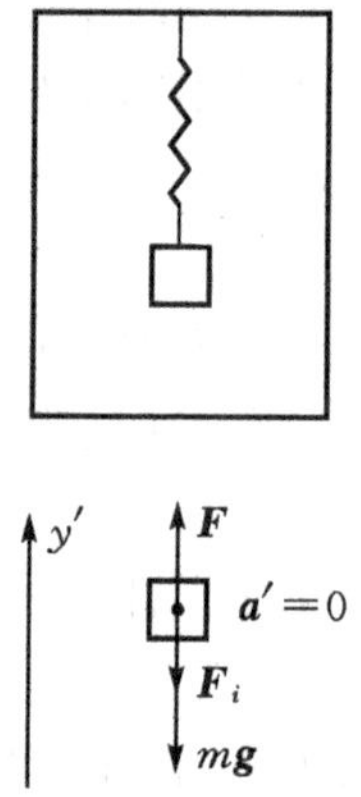

图 2.8　例 2.5 图

解　设电梯对地的加速度为$\boldsymbol{a}_0$，方向向上，物体除受重力和弹簧的拉力$\boldsymbol{F}$外，还受到惯性力$\boldsymbol{F}_i=-m\boldsymbol{a}_0$，物体相对于电梯静止，故$\boldsymbol{a}'=0$，如图 2.8 所示。由式(2.16)，有

$$F - mg - ma_0 = 0$$

又

$$F = T$$

所以

$$a_0 = \frac{T-mg}{m} = \frac{T}{m} - g = \frac{5.4}{0.5} - 9.8 = 1.0\ \text{m/s}^2$$

结果为正，这表示所设a_0的方向正确，即电梯加速上升。

例 2.6　质量为M的楔块(倾角为θ)放在光滑水平地面上，另有一质量为m的物体沿楔块的光滑斜面自由滑下，如图 2.9 所示，求楔块在水平地面上滑动的加速度和物体相对于楔块的加速度。

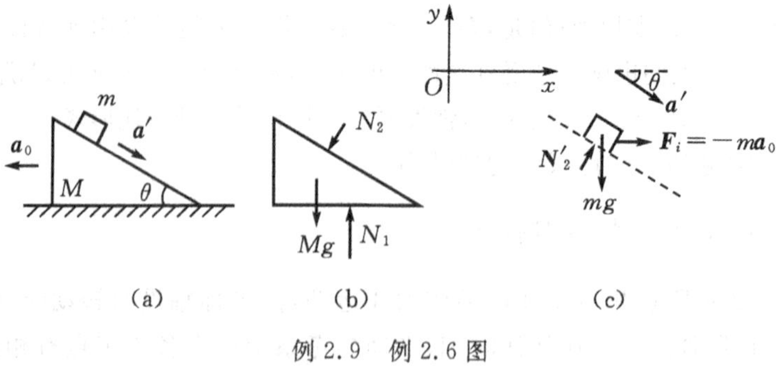

例 2.9　例 2.6 图

解　以楔块为参考系(非惯性系)。设楔块对地的加速度为$\boldsymbol{a}_0$，物体相对于楔块的加速度为$\boldsymbol{a}'$，沿斜面向下。物体受到惯性力$\boldsymbol{F}_i=-m\boldsymbol{a}_0$，此外，它们还各自受到相互作用力$N_2=N'_2$，如图所示，建立坐标系，则由式(2.16)，它们的运动方程为

M：
$$N_2\sin\theta = Ma_0$$

m：
$$N_2\sin\theta + ma_0 = ma'\cos\theta$$

$$N_2\cos\theta - mg = -ma'\sin\theta$$

由此解得楔块在水平地面上滑动的加速度

$$a_0 = \frac{m\cos\theta\sin\theta}{M + m\sin^2\theta}g$$

以及物体相对于楔块的加速度

$$a' = \frac{(M+m)\sin\theta}{M + m\sin^2\theta}g$$

再根据 $\boldsymbol{a} = \boldsymbol{a}' + \boldsymbol{a}_0$，还可求得物体对地面的加速度。

2.5.3　匀角速转动参考系中的惯性力

若一参考系相对于惯性系没有平动加速度，只有坐标轴的转动，则称之为转动参考系，这是另一类非惯性系。例如，绕固定在地面上的垂直轴以角速度 ω 在水平面内匀速转动的转台就是这样一类非惯性系。这时位于转台上的观察者会发现，当把一个小球放在转台上的径向光滑槽中时，小球会沿滑槽离开中心向外滑动；如果将槽中的小球用弹簧连到转台中心轴上，则会发现在小球达到平衡时弹簧被拉长了(见图 2.10)。这些现象，在转台上的观察者看来都是不遵从牛顿定律的，除非把来自转台的加速效应的惯性力考虑进去。

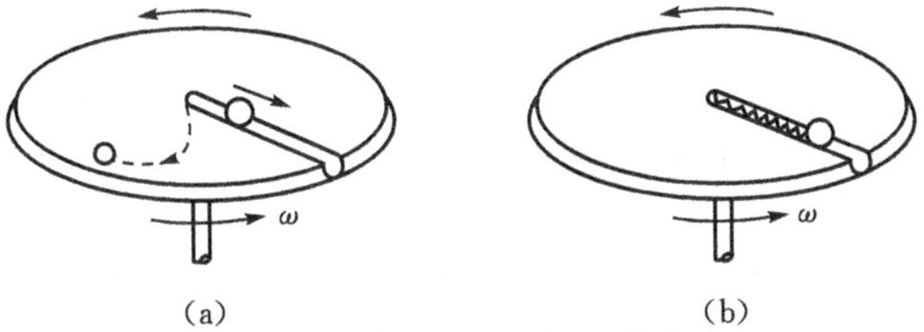

图 2.10　匀角速转动参考系中的惯性力

假设一转动参考系(转台)相对于惯性系以角速度 ω 匀速转动，若小球静止在转动参考系(转台)上。从惯性系(如地面)的观察者看来，小球在受到弹簧拉力作用下随转台作匀速率圆周运动，半径为 r，小球具有向心加速度，即 $\boldsymbol{a} = a_n = \omega^2 r\boldsymbol{e}_n$。而在该转动参考系中观察时，小球受到弹簧的拉力的作用，但却保持静止，小球的加速度 $a' = 0$，不符合牛顿第一定律。因此，要在转动参考系中保持牛顿运动定律的形式不变，则在质点静止于此转动参考系中，应引入惯性力

$$\boldsymbol{F}_i = -ma_n = -m\omega^2 r\boldsymbol{e}_n \tag{2.17}$$

这就是说，在匀角速转动的参考系中，一个静止的质点受到的惯性力与质点相对于惯性系的向心加速度的方向相反，即沿半径离开圆心，因此叫做惯性离心力。由于质点(如小球)在参考系(转台)的位置不同，对应的 a_n 也不同，因此，惯性离心力既和该参考系的转速有关，又和物体的位置有关。在上述小球的例子中，对于转台上的观察者看来，正是惯性离心力 F_i 同弹簧拉力平衡才使小球保持静止。这里有必要指出，惯性离心力并不是向心力的反作用力，因为惯性离心力和向心力都是作用在小球上的，它们不可能是作用力和反作用力的关系。向心力的反作用力是离心力，离心力是小球对弹簧的作用力，因此，也不能把惯性离心力与离心力混为一谈。

其实，转动参考系中惯性力的情况是比较复杂的。例如，若小球在转台上运动，则小球还会受到与速度大小有关的侧向惯性力。当小球在转台上沿半径向外运动时，前进的小球将向一侧偏去，这种与质点速度有关的侧向惯性力称为科里奥利力，简称科氏力。又如当转台作加

速转动时,在转台上静止的小球还有切向加速度,这相应地会出现切向方位的惯性力。这样,在转动参考系中,除了惯性离心力外,还有切向的惯性力和科里奥利力。

图 2.10 表明,科里奥利力这个侧向惯性力,其方向垂直于小球相对于转台的速度 $\boldsymbol{v}'$ 且指向右侧,并且它的大小随 v' 及角速度 ω 的增加而增大。理论计算给出,科里奥利力的计算公式是

$$\boldsymbol{F}_i = 2m\boldsymbol{v}' \times \boldsymbol{\omega} \tag{2.18}$$

对于在地球引力下自由落下的物体,因受到科氏力作用会产生落体偏向东的效应。北半球河流流向的右岸比较陡峭,南半球河流流向的左岸比较陡峭(在自然地理中称为枪尔定律)。这是因为北半球的河流流向的右岸受河水冲刷比左岸厉害,而南半球左岸冲刷比较厉害。与此类似,北半球双轨铁路在列车前进方向右轨内侧磨损比左轨内侧严重。这些都可用科氏力北半球沿运动方向指向右侧作用,而南半球沿运动方向指向左侧作用来解释。

复习思考题

2.1 在平静的湖面上,一个划船者能靠急速拉动系在船头的绳索而使船到达岸边,试说明之。

2.2 怎样认识"绳子内的张力"? 其方向如何? 大小到处一样吗? "柔绳"、"轻绳"各表示什么意思?

2.3 用绳子系一物体,使其在竖直平面内作圆周运动,当这物体达到最高点时,①有人说:"物体这时受到三个力:重力、绳子的拉力以及向心力";②又有人说:"这三个力的方向都是向下的,但物体不下落,可见物体还受到一个方向向上的离心力和这些力平衡"。对这两种说法是否正确作出评论。

2.4 牛顿第三定律是否对任何参考系都成立? 牛顿运动定律的适用范围是什么?

2.5 如图 2.11 所示,指出下列各种情况下物体 A 所受摩擦力的方向,并由此总结应当如何判断静摩擦力 的方向。

2.6 一长方体锯成完全相同的两块,两块靠在一起放在水平桌面上。在 A 上施以一定大 小的水平力,使 A,B 以同一加速度运动,忽略所有摩擦,如图 2.12 所示。

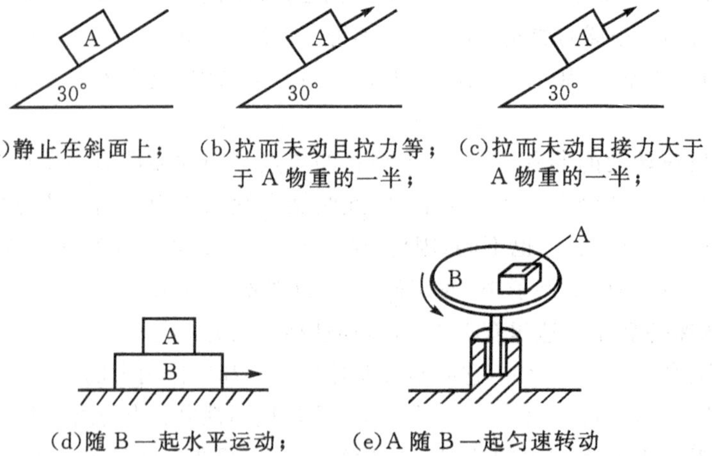

(a)静止在斜面上; (b)拉而未动且拉力等于 A 物重的一半; (c)拉而未动且接力大于 A 物重的一半;

(d)随 B 一起水平运动; (e)A 随 B 一起匀速转动

图 2.11

(1)A 对 B 的作用力沿什么方向? 画 B 的受力图,指出各力的反作用力;

(2)桌面对B的支持力是否等于B的重量？桌面对整个长方体的支持力是否等于长方体的重量？为什么？

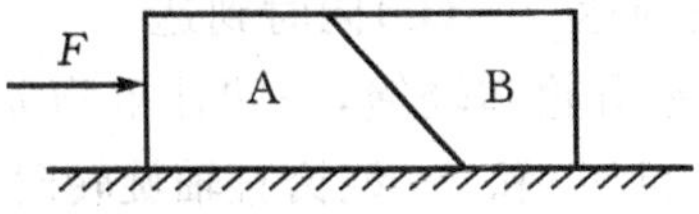

图 2.12

习　题

2.1　关于惯性有下列四种说法中，正确的为［　　］。

(A) 物体在恒力的作用下，不可能作曲线运动

(B) 物体在变力的作用下，不可能作曲线运动

(C) 物体在垂直于速度方向，且大小不变的力作用下作匀速圆周运动

(D) 物体在不垂直于速度方向的力的作用下，不可能作圆周运动

2.2　如图 2.13 所示，质量为 m 的小球，放在光滑的木板和光滑的墙壁之间，并保持平衡，设木板和墙壁之间的夹角为 α，当 α 增大时，小球对木板的压力将［　　］。

(A) 增加　　(B)减少　　(C)不变

(D)先是增加，后又减少，压力增减的分界角为 $\alpha=45^\circ$

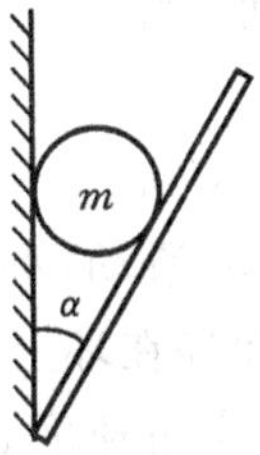

图 2.13

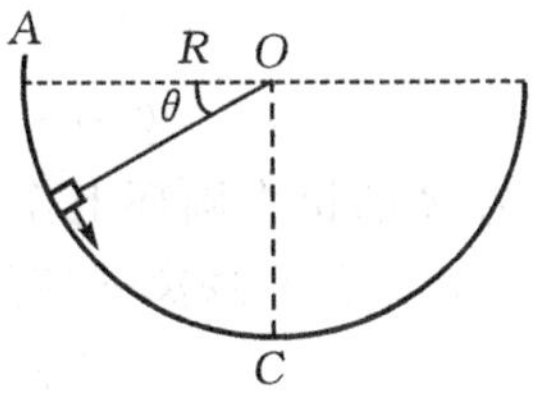

图 2.14

2.3　假使物体沿铅直面内的光滑圆弧轨道下滑，如图 2.14 所示，在从 A 点至 C 点的过程中，下列说法中正确的是［　　］。

(A)它的加速度方向永远指向圆心

(B)它的合外力大小变化，方向总是指向圆心

(C)它的合外力大小不变

(D)轨道支持力的大小不断增加

2.4　一只猴子，质量为 m，抓住一用绳吊在天花板上的直杆(质量 M)，如图 2.15 所示，绳子突然断开时，小猴则沿杆竖直向上爬以保持它离地面的高度不变，此时直杆下落的加速度为［　　］。

(A) g　　(B) $\dfrac{mg}{M}$　　(C) $\dfrac{M+m}{M}g$　　(D) $\dfrac{M-m}{M}g$　　(E) $\dfrac{M+m}{M-m}g$

2.5　某一路面水平的公路，转弯处轨道半径为 R，汽车轮胎与路面间的摩擦因数为 μ，要使汽车不至于发生侧向打滑，汽车在该处的行驶速率［　　］。

(A)不得小于 $\sqrt{\mu gR}$　　(B)必须等于 $\sqrt{\mu gR}$

(C)不得大于 $\sqrt{\mu gR}$　　(D)还应由汽车的质量 m 决定

2.6 体重相同的甲乙两人，分别用双手握住跨过无摩擦滑轮的绳子两端。当它们由同一高度向上爬时，相对绳子，甲是乙的速率的两倍，则到达顶点的情况是[　　]。

(A)甲先到达　(B)乙先到达　(C)同时到达　(D)不能确定

2.7 跨过两个质量不计的定滑轮和轻绳，一端挂重物 m_1，另一端挂重物 m_2 和 m_3，而 $m_1 = m_2 + m_3$，如图 2.16 所示，当 m_2 和 m_3 绕铅直轴旋转时[　　]。

(A) m_1 上升　(B) m_1 下降　(C) m_1 与 m_2 和 m_3 保持平衡

(D)当 m_2 和 m_3 不旋转，而 m_1 在水平面上作圆周运动时，两边保持平衡

图 2.15

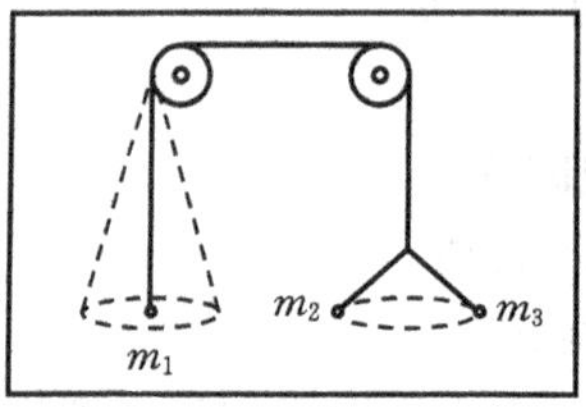

图 2.16

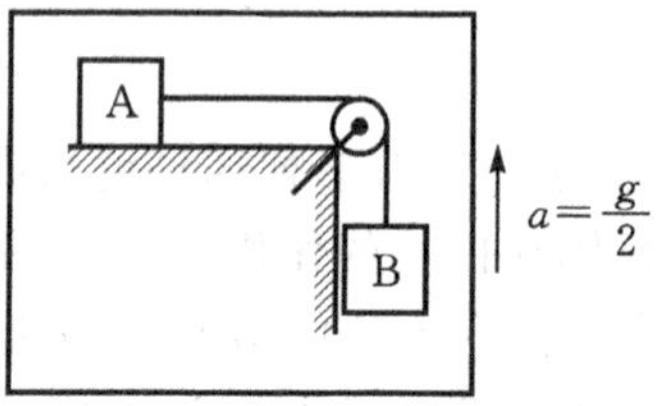

图 2.17

2.8 如图 2.17 所示，系统置于以 g/2 加速度上升的升降机内，A，B 两物块质量均为 m，A 所处桌面是水平的绳子和定滑轮质量忽略不计。

(1)若忽略一切摩擦，则绳中张力为[　　]。

(A) mg　(B) $mg/2$　(C) $2mg$　(D) $3mg/4$

(2)若 A 与桌面间的摩擦系数为 μ（系统仍加速滑动），绳中张力为[　　]。

(A) μmg　(B) $3\mu mg/4$

(C) $3(1+\mu)mg/4$　(D) $3(1-\mu)mg/4$

2.9 一小珠可在半径为 R 的铅直圆环上作无摩擦的滑动，如图 2.18 所示，当圆环以角速度 ω 绕圆环竖直直径转动时，要使小珠离开环的底部而停在环上某一点，则角速度 ω 最小应等于______________。当圆环以恒定角速度 ω 转动时，小珠相对圆环静止处的环半径偏离竖直方向的角度为________。

2.10 一水平木板上放一质量为 $m=0.2$ kg 的物块，手水平地托着木板使之在竖直平面内做半径为 $R=0.5$ m 的匀速率圆周运动，速率 $v=1\ \mathrm{m\cdot s^{-1}}$，当物块与木板一起运动到图 2.19 所示位置时，物块受到的摩擦力为________；木板对物块的支持力为________。

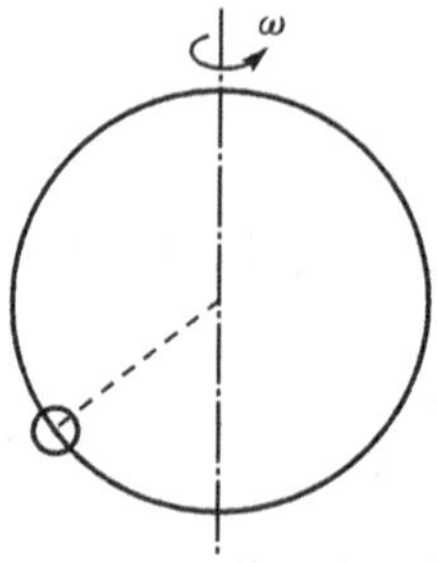

图 2.18

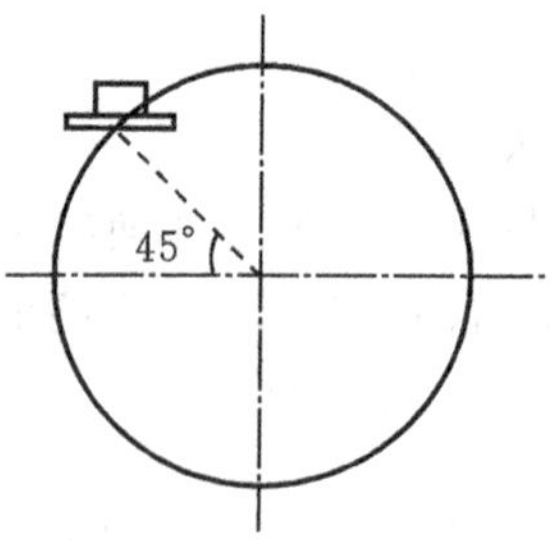

图 2.19

2.11 一个质点质量 $m = 6$ kg，以速度 $\boldsymbol{v}_0 = -3\boldsymbol{j}\ \mathrm{m\cdot s^{-1}}$ 在 xOy 平面上运动。力 $\boldsymbol{F} = 2t\boldsymbol{i}$ N 作用于其上 3 s，当 $\boldsymbol{F}$ 撤掉后，此质点的速度为________。

2.12　一个质量为 m 的质点，沿 x 轴作直线运动，受到的作用力为 $\boldsymbol{F}=F_0\cos\omega t\boldsymbol{i}$ (SI)，当 $t=0$ 时，质点的位置坐标为 x_0，初速度 $v_0=0$，质点的位置坐标和时间的关系式是 $x=$______________。

2.13　一质点沿 x 轴运动，其所受的力如图 2.20 所示，设 $t=0$ 时，$v_0=5\ \mathrm{m/s}$，$x_0=2\ \mathrm{m}$，质点质量为 $m=1\ \mathrm{kg}$，求质点 7s 末的速度和位置坐标。

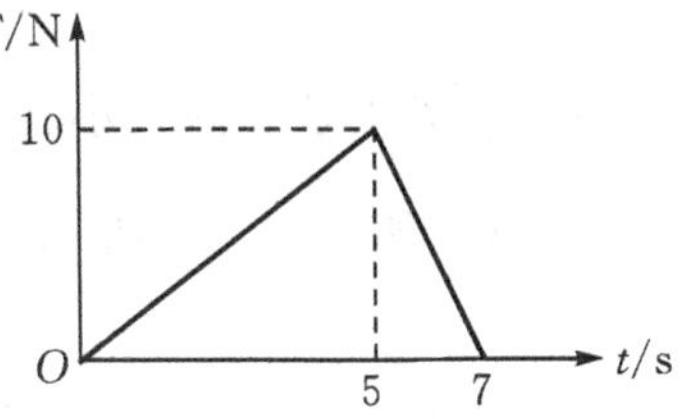

图 2.20

2.14　长为 $L=1.0\ \mathrm{m}$、质量 $m=2.0\ \mathrm{kg}$ 的匀质绳，两端分别与重物 A，B 相连，已知 $m_A=8.0\ \mathrm{kg}$，$m_B=5.0\ \mathrm{kg}$。今在 B 端施以大小为 $F=180\ \mathrm{N}$ 的竖直向上的拉力，使绳和物体向上运动，求距离绳的下端 x 处绳中的张力 $T(x)$。如图 2.21 所示。

图 2.21

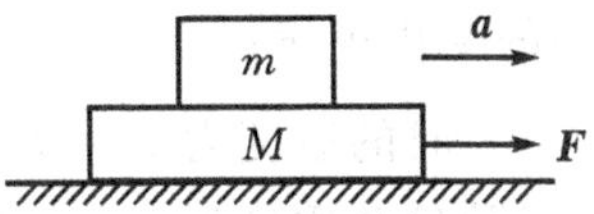

图 2.22

2.15　桌上有一质量 $M=1\ \mathrm{kg}$ 的木板，板上放一质量 $m=2\ \mathrm{kg}$ 的物体，物体和板之间，板和桌面之间的滑动摩擦系数均为 $\mu=0.25$，最大静摩擦系数均为 $\mu_0=0.30$。以水平力 F 作用于板上，如图 2.22 所示。

(1)若物体与木板一起以 $a=1\ \mathrm{m\cdot s^{-2}}$ 的加速度运动，试求物体与板以及板与桌面之间相互 作用的摩擦力；

(2)若欲使板从物体下抽出，问力 F 至少要多大？

2.16　一细绳跨过定滑轮，绳的一端悬有一质量为 m_1 的物体，另一端穿在质量为 m_2 的圆柱体的竖直细孔中，圆柱体可沿绳子滑动，如图 2.23 所示，今看到绳子从圆柱细孔中加速上升，圆柱对于绳子以匀加速 a 下降(忽略绳和滑轮的质量以及滑轮的转动摩擦)，求：

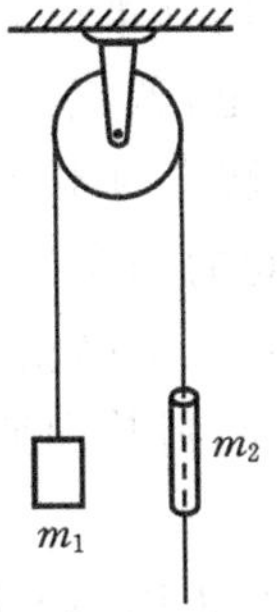

图 2.23

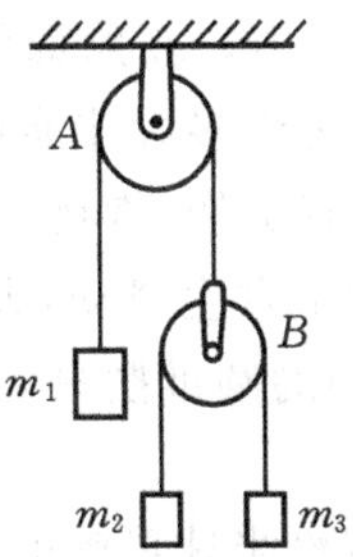

图 2.24

(1)m_1、m_2 相对于地面的加速度；

(2)绳的张力,以及圆柱与绳子间的摩擦力(忽略绳和滑轮的质量以及滑轮的转动摩数)。

2.17 一个质量为 m 的质点只受到指向原点的引力的作用沿 x 轴运动,引力的大小与质点 离原点的距离 x 的平方成反比即 $f=-\frac{k}{x^2}$(k 为比例系数),设质点在 $x=A$ 时速度为零,求 $x=\frac{A}{4}$ 处的速度的大小。

2.18 如图 2.24 所示,A 为定滑轮,B 为动滑轮,$m_1=0.4\ \mathrm{kg}$,$m_2=0.2\ \mathrm{kg}$,$m_3=0.1\ \mathrm{kg}$,求:

(1)质量为 m_1 的物体的加速度;

(2)两根绳子中的张力的大小。

滑轮和绳的质量以及摩擦阻力都忽略不计。

2.19 一质量为 10 kg 的质点,在力 $F=120t+40$ (N) 作用下沿一直线运动。在 $t=0$ 时,这质点在 $x_0=6$ m 处,其速度 $v_0=6$ m/s 。求质点在以后任意时刻的速度。

2.20 质量为 m 的快艇正以速率 v_0 行驶,发动机关闭后,受到的摩擦阻力的大小与速度大小的平方成正比,而与速度方向相反,即 $f=-kv^2$,k 为比例系数。求发动机关闭后

(1)快艇速率随时间的变化规律;

(2)快艇路程 s 随时间的变化规律;

(3)证明:快艇行驶距离 x 时的速度为 $v=v_0\mathrm{e}^{-\frac{k}{m}x}$ 。

2.21 轻型飞机连同驾驶员总质量为 1.0×10^3 kg ,飞机以 55.0 m·s^{-1} 的速率在水平跑道上着陆后,驾驶员开始制动,若阻力与时间成正比,比例系数 $\alpha=5.0\times10^2$ N·s^{-1} ,空气对飞机的阻力不计,求

(1)10 s 后飞机的速率?

(2)飞机着陆后 10 s 内滑行的距离?

2.22 质量为 m 的摩托车,在恒定的牵引力 F 的作用下工作,它所受到的阻力与速率的平方成正比,它能达到的最大速率为 v_m ,求摩托车从静止加速到 $v_m/2$ 所需的时间及所走过的路程。

2.23 质量为 M 的火车,以速率 v 沿水平的半径为 R 的一段圆弧轨道匀速前进。试问:

(1)作用在铁轨上的侧压力等于零时,路面的坡度 θ_0 等于多少?

(2)当 $\theta>\theta_0$ 及 $\theta<\theta_0$ 时,内轨和外轨所受的力各等于多少?

2.24 一段半径为 200 m 的圆弧形公路弯道,其内外坡度是按 60 km·h^{-1} 的车速设计的,此时轮胎不受路面的侧向力。在路面结冰的日子里,若汽车以 40 km·h^{-1} 的速度行驶,问车胎与路面间的摩擦系数至少多大才能保证汽车在转弯时不至滑出公路?

2.25 一辆铁路平车装有货物,货物与车底板之间的静摩擦系数为 0.25,如果火车以 30 km/h 的速度行驶,要使货物不发生滑动,火车从刹车到完全静止所经过的最短路程是多少?

2.26 (1)试证长度不同的圆锥摆只要其高度相等,则其周期也相等。(2)如果某圆锥摆的高度为 1.5 m,求其周期。

2.27 质量为 m 的小球沿半球形晚的光滑的内面,正以角速度 ω 在一水平面内作匀速圆周运动,碗的半径为 R,求该小球作匀速圆周运动的水平面离碗底的高度。

2.28 长度为 l 的绳,一端系一质量为 m 的小球,另一端挂于光滑水平面上的 $h(h<l)$ 高

度处，使该小球在水平面上以 n 转每秒作匀速圆周运动时，水平面上受多少正压力？为了使小球不离开水平面，求 n 的最大值。

2.29　图 2.25 所示一斜面，倾角为 α，底边 AB 长为 l，质量为 m 的物体从顶端由静止开始向下滑动，斜面的摩擦因数为 $\mu=\dfrac{1}{\sqrt{3}}$，问当 α 为何值时，物体在斜面上下滑的时间最短？

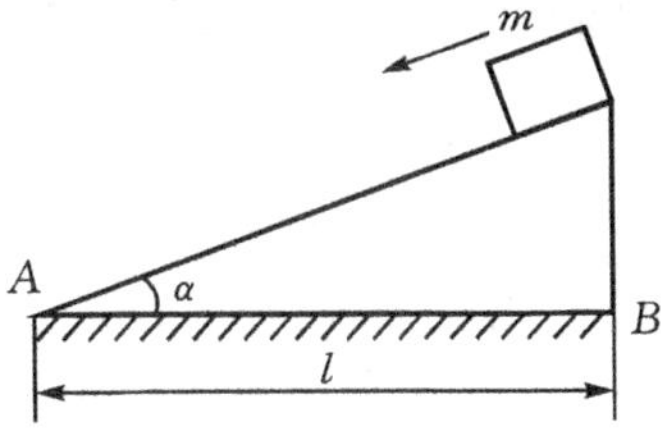

图 2.25

2.30　一质量为 m 的小球，从高出水面 h 处的 A 点自由下落，已知小球在水中受到的黏滞阻力为 $b\,v^2$，b 为常量，假定小球在水中受到的浮力恰与小球重力相等，如以入水处为坐标 O 点，竖直向下为 Oy 轴，入水时为计时起点（$t=0$），求：

(1)小球在水中运动速率 v 随时间 t 的关系式；

(2)小球在水中运动速率 v 与 y 的关系式。

第 3 章

冲量和动量定理

在上章中，我们主要考虑的是力的瞬时效果，即物体在外力作用下立即产生瞬时加速度。但是，我们常要分析的问题是当一个力作用于物体并维持一定时间后，物体的速度变为怎样？这时必须借助于积分才能解决这一问题。因此考虑力作用的时间累积效应就是本章所要讨论的主要内容。

3.1 冲量与质点的动量定理

3.1.1 力的冲量

任何力总在一段时间内作用。为描述力在一段时间间隔的累积作用，引入冲量概念。作用于物体上力的大小和方向通常是变化的，但在极短时间内，可认为力的大小方向都不变，用 Δt 表示极短的时间间隔，用 $\boldsymbol{F}$ 表示 Δt 中力的某一瞬时值，则力 $\boldsymbol{F}$ 在 Δt 时间内的元冲量为

$$\Delta \boldsymbol{I} = \boldsymbol{F}\Delta t$$

可见，元冲量方向总是与力的方向相同。

在从 t_1 至 t_2 的一定时间间隔内，力通常是会变化的，于是把 t_1 至 t_2 的时间间隔划分为许多很小的时间间隔 $\Delta_i t$ ，在任意 $\Delta_i t$ 的时间间隔内将力 $\boldsymbol{F}_i$ 视作恒力，将力在各小时间间隔的元冲量求和，并取极限，得到力 $\boldsymbol{F}$ 在 t_1 至 t_2 时间间隔内的冲量 $\boldsymbol{I}$

$$\boldsymbol{I} = \lim_{\Delta_i t \to 0} \sum_i \Delta \boldsymbol{I}_i = \lim_{\Delta_i t \to 0} \sum_i \boldsymbol{F}_i \Delta_i t = \int_{t_1}^{t_2} \boldsymbol{F} \mathrm{d}t \tag{3.1}$$

即力的冲量等于力 $\boldsymbol{F}$ 在所讨论时间间隔内对时间的定积分。冲量是矢量，在国际单位制中，冲量单位是 N·s（牛顿·秒）。由式(3.1)看出，力的冲量的方向决定于在 t_1 至 t_2 时间内诸元冲量矢量和的方向，不一定和某时刻力 $\boldsymbol{F}$ 的方向相同。

3.1.2 质点的动量定理

物体运动状态的变化必须是在物体的运动过程中通过力的持续作用来实现的，为要得到在 t_1 至 t_2 的时间间隔内质点动量的改变量，由质点动量定理式(2.5)左右各乘以 $\mathrm{d}t$ ，得

$$\sum_i \boldsymbol{F}_i \mathrm{d}t = \mathrm{d}\boldsymbol{p} \tag{3.2}$$

此式表明质点动量的微分等于合力的元冲量，这是用冲量概念表述的质点的动量定理的微分形式，反映了微小时间间隔内质点动量改变的规律。为了考察力的时间累积效应，将式(3.2)从 t_1 至 t_2 时间内作两边积分，得

$$I = \int_{t_1}^{t_2} (\sum_i F_i) dt = \int_{p_1}^{p_2} dp = p_2 - p_1 \tag{3.3}$$

式中，$\boldsymbol{I}$ 表示质点所受合力在 t_1 至 t_2 的时间内的总冲量，$\boldsymbol{p}_1$ 和 $\boldsymbol{p}_2$ 分别表示质点的初动量和末动量。式(3.3)表明：在一段时间内质点动量的增量等于此时间间隔内作用在该质点上的合力的冲量。式(3.3)为用冲量表述的质点动量定理的积分形式。

动量的概念早在牛顿定律建立之前，由笛卡儿(R。Descartes)于 1644 年引入，它纯粹是描述物体机械运动的一个物理量。动量定理让人们认识到，力在一段时间内的累积效应，是使物体产生动量增量。要产生同样的效应，只要力的时间累积量即冲量一样，就能产生同样的动量增量。

如果 $\boldsymbol{F}$ 是个方向和大小都变的变力，则冲量 $\boldsymbol{I}$ 的方向和大小要由这段时间内所有微分冲量 $\boldsymbol{F}dt$ 的矢量和来决定，而不能由某一瞬时的 $\boldsymbol{F}$ 来决定。只有当 $\boldsymbol{F}$ 的方向恒定不变时，冲量 $\boldsymbol{I}$ 才和力 $\boldsymbol{F}$ 同方向。注意到，尽管外力在运动过程中时刻改变着，物体的速度方向可以逐点不同，动量定理却又总是遵守着的，亦即不管物体在运动过程中动量变化的细节如何，冲量的大小和方向总等于物体始末动量的增量。这就为应用动量定理解决某些力学问题带来了方便。

由于动量定理是个矢量方程，可将动量定理写成直角坐标系中沿各个坐标轴的分量式，有

$$\begin{cases} I_x = \int_{t_1}^{t_2} F_x dt = mv_{2x} - mv_{1x} \\ I_y = \int_{t_1}^{t_2} F_y dt = mv_{2y} - mv_{1y} \\ I_z = \int_{t_1}^{t_2} F_z dt = mv_{2z} - mv_{1z} \end{cases}$$

这些分量式说明：在一定时间间隔内，合力的冲量分量只能改变其相应方向上的动量分量，不能改变与它垂直方向上的动量分量。

动量定理在碰撞或冲击问题中有其重要意义，它给我们带来不少方便。在碰撞中，物体间的相互作用力的量值很大，变化很快，作用时间又极短，这种力一般称为冲力。因为冲力是个变力，它随时间的变化关系极为复杂，难以测定，如图 3.1 所示。这时牛顿第二定律无法直接应用，但根据动量定理，可以确定出冲力的冲量所具有的量值。因而可以测定质点在碰撞前后的动量变化，从而由动量的增量 $\boldsymbol{p}_2 - \boldsymbol{p}_1$ 来确定冲量。如果再测定出冲力的作用时间间隔 $t_2 - t_1$，就可估算出平均冲力 $\overline{\boldsymbol{F}}$ 的大小。平均冲力 $\overline{\boldsymbol{F}}$ 与冲力 $\boldsymbol{F}$ 有相等的冲量 $\boldsymbol{I}$，即

$$\overline{F} = \frac{\int_{t_1}^{t_2} F dt}{t_2 - t_1} = \frac{p_2 - p_1}{t_2 - t_1} \tag{3.4}$$

在图 3.1 中 $\overline{\boldsymbol{F}}$ 表示平均冲力的大小，其定义为：令 $\overline{\boldsymbol{F}}$ 横线下的面积和冲力 $\boldsymbol{F}$ 曲线下的面积相等，亦即 $\overline{\boldsymbol{F}}$ 和作用时间 $t_2 - t_1$ 的乘积应等于变力 $\boldsymbol{F}$ 的冲量 $\boldsymbol{I}$。

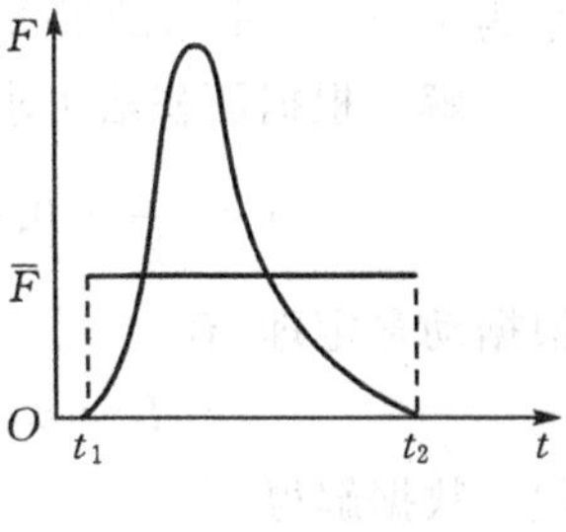

图 3.1　冲力与平均冲力

在生产中，我们时常要利用冲力，例如，利用冲床冲压钢板，由于冲头受到钢板给它的冲量的作用，冲头的动量很快地减到零，相应的冲力很大。根据牛顿第三定律，钢板所受的反作用冲力也同样很大，所以钢板被冲断了，这是增大冲力的例子。又如渡轮驶靠

码头时，在码头和船只相接触处都装有橡皮轮作为缓冲装备，这是为了延长碰撞时间以减小冲力。

在上章已经说过，当物体质量改变时，牛顿第二定律式(2.6)是不适用的，因为定律中的 m 是个不变量，但变质量问题大量存在于现实生活中，例如滚雪球时雪球越滚越大；又如洒水车因喷出水来而质量变小等等。这些现象都属于变质量物体的力学，可以根据动量定理来建立变质量物体的运动方程，分析其运动情况。

在牛顿力学中应当选用惯性系来描述物体的运动，而对于不同的惯性系而言，同一物体的速度描述是不同的，所以对于不同的惯性系，同一质点的动量是不同的，这就是动量的相对性。必须注意的是，在应用动量定理时，物体的始末动量应由同一个惯性系来确定，但是，对于不同的惯性系，同一质点的动量增量是相同的，又因为力 $\boldsymbol{F}$ 和时间都与参考系无关，所以，在不同的惯性系，作用在同一质点上的冲量也是相同的。由此可知，对于不同的惯性系，动量定理的形式保持不变，这就是动量定理的不变性，也就是说，动量定理对所有惯性系都是成立的。

例 3.1　质量为 3 kg 的质点受到一个沿 x 轴正方向的力的作用，已知质点的运动学方程为 $x = 3t - 4t^2 + t^3$ (SI)，试求：力在最初的 4 s 内的冲量大小。

解　由运动学方程对时间 t 求导数，可得速度和加速度分别为

$$v = \frac{\mathrm{d}x}{\mathrm{d}t} = 3 - 8t + 3t^2 \qquad (\mathrm{m/s})$$

$$a = \frac{\mathrm{d}v}{\mathrm{d}t} = -8 + 6t \qquad (\mathrm{m/s^2})$$

由牛顿第二定律，力 F 为

$$F = ma = -24 + 18t \qquad (\mathrm{N})$$

则力 F 在最初 4 s 内的冲量大小为

$$I = \int_0^4 F\mathrm{d}t = \int_0^4 (-24 + 18t)\mathrm{d}t = 48\ \mathrm{N \cdot s}$$

或者此题也可根据质点的动量定理，用动量的增量来计算力 F 的冲量，有

$$\text{当 } t = 0 \text{ 时，} \qquad v_1 = 3\ \mathrm{m/s}$$

$$\text{当 } t = 4 \text{ 时，} \qquad v_2 = 19\ \mathrm{m/s}$$

则力 F 在最初 4 s 内的冲量大小为

$$I = p_2 - p_1 = mv_2 - mv_1 = 48\ \mathrm{N \cdot s}$$

可以看到结果与由冲量的定义计算结果是一致的。

例 3.2　棒球质量为 0.14 kg，用棒击打棒球的力随时间的变化关系如图 3.2 所示。设棒被击打前后速度增量大小为 70 m/s，求力的最大值。设击打时不计重力作用。

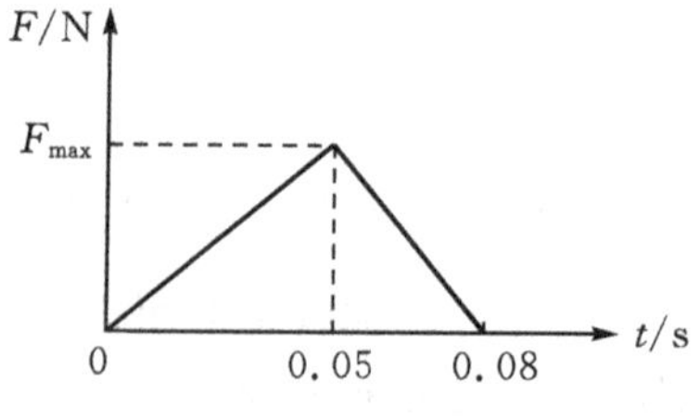

图 3.2　例 3.2 图

解　根据面积法可求出力的冲量大小

$$I = \frac{1}{2} \times 0.08 \times F_{\max} = 0.04F_{\max}$$

根据动量定理，有

$$I = mv_2 - mv_1 = m\Delta v$$

代入数据解得

$$F_{\max} = 245\ \mathrm{N}$$

例 3.3　质量为 200 g 的小球以 $v_0 = 10$ m/s 的速度沿与地面法线成 $\alpha = 30°$ 的方向射向光滑的地面，然后沿与法线成 $\beta = 60°$ 的方向弹起。设碰撞时间 $\Delta t = 0.01$ s，地面水平，试计算小球对地面的平均冲力。

解　选小球为研究对象，设其质量为 m，弹起时速度为 v，因地面光滑，地面对球的冲力沿地面的法线向上，设平均冲力为 $\boldsymbol{F}$，小球受力及始、末动量如图 3.3 所示。

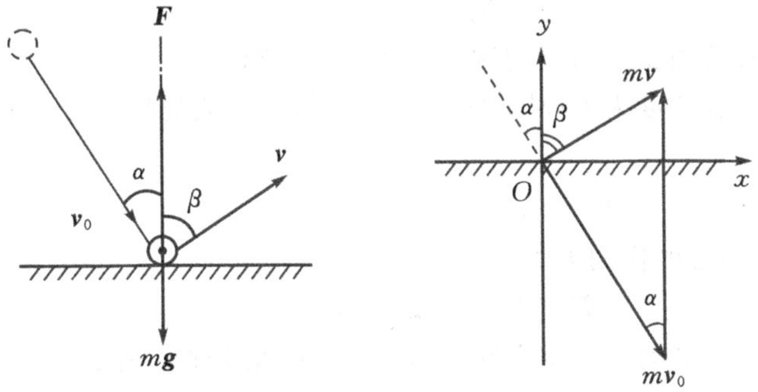

图 3.3　例 3.3 图

由动量定理，有

$$(\boldsymbol{F} + m\boldsymbol{g})\Delta t = m\boldsymbol{v} - m\boldsymbol{v}_0$$

解法一：由矢量作图法求解，如图，因 $\alpha + \beta = 90°$，故由图可知

$$|(\boldsymbol{F} + m\boldsymbol{g})\Delta t| = (F - mg)\Delta t = \frac{mv_0}{\cos\alpha}$$

解出

$$F = \frac{mv_0}{\Delta t\cos\alpha} + mg = \frac{0.2 \times 10}{0.01 \times \cos 30°} + 0.2 \times 9.8 = 231 + 1.96 = 233 \text{ N}$$

由牛顿第三定律，小球给地面的平均冲力与 $\boldsymbol{F}$ 大小相等，方向相反。

从解的数值计算可以看出，如果作用时间 Δt 很短，重力 mg 与 F 相比很小，忽略重力，引起的误差也很小，不足 1%。

解法二：用分量式求解，选图示二维直角坐标系 Oxy，写出动量定理的分量式

x 方向：　$0 = mv\sin\beta - mv_0\sin\alpha$

y 方向：　$(F - mg)\Delta t = mv\cos\beta - (-mv_0\cos\alpha)$

两式联立消去 v，其中 $\alpha + \beta = 90°$，解得

$$F = \frac{mv_0}{\Delta t\cos\alpha} + mg$$

结果与解法一相同。

例 3.4　长度为 L 的匀质柔绳，单位长度的质量为 λ，上端悬挂，下端刚好和地面接触，现令绳自由下落，求当绳落到地上的长度为 l 时绳作用于地面的力。如图 3.4 所示。

解　由于绳作自由落体运动，任一时刻下落时，绳上各点具有相同的瞬时速率 v，当绳落下长度为 l 时，$v = \sqrt{2gl}$，在其随后的 $\mathrm{d}t$ 时间内将有长度为 $\mathrm{d}l = v\mathrm{d}t$ 的一微小段绳子继续落到地上，在地面冲量的作用下其速度由 v 变为零，取铅直向下为坐标轴的正方向，则这一微小段绳子的动量的改变量为

$$\mathrm{d}p = 0 - \lambda v \mathrm{d}l = -\lambda v^2 \mathrm{d}t$$

设地面作用于该段绳上的平均冲力为 F'，垂直向上，对这一微小段绳子应用动量定理，忽略其所受重力，有

$$-F'\mathrm{d}t = \mathrm{d}p = -\lambda v^2 \mathrm{d}t$$

所以这段绳子受到地面的平均冲力 F' 的大小为

$$F' = \lambda v^2 = 2\lambda g l$$

由牛顿第三定律，此时地面受到向下的冲力 $F = F' = 2\lambda g l$ 。

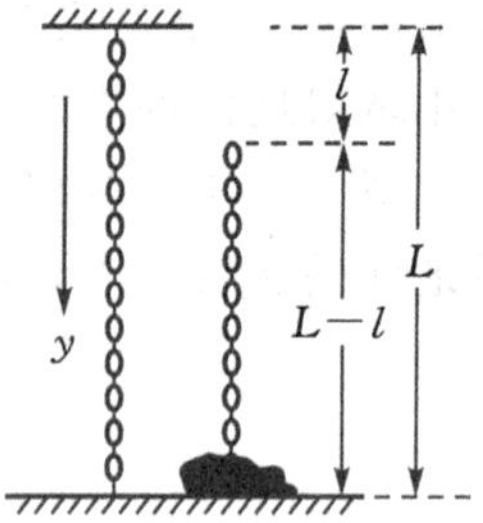

图 3.4 例 3.4 图

考虑已经落地的绳（长度为 l）对地面的正压力等于落地绳长 l 的重力，即

$$N = \lambda g l$$

则此时地面受到绳子的总的作用力大小应为

$$F + N = 2\lambda g l + \lambda g l = 3\lambda g l$$

从例题可知，应用冲量动量来研究问题，首先要明确过程的始末，仅需研究过程始末动量的变化和平均力的冲量，不必涉及过程中瞬息即变的力和加速度，这正是与牛顿运动定律的不同之处，也是这类方法的优点所在。

3.2 质点系动量定理

上节关注的是质点动量的变化规律，本节关注的是质点系受周围物体作用时动量的变化规律。

3.2.1 质点系

在处理力学问题时，为了研究的方便，常把有相互作用的若干个物体作为一个整体来考虑，当这些物体都可看作质点时，由两个或两个以上有相互作用的质点组成的系统称为质点系。因此，质点系概括了力学中最普遍的研究对象，同时也为应用质点力学解决实际力学问题提供了基本的思路和出发点。

对于由若干质点组成的质点系来说，质点系以外的物体称之为外界。外界对质点系内质点的作用力称为外力，质点系内各质点之间的相互作用力称为内力。内力和外力都是相对于质点系而言的。区分质点系和外界、内力和外力非常重要。质点系内诸质点的动量的矢量和即质点系的动量。

3.2.2 质点系动量定理

设质点系由 n 个质点组成，各质点的动量分别为 $\boldsymbol{p}_1, \boldsymbol{p}_2, \cdots, \boldsymbol{p}_n$，根据质点动量定理的微分形式，对质点 $i(i=1,2,\cdots,n)$ 而言，质点 i 的动量 p_i 的时间变化率，等于该质点所受到的合力 $\boldsymbol{F}_i$，即

$$\frac{\mathrm{d}\boldsymbol{p}_i}{\mathrm{d}t} = \boldsymbol{F}_i \tag{3.5}$$

而

$$\boldsymbol{F}_i = \boldsymbol{F}_{i外} + \boldsymbol{F}_{i内}$$

$$\boldsymbol{F}_{i内} = \sum_{j \neq i} F_{ij}$$

这里指标 $j(j=1,2,\cdots,n)$ 代表系统内的质点。

把质点系看作一个整体，其总动量 $\boldsymbol{P}$ 为

$$\boldsymbol{P}=\sum_i \boldsymbol{p}_i$$

将式(3.5)对质点 i 进行指标求和，得到

$$\sum_i \frac{\mathrm{d}\boldsymbol{p}_i}{\mathrm{d}t}=\sum_i \boldsymbol{F}_i$$

由求导与求和运算顺序可以互换，可得

$$\frac{\mathrm{d}\left(\sum_i \boldsymbol{p}_i\right)}{\mathrm{d}t}=\sum_i\left(\boldsymbol{F}_{i外}+\sum_{j\neq i}\boldsymbol{F}_{ij}\right)$$

$$\frac{\mathrm{d}\boldsymbol{P}}{\mathrm{d}t}=\sum_i \boldsymbol{F}_{i外}+\sum_i\sum_{j\neq i}\boldsymbol{F}_{ij} \tag{3.6}$$

式中，$\sum \boldsymbol{F}_{i外}$ 为质点系内各质点所受的外力的矢量和。同时利用牛顿第三定律

$$\boldsymbol{F}_{ij}=-\boldsymbol{F}_{ji}$$

因而可以证明，质点系内各质点之间的内力的矢量和为零，即

$$\sum_i\sum_{j\neq i}\boldsymbol{F}_{ij}=0$$

因此式(3.6)化简为

$$\sum_i \boldsymbol{F}_{i外}=\frac{\mathrm{d}\boldsymbol{P}}{\mathrm{d}t} \tag{3.7}$$

式(3.7)表示质点系的总动量的时间变化率等于质点系所受到的外力的矢量和，这就是质点系动量定理的微分形式。

将式(3.7)两边乘以 $\mathrm{d}t$ 并进行积分，得到

$$\int_{t_1}^{t_2}\left(\sum_i \boldsymbol{F}_{i外}\right)\mathrm{d}t=\int_{P_1}^{P_2}\mathrm{d}\boldsymbol{P}=\boldsymbol{P}_2-\boldsymbol{P}_1 \tag{3.8}$$

式(3.8)表示在一段时间内质点系总动量的增量等于作用于质点系外力矢量和在这段时间内的冲量，此即质点系动量定理的积分形式。对于不同的惯性系，质点系动量定理的形式保持不变，即质点系动量定理对所有惯性系都是成立的。

例 3.5　气球下悬软梯，总质量为 m_1，软梯上站一质量为 m_2 的人，共同在气球所受浮力 F 作用下加速上升，一人以相对于软梯的加速度 a_m 上升，求气球的加速度是多少？

解　以地面为参考系，建立竖直向上为正向的坐标轴 Oy。以气球(包括软梯)和人为质点系，在竖直方向受到浮力 F、气球(包括软梯)的重力 m_1g 和人的重力 m_2g 三个外力共同作用，水平方向不受外力作用。设气球(包括软梯)和人的速度分别为 v_1 和 v_2。利用质点系动量定理

$$\sum_i \boldsymbol{F}_{i外}=\frac{\mathrm{d}\boldsymbol{P}}{\mathrm{d}t}$$

并在 y 轴投影，得到

$$F-(m_1+m_2)g=\frac{\mathrm{d}(m_1v_1+m_2v_2)}{\mathrm{d}t}=m_1a_1+m_2a_2$$

式中，a_1 和 a_2 分别是气球(包括软梯)和人相对于地面的加速度。根据题意，人相对于地面的加速度等于人相对于软梯的加速度加上软梯对于地面的加速度，即

$$a_2 = a_1 + a_m$$

因而有

$$F - (m_1 + m_2)g = m_1 a_1 + m_2(a_1 + a_m)$$

因此得到气球的加速度

$$a_1 = \frac{F - (m_1 + m_2)g - m_2 a_m}{m_1 + m_2}$$

例 3.6 如图 3.5 所示，在水平的地面上，有一横截面 $S = 0.20\ \text{m}^2$ 的直角弯管，管中有流速为 $v = 3.0\ \text{m} \cdot \text{s}^{-1}$ 的水通过，求弯管所受力的大小和方向？

解 考虑在 $\mathrm{d}t$ 时间内发生的过程，设在 $\mathrm{d}t$ 时间内有质量为 $\mathrm{d}m$ 的水冲击挡板，并选质量为 $\mathrm{d}m = \rho S v \mathrm{d}t$ 的水流组成的质点系作为研究对象，其中水的质量密度为 $\rho = 10^3\ \text{kg/m}^3$。由于水流与弯管碰撞，水流受到弯管的作用力 $\boldsymbol{F}$，另外水流还受重力，但与 $\boldsymbol{F}$ 比较，可忽略不计。建立平面直角坐标系 Oxy，如图所示，所以根据动量定理的分量式，得到在水平方向上，$\mathrm{d}I_x = \mathrm{d}p_x$，即

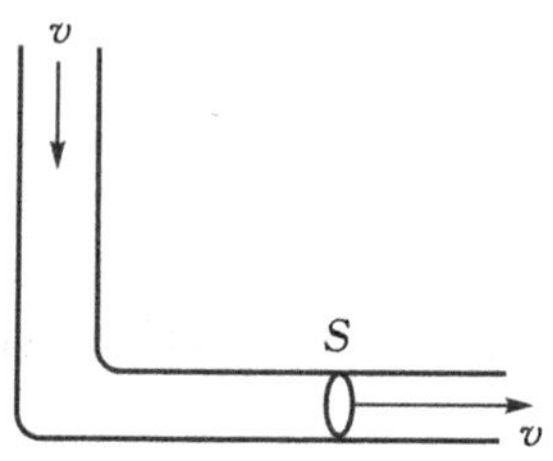

图 3.5 例 3.6 图

$$F_x \mathrm{d}t = \rho S v \mathrm{d}t v - 0$$

得到

$$F_x = \rho S v^2$$

而在竖直方向上，$\mathrm{d}I_y = \mathrm{d}p_y$，即

$$F_y \mathrm{d}t = 0 - \rho S v \mathrm{d}t v$$

得到

$$F_y = -\rho S v^2$$

因此得水流受力

$$F = \sqrt{F_x^2 + F_y^2} = \sqrt{2}\rho S v^2 = 2545\ \text{N}$$

由牛顿第三定律可得，弯管受力 $F' = 2545\ \text{N}$，方向沿直角平分线指向弯管外侧。

3.3 质点系动量守恒定律

根据质点系动量定理

$$\sum_i \boldsymbol{F}_{i外} = \frac{\mathrm{d}\boldsymbol{P}}{\mathrm{d}t}$$

得出在一定时间间隔内，当质点系所受外力的矢量和

$$\sum_i \boldsymbol{F}_{i外} = 0\ 时，\quad 则\ \boldsymbol{P} = \sum_i \boldsymbol{p}_i = 常矢量 \tag{3.9}$$

即在某一时间间隔内，若质点系所受外力矢量和自始至终保持为零，则在该时间内质点系总动量守恒。式(3.9)就是质点系动量守恒定律，其中动量守恒条件是质点系外力矢量和为零。当质点系动量守恒条件满足时，则质点系总动量守恒，即质点系内各质点动量的矢量和是守恒的，这意味着质点系总动量在直角坐标系的各坐标轴上的分量也都守恒，则有

$$\sum_i p_{ix} = 常量，\quad \sum_i p_{iy} = 常量，\quad \sum_i p_{iz} = 常量 \tag{3.10}$$

考虑到动量的相对性，在应用式(3.9)时，所有质点的动量都必须是对同一惯性参考系而言的。

如果质点系所受外力的矢量和 $\sum_i \boldsymbol{F}_{i外}$ 并不恒为零，此时质点系总动量 $\sum_i \boldsymbol{p}_i$ 是不守恒的。但若质点系所受外力在某坐标方向分量的代数和 $\sum_i F_{i外x}$ 恒为零，则该质点系总动量沿此坐标方向的分量 $\sum_i p_{ix}$ 将保持不变，这称为质点系动量沿一坐标方向的分动量守恒，这一结论对处理某些问题是很有用的。

实际上，质点系所受外力矢量和为零的情况不多，但在某些外力不为零时也可近似应用质点系动量守恒定律来求解。应用质点系动量守恒定律时，虽然内力不影响质点系动量，但是内力与外力都会影响各质点的动量。在一过程中若内力远大于外力时，单个质点动量的变化主要是由内力引起的，因而此时可将外力忽略不计，利用质点系动量守恒定律来处理问题。因此，在分析实际问题时，如果质点系内各质点间的相互作用远大于外界其他物体的作用以至外界物体对质点系的作用可以忽略不计时，我们就可利用质点系动量守恒定律来处理，比如，在碰撞、冲击和爆炸等问题中就可以这样处理。

当质点系所受外力矢量和为零时，质点系总动量是守恒的，但质点系内各质点的动量是不守恒的，质点系内各质点的动量可以通过质点系内各质点间的内力来进行传递。

动量守恒定律是物理学中最基本的普适原理之一，至今还未发现它有任何的例外。例如，把氢原子看成是由一个电子绕质子运动的两质点组成的系统，并假定它是孤立的，因而只需考虑电子-质子的相互作用，于是对于惯性参考系而言，电子和质子的动量之和是恒定的。类似地，考虑由地球和月球组成的系统，如果太阳和行星系统的其他物体所引起的相互作用可以忽略不计，则对于一个惯性系而言，地球和月球的动量之和将是守恒的。荷兰物理学家惠更斯通过分析球的碰撞，最先发现了动量守恒定律。

动量守恒定律关于自然界的基本定律，是惯性参考系中空间平移不变性的直接推论，因而是物理学中最基本的普适原理之一。从科学实践的角度来看，它在理论探讨和实际应用中都发挥着巨大的作用，在基本粒子物理学的研究中，当研究一现象按原来观点看似与动量守恒定律相悖时，并非意味着动量守恒定律失效，却意味可能有新发现。譬如，1930 年泡利(W. Pauli)相信守恒定律而提出中微子的假说，后来莱因斯(F. Reines)于 1953 年策划实验证实了中微子的存在，1932 年查德威克运用守恒定律研究实验结果而发现中子。

下面举例说明质点系动量守恒定律的应用。

例 3.7　一长为 l，质量为 M 的小车，静止在光滑的水平地面上，今有一质量为 m 的人从小车的一头走到另一头。求小车相对于地面的位移。

解　选人和小车组成的质点系为研究对象，由于地面光滑，故质点系在水平方向上不受外力作用，因此水平方向动量守恒。以地面为参考系，以水平向右为正向建立坐标轴 Ox，设人相对于地面的速度为 v，方向向右，小车相对地面的速度为 V，由动量守恒定律，有

$$MV + mv = 0$$

设人对车的速度为 v'，方向向右，由速度变换公式得 $v = v' + V$，并代入上式，得到

$$MV + m(v' + V) = 0$$

因此得到小车对地的速度为

$$V = -\frac{mv'}{m + M}$$

其中负号表示小车对地的速度方向与人对车的速度方向相反，即方向为水平向左。再对上式

两边乘以 dt 并积分，得到在人走到小车另一头的 t_0 时间内，小车对地的位移为

$$S=\int_0^{t_0} V\mathrm{d}t=-\frac{m}{m+M}\int_0^{t_0} v'\mathrm{d}t=-\frac{ml}{m+M}$$

其中负号表示小车对地的位移方向为水平向左，与所选坐标轴的正向相反。

例 3.8 设放在水平地面上的炮车以仰角 θ 发射炮弹，炮弹的出膛速度相对于炮车为 $\boldsymbol{u}$ ，炮车和炮弹的质量分别为 M 和 m，如图 3.6 所示，不计地面摩擦。(1)求炮弹刚出膛时炮车的反冲速度；(2)若炮筒长 l，求发射过程中炮车移动的距离。

解 (1) 因发射过程中炮弹与炮车的相互作用力未知，选炮弹与炮车为质点系。在发炮过程中，质点系的外力为重力、地面支持力，它们都沿竖直方向，水平方向不受外力作用，因而质点系在水平方向的分动量守恒。

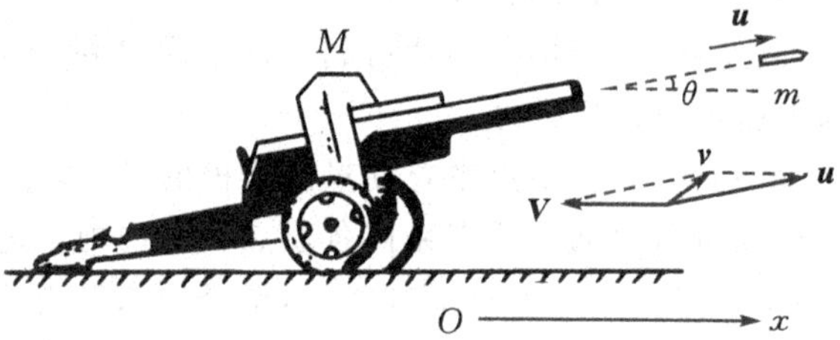

图 3.6　例 3.8 图

取地面坐标系，设炮车沿水平方向运动的速度为 $\boldsymbol{V}$ ，炮弹相对地的速度为 $\boldsymbol{v}$ ，则由速度变换公式

$$\boldsymbol{v}=\boldsymbol{V}+\boldsymbol{u}$$

炮弹相对地的速度 $\boldsymbol{v}$ 在水平方向的分量为

$$v_x=u\cos\theta-V$$

按水平方向的分动量守恒，得

$$m(u\cos\theta-V)-MV=0$$

于是求得炮车的反冲速度

$$V=-\frac{m}{M+m}u\cos\theta$$

可以看出 $V<0$ ，表示沿 x 轴负方向，即水平向左。

(2)若以 $u(t)$ 表示发炮过程中任一瞬时炮弹相对于炮车的速度，则在发炮时间 t_1 内，炮车沿路面的位移

$$\Delta x=\int_0^{t_1} V\mathrm{d}t=-\frac{m}{M+m}\int_0^{t_1} u\cos\theta\mathrm{d}t$$

式中，$\int_0^{t_1} u\cos\theta dt$ 正是炮弹相对于炮车的位移在水平方向的投影，即

$$\int_0^{t_1} u\cos\theta\mathrm{d}t=l\cos\theta$$

因而得到

$$\Delta x=-\frac{m}{M+m}l\cos\theta$$

可以看出 $\Delta x < 0$，表明炮车后退了 $\frac{m}{M+m}l\cos\theta$ 的距离。

例 3.9　在一次 α 粒子的散射实验中，α 粒子和静止的氧原子核发生了“碰撞”，如图 3.7 所示。实验测出，碰撞后 α 粒子沿与入射方向成 $\theta = 72°$ 角的方向运动，而氧核沿与 α 粒子入射方向成 $\varphi = 41°$ 角方向运动。求碰撞前后 α 粒子的速率比。

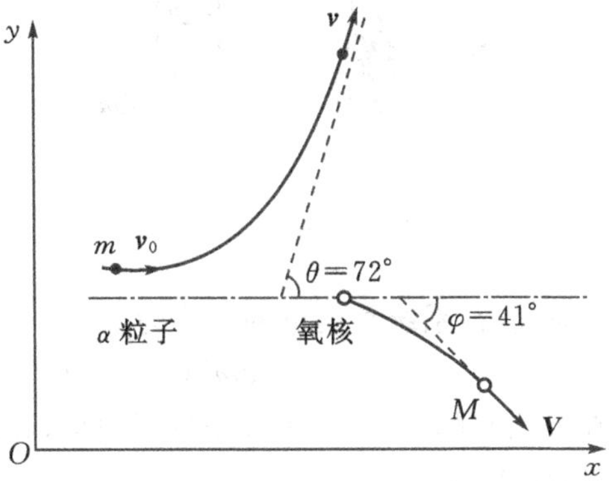

图 3.7　例 3.9 图

解　考虑以 α 粒子和氧核组成的质点系，由于“碰撞”时可以只考虑它们之间的相互作用，因而系统是孤立的，其总动量守恒。

设 α 粒子的质量为 m，碰撞前后的速度分别为 $\boldsymbol{v}_0$ 和 $\boldsymbol{v}$，氧核的质量为 M，碰撞后速度为 $\boldsymbol{V}$，应用动量守恒定律，有

$$m\boldsymbol{v}_0 = m\boldsymbol{v} + M\boldsymbol{V}$$

为定量地研究问题，建立二维直角坐标系，令 x 轴沿 α 粒子入射方向，如图 3.7 所示。沿坐标轴写出动量守恒的分量式，即

x 方向：
$$mv_0 = mv\cos\theta + MV\cos\varphi$$

y 方向：
$$0 = mv\sin\theta - MV\sin\varphi$$

由此解得

$$v_0 = v\cos\theta + \frac{v\sin\theta}{\sin\varphi}\cos\varphi = \frac{v\sin(\theta+\varphi)}{\sin\varphi}$$

故有

$$\frac{v}{v_0} = \frac{\sin\varphi}{\sin(\theta+\varphi)} = \frac{\sin 41°}{\sin(72°+41°)} = 0.71$$

例 3.10　火箭的飞行原理。

解　所有航天器的发射都依靠火箭技术，在当今的宇航时代，火箭恐怕算得上是动量守恒定律的重要应用之一了。它是靠其燃烧室燃料燃烧时喷出的气体物质的持续反冲作用来推动其前进的，由于火箭不依靠空气提供推力，因而可以在没有空气的外层空间飞行。如图 3.8 所示。

设在某一时刻 t，火箭体和燃料的总质量为 M，它们对地面参考系的速度为 $\boldsymbol{v}$，沿 z 轴正方向，在 t 到 $t+dt$ 的时间间隔内，火箭喷出了质量为 dm 的气体，它相对于火箭体的喷射速度为 u，于是在 $t+dt$ 时刻，火箭体对地的速度增加到 $\boldsymbol{v}+d\boldsymbol{v}$。对于火箭和燃气所组成的系统，

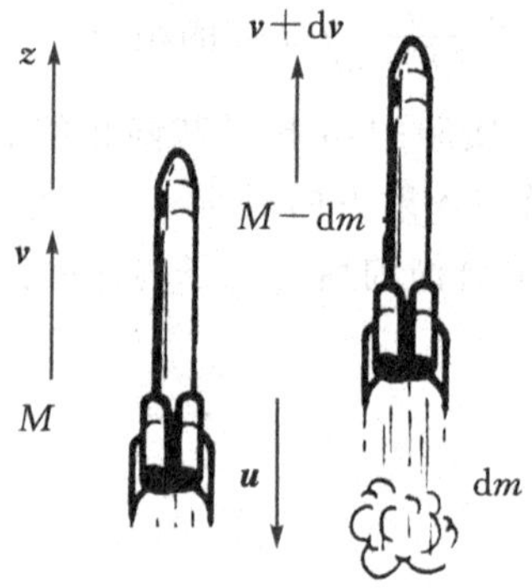

图 3.8　例 3.10 图

喷气前它们的总动量为 $\boldsymbol{Mv}$，喷气后，系统总动量的大小为

$$dm(v-u)+(M-dm)(v+dv)$$

为简单起见，考虑火箭在外层空间运动，重力和空气阻力可以忽略不计，火箭和燃气组 成的系统可视为孤立系统，于是，应用动量守恒定律有

$$dm(v-u)+(M-dm)(v+dv)=Mv$$

由于所喷出气体的质量 dm 等于火箭质量的减少，即 $dm=-dM$，代入上式，得

$$-dM(v-u)+(M+dM)(v+dv)=Mv$$

化简并略去二阶无穷小量，可得

$$udM+Mdv=0\,,\quad dv=-u\frac{dM}{M}$$

此式表示火箭每喷出质量为 $-dM$ 的气体时它的速度就增加 dv。若燃气相对于火箭的喷气速度 u 恒定，火箭点火时的质量为 M_0，初速度为 v_0，燃料燃尽后火箭剩下的质量为 M（称为火箭的有效载荷），此时所能达到的末速度为 v，对上式积分可得

$$\Delta v=v-v_0=\int_{M_0}^{M}-u\frac{dM}{M}=u\ln\frac{M_0}{M}$$

由此可见，火箭所能达到的速度 v 与两个因素有关，一是喷气速度 u，二是质量比 $\frac{M_0}{M}$。然而，目前化学燃料实际所能达到的最大喷气速度约为 2500 m/s，而 $\frac{M_0}{M}$ 也只能做到约等于 10，由上式可以算出，Δv 的值最多不过约 5.8 km/s，达不到发射人造地球卫星的要求，为了克服技术上的困难，一般均采用多级火箭技术。多级火箭是由几个火箭首尾连接而成，当第一级火箭燃料耗尽时，其壳体自动脱落，第二级接着点火，如此下去，直至最后一级，从而使被运载的卫星进入轨道。设 $N_1, N_2, \cdots$ 为各级火箭的质量比，则各级火箭达到的速度为

$$v_1=u\ln N_1$$

$$v_2-v_1=u\ln N_2$$

$$v_3-v_2=u\ln N_3$$

$$\cdots\cdots$$

因而，最后达到的速度

$$v=\sum_i u\ln N_i=u\ln(N_1N_2N_3\cdots)$$

由于质量比大于 1,因而当火箭级数增加时就可获得较高的速度,例如一个三级火箭的质量比 $N_1 = N_2 = N_3 = 5$,$u = 2000$ m/s ,则火箭最终可达到速度 $v = u\ln N^3 = 10.6$ km/s 。

3.4 质心　质心运动定理

当我们应用牛顿运动定律来研究质点系的动力学问题时,由于质点间的相互作用力往往随质点运动情况而变化,要得到各个质点运动的详细情况是很困难的。这时,了解质点系作为一个整体的运动总趋向就显得很有意义了,例如,在开山填沟的定向爆破问题中,我们不必知道也无法知道每块石块抛落的细节,只要推估大部分石块将落在何处;又例如,将一团绳子或是一个手榴弹斜抛向空中,尽管绳上每个质点的运动纷繁复杂,手榴弹会在空中翻转,但从整体上看,这团绳子和手榴弹有沿抛物线轨道运动的总趋向,就和一块抛出去的小石子一样(见图 3.9)。引入质点系的质量中心(简称质心)的概念,有助于深入理解和研究质点系和实际物体(可视为质点系)的运动,例如体操运动员通过蹬地,在空中完成翻转动作直至安全落地的过程中,体操运动员的质心在空中也是沿抛物线运动的(见图 3.10)。下面就来讨论质点系的质心。

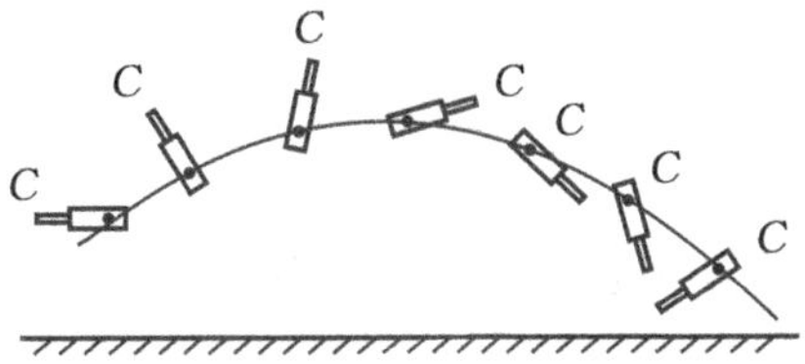

图3.9　斜抛手榴弹时,其质心沿抛物线运动

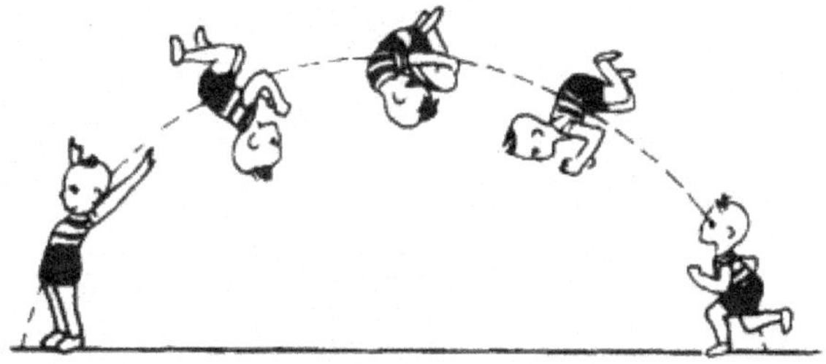

图 3.10　体操运动员的质心沿抛物线运动

3.4.1 质心　质心运动定理

考虑 N 个质点组成的质点系,将第 i 个质点所受外力记作 $\boldsymbol{F}_i$,又将第 k 个质点施于第 i 个质点的内力记作 $\boldsymbol{F}_{ik}$,应用牛顿第二定律,分别写出质点系内各个质点的运动方程

$$\begin{cases} m_1 \dfrac{\mathrm{d}^2 \boldsymbol{r}_1}{\mathrm{d}t^2} = \boldsymbol{F}_1 + \boldsymbol{F}_{12} + \boldsymbol{F}_{13} + \cdots + \boldsymbol{F}_{1N} \\ m_2 \dfrac{\mathrm{d}^2 \boldsymbol{r}_2}{\mathrm{d}t^2} = \boldsymbol{F}_2 + \boldsymbol{F}_{21} + \boldsymbol{F}_{23} + \cdots + \boldsymbol{F}_{2N} \\ \quad\vdots \\ m_N \dfrac{\mathrm{d}^2 \boldsymbol{r}_N}{\mathrm{d}t^2} = \boldsymbol{F}_N + \boldsymbol{F}_{N1} + \boldsymbol{F}_{N2} + \cdots \boldsymbol{F}_{N,N-1} \end{cases} \tag{3.11}$$

将式(3.11)诸式两边分别相加，由于质点系的内力以作用力和反作用力的形式成对地存在，其矢量和为零，于是

$$\frac{\mathrm{d}^2}{\mathrm{d}t^2}(m_1\boldsymbol{r}_1 + m_2\boldsymbol{r}_2 + \cdots + m_N\boldsymbol{r}_N) = \boldsymbol{F}_1 + \boldsymbol{F}_2 + \cdots + \boldsymbol{F}_N \tag{3.12}$$

为说明这个式子的涵义，我们可将它改写成

$$(m_1 + m_2 + \cdots + m_N)\frac{\mathrm{d}^2}{\mathrm{d}t^2}\left(\frac{m_1\boldsymbol{r}_1 + m_2\boldsymbol{r}_2 + \cdots + m_N\boldsymbol{r}_N}{m_1 + m_2 + \cdots + m_N}\right) = \boldsymbol{F}_1 + \boldsymbol{F}_2 + \cdots + \boldsymbol{F}_N \tag{3.13}$$

可以看出式(3.13)恰似某个“质点”的运动方程式，这个“质点”的质量等于质点系的总质量

$$M = m_1 + m_2 + \cdots + m_N = \sum_{i=1}^{N} m_i \tag{3.14}$$

这个“质点”的位矢是

$$\boldsymbol{r}_c = \frac{m_1\boldsymbol{r}_1 + m_2\boldsymbol{r}_2 + \cdots + m_N\boldsymbol{r}_N}{m_1 + m_2 + \cdots + m_N} = \frac{\sum_{i}^{N} m_i\boldsymbol{r}_i}{\sum_{i=1}^{N} m_i} \tag{3.15}$$

在直角坐标系中，这个“质点”的坐标为

$$\begin{cases} x_c = \dfrac{\sum_{i}^{N} m_i x_i}{\sum_{i} m_i} \\ y_c = \dfrac{\sum_{i}^{N} m_i y_i}{\sum_{i} m_i} \\ z_c = \dfrac{\sum_{i}^{N} m_i z_i}{\sum_{i} m_i} \end{cases} \tag{3.16}$$

这个“质点”称为质点系的质量中心，简称质心，即 $\boldsymbol{r}_c$ 是质心的位矢。式(3.14)、式(3.15)就给出了质心的定义。式(3.14)规定了质心的质量是质点系各质点质量的总和，式(3.15)则规定了质心的位置是质点系各个质点位置的“平均”位置，这里并不是将所有质点同等看待而简单地加以平均，而是以质量为“权重”的加权平均。质量越大的质点对决定质心位置的影响越大，这样一来，式(3.13)可表示为

$$M\boldsymbol{a}_c = \boldsymbol{F}_1 + \boldsymbol{F}_2 + \cdots + \boldsymbol{F}_N = \sum_{i} \boldsymbol{F}_i \tag{3.17}$$

上述结果表明：质心的运动等同于一个质点的运动，这个质点具有质点系的总质量，它受到的外力为质点系所受外力的矢量和，这个结论称为质心运动定理。

从以上的讨论可知，尽管质点系中的各个质点的运动错综复杂，但总可以用质心的运动来代表该质点系整体平移运动的运动状况，而质心运动定理揭示了这种整体平移运动的规律性。如果看一下质点系的总动量与质心运动速度 $\boldsymbol{v}_c$ 的关系，则更能清楚地认识到这一点，由式(3.15)，有

$$\boldsymbol{v}_c = \frac{\mathrm{d}\boldsymbol{r}_c}{\mathrm{d}t} = \frac{\mathrm{d}}{\mathrm{d}t}\left(\frac{\sum_i m_i \boldsymbol{r}_i}{M}\right) = \frac{\sum_i m_i \frac{\mathrm{d}\boldsymbol{r}_i}{\mathrm{d}t}}{M} = \frac{\sum_i m_i \boldsymbol{v}_i}{M}$$

于是

$$M\boldsymbol{v}_c = \sum_i m_i \boldsymbol{v}_i \tag{3.18}$$

可见，质点系的总动量(各质点动量的矢量和)等于质点系的总质量与质心速度的乘积，即可以看作是所有质点以质心速度运动时的动量，这就是说，质心的运动代表了质点系的整体平移运动。

根据质心运动定理，很容易解释前面所举例的绳索和手榴弹作抛物线运动的原因，由于忽略空气阻力，系统在空中所受的外力只有重力，因此其质心的运动就和一个质点在重力作用下的运动一样，轨迹是一条抛物线。

从质心运动方程式(3.17)可以作出推论：当 $\sum_i \boldsymbol{F}_i = 0$ 时，$\boldsymbol{a}_c = 0$，即 $v_c =$ 常量。这也就是说，在外力的矢量和为零的条件下，系统的质心保持静止或匀速直线运动状态不变。另一方面，我们知道，由动量守恒定律，当 $\sum_i \boldsymbol{F}_i = 0$ 时，系统的总动量守恒，因此，质心速度不变与系统动量守恒是完全等价的。这样，我们也就可以从质心运动的角度来求解某些涉及动量守恒的问题。不仅如此，当系统在某个方向不受外力的作用时，我们也可以利用系统在该方向的分动量守恒与质心在该方向的分速度不变的等价性来处理系统在某个方向的动量守恒问题。

关于质心，我们还须作如下几点补充说明：

(1)对质量连续分布的物体，其质心位置的计算公式(3.15)、式(3.16)就可用积分来代替求和，即

$$\left\{\begin{aligned} \boldsymbol{r}_c &= \frac{\int \boldsymbol{r}\,\mathrm{d}m}{M} \\ x_c &= \frac{\int x\,\mathrm{d}m}{M} \\ y_c &= \frac{\int y\,\mathrm{d}m}{M} \\ z_c &= \frac{\int z\,\mathrm{d}m}{M} \end{aligned}\right. \tag{3.19}$$

(2)对于确定的质点系来说，选取不同的坐标系，虽求得质心坐标的数值不同，但质心相对于质点系的位置是不变的。质心位置只决定于质点系的质量和质量分布情况，与其他因素

无关。

(3)质心和重心是两个不同的概念。物体质心的位置只与其质量及质量分布有关，而与作用在物体上的外力无关。重心是作用在物体上各部分重力的合力的作用点。当物体脱离地球的引力范围时，就不存在重心，但质心仍然存在。通常我们说一个物体的质心和重心重合是有条件的，即满足：①作用在物体上各部分的重力都是平行的；②在地面附近的局部范围内重力加速度可视为常量。不过，在通常研究的问题中，一般都可认为质心和重心是重合的。

3.4.2 质心参考系

在质心概念的基础上，我们引入一个特殊的参考系——质心参考系，在这种参考系中考察质点系的运动，会得到一些很有价值的结论。

如果将一个参考系的坐标原点选在质点系(或物体)的质心上，又使它以质心的速度(相对于惯性参考系)平动(即坐标轴方向无转动)，这样的参考系就叫做这个质点系的质心坐标系，简称质心系。

质心系是研究质点系或物体运动时经常采用的参考系。一个质点系相对于实验室坐标系(惯性系)的运动可以视为各质点随质心的平动和相对于质心的运动的叠加，例如火车车轮在平直轨道上的纯滚动，就可以看成车轮上各质点随轮心(质心)的平移运动和相对于轮心的圆周运动的合成。

一个质心参考系，存在下述普遍关系：

设在一个质心坐标系中，$\boldsymbol{r}'_i$ 和 $\boldsymbol{v}'_i$ 分别表示第 i 个质点的位矢和速度(亦即相对于质心的位矢与速度)，则

(1) $\sum\limits_i m_i\boldsymbol{r}'_i=0$，这是因为在质心坐标系中质心的位矢 $\boldsymbol{r}'_c=0$，应用质心的定义式(3.15)可得

$$\sum_i m_i\boldsymbol{r}'_i=0 \tag{3.20}$$

(2) $\sum\limits_i m_i\boldsymbol{v}'_i=0$，这是因为在质心坐标系中，质心的速度 $\boldsymbol{v}'_c=0$，应用式(3.18)可得

$$\sum_i m_i\boldsymbol{v}'_i=0 \tag{3.21}$$

这个关系表达了质心系的一个重要性质，即在质心系中质点系的总动量恒为零，因此又称质心系为零动量系。如果一个质点系只包含两个质点，那么在它的质心系中看来，这两个质点任一瞬时都具有大小相等而方向相反的动量。

(3)若一个质点系的质心速度(相对于一个惯性系)为 $\boldsymbol{v}_c$，则在这个惯性系中任一质点的速度

$$\boldsymbol{v}_i=\boldsymbol{v}'_i+\boldsymbol{v}_c \tag{3.22}$$

以后将看到，利用质心系讨论质点系或物体的运动时，就要利用式(3.22)。

例 3.11 一只长为 $L=4.5$ m，质量 $M=150$ kg 的小船，静止在湖面上、船头距岸 1.0 m 处。今有质量 $m=50$ kg 的人立在距船头 2.0 m 处，并走向船头然后跳上岸，如图 3.11 所示。问人需跳多远距离才能上得岸？当人跳上岸的瞬间船距离岸多远？假设船的质心在船体的中点处，水对船的阻力忽略不计。

解 考虑由人和船组成的质点系，以岸为参考系来研究该质点系的运动，建立如图 3.11

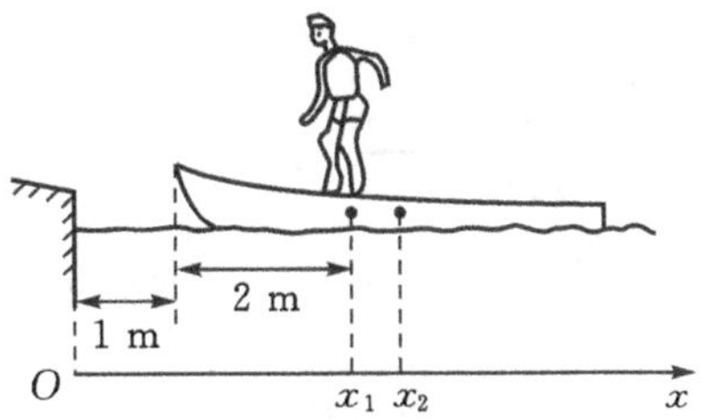

图 3.11　例 3.11 图

所示的坐标轴。该系统在 x 方向上不受外力作用,根据质心运动定理,该系统的质心在 x 方向上应保持原有的静止状态,当人开始走向船头时,系统的质心离岸的位置坐标是

$$x_c = \frac{mx_1 + Mx_2}{m + M}$$

式中,x_1 和 x_2 分别为人和船的质心的初始坐标。

当人走到船头时,设人的坐标为 x'_1,船的质心坐标为 x'_2,则这时系统的质心坐标应为

$$x'_c = \frac{mx'_1 + Mx'_2}{m + M}$$

考虑到当人走到船头时应有

$$x'_2 = x'_1 + \frac{l}{2}$$

由系统的质心静止不变,即 $x_c = x'_c$ 可得

$$mx'_1 + M\left(x'_1 + \frac{l}{2}\right) = mx_1 + Mx_2$$

解得

$$x'_1 = 1.5\ \mathrm{m}$$

式中,x'_1 即为人上岸需跳过的最短距离。

当人向前跳到岸上的瞬间,人船系统的质心水平坐标仍应不变,这时人的坐标 $x''_1 = 0$,船的质心坐标为 x''_2,则系统的质心坐标

$$x'_c = \frac{mx''_1 + Mx''_2}{m + M} = \frac{Mx''_2}{m + M}$$

又由 $x''_c = x_c$,可解得

$$x''_2 = \frac{mx_1 + Mx_2}{M} = 4.25\ \mathrm{m}$$

x''_2 即为人跳上岸的瞬时船离岸的距离。

复习思考题

3.1　在什么情况下,力的冲量和力的方向相同?

3.2　质量为 m 的小球以速率 v 水平地射向垂直的光滑大平板,碰后又以相同速率沿水平 方向弹回,在此碰撞过程中小球动量的增量是多少? 小球施于平板的冲量是多少?

3.3　质量为 m 的质点,作斜抛运动,如图 3.12 所示,空气阻力忽略不计。已知初速度 v_0 与水平方向的夹角 $\alpha = 45°$,试求质点从抛出到落地的过程中作用于质点上的合力的冲量。

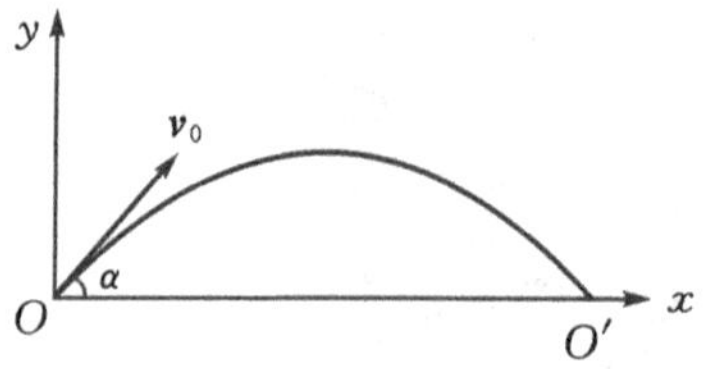

图 3.12

3.4 在系统的动量变化中内力起什么作用？有人说：因为内力不改变系统的总动量，所以不论系统内各质点有无内力作用，只要外力相同，则各质点的运动情况就相同。你对此有何评论？

3.5 一 α 粒子初时沿 x 轴负向以速度 $\boldsymbol{v}$ 运动，后被位于坐标原点的金核所散射，使其沿与 x 轴成 120° 的方向运动（速度大小不变）。试用矢量在图上表出 α 粒子所受到的冲量 $\boldsymbol{I}$ 的大小和方向。

3.6 在水平冰面上以一定速度向东行驶的炮车，向东南（斜向上）方向发射一炮弹，对于炮车和炮弹这一系统，在此过程中（忽略冰面摩擦力及空气阻力）哪些量守恒？

3.7 试用所学的力学原理解释逆风行舟的现象。

3.8 一颗手榴弹沿一抛物线运动，在中途爆炸，碎片飞向四面八方，问碎片质心的轨迹是否仍是原来的抛物线？

3.9 质心运动定理和牛顿第二定律在形式上相似，试比较它们所代表的意义有何不同？

3.10 任何质点系的质心参考系是否一定是惯性系？在质心系中测得的系统的总动量是否一定为零？对于合外力不为零的系统，上述结论是否与牛顿定律矛盾？请解释。

习 题

3.1 质量 m 的铁锤自由落下，打在木桩上并停下，设打击时间为 Δt，打击前铁锤速率为 v，则在撞击木桩的过程中，铁锤所受平均冲力的大小为[　　]。

(A) $\dfrac{mv}{\Delta t}$　　(B) $\dfrac{mv}{\Delta t}-mg$

(C) $\dfrac{mv}{\Delta t}+mg$　　(D) $\dfrac{2mv}{\Delta t}$

3.2 一总质量为 $M+2m$ 的烟花，从离地面高 h 处自由落下到 $h/2$ 时炸开，并飞出质量均为 m 的两块，它们相对于烟花体的速度大小相等，方向为一上一下。爆炸后烟花体从 $h/2$ 处落回地面的时间为 t_1。若烟花在自由下落到 $\dfrac{h}{2}$ 时不爆炸，它从该处落到地面的时间为 t_2，则[　　]。

(A) $t_1>t_2$　　(B) $t_1<t_2$

(C) $t_1=t_2$　　(D) 无法确定

3.3 沙子从 $h=0.8$ m 高处落到以 3 m/s 速度水平向右运动的传送带上。取 $g=10\ \text{m/s}^2$，则传送带给予沙子的作用力的方向[　　]。

(A) 与水平夹角 53° 向下　　(B) 与水平夹角 53° 向上

(C) 与水平夹角 37° 向上　　(D) 与水平夹角 37° 向下

3.4　质量为 m 的质点在变力 $F=F_0(1-kt)$(F_0,k 为常量)作用下沿 Ox 轴作直线运动。若 $t=0$ 时,质点在坐标原点,速度为 v_0,则质点运动速度随时间变化规律为 $v=$______________;质点运动学方程 $x=$______________。

3.5　一吊车底板上放一质量为 10 kg 的物体并以 $a=3+5t$(SI)的加速度加速上升,则在 $t=0$ 到 $t=2$ s 的时间内吊车底板给予物体的冲量大小 $I=$______________,这 2 s 内物体动量的增量大小 $\Delta p=$______________。

3.6　如图 3.13 所示,一小球在弹簧的作用下振动,弹力 $F=-kx$,而位移 $x=A\cos\omega t$,其中 k,A,ω 都是常量。求在 $t=0$ 到 $t=\pi/2\omega$ 的时间间隔内弹力施于小球的冲量。

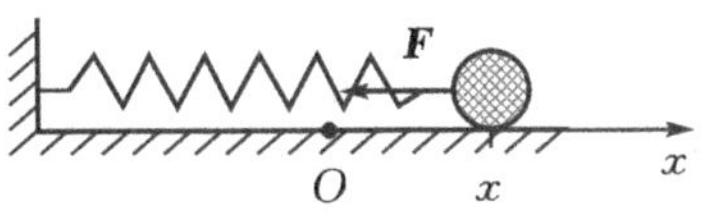

图 3.13

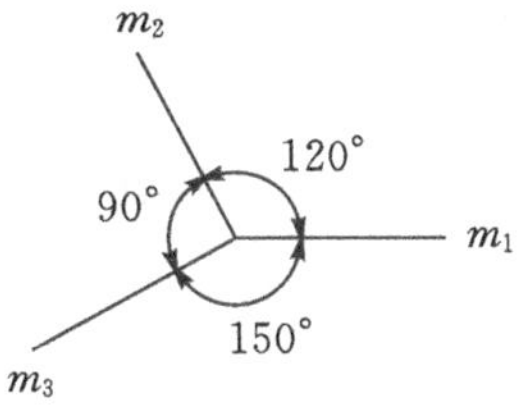

图 3.14

3.7　一个原来静止在光滑水平面上的物体,突然裂成三块,以相同的速率沿三个方向在水平面上运动,各方向之间的夹角如图 3.14 所示,则三块物体的质量之比 $m_1:m_2:m_3=$______________。

3.8　质量为 m 的子弹,水平射入质量为 M、置于光滑水平面上的沙厢,子弹在沙厢中前进的距离 l 而静止,同时沙厢向前运动的距离为 s,此后子弹与沙厢一起以共同速度 v 匀速运动,则子弹受到的平均阻力 $F=$______________。

3.9　质量为 m 的质点在 Oxy 平面内运动,运动学方程为 $\boldsymbol{r}=a\cos\omega t\ \boldsymbol{i}+b\sin\omega t\ \boldsymbol{j}$,求:

(1)质点在任一时刻的动量;

(2)从 $t=0$ 到 $t=2\pi/\omega$ 的时间内质点受到的冲量。

3.10　一质量 $m=2.5$ g 的乒乓球以 $v_1=10\ \text{m}\cdot\text{s}^{-1}$ 的速率飞来,用板推挡后又以 $v_2=20\ \text{m}\cdot\text{s}^{-1}$ 的速率飞出,设推挡前后球的运动方向与板的夹角分别为 45°和 60°,求:

(1)球获得的冲量;

(2)若撞击时间 $\Delta t=0.01$ s,球施于板的平均力是多少?

3.11　如图 3.15 所示的圆锥摆,绳长为 l,绳子一端固定,另一端系一质量为 m 的质点,以匀角速 ω 绕铅直线作圆周运动,绳子与铅直线的夹角为 θ。在质点旋转一周的过程中,试求:

(1)质点所受合外力的冲量 $\boldsymbol{I}$;

(2)质点所受张力 T 的冲量 $\boldsymbol{I}_T$。

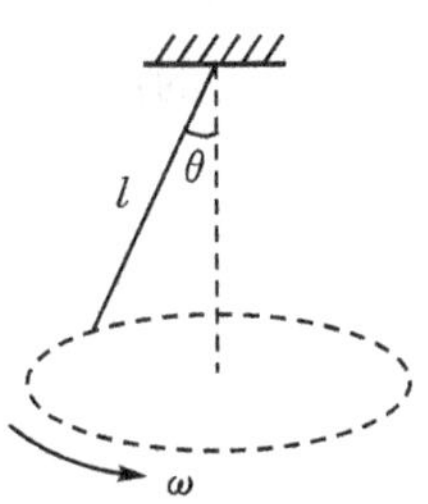

图 3.15

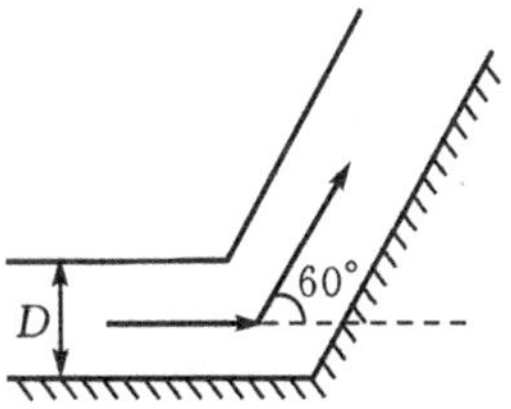

图 3.16

3.12 质量为 $M=2.0$ kg 的物体(不考虑体积),用一根长为 $l=1.0$ m 的细绳悬挂在天花板上。今有一质量为 $m=20$ g 的子弹以 $v_0=600$ m/s 的水平速度射穿物体。刚射出物体时子弹的速度大小 $v=30$ m/s,设穿透时间极短。求:

(1)子弹刚穿出时绳中张力的大小;

(2)子弹在穿透过程中所受的冲量。

3.13 如图 3.16 所示,水坝冲刷实验中,在管中弯曲处水流方向改变了 60°,若水流量 $q=3.0\ \mathrm{m^3\cdot s^{-1}}$,管子直径 $D=0.70$ m,问管的弯曲段将受到多大的冲力 F?

3.14 一根匀质的链条平堆在桌面上,单位长度的质量为 ρ。在 $t=0$ 时,用力 F 作用在链条 的一端,以匀速 v 竖直将链条提升,如图 3.17 所示。求向上提升的力与时间的函数关系。

3.15 如图 3.18 所示,一输送煤粉的传送带 A 以 $v=2.0\ \mathrm{m\cdot s^{-1}}$ 的水平速度匀速向右移动,煤粉从 A 上方高 $h=0.5$ m 处的料斗口自由落下,流量为 $q=40\ \mathrm{kg\cdot s^{-1}}$,求装煤的过程中煤粉对传送带 A 的作用力的大小和方向(不计传送带上煤粉的自重)。

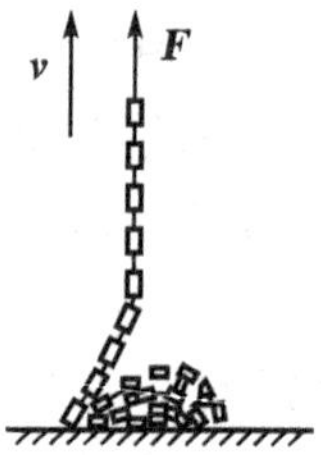

图 3.17

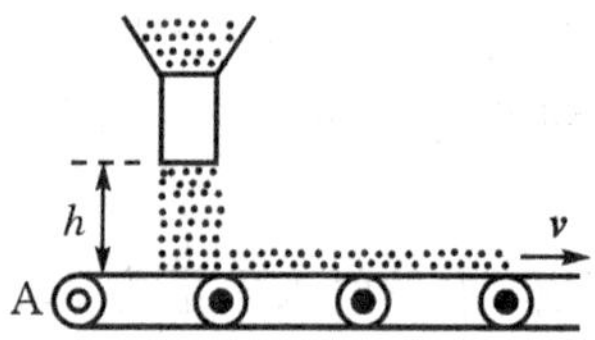

图 3.18

3.16 湖面上一静止的小船,质量 $M=100$ kg,船头到船尾长 $l=3.6$ m,现有质量 $m=50$ kg的人从船尾走到船头,问船头移动了多少距离(忽略水的阻力)?

3.17 质量为 M 的人手里拿着一个质量为 m 的小球,此人用与水平面成 α 角的速率 v_0 向前跳起。当他达到最高点时,将小球以相对于自身的水平速率 u 向后抛出,问由于抛掉小球他跳 的水平距离增加了多少?

3.18 质量为 60 kg 的人以 8 km/h 的速度从后面跳上一辆质量为 80 kg 的、速度为 2.9 km/h的小车,试问小车的速度将变为多大;如果人迎面跳上小车,结果又怎样?

3.19 有质量为 $2m$ 的弹丸,从地面斜抛出去,它的落地点为 x_c。如果它在飞行到最高点处爆炸成质量相等的两碎片。其中一碎片铅直自由下落,另一碎片水平抛出,它们同时落地。问第二块碎片落在何处。

3.20 质量为 M、长为 l 的船浮在静止的水面上,船上有一质量为 m 的人,开始时人与船也相对静止,然后人以相对于船的速度 u 从船尾走到船头,当人走到船头后人就站在船头上,经长时间后,人与船又都静止下来了。设船在运动过程中受到的阻力与船相对水的速度成正比,即 $f=-kv$。求在整个过程中船的位移 Δx。

第 4 章

动能和势能

能量是物理学中最为重要的概念之一，人类认识这个概念经历了长期的曲折的过程。能量的概念最早是由 19 世纪初英国物理学家杨(T. Young)引入的。能量的形式多种多样，各种不同形式的能量可以通过不同的方式相互转化。在这一章里，我们着重讨论与机械运动有关的能量——动能和势能(总称机械能)，以及机械运动转化的方式——做功，并且阐明机械运动转化时所遵从的规律——动能定理和功能原理。

能量是物理学中对于物质运动各种形式都适用的统一度量尺度。能量反映物体的运动状态，它可以从一个物体转移到另一个物体或从一种形式转变为另一种形式，但总量不变。因此必须从能量的变化和转移中认识能量，而力做功就是改变能量的手段。在本章，先从力做功开始研究，然后讨论动能、势能及它们之间的转化和守恒等问题，最后在引入势能概念的基础上推导出机械能守恒定律。

4.1 功和功率

力对质点在一定时间间隔内的持续作用，必然伴随着力对质点在一定空间距离上的持续作用，所以，力的时空累积效应总是一起存在，不可分割的。前面我们讨论了力的时间累积效果和质点动量变化的关系，从一个侧面揭示了质点机械运动状态变化的规律。现在我们来着手讨论力的空间累积效应，即力所做的功，它是改变能量的手段，并由此进一步揭示机械运动与其他运动形式相互转化的规律性。

4.1.1 功

"功"是人们在长期的生产实践和科学研究中逐步形成的概念。我们知道，在力的持续作用下，质点的运动状态要发生变化，而这种变化又是通过质点的运动过程体现出来。"功"就是用来描写力在运动过程中对质点所引起的空间累积效应的物理量。下面我们给出物理学中功的科学定义。

1. 恒力的功

设一质点在一恒力 $\boldsymbol{F}$ 的作用下作直线运动，如图 4.1 所示，力的作用点的位移为 $\boldsymbol{S}$，则力 $\boldsymbol{F}$ 在这段位移上对质点所做的功 A 定义为

$$A = FS\cos\theta$$

其中 θ 表示 $\boldsymbol{F}$ 与 $\boldsymbol{S}$ 之间的夹角。

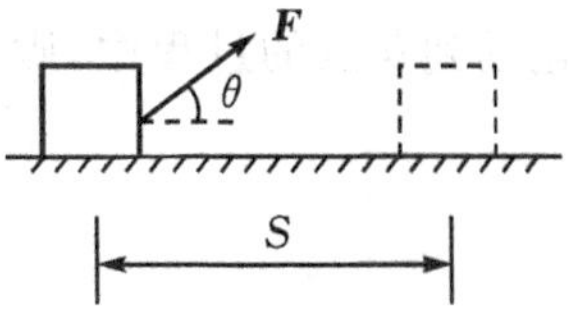

图 4.1 恒力的功

这就是说，恒力对直线运动的质点所做的功等于力在受力质点

位移上的投影与位移大小的乘积。

运用矢量代数知识，上式也可写成

$$A = \boldsymbol{F} \cdot \boldsymbol{S} \tag{4.1}$$

即作用在沿直线运动的质点上的恒力的功等于该力与受力质点的位移的标积。

功是标量，但有正负，由力和位移的夹角 θ 来决定。当 θ 角为锐角时，力做正功，θ 为钝角，力做负功；当力 $\boldsymbol{F}$ 与位移 $\boldsymbol{S}$ 垂直时，功为零。

2. 变力的功

如果质点沿曲线运动并且质点受到的力 $\boldsymbol{F}$ 是变力时(见图 4.2)，则不能直接应用式(4.1)来计算功。这时，可以将受力质点的路径分成许多小段，每小段位移为无穷小量，可视为与轨迹重合，称元位移 $\mathrm{d}r$，且作用在任一元位移 $\mathrm{d}\boldsymbol{r}$ 上的力 $\boldsymbol{F}$ 可视为恒力，则在元位移 $\mathrm{d}\boldsymbol{r}$ 上力对质点所做的元功为

$$\mathrm{d}A = \boldsymbol{F} \cdot \mathrm{d}\boldsymbol{r} \tag{4.2}$$

然后把沿整个路径的所有元功加起来就得到沿整个路径力对质点所做的功。当 $\mathrm{d}\boldsymbol{r}$ 趋于零时，对元功的求和就变成了积分，因此，质点沿路径 L 从 a 到 b 力 $\boldsymbol{F}$ 对它所做的功 A 就是

$$A = \int_{a(L)}^{b} \boldsymbol{F} \cdot \mathrm{d}\boldsymbol{r} \tag{4.3}$$

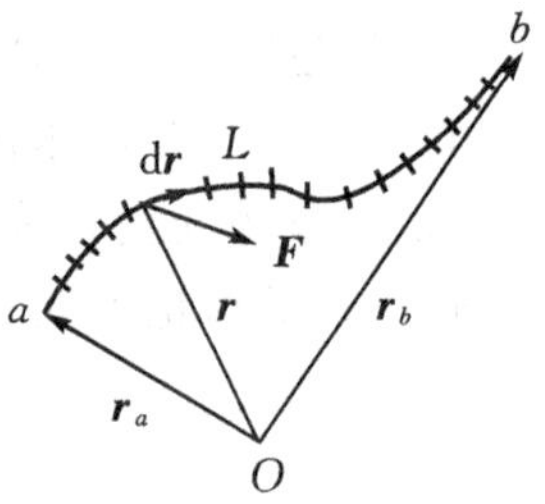

图 4.2 变力的功

式(4.3)即为计算功的普遍公式。由于 $|\mathrm{d}\boldsymbol{r}| = \mathrm{d}s$，$\mathrm{d}s$ 为对应于 $\mathrm{d}\boldsymbol{r}$ 的微小路程，功 A 还可表示为

$$A = \int_{a(L)}^{b} F\cos\theta \mathrm{d}s \tag{4.4}$$

式(4.3)、式(4.4)是沿路径 L 的曲线积分，这说明功的大小与做功的路径有关，因此功是一个过程量。

在直角坐标系中，力和元位移分别表示为

$$\boldsymbol{F} = F_x\boldsymbol{i} + F_y\boldsymbol{j} + F_z\boldsymbol{k}, \qquad \mathrm{d}\boldsymbol{r} = \mathrm{d}x\boldsymbol{i} + \mathrm{d}y\boldsymbol{j} + \mathrm{d}z\boldsymbol{k}$$

代入式(4.2)，有元功

$$\mathrm{d}A = \boldsymbol{F} \cdot \mathrm{d}\boldsymbol{r} = F_x\mathrm{d}x + F_y\mathrm{d}y + F_z\mathrm{d}z$$

则在质点沿路径 L 从 a 到 b 的过程中，变力 $\boldsymbol{F}$ 做的功为

$$A = \int_{a(L)}^{b} (F_x\mathrm{d}x + F_y\mathrm{d}y + F_z\mathrm{d}z)$$
$$= \int_{x_a}^{x_b} F_x\mathrm{d}x + \int_{y_a}^{y_b} F_y\mathrm{d}y + \int_{z_a}^{z_b} F_z\mathrm{d}z$$

3. 合力的功

若质点同时受到多个力 $\boldsymbol{F}_1, \boldsymbol{F}_2, \cdots, \boldsymbol{F}_n$ 的作用，且在这些力的作用下质点沿曲线从 a 点运动到 b 点的过程中，质点所受的合力做功为

$$A = \int_a^b (\boldsymbol{F}_1 + \boldsymbol{F}_2 + \cdots + \boldsymbol{F}_n) \cdot \mathrm{d}\boldsymbol{r}$$
$$= \int_a^b \boldsymbol{F}_1 \cdot \mathrm{d}\boldsymbol{r} + \int_a^b \boldsymbol{F}_2 \cdot \mathrm{d}\boldsymbol{r} + \cdots + \int_a^b \boldsymbol{F}_n \cdot \mathrm{d}\boldsymbol{r}$$
$$= A_1 + A_2 + \cdots + A_n \tag{4.5}$$

式中，$A_1, A_2, \cdots, A_n$ 分别表示在这一过程中诸分力所做的功。式(4.5)表明，质点同时受到多

个力作用时，质点受到的合力的功等于各分力所做功的代数和。

4. 示功图

在工程上常用图解法来计算功，如图 4.3 所示，当力随路程 S 的变化关系已知时，作出 $F\cos\theta$ 随 S 变化的函数曲线，在横坐标轴 S 上，S_1 和 S_2 分别与曲线轨道上的 a 和 b 点相对应，其间分成许多小段 $\mathrm{d}S$，则力 $\boldsymbol{F}$ 在任一小段路程 $\mathrm{d}S$ 上的元功，等于图中狭长矩形的阴影面积，在 $\mathrm{d}S$ 趋于零的情况下，所有元功的总和即变力 $\boldsymbol{F}$ 在整个路程上所做的总功就等于图中变力曲线与 S 轴在 S_1，S_2 之间所围的面积。这一图线称为示功图。用图解法求功有直接、方便的优点，是工程上常用的计算功的方法。

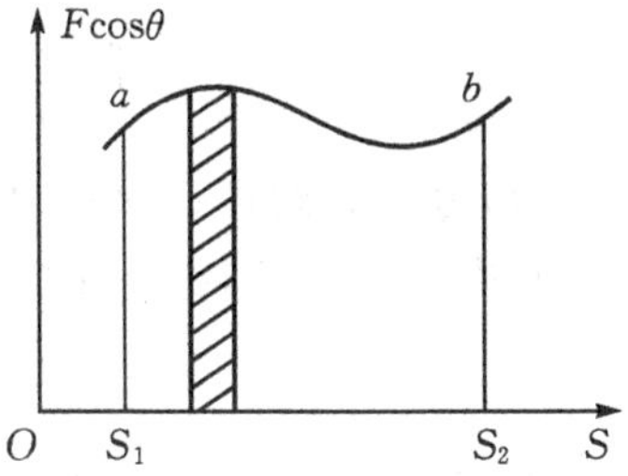

图 4.3　示功图

4.1.2　功 率

在功的概念里，没有考虑时间因素，即做功的快慢，为此引入功率的概念。设在 Δt 时间内力所做的功 为 ΔA，则

$$\bar{P}=\frac{\Delta A}{\Delta t} \tag{4.6}$$

称为力在 Δt 时间内的平均功率。当时间 Δt 趋于零时，力的平均功率的极限称为力的瞬时功率

$$P=\lim_{\Delta t\to 0}\frac{\Delta A}{\Delta t}=\frac{\mathrm{d}A}{\mathrm{d}t}$$

由于 $\mathrm{d}A=\boldsymbol{F}\cdot\mathrm{d}\boldsymbol{r}$，所以

$$P=\frac{\mathrm{d}A}{\mathrm{d}t}=\boldsymbol{F}\cdot\frac{\mathrm{d}\boldsymbol{r}}{\mathrm{d}t}=\boldsymbol{F}\cdot\boldsymbol{v} \tag{4.7}$$

即力的瞬时功率等于力矢量与受力点速度矢量的标积。功率是标量，在国际单位制中，功率单位是 W（瓦特），$1\mathrm{W}=1\mathrm{J/s}$。

例 4.1　一质点在力 $\boldsymbol{F}=2y^2\boldsymbol{i}+3x\boldsymbol{j}$（SI 制）作用下沿图 4.4 所示路径运动。则求：

(1)该力 $\boldsymbol{F}$ 在路径 Oa 上的功 A_{Oa}；(2)力 $\boldsymbol{F}$ 在路径 ab 上的功 A_{ab}；

(3)力 $\boldsymbol{F}$ 在路径 Ob 上的功 A_{Ob}；(4)力 F 在路径 $Ocbo$ 上的功 A_{Ocbo}。

解　(1)路径 Oa 的轨迹方程为 $y=0$，并且 $\mathrm{d}y=0$，力 $\boldsymbol{F}$ 在路径 Oa 上的功为

$$A_{Oa}=\int_0^3 F_x\mathrm{d}x=\int_0^3 0\mathrm{d}x=0\ \mathrm{J}$$

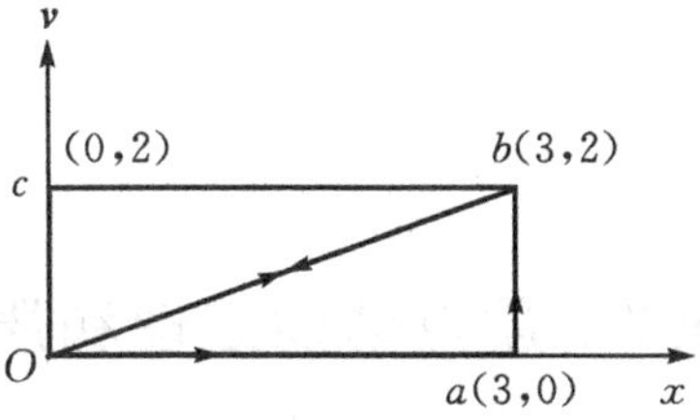

图 4.4　例 4.1 图

(2)路径 ab 的轨迹方程为 $x=3$，并且 $\mathrm{d}x=0$，力 $\boldsymbol{F}$ 在路径 ab 上的功为

$$A_{ab}=\int_0^2 F_y\mathrm{d}y=\int_0^2 9\mathrm{d}y=18\ \mathrm{J}$$

(3)路径 Ob 的轨迹方程为 $y=\frac{2}{3}x$，力 $\boldsymbol{F}$ 在路径 Ob 上的功为

$$A_{Ob}=\int_0^3 F_x\mathrm{d}x+\int_0^2 F_y\mathrm{d}y=\int_0^3 2y^2\mathrm{d}x+\int_0^2 3x\mathrm{d}y$$
$$=\int_0^3 \frac{8}{9}x^2\mathrm{d}x+\int_0^2 \frac{9}{2}y\mathrm{d}y=8+9=17\ \mathrm{J}$$

(4)力 $\boldsymbol{F}$ 在路径 $OcbO$ 上的功 $A_{OcbO}=A_{Oc}+A_{cb}+A_{bO}$

其中力 $\boldsymbol{F}$ 在路径 Oc 上的功为:(路径 Oc 的轨迹方程为 $x=0$,并且 $\mathrm{d}x=0$)

$$A_{Oc}=\int_0^2 F_y\mathrm{d}y=\int_0^2 0\mathrm{d}y=0\ \mathrm{J}$$

力 $\boldsymbol{F}$ 在路径 cb 上的功为:(路径 cb 的轨迹方程为 $y=2$,并且 $\mathrm{d}y=0$)

$$A_{cb}=\int_0^3 F_x\mathrm{d}x=\int_0^3 8\mathrm{d}x=24\ \mathrm{J}$$

力 $\boldsymbol{F}$ 在路径 bO 上的功为 $A_{bO}=-A_{Ob}=-17\ \mathrm{J}$

因此,力 $\boldsymbol{F}$ 在路径 $OcbO$ 上的功为

$$A_{OcbO}=A_{Oc}+A_{cb}+A_{bO}=0+24-17=7\ \mathrm{J}$$

例 4.2 如图 4.5 所示,已知水深为 1.5 m,水面至街道的距离为 5 m。把水从面积为 50 m^2 的地下室中抽到街道上来所需做的功(g 取 9.8 $\mathrm{m/s^2}$)。

解 将水全部抽到街道上所需做的功,在数值上等于抵抗重力做的功。如图建立坐标轴 Oz,取 z 处厚度为 $\mathrm{d}z$ 的薄水层为质量微元 $\mathrm{d}m=\rho S\mathrm{d}z$,其中水的质量密度为 $\rho=10^3\ \mathrm{kg/m^3}$,将此薄水层抽到街道上时抽水所需做的元功

$$\mathrm{d}A=\rho Sgz\mathrm{d}z$$

则将水全部抽到街道上所需做的功为

$$A=\int_5^{6.5}\rho Sgz\mathrm{d}z=4.23\times10^6\ \mathrm{J}$$

即将水全部抽到街道上所需做的功为 4.23×10^6 J 。

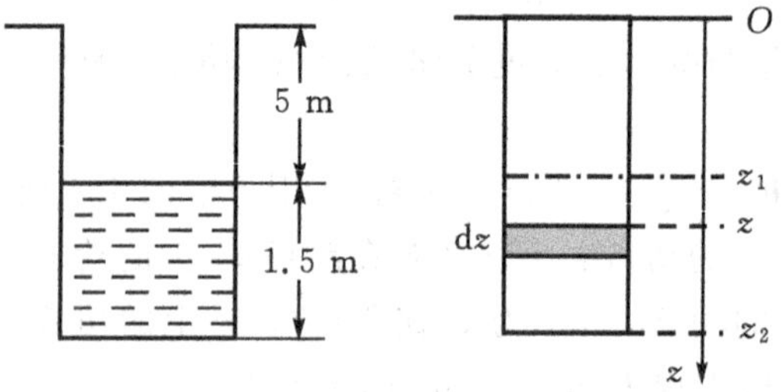

图 4.5 例 4.2 图

4.2 质点动能定理和质点系动能定理

4.2.1 动能 质点的动能定理

瀑布自崖顶落下,重力对水流做功,使水流的速率增加;水流冲击水轮机,冲击力对叶片做功,使叶片转动起来;子弹穿过钢板,阻力对子弹做负功,使子弹速度降低。可见,力做功改变物体的运动状态。

运动着的物体所具有的做功本领称为动能。当然，这样的定义只是定性的，要将概念科学地加以定量化，就得研究做功与质点动能变化之间的关系，这一关系就称为质点的动能定理。下面我们就来讨论它。

设质量为 m 的质点，受合外力 $\boldsymbol{F}$ 的作用沿曲线运动，则 $\boldsymbol{F}$ 使质点位移 $\mathrm{d}r$ 时所做的元功

$$\mathrm{d}A = \boldsymbol{F} \cdot \mathrm{d}\boldsymbol{r}$$

而质点的运动遵从牛顿第二定律

$$\boldsymbol{F} = m\frac{\mathrm{d}\boldsymbol{v}}{\mathrm{d}t}$$

所以，元功

$$\mathrm{d}A = m\frac{\mathrm{d}\boldsymbol{v}}{\mathrm{d}t} \cdot \mathrm{d}\boldsymbol{r} = m\mathrm{d}\boldsymbol{v} \cdot \frac{\mathrm{d}\boldsymbol{r}}{\mathrm{d}t} = m\boldsymbol{v} \cdot \mathrm{d}\boldsymbol{v}$$

由于

$$\boldsymbol{v} \cdot \boldsymbol{v} = v^2$$

对上式两边微分，有

$$2\boldsymbol{v} \cdot \mathrm{d}\boldsymbol{v} = 2v\mathrm{d}v$$

因此，元功 $\mathrm{d}A$ 就写成

$$\mathrm{d}A = mv\mathrm{d}v = \mathrm{d}\left(\frac{1}{2}mv^2\right) \tag{4.8}$$

其中定义质点的动能为

$$E_{\mathrm{k}} = \frac{1}{2}mv^2$$

它决定于质点的质量和速率，因此动能是质点运动状态的函数。式(4.8)表明质点动能的微分等于作用于质点的合力所做的元功，称为质点动能定理的微分形式。

对式(4.8)两边积分，得到当质点沿曲线 L 从 a 点运动到 b 点时，合外力 $\boldsymbol{F}$ 所做的总功为

$$A = \frac{1}{2}mv_b^2 - \frac{1}{2}mv_a^2 \tag{4.9}$$

式中，v_a，v_b 是质点在 a，b 两处的速率。式(4.9)表明：作用于质点的合力在某一路程中对质点所做的功，等于质点在该路程的始、末状态动能的增量，这一结论就称为质点的动能定理的积分形式。质点动能定理适用于任何惯性系。

我们必须区分动能和功这两个概念。动能是运动状态的函数，当质点的运动状态一旦确定，动能就唯一地确定了，因此动能是反映质点运动状态的物理量。而功不是描写状态的物理量，它是过程的函数。从质点动能定理可以看出，合力的功是与质点动能的变化相联系的，当合力做正功时($A>0$)，质点的动能就增加；反之，当合力做负功($A<0$)时，质点的动能就减小。这就使我们进一步认识了功的物理意义，既然质点动能的传递或转化是通过做功来实现，这就说明，做功是通过机械运动来实现能量转换的一种方式，功是一个与机械运动过程有关的物理量，功的大小是能量变化的一种量度。

4.2.2 质点系内力的功

在研究质点系时，质点系内质点之间相互作用的内力总是成对出现的，且都遵从牛顿第三定律，因此质点系内所有内力的矢量和恒为零。但一般说来，所有内力做功的总和 $A_{内}$ 并不一

定为零。为了说明这一点，我们来研究一对作用力和反作用力所做的功。考虑质点系内 i,j 两个质点，$\boldsymbol{F}_{ij}$ 表示质点 j 对质点 i 的作用力，$\boldsymbol{F}_{ji}$ 表示其反作用力，当 i,j 两质点运动时，这一对作用力和反作用力所做的元功之和

$$\mathrm{d}A = \boldsymbol{F}_{ij} \cdot \mathrm{d}\boldsymbol{r}_i + \boldsymbol{F}_{ji} \cdot \mathrm{d}\boldsymbol{r}_j$$

由于 $\boldsymbol{F}_{ij} = -\boldsymbol{F}_{ji}$ ，所以有

$$\mathrm{d}A = \boldsymbol{F}_{ij} \cdot \mathrm{d}\boldsymbol{r}_i - \boldsymbol{F}_{ij} \cdot \mathrm{d}\boldsymbol{r}_j = \boldsymbol{F}_{ij} \cdot (\mathrm{d}\boldsymbol{r}_i - \mathrm{d}\boldsymbol{r}_j) = \boldsymbol{F}_{ij} \cdot \mathrm{d}\boldsymbol{r}_{ij} \tag{4.10}$$

式中，r_i，r_j 分别为 i,j 两质点对参考系坐标原点的位矢；$\boldsymbol{r}_{ij}$ 是质点 i 对质点 j 的相对位矢；$\mathrm{d}\boldsymbol{r}_i$，$\mathrm{d}\boldsymbol{r}_j$ 和 $\mathrm{d}\boldsymbol{r}_{ij}$ 则是相应的元位移。式(4.10)表明，相互作用的一对内力的元功之和仅与两质点间的相对元位移有关，而与每个质点各自的运动如何无关。由此可得到以下两点结论：

(1) 由于 $\mathrm{d}\boldsymbol{r}_i$ 和 $\mathrm{d}\boldsymbol{r}_j$ 一般不相同，则相对元位移 $\mathrm{d}\boldsymbol{r}_{ij}$ 一般不为零，故一对内力的元功之和一般不为零，因而一对内力做功之和也一般不为零，故 $A_{内}$ 不一定为零。当然一对内力做功之和也有可能为零。例如，物体 i 从楔块 j 的粗糙斜面上滑下，楔块 j 同时沿光滑水平桌面滑动的过程中，i,j 之间的一对滑动摩擦力 f 和 f' 做功之和就不为零；而物体 i 和楔块 j 之间的一对正压力 N 和 N' 做功之和就等于零，这是因为正压力与 i,j 之间的相对元位移 $\mathrm{d}r_{ij}$ 总是保持相互垂直的方向。

(2) 因相对位矢 $\boldsymbol{r}_{ij}$ 及其元位移 $\mathrm{d}\boldsymbol{r}_{ij}$ 与参考系无关，故一对内力做功之和与参考系的选择无关。例如在上例中，不论是以桌面为参考系，或是以楔块为参考系，还是以物体为参考系，一对内力做功之和总是一样的。因此，为了简便，常将参考系固定在一个质点上，两质点间的一对内力做功之和与单一力对运动质点所做的功是相等的。下一节讨论质点在保守力场中的势能时就要用到这个结论。

4.2.3 质点系的动能定理

将质点的动能定理应用于质点系中的每个质点，就可以得到质点系的动能定理。

设有 n 个质点组成的质点系，其中质点 i ($i=1,2,\cdots,n$)的质量为 m_i，在某一过程中初态和末态的速率分别为 v_{i0} 和 v_i，作用于该质点的合力所做的功为 A_i，根据质点的动能定理，应有

$$A_i = \frac{1}{2}m_i v_i^2 - \frac{1}{2}m_i v_{i0}^2$$

将上式对质点 i 进行指标求和，得到

$$A = \sum_i A_i = \sum_i \frac{1}{2}m_i v_i^2 - \sum_i \frac{1}{2}m_i v_{i0}^2$$

对于一个质点系来说，由于作用于质点系中每一个质点的合力既包括外力也包括内力，因此，功 A 也可分成外力的功 $A_{外}$ 和内力的功 $A_{内}$ 两部分，即有

$$A = A_{外} + A_{内} = \sum_i \frac{1}{2}m_i v_i^2 - \sum_i \frac{1}{2}m_i v_{i0}^2 = E_\mathrm{k} - E_\mathrm{k0} \tag{4.11}$$

式中，$E_\mathrm{k} = \sum_i \frac{1}{2}m_i v_i^2$ 表示质点系末态总动能。$E_\mathrm{k0} = \sum_i \frac{1}{2}m_i v_{i0}^2$ 表示质点系初态总动能。式(4.11)表明质点系的总动能的增量等于作用于该质点系所受的所有外力和内力做功的代数和，称为质点系的动能定理。

质点系动能定理适用于任何惯性系。虽然 $A_{内}$ 与参考系的选择无关，但这并不意味着动能定理对任意参考系都成立。因为我们在推导动能定理时应用了牛顿第二定律，所以在应用

动能定理时必须选取惯性参考系，并且在应用动能定理讨论问题时，只能也必须在同一惯性系中去计算该定理涉及的做功和动能的增量。对于不同的惯性系，$A_{外}$，E_k和 ΔE_k都不相同，但动能定理的形式保持不变，即不论从哪个惯性系去计算，动能定理总是成立的。也就是说，动能定理适用于任何惯性系。下面举例说明动能定理的应用。

例 4.3　一质量为 m 的质点系在细绳的一端，绳的另一端固定在水平面上。此质点在粗糙的水平面上作半径为 r 的圆周运动。设质点最初速率是 v_0，当它运动一周时，速率变为 $v_0/2$，求：

(1)摩擦力所做的功；

(2)滑动摩擦系数；

(3)在静止以前质点运动的圈数。

解　(1)根据质点的动能定理，质点在水平面运动，只受到滑动摩擦力做功，则滑动摩擦力做功等于质点动能的增量，即

$$A_f = \frac{1}{2}mv^2 - \frac{1}{2}mv_0^2 = \frac{1}{2}m\left(\frac{v_0}{2}\right)^2 - \frac{1}{2}mv_0^2 = -\frac{3}{8}mv_0^2$$

(2)设滑动摩擦系数为 μ，滑动摩擦力是恒力，即 $f = \mu mg$ 。在运动一周的过程中，质点经过的路程为圆周长 $2\pi r$，则滑动摩擦力做负功为

$$A_f = -\mu mg \cdot 2\pi r = -\frac{3}{8}mv_0^2$$

由上式解得

$$\mu = -\frac{3v_0^2}{16\pi gr}$$

(3)设质点在静止以前质点运动的圈数为 N，则根据质点的动能定理，在这段时间内滑动摩擦力做负功等于质点动能的增量，即

$$-\mu mg \cdot 2\pi rN = -\frac{3}{8}Nmv_0^2 = 0 - \frac{1}{2}mv_0^2$$

由上式解得

$$N = \frac{4}{3}\text{圈}$$

例 4.4　水平路面上有一质量 $m_1 = 5$ kg 的无动力小车以匀速率 $v_0 = 2$ m/s 运动。小车由不可伸长的轻绳与另一质量为 $m_2 = 25$ kg 的车厢连接，车厢前端有一质量为 $m_3 = 20$ kg 的物体，物体与车厢间摩擦系数为 $\mu = 0.2$ 。开始时车厢静止，绳未拉紧，如图 4.6 所示。求：

(1)当小车、车厢、物体以共同速度运动时，物体相对车厢的位移；

(2)从绳绷紧到三者达到共同速度所需要的时间。(车与路面间摩擦不计，取 $g = 10$ m/s^2)

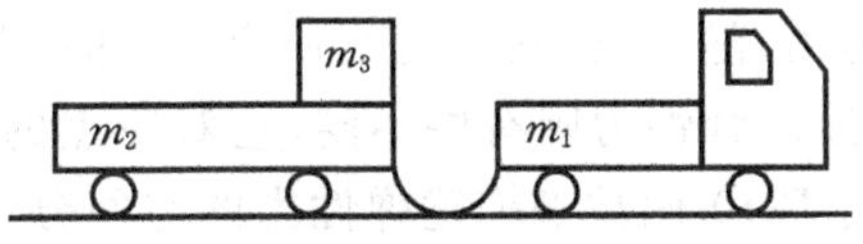

图 4.6　例 4.4 图

解　(1)考虑 m_1，m_2 和 m_3 组成的质点系，由于水平方向无外力，所以在碰撞过程质点系总动量守恒。因此从开始时只有 m_1 运动到 m_1 和 m_2 共同运动但 m_3 静止时，质点系总动量守

恒，即

$$m_1 v_0 = (m_1 + m_2) v$$

得到

$$v = \frac{m_1}{m_1 + m_2} v_0 = \frac{5 \times 2}{5 + 25} = \frac{1}{3}\ \text{m/s}$$

同理可得从开始时只有 m_1 运动到 m_1，m_2 和 m_3 共同运动时，质点系总动量守恒，即

$$m_1 v_0 = (m_1 + m_2 + m_3) v'$$

得到

$$v' = 0.2\ \text{m/s}$$

对 m_1、m_2 和 m_3 组成的质点系，外力做功为零，只有 m_2 和 m_3 之间的摩擦力做负功，则根据质点系的动能定理，有

$$-\mu m_3 g s = \frac{1}{2}(m_1 + m_2 + m_3) v'^2 - \frac{1}{2}(m_1 + m_2) v^2$$

由上式解得

$$s = \frac{1}{60}\ \text{m}$$

(2)对 m_3 而言，水平方向只受到 m_2 和 m_3 之间的摩擦力作用。根据质点的动量定理，则有

$$\mu m_3 g t = m_3 v' - 0$$

可得到

$$t = \frac{v'}{\mu g} = \frac{0.2}{0.2 \times 10} = 0.1\ \text{s}$$

4.3 质点系的势能

质点系除可能具有动能外，还可能具有势能；势能与一定的保守力对应。本节讲述力场、保守力、非保守力及势能概念。

4.3.1 力 场

自然界中有一部分力一般都与相互作用的物体的相对位置有关，如重力、万有引力、弹性力和静电力就是如此。对于这些力，当施力物体相对于所选参考系静止时，质点所受的力就仅与质点本身的位置有关。若一确定的质点所受之力仅与质点位置有关，即

$$\boldsymbol{F} = \boldsymbol{F}(\boldsymbol{r})$$

称为场力。存在场力的空间称为力场。而相对于参考系静止的施力物体，就被称为场源。

质点所受保守力作用的空间分布就称为保守力场。对于重力、万有引力和静电力来说，理论证明确实存在重力场、引力场、静电场，它们是给质点(或带电质点)传递力的物质，而 $\boldsymbol{F}(\boldsymbol{r})$ 实际上就可作为这些场的量度。弹性力则有些不同，它对质点的作用力是由弹簧或弹性体直接施于质点的，但是仍然可用 $\boldsymbol{F}(\boldsymbol{r})$ 函数来描述弹性力的空间分布，从这种意义上来说弹性力亦可看作是一个弹性力场。

4.3.2 保守力的功

现在来计算重力、万有引力和弹性力对运动质点所做的功，并在分析这些力做功特点的基

础上，引入保守力和非保守力的概念。

1. 重力的功

设质量为 m 的质点在重力的作用下从空间 a 点沿任一路径 L 运动到 b 点，为了计算在这一过程中重力对该质点所做的功，建立如图 4.7 所示的直角坐标系 $Oxyz$。在这一坐标系中，质点所受的重力可表示为

$$\boldsymbol{F} = -mg\boldsymbol{k}$$

于是重力所做的功

$$\begin{aligned} A &= \int_{a(L)}^{b} F \cdot \mathrm{d}\boldsymbol{r} \\ &= \int_{a(L)}^{b} (-mg\boldsymbol{k}) \cdot (\mathrm{d}x\boldsymbol{i} + \mathrm{d}y\boldsymbol{j} + \mathrm{d}z\boldsymbol{k}) \\ &= -\int_{z_a}^{z_b} mg\,\mathrm{d}z = -mg(z_b - z_a) \end{aligned} \tag{4.12}$$

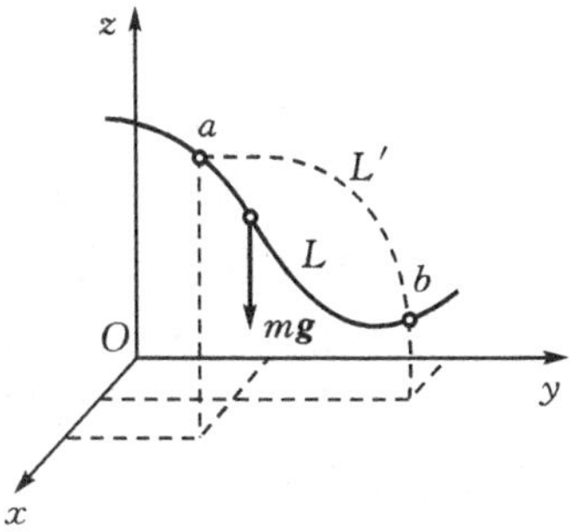

图 4.7　重力的功

由式(4.12)可以看出，重力的功仅由起点和终点的位置决定，与质点运动路径无关。也就是说，如果质点从 a 点沿另一路径 L' 运动到 b 点时，重力的功不变。

重力做功的这一特点还可以换一种方式来表述：重力沿一闭合路径做的功为零。

2. 万有引力的功

设质量为 M 的质点静止在坐标系原点，如图 4.8 所示。质量为 m 的另一质点受到 M 的万有引力 $\boldsymbol{F}$ 可表示为

$$\boldsymbol{F} = -G\frac{Mm}{r^3}\boldsymbol{r}$$

式中 $\boldsymbol{r}$ 为质点 m 的位矢。当质点沿曲线路径 L 从 a 点到达 b 点时，万有引力 $\boldsymbol{F}$ 所做的功

$$\begin{aligned} A &= \int_{a(L)}^{b} \boldsymbol{F} \cdot \mathrm{d}\boldsymbol{r} \\ &= -\int_{a(L)}^{b} G\frac{Mm}{r^3}\boldsymbol{r} \cdot \mathrm{d}\boldsymbol{r} \end{aligned}$$

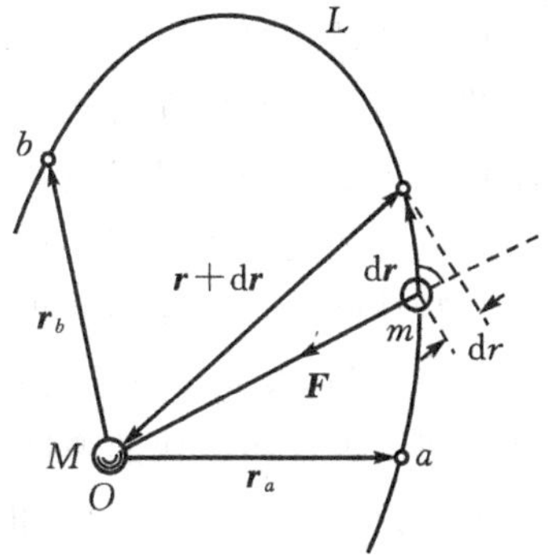

图 4.8　万有引力的功

由于 $\boldsymbol{r} \cdot \mathrm{d}\boldsymbol{r} = r|\mathrm{d}\boldsymbol{r}|\cos\alpha = r\mathrm{d}r$（见图 4.8），所以

$$A = -GMm\int_{r_a}^{r_b} \frac{\mathrm{d}r}{r^2} = -GMm\left(\frac{1}{r_b} - \frac{1}{r_a}\right) \tag{4.13}$$

可见，万有引力的功也只与质点 m 的始末位置有关，与质点运动经过的路径无关。

3. 弹性力的功

设质点 m 被一弹簧牵引，弹簧另一端固定。为简单起见，仅讨论质点在水平方向作一维振动的情况。取水平向右为 x 轴的正方向，以弹簧原长时质点 m 所在的平衡位置为坐标原点 O（见图 4.9），则质点位于 x 处时所受的弹性力

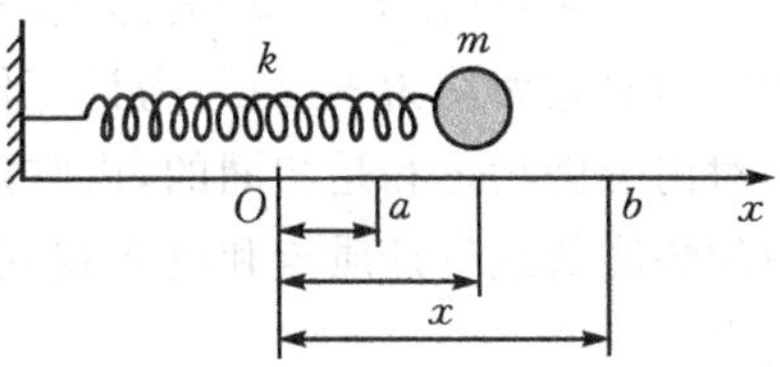

图 4.9　弹性力的功

$$\boldsymbol{F} = -kx\boldsymbol{i}$$

式中 k 为弹簧的劲度系数。当质点从 a 点运动到 b 点时，弹性力的功为

$$A=\int_a^b \boldsymbol{F}\cdot \mathrm{d}\boldsymbol{r}=-\int_a^b kx\boldsymbol{i}\cdot \mathrm{d}x\boldsymbol{i}$$

$$=-\int_{x_a}^{x_b} kx\,\mathrm{d}x=-\frac{1}{2}k(x_b^2-x_a^2) \tag{4.14}$$

可见弹性力做功也仅决定于质点的起点和终点的位置，与质点运动经过的路径无关

4. 保守力和非保守力

综上所述，重力、万有引力和弹性力做功有一个共同特点，就是它们对运动质点所做的功仅由质点的始末位置决定而与受力质点经过的路径无关。把具有这种特点的力统称为保守力，重力、万有引力、弹性力以及静电场力均是保守力。

若力所做的功不仅决定于受力质点的始末位置，而且和质点经过的路径有关，这种力称为非保守力。比如摩擦力、磁场力就是非保守力。

如上所述，保守力的功与路径无关的特性，还可以用另一种方式来表述，那就是，保守力沿闭合路径所做的功恒为零，即

$$\oint_L \boldsymbol{F}_{保}\cdot \mathrm{d}\boldsymbol{r}\equiv 0 \tag{4.15}$$

而非保守力对闭合路径做的功不等于零。

4.3.3 势能

1. 势能的定义

势能概念是在保守力概念的基础上提出的。对于保守力，受力质点始末位置一旦确定，力的功便确定了。因此可以找到一个位置函数，该位置函数就是下面要提出的势能。

凡是能量的大小决定于物体之间的相互作用和相对位置的，这种能量就称为势能。既然势能与物体间的相互作用和相对位置有关，所以势能应是属于相互作用着的物体所组成的系统的，不应把它看成是属于某一个物体的。重力势能是属于重物和地球组成的重力系统，弹性势能则属于弹性体组成的弹性系统。

值得指出，并不是对所有相互作用力都能引入势能的概念。系统具有势能的条件是物体间存在相互作用的保守力。这是因为保守力做功与路径无关，只由物体间的相对位置变化来决定。

质点在保守力场中的势能应理解为质点与保守力场组成的系统的势能，或者说是质点与产生保守力场的场源所组成的系统的势能。在一般参考系中场源质点也在运动，它们的相互作用势能是由一对保守内力的做功之和来定义的，但这个功的值与参考系的选择无关，故可选取相对一质点(作为场源)为静止的参考系进行计算。在这个参考系中，由于一个质点静止，保守内力对它做功为零，故只需计算保守内力对另一运动质点的功，而这单一内力做的功与原来一对内力做功之和是相同的，由它定出的势能值当然也相同。由此不难理解质点在保守力场中的势能值也就是质点和场源相互作用系统的势能值。严格地说，系统势能的说法更能反映出本质。

由于保守力的功都与路径无关，只与质点在这些保守力场中的始末位置有关。因为功是能量变化的量度，因此说明质点在保守力场的某个位置时蕴藏着一种与位置有关的能量，这就

是质点在保守力场中的势能。如果质点从 a 点移到 b 点时保守力做正功，势能就减少，即有相应的一份势能释放出来转变为质点的动能；反之，若用外力把质点从 b 点移到 a 点，外力就要反抗保守力做功，即保守力做负功，系统的势能就增加，这时就有一份能量以势能形式被储存起来。这样，如果用 E_p 表示质点在保守力场中某点的势能，则当质点从 a 点移到 b 点时保守力所做的功就可用势能差值来表示，即

$$A_{保} = \int_a^b \boldsymbol{F}_{保} \cdot \mathrm{d}\boldsymbol{r} = E_{pa} - E_{pb} = -\Delta E_p \tag{4.16}$$

式中，$\Delta E_p = E_{pb} - E_{pa}$ 称为势能的增量。式(4.16)表明质点受保守力所做的功等于质点在这一运动过程中具有与该保守力相对应的势能的增量的负值，即为质点在保守力场中的势能(或系统的势能)的定义式。

式(4.16)只定义了质点在力场中两位置间的势能差，而为了得到质点在某一位置具有势能的大小，就必须在力场中选定一个参考点作为势能零点。利用式(4.16)，即

$$E_{pa} = \int_a^{(0)} \boldsymbol{F}_{保} \cdot \mathrm{d}\boldsymbol{r} \tag{4.17}$$

式(4.17)表明质点在力场中 a 点具有的势能等于当质点从该点移到参考点(势能零点)时保守力所做的功，这也是势能定义的另一种表述。由于势能零点的选择是任意的，所以由式(4.17)确定的质点在力场中某一点的势能值只有相对的意义。可见对于力场中确定的两点的势能差是绝对的，而某一点的势能值是相对的。

2. 势能的计算

对于重力场，通常选地面为势能零点位置，这时可令 $z = 0$ 处 $E_p = 0$，于是质点在 z 处的重力势能

$$E_p = \int_z^0 -mg\boldsymbol{k} \cdot \mathrm{d}\boldsymbol{r} = \int_z^0 -mg\,\mathrm{d}z = mgz \tag{4.18}$$

对于引力场，通常取无穷远处为势能零点位置($E_p = 0$)，可得到质点在任一位置 r 处的引力势能

$$E_p = -\int_r^\infty G\frac{Mm}{r^3}\boldsymbol{r} \cdot \mathrm{d}\boldsymbol{r} = -\int_r^\infty G\frac{Mm}{r^2}\mathrm{d}r = -G\frac{Mm}{r} \tag{4.19}$$

对于弹性力场，通常选弹簧原长($x = 0$)处为势能零点位置($E_p = 0$)，则得到质点在任一位置 x 处的弹性势能

$$E_p = \int_x^0 -kx\boldsymbol{i} \cdot \mathrm{d}\boldsymbol{r} = \int_x^0 -kx\,\mathrm{d}x = \frac{1}{2}kx^2 \tag{4.20}$$

式(4.18)、式(4.19)、式(4.20)三式清楚地表明，势能也是状态(质点在保守力场中的相对位置)的单值函数，所以又称位能。

3. 保守力与势能的微分关系

将式(4.16)的势能定义式写成微分形式，即

$$\boldsymbol{F}_{保} \cdot \mathrm{d}\boldsymbol{r} = -\mathrm{d}E_p$$

而

$$\boldsymbol{F}_{保} \cdot \mathrm{d}\boldsymbol{r} = F_{保x}\mathrm{d}x + F_{保y}\mathrm{d}y + F_{保z}\mathrm{d}z$$

$$-\mathrm{d}E_p = -\frac{\partial E_p}{\partial x}\mathrm{d}x - \frac{\partial E_p}{\partial y}\mathrm{d}y - \frac{\partial E_p}{\partial z}\mathrm{d}z$$

将上面两式对比，得到

$$F_{保x}=-\frac{\partial E_p}{\partial x},\quad F_{保y}=-\frac{\partial E_p}{\partial y},\quad F_{保z}=-\frac{\partial E_p}{\partial z}$$

因此相应的保守力的矢量表达式为

$$\begin{aligned}\boldsymbol{F}_{保}&=-\frac{\partial E_p}{\partial x}\boldsymbol{i}-\frac{\partial E_p}{\partial y}\boldsymbol{j}-\frac{\partial E_p}{\partial z}\boldsymbol{k}\\&=-\left(\frac{\partial}{\partial x}\boldsymbol{i}+\frac{\partial}{\partial y}\boldsymbol{j}+\frac{\partial}{\partial z}\boldsymbol{k}\right)E_p=-\nabla E_p\end{aligned}\tag{4.21}$$

式中运算符号 ∇ 称为梯度算子。∇E_p 称为势能函数的梯度，它是一个矢量，方向沿着势能变化最大的方位并指向势能增加的方向。势能的梯度 ∇E_p 沿 x,y,z 三个坐标轴的分量代表势能在这三个方向上的空间变化率，而保守力 $\boldsymbol{F}$ 的方向与 ∇E_p 反向。这样，有了势能函数，就可通过式(4.21)计算出相应的保守力。

4. 势能曲线

把势能 E_p 随空间位置的变化用曲线表示出来就得到势能曲线。重力势能、引力势能和弹性势能的曲线如图 4.10 所示。

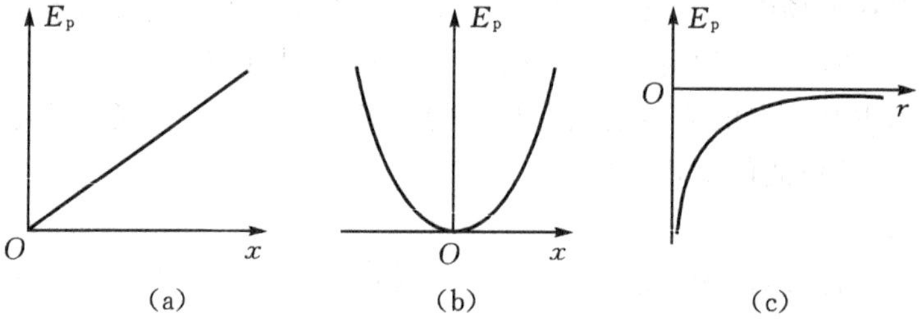

图 4.10　重力势能曲线、弹性势能曲线和引力势能曲线

例 4.5　设两粒子间的相互作用的排斥力 $f=\dfrac{k}{r^3}$，k 为常量，r 是二者之间的距离。试求两粒子相距为 r 时的势能。设两粒子相距无穷远处时势能为零。

解　取一个粒子所在处为坐标原点，则另一个粒子的位矢为 $\boldsymbol{r}$，受到的排斥力方向与位矢 $\boldsymbol{r}$ 方向相同，即为 $\boldsymbol{f}=\dfrac{k}{r^4}\boldsymbol{r}$。选取两粒子相距无穷远处为势能零参考点，根据势能的定义式(4.17)，得到两粒子相距为 r 时的势能为

$$E_{pa}=\int_r^{\infty}\frac{k}{r^4}\boldsymbol{r}\cdot d\boldsymbol{r}=\int_r^{\infty}\frac{k}{r^4}r\,dr=\frac{k}{2r^2}$$

例 4.6　如图 4.11 所示，若将质量 $m=10$ t 的登月舱构件从地面先发射到地球同步轨道站，再由同步轨道站装配起来发射到月球上，已知同步轨道半径 $r_1=4.20\times10^7$ m，地球半径 $R_e=6.37\times10^6$ m，质量 $M_e=5.97\times10^{24}$ kg；月球半径 $R_m=1.74\times10^6$ m，质量 $M_m=7.35\times10^{22}$ kg，地心到月心的距离 $r_2=3.90\times10^8$ m。求：

(1)若只考虑地球引力，在上述两步发射中火箭推力各做功多少？

(2)若同时考虑地球和月球的引力，在上述两步发射中火箭推力应做多少功？

解　设 A_1，A_2 分别代表从地面到同步轨道和从同步轨道到月球表面火箭推力做的功。

(1) 火箭推力做的功至少应等于登月舱势能的增量，即

$$A_1 = -GM_e m(\frac{1}{r_1} - \frac{1}{R_e}) = 5.30 \times 10^{11}\ \text{J}$$

$$A_2 = -GM_e m(\frac{1}{r_2 - R_m} - \frac{1}{r_1}) = 8.44 \times 10^{10}\ \text{J}$$

虽然从同步轨道到月面的距离比从地面到同步轨道远 9 倍，但 A_2 比 A_1 小得多，这就是分两步运送登月舱的原因。

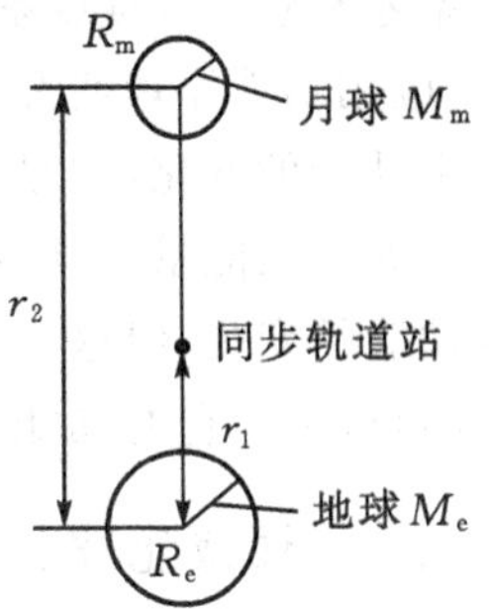

图 4.11　例 4.6 图

(2) 假设登月舱在同步轨道上的位置正处在月地连心线上。由于地球和月球的引力的共同作用，登月舱的势能应为地球和月球引力场中的势能之和。当登月舱在地面上时，其势能为

$$E_{p0} = -Gm(\frac{M_e}{R_e} + \frac{M_m}{r_2 - R_e}) = -6.25 \times 10^{11}\ \text{J}$$

登月舱在同步轨道上时，有

$$E_{p1} = -Gm(\frac{M_e}{r_1} + \frac{M_m}{r_2 - r_1}) = -9.50 \times 10^{10}\ \text{J}$$

登月舱到达月面时，有

$$E_{p2} = -Gm(\frac{M_e}{r_2 - R_m} + \frac{M_m}{R_m}) = -3.84 \times 10^{10}\ \text{J}$$

因此得火箭推力的功为

$$A_1 = E_{p1} - E_{po} = 5.30 \times 10^{11}\ \text{J}$$

$$A_2 = E_{p2} - E_{p1} = 5.66 \times 10^{10}\ \text{J}$$

4.4　质点系功能原理和机械能守恒定律

质点系的动能与势能之和称作质点系的机械能，功能原理和机械能守恒定律都是说明质点系机械能的变化规律的。

4.4.1　功能原理

根据质点系的动能定理，也就是质点系的总动能的增量等于作用于该质点系的所有外力的功和内力的功之和，即

$$A_{外} + A_{内} = E_k - E_{k0} = \Delta E_k$$

对于系统的内力，根据其做功的特点，可将内力分成保守内力和非保守内力。其中保守内力的功 $A_{保内}$ 可用系统势能增量的负值来表示，即

$$A_{保内} = -(E_p - E_{p0})$$

将上式代入质点系的动能定理，得到

$$A_{外} + A_{非保内} = (E_k - E_{k0}) + (E_p - E_{p0})$$

因此

$$A_{外} + A_{非保内} = E_M - E_{M0} \tag{4.22}$$

式中，$E_M = E_k + E_p$ 为质点系的机械能。式(4.22)表明，质点系的机械能的增量等于外力的功和非保守内力的功之代数和，称为质点系的功能原理。质点系的功能原理只适用于惯性系。

功能原理是属于质点系的动力学规律。因为在功能原理中引入了势能项，而势能仅对质

点系才有意义。质点系功能原理与动能定理的区别在于将保守内力的功用势能差来代替。所以，应用功能原理研究问题时，不必计及保守内力的功。也就是说，保守内力的功只会引起质点系动能的变化，但是不会引起质点系机械能的变化。

如果在能量中涉及重力势能或地球引力势能，则应将地球包括在系统之中，也理应计及地球动能的变化，但这一变化很小，通常忽略不计。所以，在选地球作参考系时，可把地球看作完全静止，不计它的动能变化，功能原理仍能应用。

4.4.2 机械能守恒定律

在一定过程中，若质点系机械能始终保持恒定，且只有该质点系内部发生动能和势能的相互转换，则该质点系机械能守恒。由式(4.22)可以看出，当 $A_{外}=0$ 和 $A_{非保内}=0$ 时

$$E_{\mathrm{M}} = E_{\mathrm{k}} + E_{\mathrm{p}} = 常量 \tag{4.23}$$

式(4.23)表明当质点系受的所有外力和非保守内力都不做功时，则质点系的机械能保持不变，称为机械能守恒定律。换句话说，当质点系内只有保守内力做功时，质点系的机械能保持不变。

一个不受外界作用的系统叫做孤立系统。对于孤立系统而言，当所有非保守内力都不做功时，则该系统的机械能保持不变。

必须指出，上述条件当然是对某惯性系而言的。对非惯性系，即使满足上述条件，机械能也不一定守恒。不仅如此，即使对某个惯性系而言，系统的机械能守恒，也不能保证在另一惯性系中系统的机械能也守恒。这是因为外力做功的计算与参考系的选择有关。当然如果系统根本不受任何外力的作用，如果再有 $A_{非保内}=0$，那就可以做到在任何惯性系中都满足 $A_{外}=0$，$A_{非保内}=0$ 的条件，在这种情况下，系统的机械能在任何惯性系都应该是守恒的。

当系统是由一个质点和场源组成，而场源又静止于惯性系中，这时，系统的机械能守恒就简化为单质点在力场中的机械能守恒。该质点的动能与它在力场中的势能可以相互转换，但其总机械能不变。例如，重物和地球系统的机械能守恒，在略去地球的动能，以地球为参考系的情况下就简化为重物的动能与它在重力场中的势能之和不变，但其动能和势能可以相互转换。

例 4.7 质量为 m 的地球卫星在离地面高为 h 的圆形轨道上做匀速率圆周运动，地球的半径为 R，求：

(1)该卫星的速率；

(2)设卫星和地球相距无穷时，系统引力势能为零，求作圆周运动时系统的机械能。

解 (1)设地球的质量为 M，地球对卫星的引力提供卫星作圆周运动的向心力，即

$$G\frac{Mm}{(R+h)^2} = m\frac{v^2}{R+h}$$

又由于 $g = G\dfrac{M}{R^2}$，因此将其代入上式得到卫星的速率为

$$v = \sqrt{\frac{gR^2}{R+h}}$$

(2)设卫星和地球相距无穷处时系统引力势能为零，则卫星在离地面高为 h 的圆形轨道上时系统的势能为

$$E_p = -G\frac{Mm}{R+h}$$

因此系统的机械能为

$$E_M = \frac{1}{2}mv^2 - G\frac{Mm}{R+h} = -G\frac{Mm}{2(R+h)}$$
$$= -\frac{mgR^2}{2(R+h)}$$

例 4.8　一质量为 $m_0 = 200$ g 的砝码盘悬挂在劲度系数 $k = 196$ N/m 的弹簧下，现有质量为 $m_1 = 100$ g 的砝码自 $h = 30$ cm 高处落入盘中，求盘向下移动的最大距离(设砝码与盘的碰撞过程满足动量守恒)。

解　当开始时砝码盘悬挂在弹簧下平衡时，弹簧的伸长量为 l_1，有

$$m_0 g = kl_1$$

将砝码、盘、弹簧和地球看成质点系，在砝码从高处落入盘的过程中，只有重力做功，因此质点系的机械能守恒。设砝码落入盘中的速度为 v_1，则有

$$m_1 gh = \frac{1}{2}m_1 v_1^2$$

而在砝码和盘碰撞过程中，质点系的动量守恒，设砝码和盘的共同运动速度为 v_2，有

$$m_1 v_1 = (m_1 + m_0)v_2$$

而在砝码与盘向下移动过程中，只有重力和弹性力做功，因此质点系的机械能仍然守恒。设盘向下移动的最大距离为 l_2，并取下落的最低点为重力势能零点，得到

$$\frac{1}{2}(m_1 + m_0)v_2^2 + \frac{1}{2}kl_1^2 + (m_1 + m_0)gl_2 = \frac{1}{2}k\,(l_1 + l_2)^2$$

联立解以上四个方程，得到盘向下移动的最大距离为

$$l_2 = 0.037 \text{ m}$$

例 4.9　如图 4.12 所示，一质量为 m 的小球，从内壁为半球形的容器边缘点 A 滑下，设容器的质量为 M，半径为 R，内壁光滑，并放置在摩擦可忽略的水平桌面上。开始时小球和容器都处于静止状态。当小球沿内壁滑到容器底部的点 B 时，小球和半球形容器的速度分别为多少？

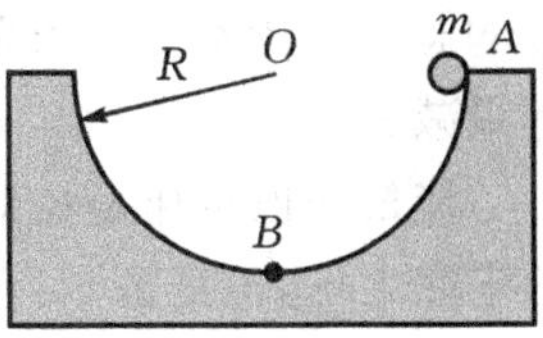

图 4.12　例 4.9 图

解　将小球和半球形容器看成质点系，由于质点系在水平方向上不受到外力，质点系在水平方向上的动量守恒。在开始时小球和容器都处于静止状态，质点系的动量为零。而当小球沿内壁滑到容器底部的点 B 时，设小球和容器的速度分别为 v_m 和 v_M，由水平方向上的动量守恒，有

$$mv_m + Mv_M = 0$$

从小球沿内壁滑到容器底部 B 点的过程中，以小球、容器和地球组成的系统，只有重力做功，因此系统的机械能守恒。取容器底部 B 点为重力势能零点，则有

$$\frac{1}{2}m\,v_m^2 + \frac{1}{2}Mv_M^2 = mgR$$

由上面两式联立解得，小球的速度为

$$v_m = \sqrt{\frac{2MgR}{m+M}}$$

以及容器的速度为

$$v_M = -m\sqrt{\frac{2gR}{(m+M)M}}$$

4.4.3 能量守恒定律

在机械运动范围内，能量只有动能和势能两种形式。由机械能守恒定律知，如果一个系统只有保守内力做功，则系统的动能和势能可以相互转换，但它们的总和保持不变。这样，大自然就从机械运动这个侧面向人们暗示了一个普通的自然规律——能量守恒定律的存在。

大量实验证明：能量既不能消失，也不能创造，它只能从一个物体传给另一个物体，由一种形式转化为另一种形式；一个孤立系统经历任何变化时，该系统内各种形式的能量可以互相转换，但它们的总和保持不变。这个结论称为能量守恒定律。这是物理学中具有最大普遍性的定律之一。

由功能原理可知，在一个孤立系统内，如果存在非保守内力做功，系统的机械能不再守恒。例如，物体沿斜面下滑时，物体与斜面间的摩擦力做了负功，以物体、斜面和地球组成的系统的机械能减少了，这是由于物体与斜面的摩擦会使它们的温度升高，系统机械能的减少换来了热能的增加。静止的炸弹(看作系统)爆炸时，炸弹内的爆炸力(非保守内力)做了正功，系统的机械能增加了，这是由于储存在炸药内的化学能伴随着震耳欲聋的一声巨响与大量的光和热释放出来，换来的是具有杀伤力的高速飞行的弹片的动能。物理学家们通过细心的观察发现，在系统的机械能改变的同时，总伴随着新的物理现象的出现以及与之同在的新的能量形式的相应变化。大量的观察与实践知，自然界物质运动的形式是多种多样的，与之相应的能量的形式也是多种多样的，例如，机械能，热能，电磁能，化学能，核能，生物能，等等各种不同形式的能量可以相互转化。当科学家们通过辛勤的劳动研究了各种能量转换时的当量关系以后发现，一个孤立系统的机械能的增加(或减少)必然伴随着其他形式的能量的减少(或增加)，但这些能量的总和保持不变。当系统与外界发生能量交换时，系统能量的增加必然伴随着外界能量的等量减少。

能量守恒定律是在概括了无数经验事实的基础上建立的。它是物理学中具有最大普适性的定律之一，也是整个自然界遵从的普遍规律。它可以适用于任何变化过程，不论是机械的、热的、电磁的、原子和原子核内的，以及化学的、生物的等等。

能量守恒定律对于分析和研究各种实际变化过程具有重大的指导意义。在β衰变的研究中，年轻的泡利(W. Pauli)坚信能量必须守恒，并提出中微子假说。20多年后，科学家终于找到了中微子，支持了泡利的假说，捍卫了守恒定律。另一方面，凡违背守恒定律的过程都是不能实现的。因此可以根据守恒定律判断哪些过程不可能发生，哪些构想不可能实现。曾有人企图发明一种“永动机”，即不需要消耗能量而能连续不断地对外做功的机器。这种设想违反了能量守恒定律，这类永动机只能以失败而告终。

恩格斯精辟地阐明了能量守恒定律的深刻意义。他指出，能量守恒定律揭示了物质的不同质的运动形态之间的相互联系，“运动的不灭性不能仅从数量上去把握，而且还必须从质的方面去理解”。这就是说，物质运动不单是量的守恒，而且也表现为一种运动形式转化为另一种运动形式的能力也是不可创造和不可消灭的。

能量守恒定律能使我们更加深刻地理解功的意义。根据能量守恒定律，当我们用做功的方式使一个系统的能量变化时，实质上是这个系统与另一个系统之间发生了能量的交换。而这种交换的能量在量值上就用功来描述。所以功是能量交换或转换的一种量度。

能量概念的精确化是与能量守恒定律的建立密切联系的。各种不同形式的能量反映了自然界中各种不同质的运动形式以及它们之间的相互转换的能力。所以，能量是物质运动的量度。

这里，我们还要指出，不能把功和能量看作是等同的。功总是与能量变化和交换的过程相联系着的，而能量代表系统在一定状态时所具有的性质，能量只决定于系统的状态，系统在一定状态时，就具有一定的能量，也就是说，能量是系统状态的单值函数。

4.5 碰 撞

碰撞是物理学研究的重要对象。打桩、锻压和击球是通常的碰撞。从微观角度研究热现象时，涉及分子原子间的碰撞。通过微观粒子的碰撞去研究物质结构和粒子间相互作用是重要手段。例如卢瑟福就是在分析 α 粒子散射实验的结果的基础上提出了原子的有核模型。宇宙中天体的碰撞非常频繁。1994 年休梅克(E. M. & C. S. Shoemaker)-利维(D. H. Levy)9 号(SL9)彗星与木星的碰撞则是人类首次成功预报的较大规模的天体相碰现象。

碰撞有两个特点：首先碰撞的时间很短但相互作用很强，故可不考虑外界的影响。其次碰撞前后状态变化突然且明显，适合用守恒律研究运动状态的变化。

当两个物体相互接近或发生接触时，在相对较短的时间内发生强烈的相互作用，迫使它们的运动状态发生了显著的变化，这时我们就说，这两个物体发生了碰撞。

在本节中主要讨论两球的对心碰撞问题。所谓对心碰撞(亦称正碰)是指两球碰撞前后的速度方向都沿着两球的中心连线，如图 4.13 所示。

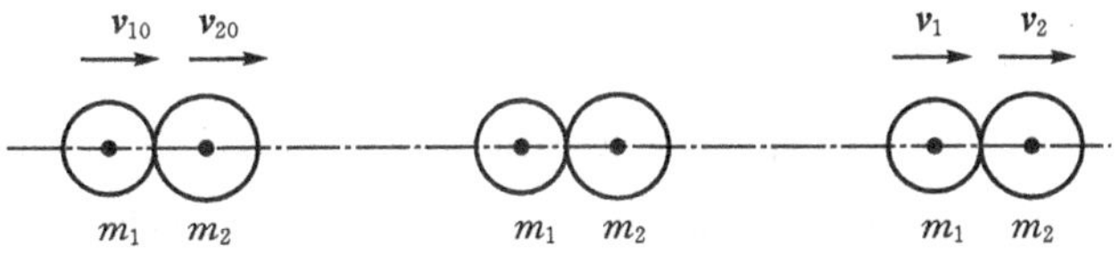

图 4.13　对心碰撞

在两球碰撞过程中，由于两球之间的相互作用比较强烈，可忽略外力作用，因此对两球组成的系统而言，系统总动量守恒。设两球的质量分别为 m_1，m_2，它们碰撞前的速度分别为 $\boldsymbol{v}_{10}$，$\boldsymbol{v}_{20}$；碰撞后的速度分别为 $\boldsymbol{v}_1$，$\boldsymbol{v}_2$，如图 4.13 所示，则有

$$m_1\boldsymbol{v}_{10}+m_2\boldsymbol{v}_{20}=m_1\boldsymbol{v}_1+m_2\boldsymbol{v}_2$$

令 x 轴与各速度矢量平行，得投影方程

$$m_1v_{10}+m_2v_{20}=m_1v_1+m_2v_2 \tag{4.24}$$

牛顿总结了各种碰撞实验的结果，提出了碰撞定律：碰撞后两球分离的相对速度(v_2-v_1)与碰撞前两球接近的相对速度($v_{10}-v_{20}$)成正比，比值由两球材料的弹性决定，此比值称为恢复系数 e，即

$$e=\frac{v_2-v_1}{v_{10}-v_{20}} \tag{4.25}$$

将式(4.24)和式(4.25)联立求解,可求得碰撞后两球的速度为

$$\begin{cases} v_1 = v_{10} - \dfrac{m_2}{m_1 + m_2}(1+e)(v_{10} - v_{20}) \\ v_2 = v_{20} + \dfrac{m_1}{m_1 + m_2}(1+e)(v_{10} - v_{20}) \end{cases} \tag{4.26}$$

而碰撞后系统总动能的损失为

$$\Delta E_k = \frac{1}{2}(1-e^2)\,\frac{m_1 m_2}{m_1 + m_2}\,(v_{10} - v_{20})^2 \tag{4.27}$$

4.5.1 完全弹性碰撞

现在研究 $e = 1$ 时,即两球碰后的分离速度等于碰前的接近速度,这时由式(4.25)有

$$v_2 + v_{20} = v_1 + v_{10}$$

式(4.24)又可写为

$$m_2(v_2 - v_{20}) = -m_1(v_1 - v_{10})$$

两式相乘可得

$$\frac{1}{2}m_1 v_{10}^2 + \frac{1}{2}m_2 v_{20}^2 = \frac{1}{2}m_1 v_1^2 + \frac{1}{2}m_2 v_2^2 \tag{4.28}$$

即碰撞前后两球组成的系统总动能是守恒的,这种碰撞称为完全弹性碰撞。

由式(4.24)和式(4.28)联立求解,得碰撞后两球的速度为

$$\begin{cases} v_1 = \dfrac{m_1 - m_2}{m_1 + m_2}v_{10} + \dfrac{2m_2}{m_1 + m_2}v_{20} \\ v_2 = \dfrac{2m_1}{m_1 + m_2}v_{10} + \dfrac{m_2 - m_1}{m_1 + m_2}v_{20} \end{cases}$$

4.5.2 完全非弹性碰撞

若在碰撞中恢复系数 $e = 0$,则有 $v_2 = v_1$,即碰撞后两球不分离,以同一速度运动,这种碰撞称为完全非弹性碰撞。由碰撞前后总动量守恒,得到碰撞后两球的共同速度 v 为

$$v = \frac{m_1 v_{10} + m_2 v_{20}}{m_1 + m_2} \tag{4.29}$$

由式(4.27)可以看出,在完全非弹性碰撞中,损失的机械能最多。

在工程中,例如打桩、锻压这类问题,经常碰到其中一个物体是静止的,设 $v_{20} = 0$,讨论碰撞前后动能的损失情况。根据上式有

$$v = \frac{m_1 v_{10}}{m_1 + m_2} \tag{4.30}$$

碰撞前后的动能损失为

$$\Delta E_k = \frac{1}{2}m_1 v_{10}^2 - \frac{1}{2}(m_1 + m_2)v^2$$

将式(4.30)代入上式,得

$$\Delta E_k = \frac{1}{2}\left(\frac{m_2}{m_1 + m_2}\right)m_1 v_{10}^2 = \frac{m_2}{m_1 + m_2}E_{k0}$$

其中 E_{k0} 表示碰撞前的初动能。可以看出,若 $m_2 \gg m_1$,则动能完全损失;反之若 $m_1 \gg m_2$,则

动能几乎不损失。用锤打桩，是利用锤与桩碰后的剩余动能钻入土层，锤的质量要比桩大。而锻压是用锤打击烧红的铁块使它变形，则恰好利用损失的动能，被打击物体应有较大质量。

4.5.3　非完全弹性碰撞

若 $0 < e < 1$，此时小球碰撞后彼此分开，而机械能又有一定损失的碰撞称为非完全弹性碰撞。非弹性碰撞动能转化为其他形式能量的方式多种多样，例如两铁球间涂蜡而相碰，蜡熔且温度升高，表明动能转化为热运动能量。两微观粒子发生非弹性碰撞，损失的动能转变为原子内部的能量。

例 4.10　二质量相同的小球，一个静止，一个以速度 $\boldsymbol{v}_0$ 与另一个小球作对心碰撞，求碰撞后两球的速度。(1)假设碰撞是完全非弹性的；(2)假设碰撞是完全弹性的；(3)假设碰撞的恢复系数 $e = 0.5$。

解　由碰撞过程动量守恒以及附加条件，可得：

(1)假设碰撞是完全非弹性的，即两者将以共同的速度 v 前行：

$$mv_0 = 2mv$$

所以得到

$$v = \frac{1}{2}v_0$$

(2)假设碰撞是完全弹性的，两小球碰后的速度分别为 v_1 和 v_2，由动量守恒有

$$mv_0 = mv_1 + mv_2$$

同时碰撞前后两小球的总动能也守恒，即

$$\frac{1}{2}mv_0{}^2 = \frac{1}{2}mv_1{}^2 + \frac{1}{2}mv_2{}^2$$

联立上面两式解得两球交换速度，即

$$v_1 = 0, \qquad v_2 = v_0$$

(3)假设碰撞的恢复系数 $e = 0.5$ 时，由碰撞前后动量守恒有

$$mv_0 = mv_1 + mv_2$$

再根据恢复系数的定义

$$\frac{v_2 - v_1}{v_{10} - v_{20}} = 0.5$$

联立上面两式解得

$$v_1 = \frac{1}{4}v_0, \qquad v_2 = \frac{3}{4}v_0$$

例 4.11　在一光滑的水平桌面上，一个质量为 m_1 的小球以速度 u 与另一质量为 m_2 的静止小球相撞，u 与两球的连心线成 α 角(称为斜碰)。设两球表面光滑，它们相互撞击力的方向沿着两球的连心线，已知恢复系数为 e，求碰撞后两球的速度。

解　两球碰撞属于二维问题，建立平面直角坐标系，x 轴沿两球的连心线，如图 4.14 所示。设碰撞后两球的速度分别为 v_1，v_2，由于两球表面光滑，且相互撞击力的方向沿两球的连心线，故原来静止的球 m_2 碰后的速度 v_2 沿 x 轴正方向，球 m_1 的反冲速度 v_1 如图 4.14 所示。

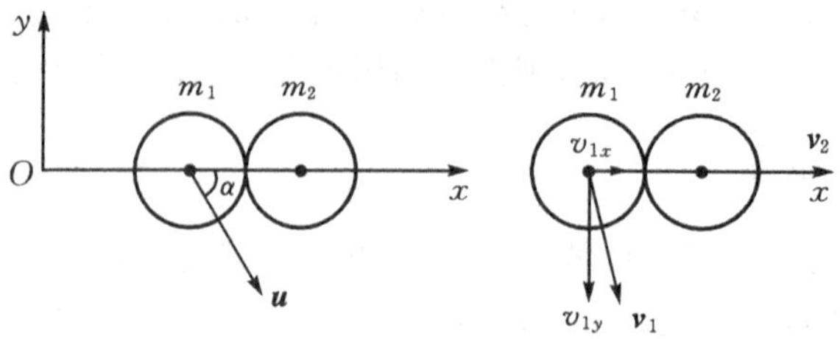

图 4.14　例 4.11 图

由动量守恒的分量式可得

$$m_1 v_{1x} + m_2 v_2 = m_1 u\cos\alpha$$

$$-m_1 v_{1y} = -m_1 u\sin\alpha$$

又因

$$e = \frac{v_2 - v_{1x}}{u\cos\alpha}$$

由此解得

$$v_{1x} = \frac{(m_1 - em_2)u\cos\alpha}{m_1 + m_2}$$

$$v_{1y} = u\sin\alpha$$

$$v_2 = \frac{m_1(1+e)u\cos\alpha}{m_1 + m_2}$$

复习思考题

4.1　一对作用力和反作用力做功之和是否恒为零？和参考系有关吗？

4.2　有没有能够促使物体加速前进运动的摩擦力？摩擦力能否做正功？举例说明。

4.3　起重机起升重物，问在加速上升、匀速上升、减速上升以及加速下降、匀速下降、减速下降六种情况下合力之功的正负。

4.4　弹簧拉伸或压缩时，弹性势能总是正的。这一论断是否正确，如果不正确，在什么情况下，弹性势能会是负的？

4.5　一对静摩擦力所做功的代数和是否总是负的？正的？为零？

4.6　弹簧 A 和 B，劲度系数为 $k_A > k_B$，将弹簧拉长同样的距离。在拉伸弹簧的过程中，对哪个弹簧做的功更多？

4.7　试比较机械能守恒和动量守恒的条件，判断下列说法的正误，并说明理由。

(1) 不受外力的系统必定同时满足动量守恒和机械能守恒；

(2) 合外力为零，内力中只有保守力的系统机械能必然守恒；

(3) 仅受保守内力作用的系统必定同时满足动量守恒和机械能守恒。

4.8　结合例题，试总结应用机械能守恒定律和功能原理研究问题的方法步骤。

习　题

4.1　关于质点系内各质点间相互作用的内力做功，以下说法中，正确的是[　　]。

(A)一对内力所做的功之和一定为零

(B)一对内力所做的功之和一定不为零

(C)一对内力所做的功之和一般不为零,但不排除为零的情况

(D)一对内力所做功之和是否为零,取决于参考系的选择

4.2 用铁锤把质量很小的钉子敲入木板,设木板对钉子的阻力与钉子进入木板的深度成正比。在铁锤敲打第一次时,能把钉子敲入 1.00 cm。如果铁锤第二次敲打的速度与第一次完全相同,那么第二次敲入深度为[ ]。

(A) 0.41 cm (B) 0.50 cm (C) 0.73 cm (D) 1.00 cm

4.3 质量为 m 的物体,从距地球中心距离为 R 处自由下落,且 R 比地球半径 R_0 大得多。若不计空气阻力,则落到地球表面时的速度为[ ]。

(A) $\sqrt{2g(R-R_0)}$ (B) $\sqrt{2gR_0^2\left(\frac{1}{R}-\frac{1}{R_0}\right)}$ (C) $\sqrt{2gR_0^2\left(\frac{1}{R_0}-\frac{1}{R}\right)}$ (D) $\sqrt{2gR_0^2\frac{1}{R^2}}$

4.4 一质点受力为 $F=F_0\mathrm{e}^{-kx}$,若质点在 $x=0$ 处的速度为零,此质点所能达到的最大动能为[ ]。

(A) F_0/k (B) F_0/e^k (C) $F_0 k$ (D) $F_0 k\mathrm{e}^k$

4.5 在两个质点组成的系统中,若质点之间只有万有引力作用,且此系统所受外力的矢量和为零,则此系统[ ]。

(A)动量和机械能一定都守恒

(B)动量和机械能一定都不守恒

(C)动量不一定守恒,机械能一定守恒

(D)动量一定守恒,机械能不一定守恒

4.6 质量为 m 的子弹,以水平速度 v_0 射入置于光滑水平面上的质量为 M 的静止砂箱,子弹在砂箱中前进距离 l 后停在砂箱中,同时砂箱向前运动的距离为 S,此后子弹与砂箱一起以共同速度匀速运动,则子弹受到的平均阻力 $\bar{F}=$____________,砂箱与子弹系统损失的机械能 $\Delta E=$____________。

4.7 质量为 m 的宇宙飞船关闭发动机返回地球的过程,可以认为是仅在地球的引力场中运动。已知地球质量为 M,万有引力常量为 G,则当飞船从距地球中心 r_1 处下降到 r_2 处时它的动能增量为____________。

4.8 一个质点在同时几个力的作用下的位移为 $\Delta\boldsymbol{r}=4\boldsymbol{i}-5\boldsymbol{j}+6\boldsymbol{k}$,其中的一个力为恒力 $F=-3\boldsymbol{i}-5\boldsymbol{j}+9\boldsymbol{k}$,则此力在该位移中所做的功为____________。

4.9 质量为 m 的质点在指向圆心的平方反比力 $F=-\frac{k}{r^2}$ 的作用下作半径为 r 的圆周运动,此质点的速度大小 $v=$____________,若取距圆心无穷远处为势能零点,它的机械能 $E_M=$____________。

4.10 质量为 3.0 kg 的质点受到一个沿 x 轴正方向的力的作用,已知质点的运动学方程为 $x=3t-4t^2+t^3$(SI),试求:

(1)力在最初 4.0 s 内做的功;

(2)在 $t=1$ s 时,力的瞬时功率。

4.11 一物体作直线运动,其运动学方程为 $x=ct^3$(c 为常量),设媒质对物体的阻力正比

于速度的平方，试求物体由 $x_0=0$ 运动到 $x=l$ 时，阻力所做的功，已知阻力的比例系数为 k。

4.12 一人从 10 m 深的井中提水，桶离水面时装水 10 kg（桶的质量为 1 kg），若每升高 1 m要漏去 0.2 kg 的水，求水桶匀速从水面提到井口，人所做的功。

4.13 矿砂由料槽均匀落在水平运动的传送带上，落砂量 $q_m=50\ \mathrm{kg\cdot s^{-1}}$，传送带均匀传送速率为 $v=1.5\ \mathrm{m\cdot s^{-1}}$，不计轴上的摩擦，求电动机拖动皮带的功率 P。

4.14 如图 4.15 所示，劲度系数为 k 的弹簧，一端固定在墙上，另一端连接质量为 M 的容器，容器可在光滑的水平面上滑动，当弹簧处于原长时，容器恰在 O 点处，今使容器自 O 点左边 x_0 处由静止开始运动，每经过 O 点一次，就从上方滴入一质量为 m 的油滴，求在容器第一次到达 O 点油滴滴入前的瞬间，容器的速率 v；以及当容器中刚滴入了 n 滴油后的瞬间，容器的速率 u。

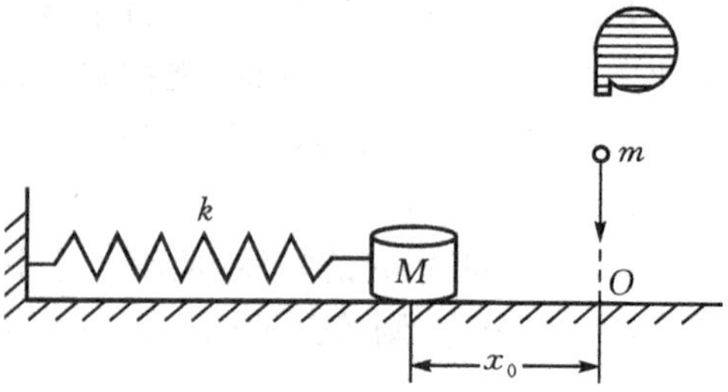

图 4.15

4.15 在光滑水平桌面上，平放一个固定的半圆形屏障，质量为 m 的滑块以初速 v_0 沿切线方向进入屏障内，如图 4.16 所示，设滑块与屏障间的摩擦系数为 μ，求证：当滑块从屏障另一端滑出时，摩擦力所做的功为

$$A=\frac{1}{2}mv_0^2(\mathrm{e}^{-2\pi\mu}-1)$$

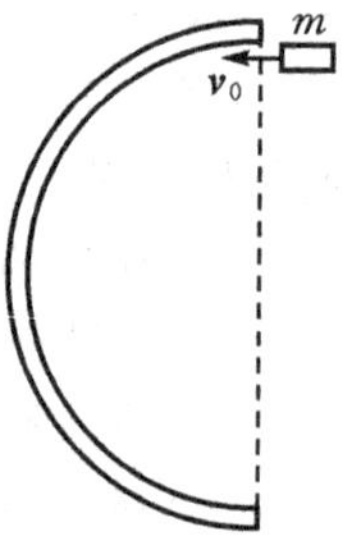

图 4.16

4.16 假设地球为质量均匀分布的球体，计算必须供给多少能量才能把地球完全拆散（用万有引力常量 G，地球质量 M，地球半径 R 表示）。

4.17 已知某双原子分子的原子间相互作用的势能函数为 $E_p(x)=\dfrac{A}{x^{12}}-\dfrac{B}{x^6}$，其中 A,B 为常量，x 为分子中原子间的距离。试求原子间作用力的函数式及原子间相互作用为零时的距离，即系统的平衡位置 x_0。

4.18 在半径为 R 的光滑球面的顶部有一物体，如图 4.17 所示，物体获得水平初速 v_0，问：

(1) 物体在何处脱离球面，θ 等于多少？

(2) 设 $R=1$ m 时，物体由静止开始下滑到达地面时离开 O 点的距离 s 为多少？

(3) v_0 为多大时，恰能使物体一开始便脱离球面。

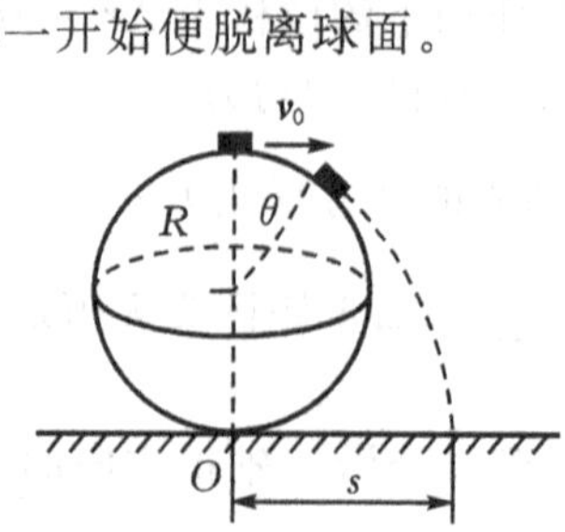

图 4.17

4.19 如图 4.18 所示，光滑斜面的倾角 $\alpha=30°$，一根轻弹簧上端固定，下端轻轻地挂上质

量 $m=1.0$ g 的物块，当物块沿斜面下滑 $x_0=30$ cm 时，恰有一质量 $m_0=0.01$ kg 的子弹以水平速度 $v=200\ \mathrm{m\cdot s^{-1}}$ 射入并陷在其中，设弹簧的劲度系数为 $k=25\ \mathrm{N\cdot m^{-1}}$，求子弹打入物块后它们的共同速度。

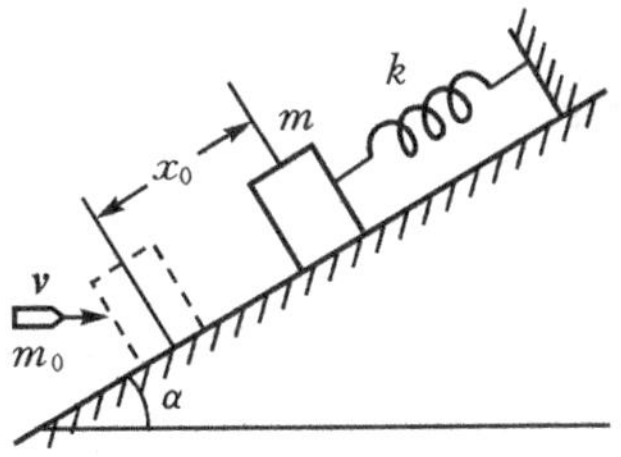

图 4.18

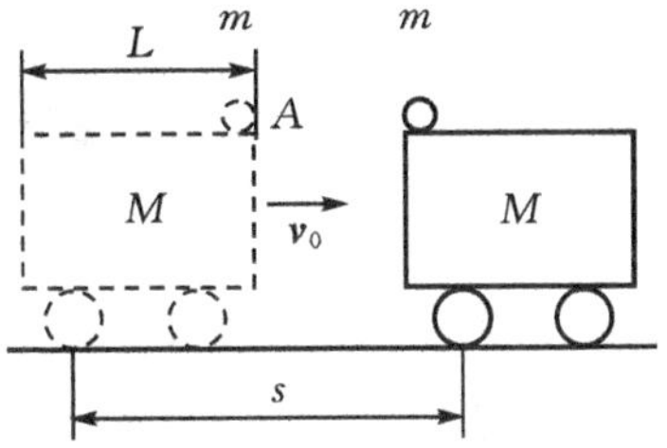

图 4.19

4.20　质量为 M 的平顶小车以速度 v_0 在光滑的水平轨道上匀速前进。今在车顶的前缘 A 处轻轻放上一个质量为 m 的小物体，物体相对地面的速度为零，如图 4.19 所示。设物体与车顶之间的摩擦系数为 μ，为使物体不致于从顶上滑出去，问车顶的长度 L 最短应为多少？

4.21　如图 4.20 所示，摆长为 L，摆锤质量为 m，起始时摆与竖直方向的夹角为 θ。在铅直线上距悬点 x 处有一小钉，摆可绕此小钉运动，问 x 至少为多少才能使摆以钉子为中心绕一完整的圆周？

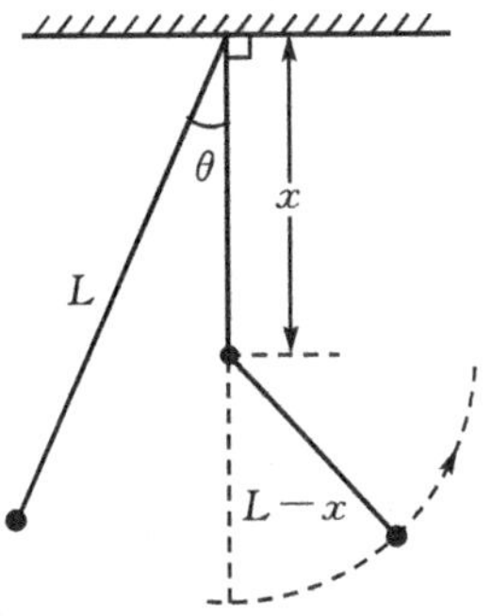

图 4.20

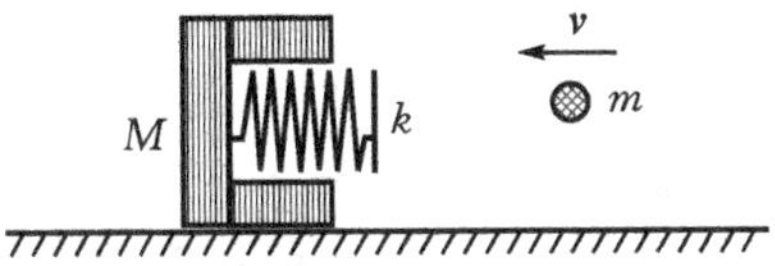

图 4.21

4.22　如图 4.21 所示，质量为 m、速度为 v 的钢球射向质量为 M 的靶，靶中心有一小孔，内有劲度系数为 k 的弹簧，此靶最初处于静止状态，但可在水平面上作无摩擦滑动。求子弹射入靶内弹簧后，弹簧的最大压缩距离。

第 5 章

角动量

在本章里将引进描述机械运动除动量和能量之外的又一个重要的守恒量——角动量，并认识它的变化规律和它的守恒。动量和能量不能反映运动的全部特点。角动量是从动力学角度描述质点或质点系转动状态的物理量。和动量一样，角动量也是由于它的守恒性而被发现，例如天文观测表明，地球绕日运动遵从开普勒第二定律，地球的动量是时刻变化的，但地球的角动量在运动过程中却是守恒的，这就为求解这类运动问题开辟了新途径。另外，动量并不能描写物体的转动状态，例如一个匀质薄圆盘，转轴通过圆心且与圆盘垂直，不论圆盘是否转动，它的总动量恒为零。因而，需要引入角动量这一物理量来描述匀质薄圆盘的转动状态。从天体、星系到电子和基本粒子的广大范围内，角动量都扮演着重要的角色。角动量守恒定律也是自然界最普适的守恒定律之一。

5.1 力矩和质点的角动量

5.1.1 质点对参考点的角动量

开普勒描述行星沿平面轨道运动，若以太阳中心为参考点，在日心恒星坐标系中，将行星看作质点，行星的位置矢量在相等时间内扫过相等的面积，如图 5.1 所示，分别用 r 和 v 表示行星的位置矢量和速度，$v\mathrm{d}t$ 表示质点在 $\mathrm{d}t$ 时间内的位移，则 $\mathrm{d}t$ 时间内位置矢量扫过面积的大小可用 $|\boldsymbol{r}\times\boldsymbol{v}\mathrm{d}t/2|$ 表示，因此掠面速度大小等于 $|\boldsymbol{r}\times\boldsymbol{v}/2|$，$\boldsymbol{r}\times\boldsymbol{v}/2$ 的方向一直与纸面垂直，可表示轨道所在的平面。因而定义行星的掠面速度为 $\boldsymbol{r}\times\boldsymbol{v}/2$，证明可得掠面速度为常矢量。它说明行星掠面速度大小不变且轨道总在同一平面上。

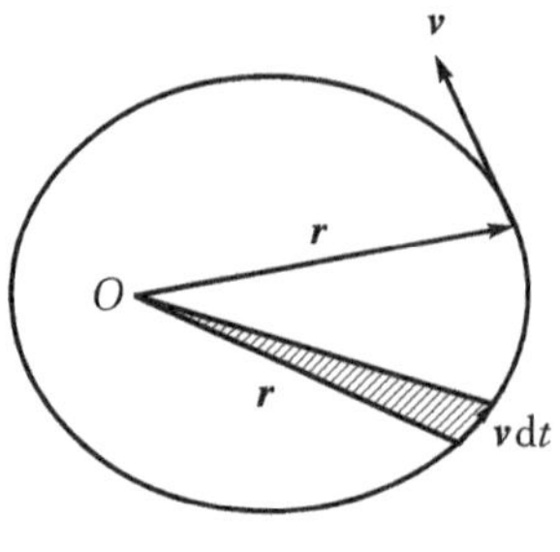

图 5.1　行星绕太阳公转的掠面速度不变

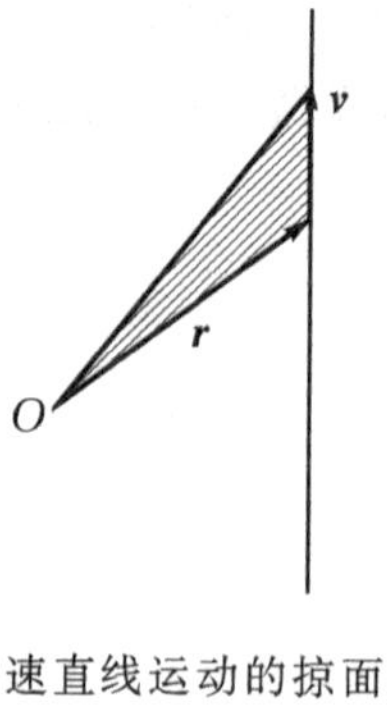

图 5.2　匀速直线运动的掠面速度不变

再研究质点匀速直线运动，计算质点相对于参考点 O 扫过的面积，如图 5.2 所示，分别用 $\boldsymbol{r}$ 和 $\boldsymbol{v}$ 表示质点的位置矢量和速度，由分析可得掠面速度 $\boldsymbol{r}\times\boldsymbol{v}/2$ 仍为常矢量，且掠面速度的方向垂直于由参考点和运动轨迹的直线所决定的平面。

由上面两个例子可以看出，行星的动量和动能均发生了变化，而匀速运动的质点的动量和动能均守恒，但是它们的掠面速度都是常矢量。因此，需要引入一个新的物理量对上面现象作出统一描述，这就是角动量。研究上述问题需要选择参考点。

因此，定义质点对于参考点的位置矢量与其动量的矢积

$$\boldsymbol{L} = \boldsymbol{r} \times \boldsymbol{p} = \boldsymbol{r} \times m\boldsymbol{v} \tag{5.1}$$

称为质点对该参考点的角动量(或动量矩)。上式表明其大小等于以 $\boldsymbol{r}$ 和 $\boldsymbol{p}$ 为邻边的平行四边形的面积 $|rp\sin\theta|$，其中 θ 是平行四边形邻边 r 和 p 的夹角；其方向垂直于 $\boldsymbol{r}$ 和 $\boldsymbol{p}$ 所在的平面，且 $\boldsymbol{r}$,$\boldsymbol{p}$ 和 $\boldsymbol{L}$ 构成一右手螺旋系统，如图 5.3 所示。在国际单位制中，角动量的单位为 $\mathrm{kg \cdot m^2/s}$(千克·米^2/秒)。

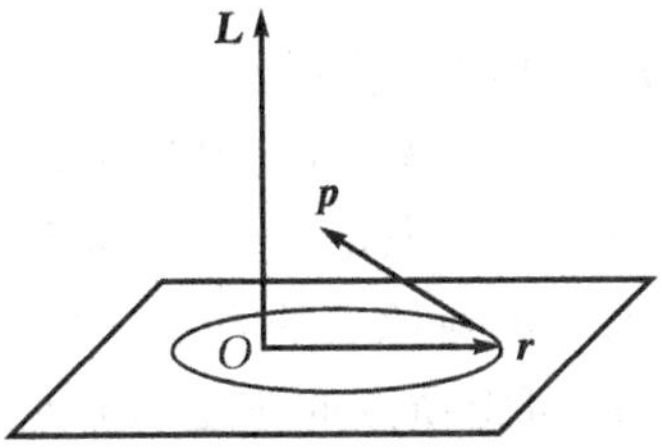

图 5.3　质点对参考点 O 的角动量

角动量 $\boldsymbol{L}$ 中含有动量 $\boldsymbol{p}$ 因子，因此角动量 $\boldsymbol{L}$ 与参考系有关。另外角动量 $\boldsymbol{L}$ 还与参考点 O 的选择有关。同时还看出，只有质点动量垂直于位矢方向的分量才对角动量有贡献，这说明，角动量是描述质点的运动方向相对于参考点的变化或物体的转动特征的物理量。

由于经典力学中质量是常数，则在上面两个例子中的掠面速度不变，意味着质点对所选参考点的角动量守恒。在物理学中，又发现了一个能概括很多现象的守恒量——角动量。

5.1.2　力对参考点的力矩

为了研究质点对参考点的角动量的变化情况，需要引入力矩的概念，如图 5.4 所示，选 O 点为参考点，A 为受力质点，$\boldsymbol{F}$ 为作用力，则定义受力质点相对于 O 点的位置矢量 $\boldsymbol{r}$ 与力 $\boldsymbol{F}$ 矢量的矢积

$$\boldsymbol{M} = \boldsymbol{r} \times \boldsymbol{F} \tag{5.2}$$

称为力 $\boldsymbol{F}$ 对参考点 O 的力矩。上式表明力矩 $\boldsymbol{M}$ 大小等于 $|rF\sin\alpha|$，其中 α 是从 $\boldsymbol{r}$ 转向 $\boldsymbol{F}$ 的角度；其方向垂直于 $\boldsymbol{r}$ 和 $\boldsymbol{F}$ 所在的平面，且 $\boldsymbol{r}$,$\boldsymbol{F}$ 和 $\boldsymbol{M}$ 构成一右手螺旋系统，在国际单位制中，力矩的单位为 $\mathrm{N \cdot m}$(牛顿·米)。

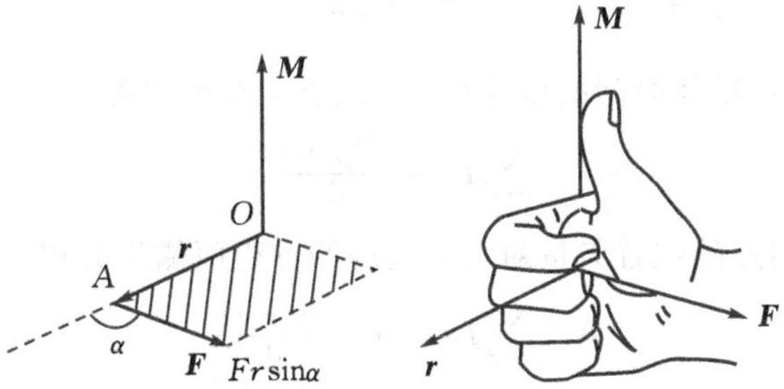

图 5.4　力对参考点 O 的力矩

可以看出力矩 $\boldsymbol{M}$ 也与参考点 O 的选择有关，并且表明只有质点所受的垂直于位矢方向的分力才对力矩有贡献。

如果质点受到多个力 $\boldsymbol{F}_1, \boldsymbol{F}_2, \cdots, \boldsymbol{F}_n$ 作用时，则质点所受到的合力对参考点的力矩

$$\boldsymbol{M}_{合} = \boldsymbol{r} \times \sum_i \boldsymbol{F}_i = \sum_i \boldsymbol{r} \times \boldsymbol{F}_i \tag{5.3}$$

为质点所受的各分力矩的矢量和。

例 5.1 一个力 $\boldsymbol{F} = (3\boldsymbol{i} + 5\boldsymbol{j})$ N 作用于某点上，其作用点的矢径为 $\boldsymbol{r} = (4\boldsymbol{i} - 3\boldsymbol{j})$ m，计算该力对坐标原点的力矩。

解 力对坐标原点的力矩

$$\boldsymbol{M} = \boldsymbol{r} \times \boldsymbol{F} = (4\boldsymbol{i} - 3\boldsymbol{j}) \times (3\boldsymbol{i} + 5\boldsymbol{j})$$

根据矢积的定义，有 $\boldsymbol{i} \times \boldsymbol{i} = \boldsymbol{j} \times \boldsymbol{j} = 0$，$\boldsymbol{i} \times \boldsymbol{j} = \boldsymbol{k}$，$\boldsymbol{j} \times \boldsymbol{i} = -\boldsymbol{k}$，于是上式为

$$\boldsymbol{M} = \boldsymbol{r} \times \boldsymbol{F} = 20\boldsymbol{k} - (-9\boldsymbol{k}) = 29\boldsymbol{k}\ \mathrm{N \cdot m}$$

例 5.2 一个质量为 m 的质点沿着一条由 $\boldsymbol{r} = a\cos\omega t\boldsymbol{i} + b\sin\omega t\boldsymbol{j}$ 定义的空间曲线运动，其中 a，b 及 ω 皆为常数。求此质点所受的对原点的力矩以及该质点对原点的角动量。

解 由运动学方程对时间求导，可得质点的速度和加速度分别为

$$\boldsymbol{v} = \frac{\mathrm{d}\boldsymbol{r}}{\mathrm{d}t} = -a\omega\sin\omega t\boldsymbol{i} + b\omega\cos\omega t\boldsymbol{j}$$

$$\boldsymbol{a} = \frac{\mathrm{d}\boldsymbol{v}}{\mathrm{d}t} = -a\omega^2\cos\omega t\boldsymbol{i} - b\omega^2\sin\omega t\boldsymbol{j}$$

则质点受到的力为

$$\boldsymbol{F} = m\boldsymbol{a} = -m\omega^2(a\cos\omega t\boldsymbol{i} + b\sin\omega t\boldsymbol{j}) = -m\omega^2\boldsymbol{r}$$

因此力对坐标原点的力矩

$$\boldsymbol{M} = \boldsymbol{r} \times \boldsymbol{F} = \boldsymbol{r} \times (-m\omega^2\boldsymbol{r}) = 0$$

则该质点对原点的角动量

$$\boldsymbol{L} = \boldsymbol{r} \times m\boldsymbol{v} = m(a\cos\omega t\boldsymbol{i} + b\sin\omega t\boldsymbol{j}) \times (-a\omega\sin\omega t\boldsymbol{i} + b\omega\cos\omega t\boldsymbol{j})$$

根据矢积的定义，有 $\boldsymbol{i} \times \boldsymbol{i} = \boldsymbol{j} \times \boldsymbol{j} = 0$，$\boldsymbol{i} \times \boldsymbol{j} = \boldsymbol{k}$，$\boldsymbol{j} \times \boldsymbol{i} = -\boldsymbol{k}$，于是上式为

$$\boldsymbol{L} = (mab\omega\cos^2\omega t)\boldsymbol{k} - (-mab\omega\sin^2\omega t)\boldsymbol{k} = mab\omega\boldsymbol{k}$$

可见质点所受的对原点的力矩为 0，并且该质点对原点的角动量为常矢量。

5.2 质点角动量定理

5.2.1 质点对参考点的角动量定理和守恒定律

现在来研究质点角动量随时间的变化率。从质点的动量定理

$$\sum_i \boldsymbol{F}_i = \frac{\mathrm{d}(m\boldsymbol{v})}{\mathrm{d}t}$$

出发，用从参考点指向质点的位置矢量对动量定理的方程两侧作矢积

$$\boldsymbol{r} \times \sum_i \boldsymbol{F}_i = \boldsymbol{r} \times \frac{\mathrm{d}(m\boldsymbol{v})}{\mathrm{d}t} \tag{5.4}$$

为了分析式(5.4)的右侧。先将质点的角动量对时间 t 求导数，有

$$\frac{\mathrm{d}(\boldsymbol{r}\times m\boldsymbol{v})}{\mathrm{d}t}=\frac{\mathrm{d}\boldsymbol{r}}{\mathrm{d}t}\times m\boldsymbol{v}+\boldsymbol{r}\times\frac{\mathrm{d}(m\boldsymbol{v})}{\mathrm{d}t} \tag{5.5}$$

由于式(5.5)的右边第一项

$$\frac{\mathrm{d}\boldsymbol{r}}{\mathrm{d}t}\times m\boldsymbol{v}=\boldsymbol{v}\times m\boldsymbol{v}=0$$

则式(5.5)为

$$\frac{\mathrm{d}(\boldsymbol{r}\times m\boldsymbol{v})}{\mathrm{d}t}=\boldsymbol{r}\times\frac{\mathrm{d}(m\boldsymbol{v})}{\mathrm{d}t}$$

因此式(5.4)为

$$\boldsymbol{r}\times\sum_i\boldsymbol{F}_i=\frac{\mathrm{d}(\boldsymbol{r}\times m\boldsymbol{v})}{\mathrm{d}t}$$

即

$$\boldsymbol{M}_{合}=\frac{\mathrm{d}\boldsymbol{L}}{\mathrm{d}t} \tag{5.6}$$

表明质点对参考点 O 的角动量对时间的变化率等于质点所受的合力对该参考点的力矩，叫作质点对参考点 O 的角动量定理。可见角动量定理是对同一参考点才成立的，且对所有惯性系都是成立的。

若要得到在 t_1 至 t_2 的一段有限时间内质点角动量的增量，则可将式(5.6)改写成

$$\mathrm{d}\boldsymbol{L}=\boldsymbol{M}_{合}\ \mathrm{d}t$$

然后将上式两侧进行积分，得到

$$\int_{t_1}^{t_2}\boldsymbol{M}_{合}\ \mathrm{d}t=\int_{L_1}^{L_2}\mathrm{d}\boldsymbol{L}=\boldsymbol{L}_2-\boldsymbol{L}_1 \tag{5.7}$$

式中，$\int_{t_1}^{t_2}\boldsymbol{M}_{合}\ \mathrm{d}t$ 称为质点受的合力矩 $\boldsymbol{M}_{合}$ 的冲量矩。式(5.7)表示作用于质点的合力矩 $\boldsymbol{M}_{合}$ 的冲量矩等于质点角动量的增量。这就是质点对参考点 O 的角动量定理的积分形式。

从式(5.6)可以看出

$$若\ \boldsymbol{M}_{合}=0\ 时，\boldsymbol{L}=常矢量 \tag{5.8}$$

即若质点所受的合力对参考点 O 的力矩总为零时，则质点对该参考点的角动量保持不变，称为质点对参考点 O 的角动量守恒定律。

当力 $\boldsymbol{F}$ 的作用线始终通过参考点 O 时，则称力 $\boldsymbol{F}$ 为有心力，O 点称为力心。可以证明有心力对力心的力矩恒为零，因此，质点只在有心力场中运动时，它对力心的角动量是一个守恒量。例如太阳系中运动的行星所受太阳的万有引力就是有心力，如果忽略其他行星的作用，则太阳系中各行星在太阳的有心力场中运动时，它们对太阳质心的角动量是守恒的。

5.2.2　质点对轴的角动量定理和守恒定律

若过参考点 O 取 z 坐标轴，质点对参考点 O 的角动量定理式(5.6)在 z 轴上的投影为

$$M_{合z}=\frac{\mathrm{d}L_z}{\mathrm{d}t} \tag{5.9}$$

即质点对 z 轴的角动量对时间的变化率等于质点所受的合力对 z 轴的力矩，称为质点对 z 轴的角动量定理。

下面讨论某力 $\boldsymbol{F}$ 对 z 轴的力矩，即等于该力 $\boldsymbol{F}$ 对 z 轴上 O 点的力矩在 z 轴上的投影，如

图 5.5 所示，$\boldsymbol{F}$ 和 $\boldsymbol{r}$ 分别为作用在质点上的力和质点的位置矢量，则通过质点作一平面与 z 轴垂直，将 $\boldsymbol{F}$ 分解为在平面内的分量 $\boldsymbol{F}_1$ 和平行于 z 轴的分量 $\boldsymbol{F}_2$，同时将 $\boldsymbol{r}$ 分解为垂直于 z 轴的分量 $\boldsymbol{r}_1$ 和平行于 z 轴的分量 $\boldsymbol{r}_2$，那么力 $\boldsymbol{F}$ 对 z 轴上 O 点的力矩为

$$\begin{aligned}\boldsymbol{M} &= \boldsymbol{r}\times\boldsymbol{F} = (\boldsymbol{r}_1+\boldsymbol{r}_2)\times(\boldsymbol{F}_1+\boldsymbol{F}_2)\\ &= \boldsymbol{r}_1\times\boldsymbol{F}_1+\boldsymbol{r}_1\times\boldsymbol{F}_2+\boldsymbol{r}_2\times\boldsymbol{F}_1+\boldsymbol{r}_2\times\boldsymbol{F}_2.\end{aligned}$$

其中由于 $\boldsymbol{r}_2$ 平行于 $\boldsymbol{F}_2$，则有 $\boldsymbol{r}_2\times\boldsymbol{F}_2=0$；而 $\boldsymbol{r}_1\times\boldsymbol{F}_2$ 和 $\boldsymbol{r}_2\times\boldsymbol{F}_1$ 二矢量垂直于 z 轴，则它们在 z 轴上的投影也等于零。因此力 $\boldsymbol{F}$ 对 z 轴上 O 点的力矩在 z 轴上的投影只剩下 $\boldsymbol{r}_1\times\boldsymbol{F}_1$ 的投影，即力 $\boldsymbol{F}$ 对 z 轴的力矩为

$$M_z = r_1F_1\sin\alpha \tag{5.10}$$

其中，α 为面对 z 轴观察到由 $\boldsymbol{r}_1$ 逆时针转至 $\boldsymbol{F}_1$ 转过的角度。式(5.10)表明力 $\boldsymbol{F}$ 对 z 轴的力矩等于受力质点到轴的垂直距离 $\boldsymbol{r}_1$ 与该力在与 z 轴垂直的平面上的分力 $\boldsymbol{F}_1$ 以及它们之间的转角 α 之正弦的乘积。

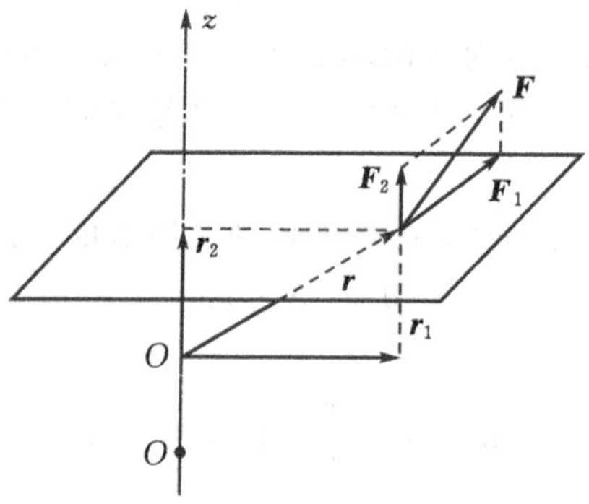

图 5.5 力对 z 轴的力矩=力对 z 轴上任一点的力矩在 z 轴的投影

可以看出力 $\boldsymbol{F}$ 对 z 轴上 O 点的力矩在 z 轴上的投影就等于力 $\boldsymbol{F}$ 对 z 轴的力矩。如果将 z 轴上的参考点 O 移至 O' 点，此时受力质点的位置矢量 $\boldsymbol{r}$ 与之前不一样，但受力质点到 z 轴的垂直距离 $\boldsymbol{r}_1$ 不变，因此力对 z 轴上不同点的力矩是不同的，但力对 z 轴上不同点的力矩在 z 轴上的投影却是相等的。因此可以得到，力对 z 轴上任一点的力矩在 z 轴上的投影等于力对 z 轴的力矩。

需要说明：式(5.9)中的 $M_{合z}$ 是合力对 z 轴的力矩，即为合力对 z 轴上任一点的力矩在 z 轴上的投影，也等于质点所受的各分力对 z 轴上任一点的力矩在 z 轴上的投影的代数和。

当研究质点对 z 轴的角动量 L_z 时，也就是研究质点对 z 轴上某参考点的角动量在 z 轴上的投影时，亦可以按照以上研究对轴的力矩的方法。类似地得到，质点对 z 轴的角动量，即为质点对 z 轴上任一点的角动量在 z 轴上的投影，如图 5.6 所示，质点对 z 轴的角动量等于质点到轴的垂直距离 r_1 与该质点在与 z 轴垂直的平面上的分动量 p_1 以及它们之间的转角 γ 之正弦的乘积，即

$$L_z = r_1p_1\sin\gamma$$

其中 γ 为面对 z 轴观察到由 $\boldsymbol{r}_1$ 逆时针转至 $\boldsymbol{p}_1$ 转过的角度。

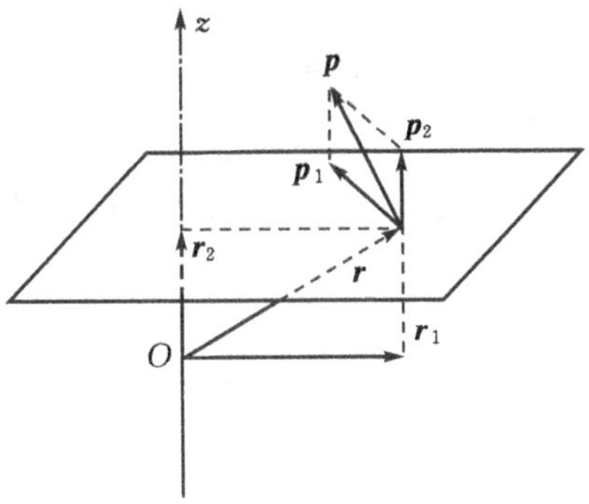

图 5.6　质点对 z 轴的角动量＝质点对 z 轴上任一点的角动量在 z 轴的投影

从式(5.9)可以看出

$$\text{若 } M_{合z}=0 \text{ 时}, L_z=\text{常量} \tag{5.11}$$

即若质点所受的各分力对 z 轴的力矩的代数和为零时，则质点对 z 轴的角动量保持不变，称为质点对 z 轴的角动量守恒定律。

例 5.3　试利用角动量守恒定律证明关于行星运动的开普勒第二定律：在太阳系中任一行星对太阳的位矢在相等的时间间隔内扫过的面积相等，即掠面速度不变。

证明　如图 5.7 所示，行星在太阳(位于 O 点)的万有引力场中作椭圆轨道运动。行星对太阳的角动量守恒，即

$$\boldsymbol{L}=\boldsymbol{r}\times m\boldsymbol{v}=\boldsymbol{L}_0$$

设行星任一时刻 t 在椭圆轨道上的位矢为 $\boldsymbol{r}$，速度为 $\boldsymbol{v}$，在 $\mathrm{d}t$ 时间内走过的路程 $\mathrm{d}s=v\mathrm{d}t$，则它的位矢 $\boldsymbol{r}$ 在该时间间隔内扫过的面积

$$\mathrm{d}S=\frac{1}{2}r_{\perp}\,\mathrm{d}s=\frac{1}{2}rv\sin\theta\mathrm{d}t$$

式中，θ 为位矢 $\boldsymbol{r}$ 与速度 $\boldsymbol{v}$ 的夹角。于是行星的掠面速度

$$\frac{\mathrm{d}S}{\mathrm{d}t}=\frac{1}{2}rv\sin\theta=\frac{1}{2}\mid\boldsymbol{r}\times\boldsymbol{v}\mid=\frac{|\boldsymbol{L}|}{2m}=\frac{|\boldsymbol{L}_0|}{2m}=\text{常量}$$

因此行星绕太阳公转时，掠面速度不变。

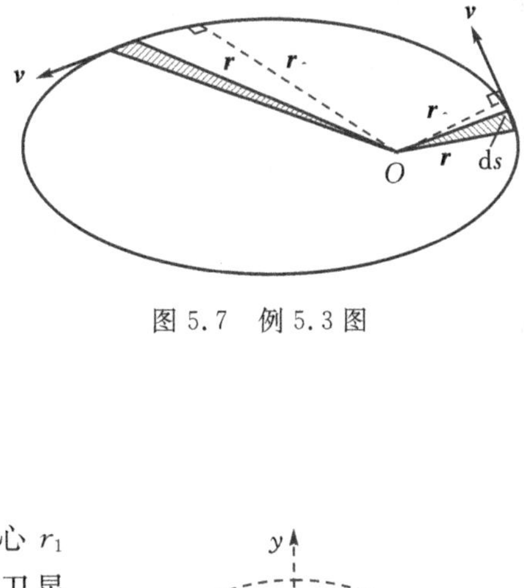

图 5.7　例 5.3 图

例 5.4　如图 5.8 所示，人造地球卫星近地点离地心 $r_1=2R$，(R 为地球半径)，远地点离地心 $r_2=4R$。求：(1)卫星在近地点及远地点处的速率 v_1 和 v_2(用地球半径 R 以及地球表面附近的重力加速度 g 来表示)；(2)卫星运行轨道在近地点处的轨迹的曲率半径 ρ。

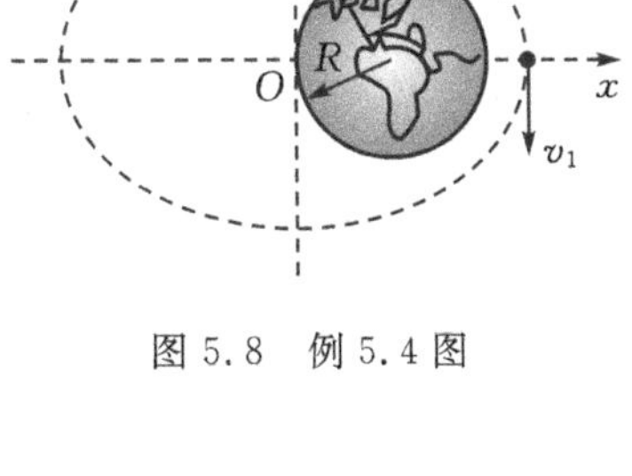

图 5.8　例 5.4 图

解　(1)考虑人造地球卫星只在地球的引力场中运动，卫星受到对地心的合外力矩为零，因此卫星对地心的角动量守恒，即

$$r_1\,m\,v_1=r_2\,m\,v_2$$

得到

$$v_1 = 2v_2$$

同时利用卫星的机械能守恒,所以

$$\frac{1}{2}mv_1^2 - G_0\frac{Mm}{2R} = \frac{1}{2}mv_2^2 - G_0\frac{Mm}{4R}$$

考虑到

$$G_0\frac{Mm}{R^2} = mg$$

有

$$v_1 = \sqrt{\frac{2Rg}{3}}, \quad v_2 = \sqrt{\frac{Rg}{6}}$$

(2)利用地球对卫星的万有引力提供向心力,有:

$$G_0\frac{Mm}{\rho^2} = m\frac{v^2}{\rho}$$

可得到

$$\rho = \frac{8}{3}R$$

例 5.5 如图 5.9 所示,一圆锥摆,摆长为 l,摆球质量为 m,开始时摆线与铅垂线 OO' 成 θ 角,摆球的水平初速度 v_0 垂直于摆线所在的铅垂面。如果希望摆球在运动过程中摆线的张角 θ 最大为 $\frac{\pi}{2}$,求小球初速度的大小应为多少?

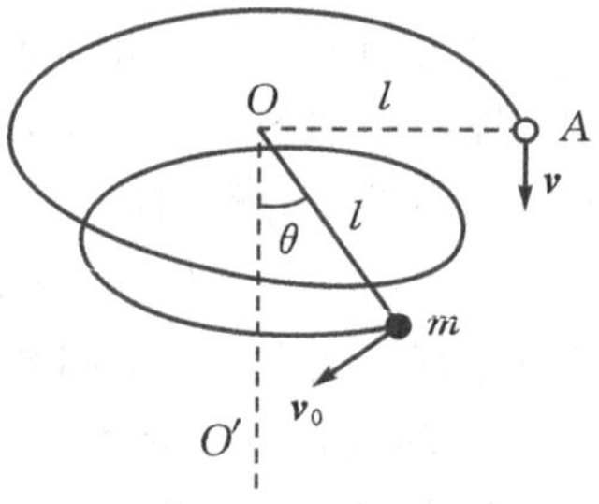

图 5.9 例 5.5 图

解 摆球在盘旋上升的过程中受到重力和摆线的拉力作用,拉力对支点 O 的力矩为零,重力平行于 OO' 轴,则重力对 OO' 轴的力矩也为零,因此摆球对 OO' 轴的角动量守恒。

以摆球在 A,B 两处摆球对 OO' 轴的角动量守恒,则有

$$mlv_0\sin\theta = mlv$$

式中,v 是摆球在 B 处的速度大小。又因为在摆球的运动过程中,摆线的拉力不做功,则其机械能守恒,于是有

$$\frac{1}{2}mv_0^2 = \frac{1}{2}mv^2 + mgl\cos\theta$$

(2)联立上面两式解得

$$v_0 = \sqrt{\frac{2gl}{\cos\theta}}$$

而小球在 B 处的速率为

$$v = v_0\sin\theta = \sqrt{\frac{2gl}{\cos\theta}}\sin\theta = \sqrt{2gl\tan\theta\sin\theta}$$

5.3　质点系角动量定理和角动量守恒定律

5.3.1　质点系对参考点的角动量定理和守恒定律

设质点系由 n 个质点组成，选择惯性参考系，各质点对参考点 O 的角动量分别为 $\boldsymbol{L}_1, \boldsymbol{L}_2, \cdots, \boldsymbol{L}_n$，则质点系对 O 点的角动量等于质点系内各质点对 O 点的角动量的矢量和，即 $\boldsymbol{L}=\sum\limits_i \boldsymbol{L}_i$。

根据质点角动量定理(5.6)，对质点 $i(i=1,2,\cdots,n)$ 而言，质点 i 的角动量 $\boldsymbol{L}_i$ 的时间变化率，等于该质点所受到的合力矩 $\boldsymbol{M}_{i合}$，即

$$\boldsymbol{M}_{i合}=\frac{\mathrm{d}\boldsymbol{L}_i}{\mathrm{d}t} \tag{5.12}$$

其中 $\boldsymbol{L}_i$ 为质点 i 的角动量，$\boldsymbol{M}_{i合}$ 是质点 i 所受的合力矩，可分为内力矩 $\boldsymbol{M}_{i内}$ 和外力矩 $\boldsymbol{M}_{i外}$。

而质点系内各质点之间的内力都是作用力和反作用力的关系，是成对出现的。因此下面先讨论一对相互作用力对同一参考点的力矩的矢量和。考虑质点 i 和质点 j 之间的相互作用力为 $\boldsymbol{F}_{ij}$ 和 $\boldsymbol{F}_{ji}$，根据牛顿第三定律，二力大小相同，方向相反，且作用在同一直线上，即 $\boldsymbol{F}_{ij}=-\boldsymbol{F}_{ji}$。如图 5.10 所示，$\boldsymbol{F}_{ij}$ 和 $\boldsymbol{F}_{ji}$ 到 O 点的垂直距离都等于 d，则可以分析得到，作用力 $\boldsymbol{F}_{ij}$ 和反作用力 $\boldsymbol{F}_{ji}$ 对 O 点的力矩大小相等，但方向相反。则一对相互作用力对同一参考点的力矩的矢量和为零，即 $\boldsymbol{M}_{ij}+\boldsymbol{M}_{ji}=0$。因此质点系内各质点之间的内力矩的矢量和为零。

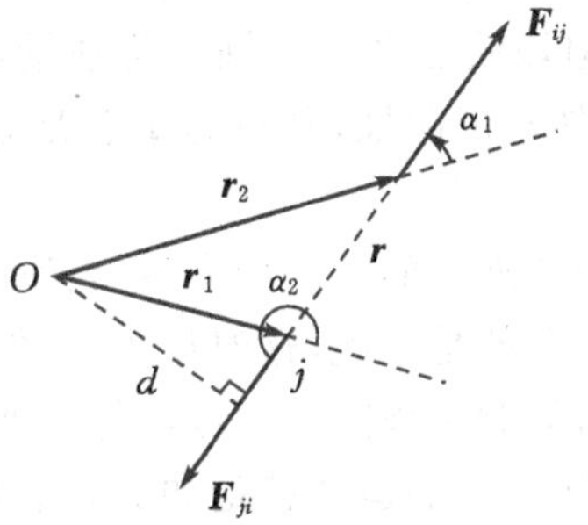

图 5.10　一对相互作用力对参考点 O 的力矩的矢量和为零

将式(5.12)用于质点系内各质点，并对所有质点求和，则

$$\sum_i \boldsymbol{M}_{i合}=\sum_i \frac{\mathrm{d}\boldsymbol{L}_i}{\mathrm{d}t}$$

由于质点系的内力矩之和为零，再将求和与导数运算交换顺序，得到

$$\sum_i \boldsymbol{M}_{i外}=\frac{\mathrm{d}\left(\sum\limits_i \boldsymbol{L}_i\right)}{\mathrm{d}t}=\frac{\mathrm{d}\boldsymbol{L}}{\mathrm{d}t} \tag{5.13}$$

即质点系对于参考点 O 的角动量随时间的变化率等于质点系所受外力对该点力矩的矢量和，称为质点系对参考点 O 的角动量。

根据式(5.13)，可以看出

$$若\ \sum_i \boldsymbol{M}_{i外} = 0\ 时,\boldsymbol{L} = \sum_i \boldsymbol{L}_i = 常矢量 \tag{5.14}$$

即若质点系所受外力对参考点 O 的力矩的矢量和总为零时，则质点系对该点的总角动量保持不变，称为质点系对参考点 O 的角动量守恒定律。

质点系的角动量定理表达式(5.13)和角动量守恒定律表达式(5.14)都是矢量式，它们对应的各个分量式都是成立的。换言之，若质点系所受总外力矩为零时，则在直角坐标系中，质点系总角动量 $\boldsymbol{L}$ 的三个坐标分量 L_x，L_y 和 L_z 都守恒。另外需要指明的是以上所说的参考点 O 必须是惯性参考系中的某一固定参考点。

5.3.2 质点系对轴的角动量定理和守恒定律

若过参考点 O 取 z 坐标轴，质点系对参考点 O 的角动量定理式(5.13)在 z 轴上的投影为

$$\sum_i M_{i外z} = \frac{\mathrm{d}L_z}{\mathrm{d}t} \tag{5.15}$$

即质点系对 z 轴的角动量对时间的变化率等于质点系所受外力对 z 轴的力矩之和，称为质点系对 z 轴的角动量定理。

根据式(5.15)，可以看出

$$若\ \sum_i M_{i外z} = 0\ 时,L_z = \sum_i L_{iz} = 常量 \tag{5.16}$$

即若质点系所受外力对 z 轴的力矩之和总为零时，则质点系对 z 轴的总角动量保持不变，称为质点系对 z 轴的角动量守恒定律。

式(5.16)说明如果质点系所受总外力矩不为零，但总外力矩的某个坐标分量，如 $M_z=0$，此时质点系总角动量虽不守恒，但该质点系对 z 轴的角动量，也就是角动量沿此轴的分量 L_z 是守恒的。例如在重力场中均匀转动的陀螺，其重力矩总是处于水平面(xy 平面)内，致使其 L_z 是守恒的，而 L_x，L_y 随时间作周期变化。

还应注意到，即使质点系所受的外力的矢量和为零，它所受的总外力矩也未必为零。一对大小相等、方向相反的力构成的力偶就是如此，这时质点系的角动量并不守恒。反之，即使质点系所受外力的矢量和并不为零，但对于该固定参考点每个外力的力矩为零，这时质点系的角动量却是守恒的。系统在有心力作用下的运动就是如此，例如太阳系中各行星在太阳的万有引力作用下系统角动量守恒。

例 5.6 体重相等的甲乙两人，分别用双手握住跨过无摩擦滑轮的绳子两端，如图 5.11 所示。当他们从同一高度向上爬时，相对于绳子，甲的速率是乙的两倍，问谁先到达顶点？假定绳和滑轮的质量忽略不计。

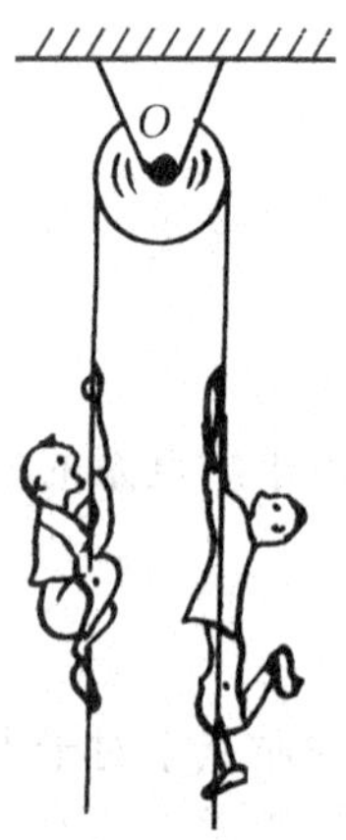

图 5.11 例 5.6 图

解 把二人看成质点，以滑轮的轴心 O 点为参考点，考虑甲乙二人和滑轮组成的质点系，此质点系所受的外力矩为甲乙二人所受的 O 点的重力矩之和，由于它们大小相等，方向相反，彼此抵消，因此质点系对 O 点的总外力矩为零，因而质点系对 O 点的总角动量守恒。

以地面为参考系，甲乙二人对地的速度分别为 v_1 和 v_2，方向均为竖直向上，甲乙二人由静止出发，开始时速度均为零，系统的初始角动量 $L_0=0$，设垂直于纸面向里为正方向，所以由质点系的总角动量守恒可得

$$L = mR(v_1 - v_2) = L_0 = 0$$

式中，m 为人的质量，R 为滑轮的半径。由此可知，尽管两人相对于绳的速率不等，但他们对地的速率时时保持相等，又由于他们从同一高度开始上爬，所以他们将同时到达顶点。

5.4 对称性与守恒定律

5.4.1 对称性

著名物理学家杨振宁说过："自从文明伊始，对称性的概念就以某种形式存在于整个人类社会的语言之中了。"对称性的概念来源于生活，在大自然里到处充满了对称的东西，显示出各式各样的对称性，六角对称的雪花，色彩斑烂的蝴蝶，艳丽的花瓣，对称的天然宝石，等等。就连人类自身也生长得左右对称。自然界酷爱对称，人们也习惯以对称为美，因为对称给人一种端庄、稳固和平衡的感觉。

那么，什么叫"对称性"呢？例如一个球体，绕通过球心的任意轴旋转一定角度后，其形状和位置完全看不出与旋转前有什么不同，球体的这种性质就称为绕球心的旋转对称性。同时我们称，球体在旋转前的状态和旋转后的状态是等价的。

如果要想确切判断球体是否绕球心的任意轴转了一个角度，就必须在球上作个标记，根据标记的位置变化来判断球体是否作了转动，于是，这些标记的作用实际上是使球旋转前后的状态变得可以区分而不再是等价的了，或者说是在一定程度上破坏了球体的旋转对称性，物理学上称这种情况为对称破缺。

将球体的情况加以推广，我们就可以给对称性下一个普遍的定义。

使一个系统(我们研究的对象)从一个状态变到另一个状态的过程称为变换，或者称对系统施以一个操作。如果系统经历一个变换后，其变换前后的状态是等价的，或者说状态在此操作下不变，我们就说该系统对于这一操作是对称的，这个操作就叫做该系统的一个对称操作。以上关于对称性的普遍定义是德国大数学家魏尔(H. Weyl)首先提出的。

由于变换或操作方式的不同，可以有各种不同的对称性。最常见的对称操作是时空操作，相应的对称性称为时空对称性。空间操作有平移，转动，镜象反射($x\rightarrow -x$)，空间反演($\boldsymbol{r}\rightarrow -\boldsymbol{r}$)和标度变换(尺度放大或缩小)等等；时间操作有时间平移，时间反演($t\rightarrow -t$)，等等。后面要讲到的伽利略变换则是时空联合变换。除了时空操作外，物理学中还涉及到许多其他的对称操作，如置换、规范变换、正反粒子共轭变换等等。此外还可以是几种不同类型变换的复合变换。

在物理学中讨论的对称性问题可分为性质不同的两类：一类是关于某个系统或某件具体事物的对称性，另一类是关于物理规律的对称性。物理规律的对称性是指经过某种变换后，物理规律的形式保持不变。例如，由两质点组成的系统具有轴对称性，属于前者；牛顿定律在伽利略变换下的不变性，则属于后者。

5.4.2 守恒量与守恒定律

科学研究的一个根本目的，就是要从千变万化的物质现象中寻找某些不会改变的物质性质，科学家把某些总量保持不变的物理量称为守恒量，并用守恒定律的形式来表述它们。于是就有了能量守恒定律、动量守恒定律、角动量守恒定律等等。

守恒定律常常被认为是自然界最基本的定律，它们以确实的可靠性和极大的普遍性向人们预示自然过程的发生和发展的必然趋势，不必考虑引起这些过程的具体机制，为科学家探索自然界的奥秘提供了强有力的工具，这也是科学家对守恒定律如此钟爱的原因之一。物理学家的探索告诉我们，守恒定律与对称性有着密切的联系，1918 年建立的内特尔定理指出：如果运动规律在某一不明显依赖于时间的变换下具有不变性，必相应存在一个守恒定律。

内特尔定理为我们探讨守恒定律与对称性的关系指明了途径，下面我们就来讨论角动量、动量和能量诸守恒定律与空间对称性和时间对称性的关系。

1. 角动量守恒与空间各向同性

根据对称性的定义，如果系统在绕任意轴转动一个任意角度后它的力学性质不改变，则称该系统具有空间转动不变性或转动对称性，也称为具有空间各向同性。为简单起见，仍考虑两个质点 A，B 组成的系统，质点 B 固定，质点 A 沿以 B 为中心的圆弧 $\widehat{\Delta S}$ 移动到 A'，如图 5.12 所示，系统在这一过程中相互作用势能的改变量 $\Delta U=-(f_{AB})_\tau\widehat{\Delta S}$。空间各向同性意味着，两质点间的相互作用势能只与它们之间的距离有关，而与二者之间的联线在空间的取向无关，所以，上述操作不应改变它们之间的势能值，从而 $\Delta U=0$，这表示相互作用力的切向分量 $(f_{AB})_\tau=0$，或者说，“两粒子之间的相互作用力沿二者的联线”。上述说法与“角动量守恒”是等价的。于是，我们从空间的各向同性推出了角动量守恒定律，换句话说，角动量守恒定律是空间转动对称性的必然结果，或者说空间各向同性是角动量守恒定律必定存在的原因。

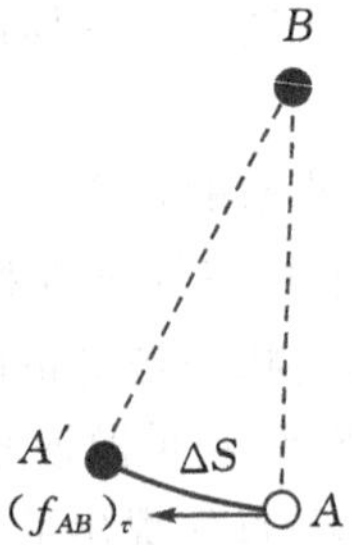

图 5.12　空间转动不变性

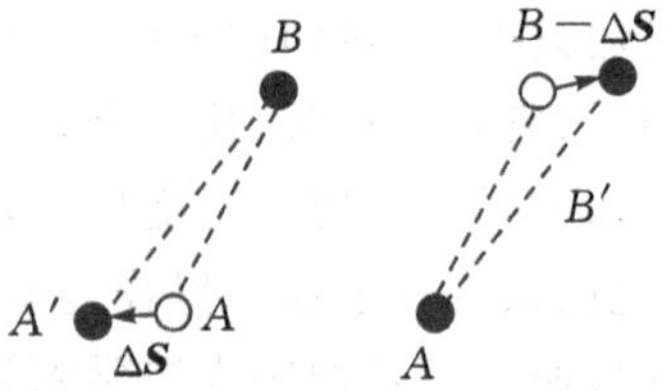

图 5.13　空间平移对称性

2. 动量守恒与空间平移对称性

现在我们来讨论动量守恒定律。根据对称性的定义，所谓空间平移对称性，是指系统沿空间某方向平移一个任意大小的距离后它的力学性质不发生改变，如图 5.13 所示，考虑一对质点 A，B 它们的相互作用势能为 V，现将 A 沿任意方向发生一位移 ΔS，移动到 A'，从而引起势能的变化 $\Delta U=-f_{AB}\cdot\Delta S$（反抗 B 对 A 的作用力 f_{AB} 做的功）。若 A 不动，将 B 沿相反方向产生一位移 $-\Delta S$ 后移动到 B'，则相应的势能变化为 $\Delta U'=-f_{BA}\cdot(-\Delta S)=f_{BA}\cdot\Delta S$（反抗 A 对 B 的作用力 f_{BA} 做的功）。对于以上两种情况，终态的区别仅在于这两个质点组成的系统整体在空间有个平移，它们的相对位置是等价的，即 $\overline{A'B}\ /\!/\ \overline{AB'}$，且 $\overline{A'B}=\overline{AB'}$。空间平移不变性，或者说空间均匀性意味着，两质点间的相互作用势能只与它们的相对位置有关，与它们整体在空间的平移无关。从而两种情况下系统终态的势能应相等，即 $V+\Delta V=V+\Delta V'$，因而有

$$-f_{AB}\cdot\Delta S=f_{BA}\cdot\Delta S$$

因为 ΔS 是任意的，故有

$$f_{AB}=-f_{BA}$$

按照力的定义式(2.5)

$$f_{AB} = \frac{\mathrm{d}p_A}{\mathrm{d}t} \qquad f_{BA} = \frac{\mathrm{d}p_B}{\mathrm{d}t}$$

可以将上式写成

$$\frac{\mathrm{d}p_A}{\mathrm{d}t} + \frac{\mathrm{d}p_B}{\mathrm{d}t} = \frac{\mathrm{d}}{\mathrm{d}t}(p_A + p_B) = 0$$

上式表明两质点组成的系统的总动量不随时间改变。这样，我们就从空间平移对称性导出了动量守恒定律。

3. 能量守恒与时间平移不变性

如果系统的力学性质与计算时间的起点(t_0时刻)无关，则称该系统具有时间平移不变性或时间均匀性。从微观的角度看，一切系统中，粒子与粒子之间的相互作用可用相互作用势来描述。时间平移不变性意味着，这种相互作用势只与两粒子的相对位置有关，亦即，对于同样的相对位置，粒子间的相互作用势不应随时间而改变。在这种情况下，系统的总能量是守恒的。如果发生相反的情况，例如代表万有引力强度的重力加速度 g 随时间作周期变化，则水库中同样水位所蕴藏的重力势能也随之作周期性变化，这样抽水蓄能电站(夜间用电低谷时抽水上山，白天用电高峰时放水发电)获得的不仅是经济效益，而且还有能量的赢余。于是，永动机的梦想似乎实现了。然而实际上，时间的平移不变性不允许出现这种情况。

总之，运动规律对时间原点选择的平移不变性决定了能量守恒；运动规律对空间原点选择的平移不变性决定了动量守恒；运动规律对空间转动的不变性决定了角动量守恒。随着物理学的发展，人们认识的对称性越来越多，相应的守恒量也越来越多。除了能量、动量和角动量外，还有电荷、轻子数、重子数、同位旋和宇称等都是守恒量。

物理学在探索新领域中的未知规律时，常常是首先从实验中发现一些守恒定律，再通过对称性与守恒定律的联系，来认识未知规律应具有什么样的对称性。如果运动规律的某种对称性并不严格成立而有所破缺，那么它所相应的守恒量就变成近似守恒量，其不守恒部分所占的比例将由对称性的破缺程度来决定。根据这一性质，物理学家就可以由实际观测到的近似守恒程度反过来推测基本运动规律可能采取的形式。研究对称性的意义就在于此。

物理学中的各种定律是有层次的，它们各有一定的适用范围。对称性原理和守恒定律是跨越物理学各个领域的普遍法则，在不涉及一些具体定律之前，我们往往有可能根据对称性原理和守恒定律作出一些定性的判断，得到一些有用的信息。这些法则不仅不会与已知领域里的具体定律相违背，还能指导我们去探索未知的领域。当代理论物理学家(特别是粒子物理学家)非常乐于运用对称性法则和与之相应的守恒定律去探寻物质结构更深层次的奥秘，而且常常使他们满载而归。对称性原理和守恒定律的重要性也就在于此。

复习思考题

5.1　一质点绕 O 点作匀速圆周运动，则质点的动量是否守恒？它对圆心 O 的角动量是否守恒？又它对通过 O 点且垂直于轨道平面的轴线上的任一点 O' 的角动量也是否守恒？

5.2　试利用角动量守恒定律证明质点在有心力场中的运动轨道必定在一平面内。

5.3 回答以下问题，并作解释：

(1)作用于质点的力不为零，质点所受的力矩是否也总不为零？

(2)作用于质点系的外力矢量和为零，是否外力矩之和也为零？

(3)质点的角动量不为零，作用于该质点上的力是否也可能为零？

5.4 比较动量守恒的条件和角动量守恒的条件有什么不同？动量守恒时，角动量是否一定守恒？

5.5 试证明：在质点系的重心与质心重合的情况下，质点系所受到的重力矩与系统的质量全部集中在质心时受到的重力矩相等。

5.6 南北极的冰块融化，使地球海平面升高，能否影响地球自转快慢？

习 题

5.1 人造地球卫星作椭圆轨道运动，卫星轨道近地点和远地点分别为 A 和 B，用 L 和 E_k 分别表示卫星对地心的角动量大小及其动能的瞬时值，则应有[　　]。

(A) $L_A > L_B$，$E_{kA} > E_{kB}$　　(B) $L_A = L_B$，$E_{kA} < E_{kB}$

(C) $L_A = L_B$，$E_{kA} > E_{kB}$　　(D) $L_A < L_B$，$E_{kA} < E_{kB}$

5.2 一个具有单位质量的质点在力场 $\boldsymbol{F} = (3t^2 - 4t)\boldsymbol{i} + (12t - 6)\boldsymbol{j}$ 中运动，其中 t 是时间。设该质点在 $t = 0$ 时位于原点，且速度为零。

① $t = 2$ 时该质点所受的对原点的力矩是[　　]。

(A) 0　(B) $-16\boldsymbol{k}$　(C) $-24\boldsymbol{k}$　(D) $-40\boldsymbol{k}$

② $t = 2$ 时该质点对原点的角动量是[　　]。

(A) 0　(B) $-16\boldsymbol{k}$　(C) $-24\boldsymbol{k}$　(D) $-40\boldsymbol{k}$

5.3 在以下说法中，正确的是[　　]。

(1)对质点而言，合外力为零，则合外力矩一定为零

(2)对质点而言，合外力矩为零，则合外力一定为零

(3)质点系所受的外力为零时，则外力矩一定为零

(4)质点系所受的外力矩为零时，则外力一定为零

(A)只有(1)是正确的　　(B)(1)(2)是正确的

(C)(2)(3)是正确的　　(D)(1)(2)(3)都是正确的

5.4 一质量为 m 的质点以速度 $\boldsymbol{v}$ 沿一直线运动，则它对直线上任一点的角动量为______。

5.5 质量为 m 的质点以速度 $\boldsymbol{v}$ 沿一直线运动，则它对直线外垂直距离为 d 的一点的角动量大小是______。

5.6 一质量为 m 的粒子位于(x, y)处，速度为 $\boldsymbol{v} = v_x\boldsymbol{i} + v_y\boldsymbol{j}$，并受到一个沿 x 方向的力 f。则它相对于坐标原点的角动量________，作用在其上的力矩为______________。

5.7 A，B 两个人溜冰，他们的质量各为 70 kg，各以 4 m/s 的速率在相距 2 m 的平行线上相对滑行。当他们要相遇而过时，两人互相拉起手，因而绕他们的对称中心做圆周运动，如图 5.14 所示，将此二人作一个系统，则系统的总动量为__________________；A 的角动量为________。

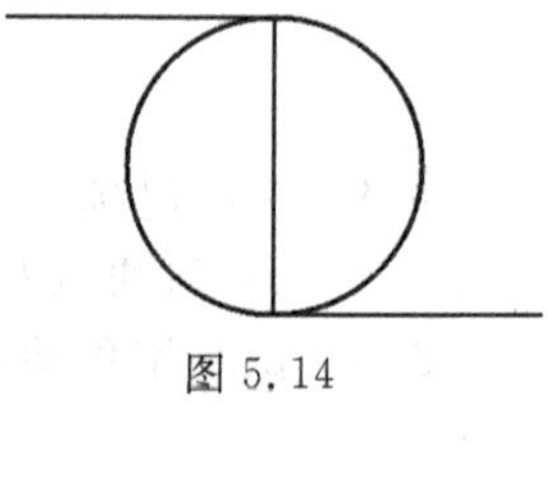

图 5.14

5.8　如图 5.15 所示，质量为 0.05 kg 的小物块置于光滑的水平桌面上，系于轻绳的一端，绳的另一端穿过桌面中心的小孔用手拉住。小物块原以 3 rad·s^{-1}的角速度在距孔 0.2 m 的圆周上转动。今将绳缓慢下拉，使小物块的转动半径减为 0.1 m，则小物块的角速度 ω=______ 。

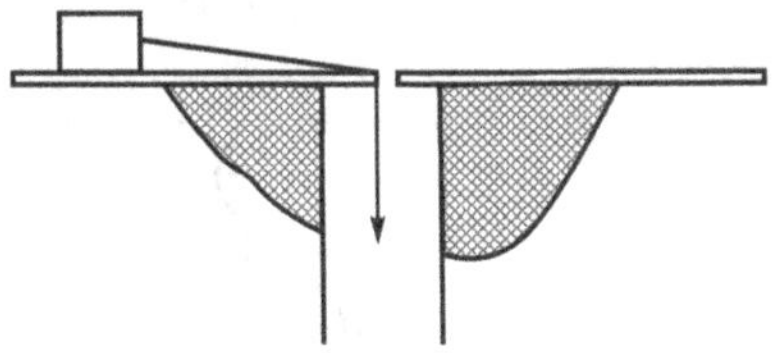

图 5.15

5.9　电子质量为 9.1×10^{-31} kg，在半径为 5.3×10^{-11} m 的圆周上绕氢核作匀速率运动。已知电子的角动量为 $h/2\pi$（h 为普朗克常量，等于 6.63×10^{-34} J·s），求其角速度。

5.10　已知地球的质量为 $m=5.98\times10^{24}$ kg，它离太阳的平均距离 $r=1.496\times10^{11}$ m，地球绕太阳的公转周期为 $T=3.156\times10^{7}$ s，假设公转轨道是圆形，试计算地球绕太阳运动的角动量。

5.11　求月球对地球中心的角动量及掠面速度。将月球轨道看作圆，转动周期按 27.3 日计算。

5.12　哈雷慧星绕太阳的运动轨道为一椭圆，太阳位于椭圆轨道的一个焦点上，它离太阳最近的距离是 $r_1=8.75\times10^{10}$ m，此时的速率是 $v_1=5.46\times10^{4}$ m·s^{-1}；在离太阳最远的位置上的速率是 $v_2=9.08\times10^{2}$ m·s^{-1}，求此时它离太阳的距离是多少？

5.13　一质量为 2000 kg 的汽车以 60 km/h 的速度沿一平直公路行驶。求汽车对路旁一侧距离为 50 m 的一点的角动量以及对公路上任一点的角动量。

5.14　两个滑冰运动员的质量各为 70 kg，以 6.5 m·s^{-1}的速率沿相反的方向滑行。滑行路线间的垂直距离为 10 m，当彼此交错时各抓住一根长为 10 m 的绳子的一端，然后相对旋转，求抓住绳子以后各自对绳中心的角动量的大小是多少？他们各自收拢绳索，到绳长为 5 m 时，各自的速率是多少？计算每个运动员在减少他们之间的距离的过程中所做的功是多少？

5.15　当 6 月 21 日地球在远日点时，地球到太阳的距离 $r_1=1.52\times10^{11}$ m，其轨道运动速率为 $v_1=2.93\times10^{4}$ m·s^{-1}。试问：在半年之后，当地球处在距离太阳为 $r_2=1.47\times10^{11}$ m 的近日点时，地球的轨道运动速率 v_2 多大？在以上两种情况下地球绕太阳的角速度 ω_1 和 ω_2 多大？

5.16　1961 年 4 月 12 日，苏联的加加林成为第一个宇宙航行员，当时采用的卫星宇宙飞船的质量为 $m=4725$ kg，近地点 A 和远地点 B 的高度分别为 $z_A=180$ km 和 $z_B=327$ km。试求(1)卫星在轨道上运行的总能量 E 和角动量 L；(2)卫星运行的周期。

5.17　我国 1988 年 12 月发射的通信卫星在到达同步轨道之前，先要在一个大的椭圆形“转移轨道”上运行若干圈。此转移轨道的近地点高度为 205.5 km，远地点高度为 35835.7 km，卫星越过近地点时的速率为 10.2 km/s。

(1)求卫星越过远地点时的速率；

(2)求卫星在此轨道上运行的周期(提示：应用开普勒第三定律)。

5.18　如图 5.16 所示，在光滑的水平面上一根长 $l=2$ m 的绳子，一端固定于 O 点，另一端系一质量 $m=0.5$ kg 的物体，开始时，物体位于位置 A，OA 间距离 $d=0.5$ m，绳处于松弛状态，现在使物体以初速度 $v_A=4$ m/s 垂直于 OA 滑动，设以后的运动中物体到达位置 B，此时物体速度的方向与绳垂直，求此时刻物体对于 O 点的角动量的大小 L_B；物体的速度大小 v_B。

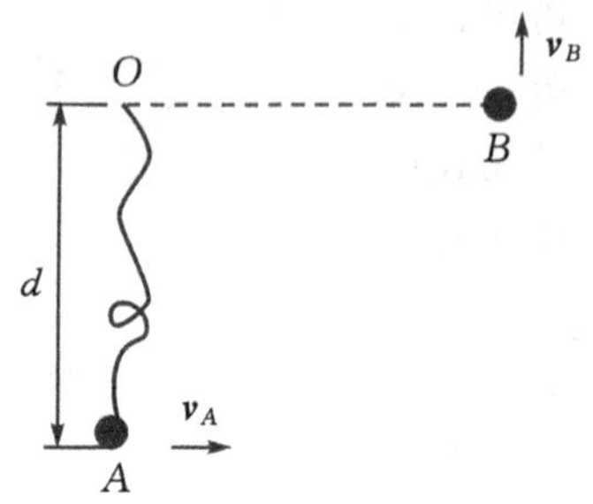

图 5.16

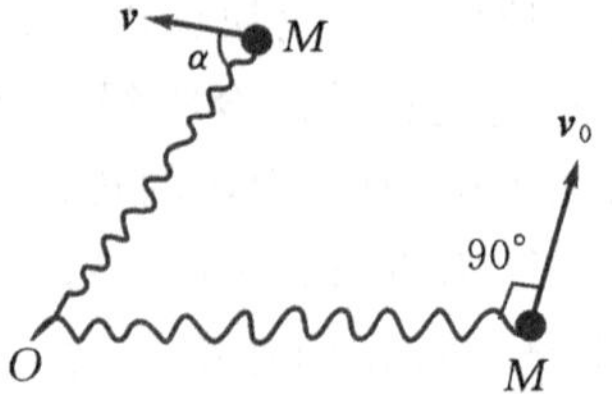

图 5.17

5.19　原长为 l_0、弹性系数为 k 的弹簧，一端固定在一光滑水平面上的 O 点，另一端系一质量为 M 的小球。开始时，弹簧被拉长 λ，并给予小球一与弹簧垂直的初速度 v_0，如图 5.17 所示，求弹簧恢复其原长 l_0 时小球的速度 v 的大小和方向（即夹角 α）。设 $M=19.6$ kg，$k=1254\ \text{N}\cdot\text{m}^{-1}$，$l_0=2$ m，$\lambda=0.5$ m，$v_0=3\ \text{m}\cdot\text{s}^{-1}$。

第 6 章

刚体的定轴转动

此前我们把物体看作质点(或质点系),即物体的形状、大小等因素对物体运动状态不产生影响或者影响甚微,以致可以忽略物体的大小和形状因素,然而在许多情况下,物体的形状、大小往往对其运动起着重要的作用,例如当讨论电机转子的转动、炮弹的自旋、车轮的滚动等问题,因而必须考虑它们的形状、大小。另外一方面,在力和运动影响下,物体的形状、大小都将发生变化。但是,如果把形状和大小以及它们的变化都考虑在内,会使问题变得相当复杂。因此,为了突出物体的形状、大小对物体运动状态的影响,于是在质点(或质点系)的模型基础上进一步提出"刚体"的理想模型。事实上,在许多情况下,物体在受力和运动时,其体积和形状的变化很小,将它们忽略不计时对研究结果无明显影响。在这种情况下,可以略去物体的大小和形状的变化,引入理想模型——刚体:在外力作用下,大小和形状都不变的物体称为刚体。

将研究对象视为哪种理想模型,视问题性质而定。例如,在研究地球绕太阳公转时,可以把地球看作是一个质点。然而,研究地球自转时,就需要把地球看作是一个球形刚体。

研究刚体力学时,把刚体分成许多部分,每一部分都小到可以看作质点,叫做刚体的质元。由于刚体不发生形变,各质元间距离不变,因此可将刚体看成是一个特殊的质点系统。正因为如此,此前的质点或质点系的运动学性质和动力学性质都将在刚体这样一个特殊的质点系统中有相应的体现。所以在学习这一章时,要特别注意它们之间的相同点和不同点。

6.1 刚体的基本运动

6.1.1 刚体的平动

一般情况下刚体的运动很复杂,刚体最简单的运动形式是平动和转动。可以证明任何复杂的刚体的运动都可以看作是平动和转动的合成运动。

如果刚体内任意两点间的连线在运动过程中始终保持平行,这种运动叫做刚体的平行移动,简称平动。例如,电梯的升降、车床刀具的运动、活塞的往返都是平动。刚体的平动可以是直线运动,也可以是曲线运动,如图 6.1(a)所示。

对刚体运动进行全面描述,就必须确切给出刚体所有质元的运动。图 6.1(b)中 $\boldsymbol{r}_i$ 和 $\boldsymbol{r}_j$ 表示作平动的刚体上任意二质元的位置矢量,$\boldsymbol{r}_{ij}$ 表示质元 j 相对于质元 i 的位置矢量,显然有

$$\boldsymbol{r}_j = \boldsymbol{r}_i + \boldsymbol{r}_{ij} \tag{6.1}$$

根据刚体平动的特点,$\boldsymbol{r}_{ij}$ 的大小和方向在运动过程中始终保持不变,即 $\dfrac{\mathrm{d}\boldsymbol{r}_{ij}}{\mathrm{d}t} = 0$,因而有

$$\boldsymbol{v}_j = \frac{\mathrm{d}\boldsymbol{r}_j}{\mathrm{d}t} = \frac{\mathrm{d}\boldsymbol{r}_i}{\mathrm{d}t} = \boldsymbol{v}_i\,, \qquad \boldsymbol{a}_j = \frac{\mathrm{d}^2\boldsymbol{r}_j}{\mathrm{d}t^2} = \frac{\mathrm{d}^2\boldsymbol{r}_i}{\mathrm{d}t^2} = \boldsymbol{a}_i \tag{6.2}$$

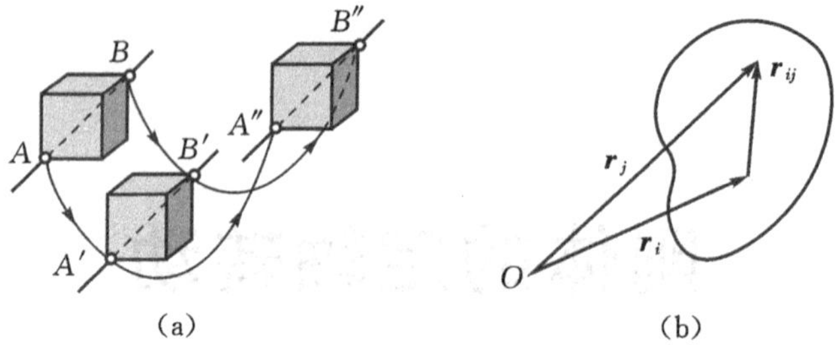

图 6.1 刚体的平动

因两质元是任意选择的,故可得结论:尽管作平动的刚体上各质元的位置矢量不同,但它们仅相差一恒矢量,各质元的速度和加速度都分别相同。因此,刚体上任意一个质点的运动都可代表整个刚体的运动,通常以质心为代表点。因此,刚体做平动时,可以用质点动力学来处理。

6.1.2 刚体定轴转动的描述

在刚体运动过程中,如果刚体上的所有点都绕同一直线做圆周运动,这种运动就称为刚体的转动,这一直线称为转轴。如果转轴上一点相对于参考系是静止的,而转轴的方向随时间不断在变化,这类转动称为定点转动,如雷达天线、陀螺的转动等。如果轴相对于所选的参考系是固定不动的,此时刚体的转动就称为定轴转动,如图 6.2 所示。定轴转动是最简单、最基本的转动。本章我们将重点讨论刚体的定轴转动。

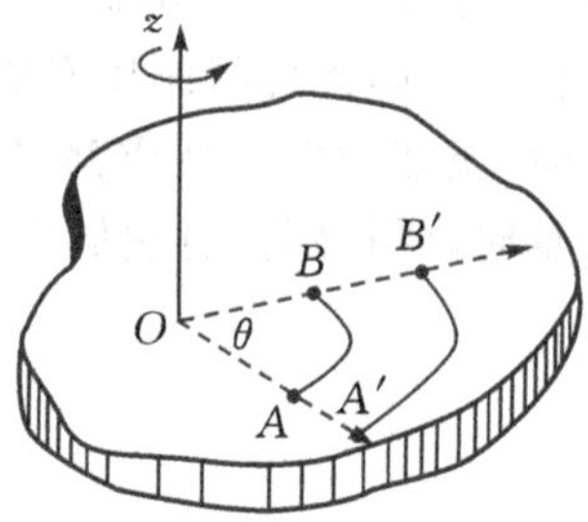

图 6.2 刚体定轴转动

刚体定轴转动时,其上各点的运动有三个特点:一是到轴距离不同的点在相同的时间内的位移、速度、加速度都不相同,如图 6.2 所示,因而,刚体定轴转动无法用位移、速度和加速度等线量描述;二是轴上各点都不动,其他点都绕轴做圆周运动,圆周运动所在的平面都与轴垂直,这样的平面称为转动平面;三是在相同的时间内各点转过的角度相同,因而可选择角量描述刚体的转动,即用刚体上任意一质元(除转轴上的质元)的角位移、角速度、角加速度作为定轴转动刚体的角位移、角速度、角加速度,从而使描述得以简化。这样,便可以应用第 1 章中圆周运动的有关公式描述刚体的定轴转动。

类似于质点的运动,如果刚体匀速转动,则有

$$\theta = \theta_0 + \omega t \tag{6.3}$$

式中,θ_0 为刚体初始的角位置;ω 为刚体转动的角速度。如果刚体做匀加速转动,则有

$$\omega = \omega_0 + \beta t, \quad \theta = \theta_0 + \omega t + \frac{1}{2}\beta t^2, \quad \omega^2 - \omega_0^2 = 2\beta\Delta\theta \tag{6.4}$$

式中，ω_0 为刚体初始的角速度；β 为刚体转动的角加速度；$\Delta\theta$ 为该段时间内刚体转动的角位移。

6.1.3　角速度矢量

角位移、角速度、角加速度等物理量本质上都是矢量。但是在刚体做定轴转动的情况下，转轴的方位已经固定，且刚体转动的方向只有顺时针、逆时针两种方向，即只有“正”“反”两种转动方向，因而可将角位移、角速度、角加速度等物理量看作代数量，其正负取决于它们与转轴的正方向相同还是相反，这在进行一般计算时是比较方便的。然而，一般来说，转轴可在空间取各种方位，只用正负不足以表明转动方向，需要引入角速度矢量。

角速度矢量必须满足矢量定义，即角速度具有大小和方向，且其相加服从平行四边形法则。在转轴上画一有向线段，使其长度按照一定比例代表角速度的大小 $\left|\frac{\mathrm{d}\theta}{\mathrm{d}t}\right|$ ，方向沿转轴的，且与刚体的转动组成右手螺旋关系，即右手螺旋转动的方向和刚体的转动方向一致，大拇指的指向为角速度矢量的方向，如图 6.3 所示。

利用角速度矢量，可进一步以矢量矢积表示刚体上质元速度

$$\boldsymbol{v} = r\omega\,\boldsymbol{e}_\tau = \boldsymbol{\omega}\times\boldsymbol{r} \tag{6.5}$$

式中，$\boldsymbol{r}$ 表示质元对转轴的位置矢量，与转轴垂直；$\boldsymbol{\omega}$，$\boldsymbol{r}$ 和 $\boldsymbol{v}$ 三者组成右手螺旋关系，如图 6.4 所示。

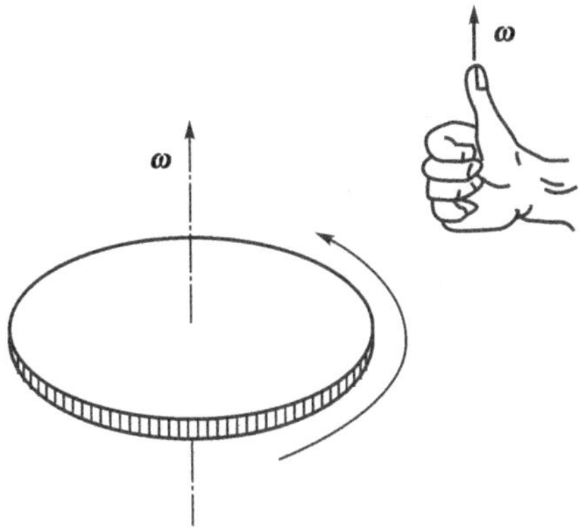

图 6.3　角速度矢量

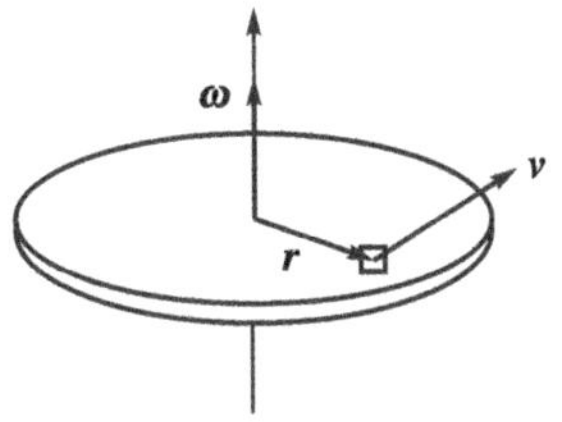

图 6.4　角速度与线速度的矢量关系

例 6.1　一飞轮半径为 0.2 m、转速为 150 r·min^{-1}，因受制动而均匀减速，经 30 s 停止转动。试求：(1)角加速度和在此时间内飞轮所转的圈数；(2)制动开始后 $t = 6$ s 时飞轮的角速度；(3)$t = 6$ s 时飞轮边缘上一点的线速度、切向加速度和法向加速度。

解　(1)由题意得

$$\omega_0 = \frac{150\times 2\pi}{60} = 5\pi\ \mathrm{rad\cdot s^{-1}}$$

$$\beta = \frac{\omega-\omega_0}{t} = \frac{0-5\pi}{30} = -\frac{\pi}{6}\ \mathrm{rad\cdot s^{-2}}$$

飞轮 30 s 内转过的角度

$$\theta = \frac{\omega^2-\omega_0^2}{2\beta} = \frac{-(5\pi)^2}{2\times(-\pi/6)} = 75\pi\ \mathrm{rad}$$

转过的圈数

$$N = \theta/2\pi = 37.5\ \mathrm{r}$$

(2)制动开始后 $t = 6$ s 时飞轮的角速度

$$\omega = \omega_0 + \beta t = \left(5\pi - \frac{\pi}{6} \times 6\right) = 4\pi\ \mathrm{rad \cdot s^{-1}}$$

(3)$t = 6$ s 时飞轮边缘上一点的线速度、切向加速度和法向加速度

$$v = r\omega = 0.2 \times 4\pi = 2.5\ \mathrm{m \cdot s^{-1}}$$

$$a_\tau = r\beta = 0.2 \times \left(-\frac{\pi}{6}\right) = -0.105\ \mathrm{m \cdot s^{-2}}$$

$$a_n = r\omega^2 = 0.2 \times (4\pi)^2 = 31.6\ \mathrm{m \cdot s^{-2}}$$

6.2 刚体的转动惯量

6.2.1 定轴转动刚体的角动量

设一刚体以角速度 ω 绕 z 轴转动,如图 6.5 所示,刚体上任一质元 m_i 绕轴作圆周运动的半径为 R_i,速度为 $\boldsymbol{v}_i = \boldsymbol{\omega} \times \boldsymbol{r}_i$,$\boldsymbol{r}_i$ 是相对于某固定参考点 O 的位矢(比如一惯性坐标系的原点),则质元 m_i 相对于原点 O 的角动量为

$$\boldsymbol{L}_i = m_i \boldsymbol{r}_i \times \boldsymbol{v}_i \tag{6.6}$$

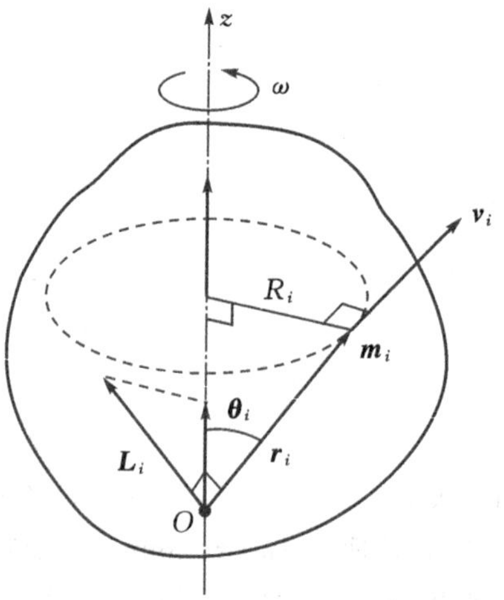

图 6.5 刚体的角动量

这时,刚体对 O 点的总角动量

$$\boldsymbol{L} = \boldsymbol{L}_1 + \boldsymbol{L}_2 + \cdots = \sum_i \boldsymbol{L}_i \tag{6.7}$$

一般说来,$\boldsymbol{L}$ 的方向并不一定与转轴平行,即 $\boldsymbol{L}$ 不一定与 ω 同方向,因为 $\boldsymbol{L}_i$ 一般不与转轴平行。但是,当转动轴就是刚体的对称轴时,$\boldsymbol{L}$ 平行于角速度 ω。

定轴转动刚体对 O 点的总角动量 $\boldsymbol{L}$ 沿转轴 z 的分量称为刚体对转轴 z 的角动量 $\boldsymbol{L}_z$,定义为

$$\boldsymbol{L}_z = \boldsymbol{L}_{1z} + \boldsymbol{L}_{2z} + \cdots = \sum_i \boldsymbol{L}_{iz}$$

其中 $\boldsymbol{L}_{iz}$ 为刚体上质元 m_i 对转轴 z 的角动量，也就是 $\boldsymbol{L}_i$ 在 z 轴上的分量。将 r_i 分解在 z 轴方向和垂直于 z 轴方向，即

$$\boldsymbol{r}_i = \boldsymbol{r}_{iz} + \boldsymbol{r}_{i\perp}$$

根据矢量矢积规律，有

$$\boldsymbol{L}_{i\perp} = m_i(\boldsymbol{r}_{iz} \times \boldsymbol{v}_i) \perp z\ ,\ \boldsymbol{L}_{iz} = m_i(\boldsymbol{r}_{i\perp} \times \boldsymbol{v}_i) \parallel z$$

由图 6.5 可知，$r_{i\perp} = r_i \sin\theta_i = R_i$，以及 $\boldsymbol{r}_{i\perp} \perp \boldsymbol{v}_i$，因而有

$$L_{iz} = m_i v_i r_i \sin\theta_i = m_i R_i{}^2 \omega$$

于是定轴转动刚体对转轴 z 的总角动量

$$L_z = L_{1z} + L_{2z} + \cdots = \sum_i L_{iz} = (\sum_i m_i R_i^2)\omega = J\omega$$

对刚体定轴转动而言，事实上我们只需考虑总角动量 $\boldsymbol{L}$ 沿转轴 z 的分量 $\boldsymbol{L}_z$，为了书写方便，以后将刚体定轴转动转轴 z 的总角动量写成

$$L = J\omega \tag{6.8}$$

其中 $J \equiv \sum_i m_i R_i^2$ 。

6.2.2　转动惯量的计算

由质点动量的定义 $p = mv$ 与刚体对转轴的角动量定义 $L = J\omega$ 对比可知，在式(6.8)中的 J 与 m 地位相当，叫做刚体对转动轴 z 的转动惯量，其定义式为

$$J \equiv \sum_i m_i r_i^2 \tag{6.9}$$

它等于刚体内每个质元的质量 m_i 与其至转轴的距离 r_i 的平方的乘积之和。由定义式可以看出，转动惯量与质量一样，都是标量。在国际单位制中，转动惯量的单位为千克二次方米($kg \cdot m^2$)。

由式(6.9)可知，影响转动惯量 J 大小的因素有三：①刚体的总质量；②刚体的质量分布情况；③转轴的位置。刚体的质量越大，质量分布越扩展，其转动惯量就越大。例如，为了使机器工作时运行平稳(同时还有储能作用)常在机器的转轴上装上飞轮。一般这种飞轮的质量很大，而且质量绝大部分分布在轮缘上，所有这些措施都是为了增大飞轮对转轴的转动惯量。

当刚体质量离散分布时，其转动惯量直接由定义式(6.9)求出。当刚体的质量连续分布时，如图 6.6 所示，那么式(6.9)中的求和应用定积分代替。设刚体的密度为 ρ，则有

$$J = \int_V r^2 \mathrm{d}m = \int_V \rho(x^2 + y^2)\mathrm{d}V \tag{6.10}$$

(请问：在图 6.6 中刚体绕 x 轴和绕 y 轴的转动惯量 J_x，J_y 如何表示?)

刚体的转动惯量除了与刚体的质量 m 和质量的分布有关外，还与转动轴的位置有关。若两轴平行，其中一轴通过质心 C，如图 6.7 所示，则刚体对两轴的转动惯量有如下关系(证明从略)

$$J = J_C + md^2 \tag{6.11}$$

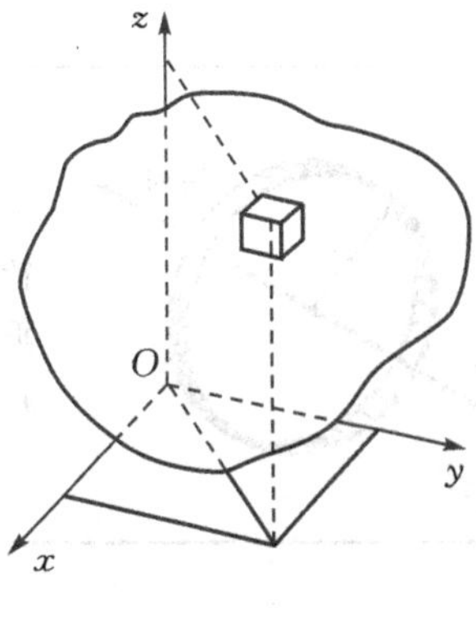

图 6.6　质量连续分布的转动惯量

此式称为平行轴定理。式中 J_C 为刚体对于通过质心 C 的轴 z_C 的转动惯量，J 为对另一平行轴 z 的转动惯量，d 为 z 轴与 z_C 轴之间的垂直距离，m 是刚体的质量。

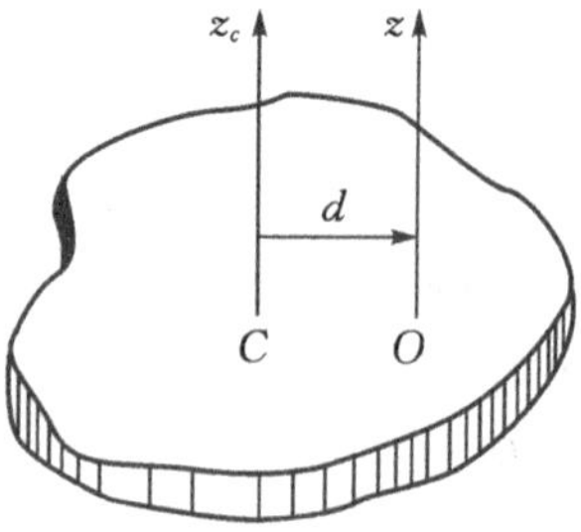

图 6.7　平行轴定理

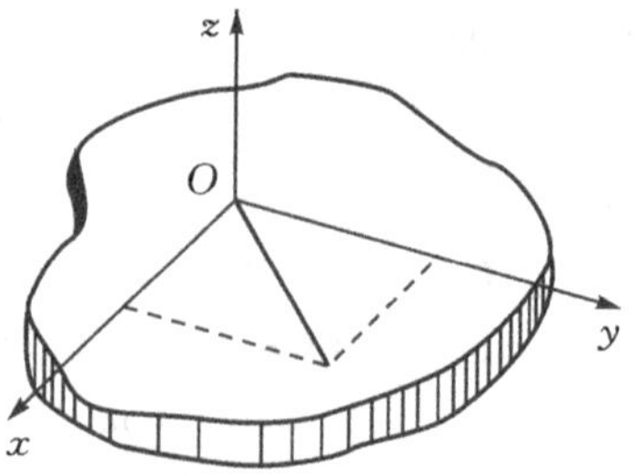

图 6.8　垂直轴定理

若刚体为一薄片，如图 6.8 所示，则它相对于 x 轴和 y 轴的转动惯量分别为

$$J_x = \int_V \rho y^2 \mathrm{d}V$$

$$J_y = \int_V \rho x^2 \mathrm{d}V$$

因为薄片沿 z 轴的厚度可看作零，将以上两式与式(6.10)比较，便可得

$$J_z = J_x + J_y \tag{6.12}$$

这表示薄片刚体对 z 轴的转动惯量 J_z 等于它分别对 x 轴和 y 轴的转动惯量 J_x 与 J_y 之和。此式称为垂直轴定理，它只对薄片刚体成立。

计算刚体的转动惯量时，刚体的回转半径 r_G 是一个很有用的量，其定义如下

$$J = mr_G^2 \tag{6.13}$$

式中，J 是刚体对某转轴的转动惯量；m 是刚体的质量。刚体的回转半径表示刚体对该转轴来说，可以把刚体的全部质量集中在离转轴距离为 r_G 的点而不改变其转动惯量。均匀物体的回转半径可由它们的几何形状完全确定，因而很容易作成表，供计算转动惯量时使用。

几何形状简单的、密度均匀的某些刚体对不同转轴的转动惯量的计算公式如表 6.1 所示。下面举例说明几种几何形状简单、密度均匀的刚体转动惯量的计算方式，希望能通过这些例题让大家进一步掌握转动惯量的概念及其性质，同时学习应用微积分来分析简单物理问题的思路和方法。

表 6.1　转动惯量的计算公式

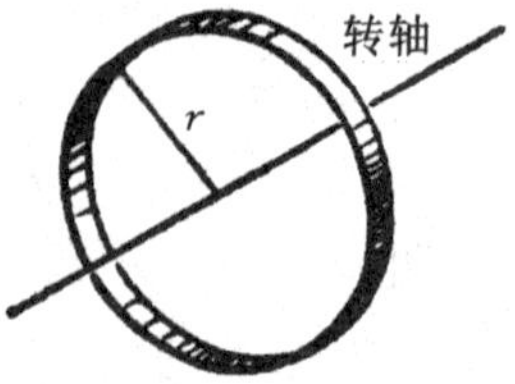	圆环 转轴通过中心与环面垂直 $J = mr^2$	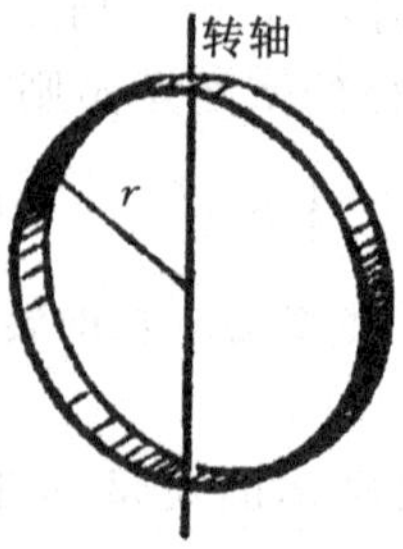	圆环 转轴沿直径 $I = \frac{mr^2}{2}$

续表 6.1

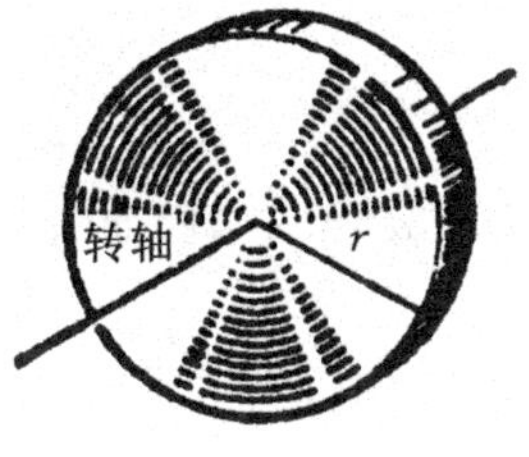 垂 薄盘 转轴通过中心且与盘面垂直 $J=\frac{mr^2}{2}$	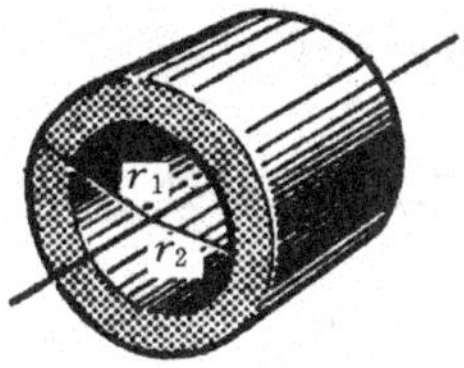 圆筒 转轴沿几何轴 $J=\frac{m}{2}(r_1^2+r_2^2)$
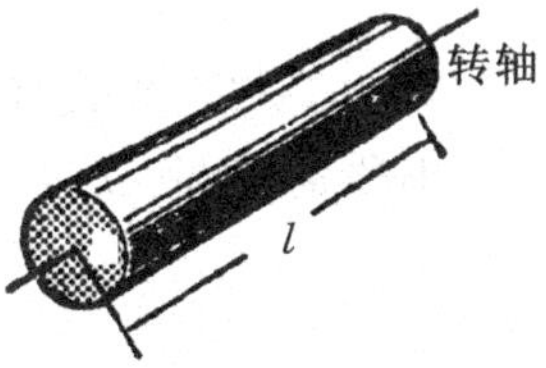 圆柱体 转轴沿几何轴 $J=\frac{mr^2}{2}$	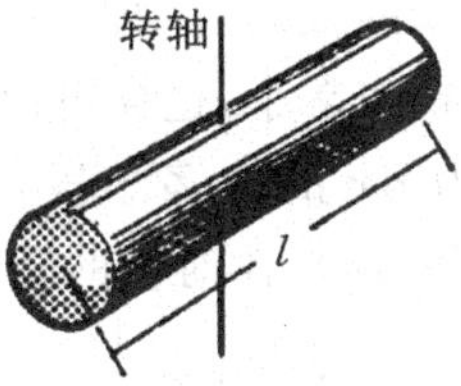 圆柱体 转轴通过中心与几何轴垂直 $J=\frac{mr^2}{2}+\frac{ml^2}{12}$
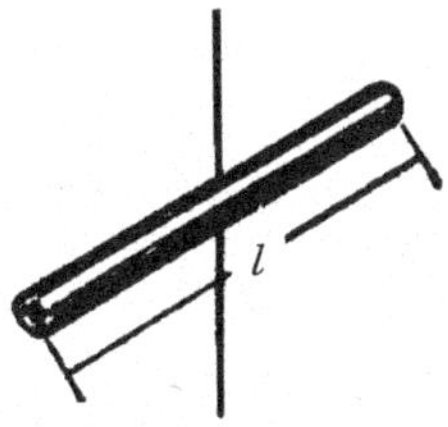 细棒 转轴通过中心且与棒垂直 $J=\frac{ml^2}{12}$	 细棒 转轴通过端点与棒垂直 $J=\frac{ml^2}{3}$
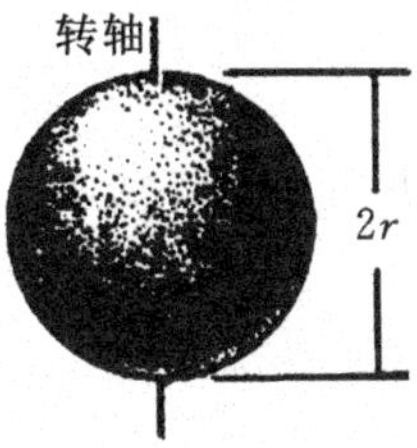 球体 转轴沿直径 $J=\frac{2mr^2}{5}$	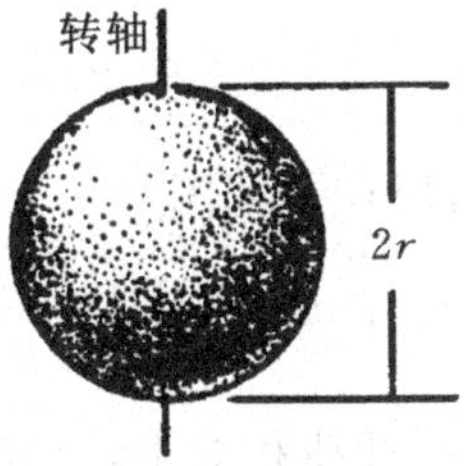 球壳 转轴沿直径 $J=\frac{2mr^2}{3}$

例 6.2　刚性双原子气体分子的结构式呈哑铃状，如图 6.9 所示。设每个原子的质量为 m，两原子间距离为 l，若相对原子间距离，原子自身尺度可以忽略。试求：

(1)分子对于通过原子连线中心并与其垂直轴的转动惯量；

(2)分子对于通过其中一个原子并与连线垂直轴的转动惯量。

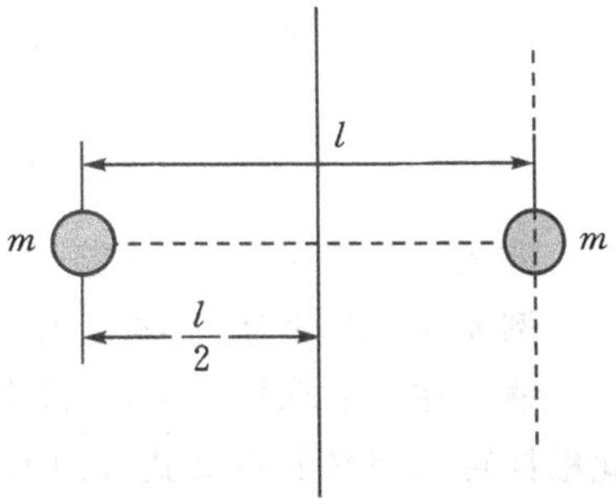

图 6.9　例 6.2 图

解　此刚体属于质量离散分布的情况。因而利用定义式(6.9)直接有

(1) $J \equiv \sum_i \Delta m_i r_i^2 = m\left(\frac{l}{2}\right)^2 + m\left(\frac{l}{2}\right)^2 = \frac{1}{2}ml^2$

(2) $J \equiv \sum_i \Delta m_i r_i^2 = ml^2 + 0 = ml^2$

也可以应用平行轴定理求解。此处 $J_C = \frac{1}{2}ml^2$，刚体的总质量为 $2m$，$d = \frac{l}{2}$，因而有

$$J = \frac{1}{2}ml^2 + 2m\left(\frac{l}{2}\right)^2 = ml^2$$

由结果可以看出，转动惯量的大小与刚体的质量及转轴位置有关。

例 6.3　求一质量为 m，长度为 l 的均匀细棒相对于(1) 垂直于棒且通过棒的中心的轴和(2)垂直于棒且通过棒的一端的轴的转动惯量。

解　(1)设棒的横截面积非常小，这样可以用线密度 $\rho = m/l$（单位长度棒的质量）来代替体密度。把棒分割成长度为 $\mathrm{d}x$ 的许多小段，如图 6.10(a)所示，则每一小段的质量 $\mathrm{d}m = \rho\mathrm{d}x$，由转动惯量的定义式(6.10)，棒对轴的转动惯量

$$J = \int_{-\frac{l}{2}}^{\frac{l}{2}} x^2 \mathrm{d}m = \int_{-\frac{l}{2}}^{\frac{l}{2}} \rho x^2 \mathrm{d}x = \frac{1}{12}\rho l^3 = \frac{1}{12}ml^2$$

将此结果与式(6.13)比较，得此棒相对于转轴的回转半径的平方 $r_G^2 = \frac{1}{12}l^2$。

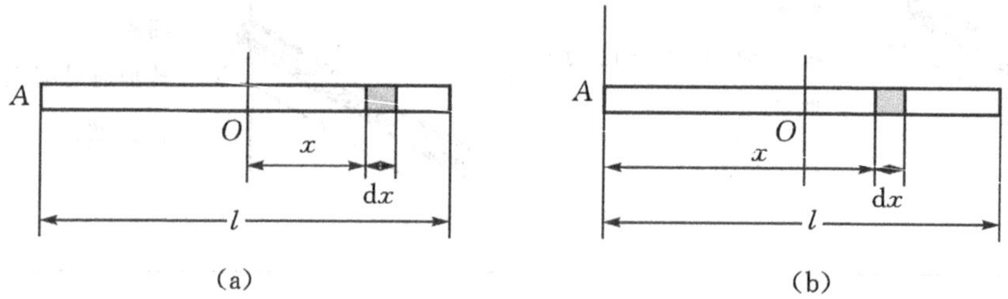

图 6.10　例 6.3 图

(2) 方法一与(1)相同，但积分范围是从 0 到 l，如图 6.10(b)所示，因此有

$$I = \int_0^l x^2 \mathrm{d}m = \int_0^l \rho x^2 \mathrm{d}x = \frac{1}{3}\rho l^3 = \frac{1}{3}ml^2$$

将此结果与式(6.13)比较，得此棒相对于转轴的回转半径的平方 $r_G^2 = \frac{1}{3}l^2$。

方法二利用平行轴定理。在此，$J_C = \frac{1}{12}ml^2$，$d = \frac{l}{2}$，于是有

$$J = J_C + md^2 = \frac{1}{12}ml^2 + \frac{1}{4}ml^2 = \frac{1}{3}ml^2$$

方法三利用回旋半径(略)。

例 6.4　质量为 m、半径为 R 的均匀圆环的转动惯量。轴与圆环平面垂直并通过圆心。

解　在环上取质元 $\mathrm{d}m$，每个质元到转轴的距离都等于圆环的半径 R，如图 6.11 所示，因此根据转动惯量的定义式(6.10)，有

$$J = \int_V r^2 \mathrm{d}m = \int_V R^2 \cdot \mathrm{d}m = mR^2$$

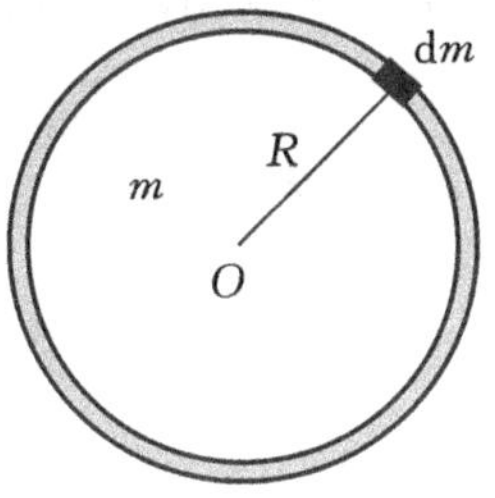

图 6.11　例 6.4 图

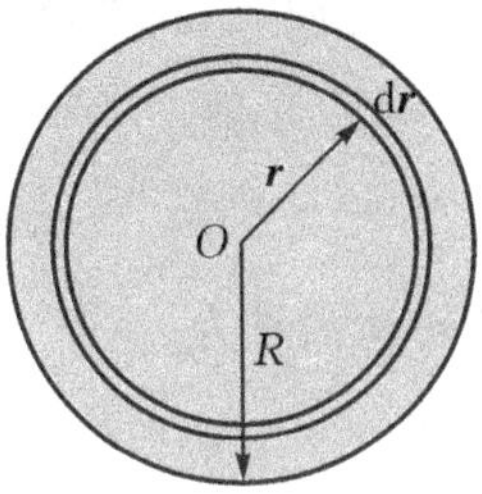

图 6.12　例 6.5 图

例 6.5　质量为 m、半径为 R 均匀圆盘的转动惯量。轴与盘平面垂直并通过盘心。

解　方法一：圆盘可以认为是由许多半径不同的匀质圆环套叠组成的，在圆盘上任取一半径为 r，宽度为 $\mathrm{d}r$ 的圆环为质元，如图 6.12 所示。圆盘上质量分布的面密度为 $\sigma=\dfrac{m}{\pi R^2}$，则所取质元的质量为

$$\mathrm{d}m=\sigma\mathrm{d}s=\sigma\cdot 2\pi r\cdot\mathrm{d}r=\frac{2m}{R^2}r\cdot\mathrm{d}r$$

质元至转轴的距离为 r，则匀质圆盘的转动惯量为

$$J=\int_V r^2\mathrm{d}m=\int_0^R\frac{2m}{R^2}r^3\cdot\mathrm{d}r=\frac{2m}{R^2}\frac{R^4}{4}=\frac{1}{2}mR^2$$

方法二：取与上面相同的质元，根据所取圆环质量、半径以及匀质圆环转动惯量公式（见例 6.4），可得所取质元对轴的转动惯量为

$$\mathrm{d}J=\mathrm{d}m\cdot r^2=\frac{2m}{R^2}r^3\cdot\mathrm{d}r$$

整个圆盘的转动惯量为各组成部分转动惯量之和，因而有

$$J=\int\mathrm{d}J=\int_0^R\frac{2m}{R^2}r^3\cdot\mathrm{d}r=\frac{1}{2}mR^2$$

两种方法所得结果一致。由第二种方法可知：如果刚体由几部分组成，则刚体对轴的转动惯量等于组成刚体各部分对该转轴转动惯量之和。

方法三：二重积分法。采用极坐标 (ρ,θ)，则面积元为 $\mathrm{d}s=r\mathrm{d}\theta\mathrm{d}r$，如图 6.13 所示，因此有

$$J=\int_V r^2\mathrm{d}m=\int_V r^2\sigma\cdot\mathrm{d}s=\sigma\int_0^{2\pi}\mathrm{d}\theta\int_0^R r^3\mathrm{d}r=2\pi\sigma\int_0^R r^3\mathrm{d}r=\frac{1}{2}mR^2$$

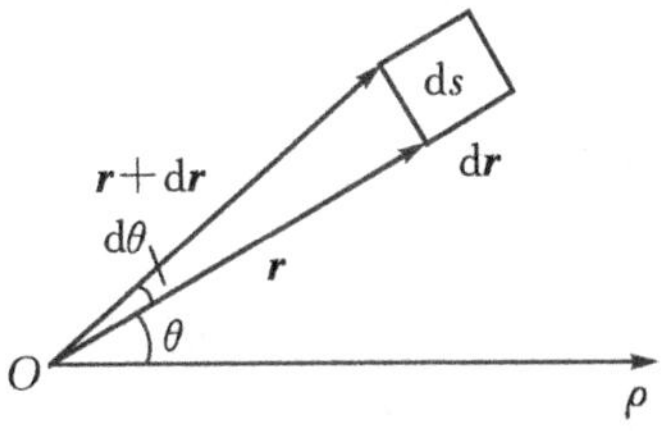

图 6.13　极坐标下的面积元

例 6.6　计算球体对任意直径的转动惯量。

解　方法一：如图 6.14 所示，假设球的半径为 R，取 z 轴为转轴，球心为坐标原点，在坐标

z 处取厚度为 dz 的圆盘作为质元，其半径为 r，则有 $dm=\rho\pi r^2 dz$，其对直径轴的转动惯量为（见例 6.5）

$$dJ=\frac{1}{2}r^2 dm=\frac{1}{2}\rho\pi r^4 dz=\frac{1}{2}\rho\pi(R^2-z^2)dz$$

因此球体对任意直径的转动惯量为

$$\begin{aligned}J&=\frac{1}{2}\rho\pi\int_{-R}^{R}(R^2-z^2)^2 dz\\&=\frac{1}{2}\rho\pi\int_{-R}^{R}(R^4-2R^2z^2+z^4)dz\\&=\frac{1}{2}\rho\pi\left[R^4\int_{-R}^{R}dz-2R^2\int_{-R}^{R}z^2 dz+\int_{-R}^{R}z^4 dz\right]\\&=\frac{1}{2}\rho\pi\left(2R^5-2R^2\cdot\frac{1}{3}\cdot 2R^3+\frac{1}{5}\cdot 2R^5\right)\\&=\frac{1}{2}\cdot\frac{m}{4\pi R^3/3}\cdot\pi\cdot\frac{16}{15}R^5=\frac{2}{5}mR^2\end{aligned}$$

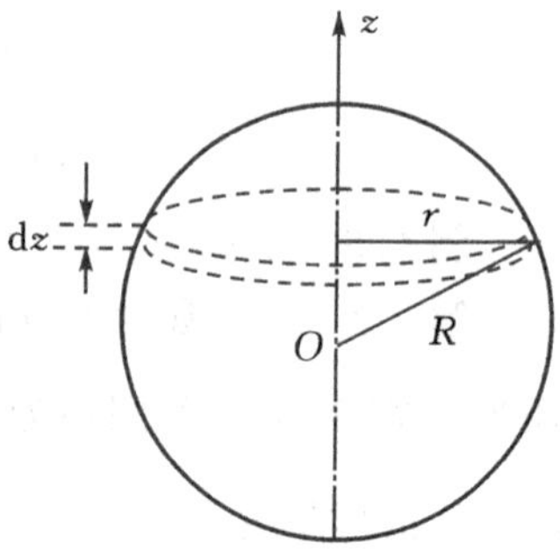

图 6.14 例 6.6 图

方法二：三重积分法。采用球坐标 (r,θ,φ)，体积元为 $dV=r^2\sin\theta dr d\theta d\varphi$，如图 6.15 所示，体积元 dV 到转轴 z 的距离为 $r\sin\theta$，因此有

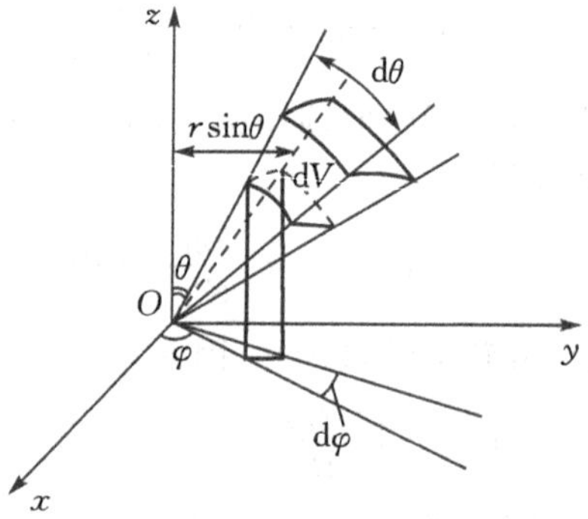

图 6.15 球坐标系下的体积元

$$\begin{aligned}J&=\int_V(r\sin\theta)^2 dm=\int_V(r\sin\theta)^2\rho\cdot dV=\iiint(r\sin\theta)^2\rho R^2\sin\theta dR d\theta d\varphi\\&=\rho\int_0^{2\pi}d\varphi\int_0^{\pi}\sin^3\theta d\theta\int_0^{R}r^4 dr=\rho\cdot 2\pi\cdot\frac{2}{3}\cdot 2\cdot\frac{R^5}{5}=\frac{2}{5}mR^2\end{aligned}$$

刚体对某轴的转动惯量，是描述刚体在绕该轴的转动过程中转动惯性的物理量。由转动惯量的定义式可看出，刚体的转动惯量与下列三个因素有关：

(1)与刚体的质量有关。例如半径相同的两个圆柱体，而它们的质量不同，显然，对于相应的转轴，质量大的转动惯量也较大。

(2)在质量一定的情况下，与质量的分布有关。例如，质量相同、半径也相同的圆盘与圆环，二者的质量分布不同，圆环的质量集中分布在边缘，而圆盘的质量分布在整个圆面上，所以，圆环的转动惯量较大。

(3)还与给定转轴的位置有关，即同一刚体对于不同的转轴，其转动惯量的大小也是不等的。例如，同一细长杆，对通过其质心且垂直于杆的转轴和通过其一端且垂直于杆的转轴，二者的转动惯量不相同，且后者较大。这是由于转轴的位置不同，从而也就影响了转动惯量的大小。

6.3　定轴转动刚体的角动量守恒定律

在质点动力学中曾讨论了力对质点(或质点系)在时间上的累积作用效果,即质点(或质点系)受到力的冲量等于质点(质点系)动量的增量。本节主要讨论作用在刚体上的力矩在时间上的累积作用效果。

6.3.1　力对转轴的力矩

日常经验告诉我们,开关门的时候,门转动的快慢不仅与所用力的大小有关,还和力的作用点到门轴的距离有关,并且与力的方向有关,即力的大小、方向及作用点诸因素组成一个物理量,表征力对物体转动运动的作用,称之为力矩。在第 5 章曾讨论了力对一参考点的力矩。

如图 6.16 所示,力 $\boldsymbol{F}$ 作用在刚体上 P 点处,由力对一参考点 O 的力矩可知,该作用力对 O 点的力矩为

$$\boldsymbol{M}_0 \equiv \boldsymbol{r} \times \boldsymbol{F}$$

将 $\boldsymbol{F}$ 分解在垂直于转轴方向 $\boldsymbol{F}_{\perp}$ 和平行于转轴方向 $\boldsymbol{F}_z$,由矢量矢积规则可知垂直于转轴方向的 $\boldsymbol{F}_{\perp}$ 对 O 点的力矩将平行于转轴 z,而平行于转轴方向的 $\boldsymbol{F}_z$ 对 O 点的力矩将垂直于转轴 z。因而,该力矩在穿过 O 点的转轴 z 上的分量为

$$\boldsymbol{M}_z = \boldsymbol{r} \times \boldsymbol{F}_{\perp} \tag{6.14}$$

其大小为 $M_z = F_{\perp} r\sin\theta = F_{\perp} d$ 。我们即将看到,只有平行于转轴方向的力矩才对刚体的转动有影响,因而为了书写方便,将力矩在穿过 O 点的转轴 z 上的分量,即力对转轴的力矩 M_z 表示为 M 。

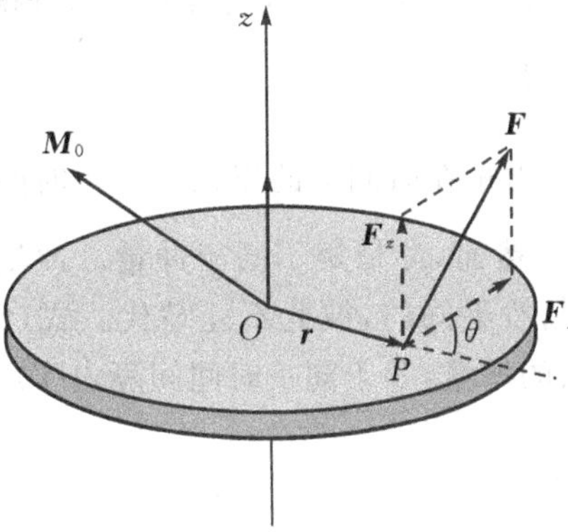

图 6.16　力矩

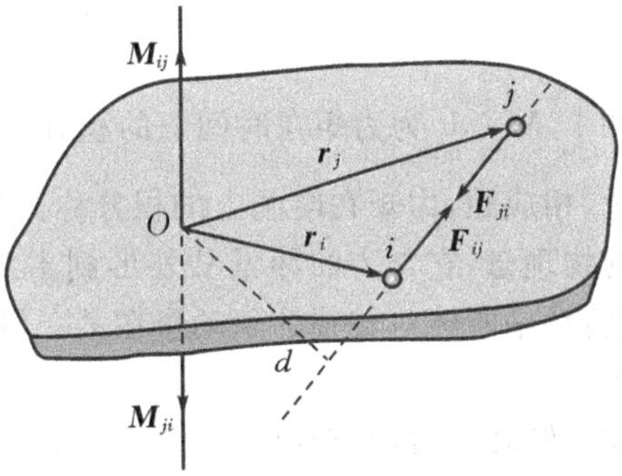

图 6.17　一对相互作用力对转轴的力矩

如有几个力同时作用于定轴转动的刚体上,则刚体受到的合力矩大小是这几个力引起的力矩的代数和。特别地,一对相互作用力对同一转轴的力矩之和为零。如图 6.17 所示,$\boldsymbol{F}_{ij}$ 和 $\boldsymbol{F}_{ji}$ 是一对相互作用力,$\boldsymbol{F}_{ij} = -\boldsymbol{F}_{ji}$,它们对转轴的力矩大小分别为

$$M_{ij} = r_i F_{ij} \sin\theta_i = F_{ij} d$$

$$M_{ji} = r_j F_{ji} \sin\theta_j = F_{ji} d$$

而 M_{ij} 的方向沿转轴向上,M_{ji} 的方向沿转轴向下,因而它们对同一转轴的合力矩为零。但要注意,大小相等方向相反不在同一直线上的一对力,它们对同一转轴的合力矩不为零。

6.3.2 刚体定轴转动的角动量定理

因为刚体是一个特殊的质点系，所以质点系的角动量定理，$\boldsymbol{M}=\frac{\mathrm{d}\boldsymbol{L}}{\mathrm{d}t}$，即式(5.6)也适用于刚体。设刚体的转动轴为 z 轴，M 为作用于刚体上的所有外力对 z 轴的总力矩，总角动量 $\boldsymbol{L}$ 沿转轴 z 的分量为 L，利用式(5.6)和式(6.8)，则有

$$M=\frac{\mathrm{d}L}{\mathrm{d}t}=\frac{\mathrm{d}(J\omega)}{\mathrm{d}t} \tag{6.15}$$

它表示，在定轴转动中刚体对转轴 z 的角动量对时间变化率等于作用在刚体上的所有外力对该轴的力矩之和，这就是刚体定轴转动的角动量定理。

以上的讨论都是对定轴转动的刚体进行的。其实，当物体不是刚体，它对某定轴的转动惯量 J 可以改变时，只要任一瞬时物体上各点绕轴转动的角速度相同，这时物体绕转轴 z 的角动量也可以表示成 $L=J\omega$。可以证明，对于这样的定轴转动的物体，式(6.15)仍然成立。不仅如此，就是对由这样的几个物体组成的系统，只要系统的总角动量可以写成

$$L=\sum_i J_i\omega_i$$

这里 $J_i\omega_i$ 是系统中每个物体对同一转轴的角动量，则对于这个绕定轴转动的系统来说，式(6.15)也同样是成立的。

6.3.3 力矩的冲量矩

将刚体定轴转动的角动量定理式(6.15)写成如下形式

$$M\cdot\mathrm{d}t=\mathrm{d}L$$

设力矩的作用时间为 $t_0\sim t$，作用的始末时刻刚体的角动量为 L_0，L，则对上式积分得到

$$\int_{t_0}^{t}M\cdot\mathrm{d}t=L-L_0 \tag{6.16}$$

上式左侧 $\int_{t_0}^{t}M\cdot\mathrm{d}t$ 为力矩在时间上的积分，它反映了力矩在时间上的累积。力在时间上的积分是冲量，相应地，力矩在时间上的积分称为冲量矩。然而，冲量矩不同于冲量。冲量矩是单独定义的物理量，它与力的冲量从外形到本质都是截然不同的，彼此不能替代。式(6.16)表明，定轴转动中刚体对转轴的角动量在某一段时间内的增量，等于同一时间间隔内作用于刚体的冲量矩。

刚体定轴转动时，转动惯量 J 是常量，式(6.16)可写成

$$\int_{t_0}^{t}M\cdot\mathrm{d}t=J\omega-J\omega_0 \tag{6.17}$$

式中，ω_0，ω 表示力矩作用的始末时刻刚体的角速度。

6.3.4 刚体定轴转动的转动定理

由牛顿第二定律 $\boldsymbol{F}=m\boldsymbol{a}$ 可得到质点所受到的合外力与质点加速度的定量关系。同理，在外力矩的作用下，刚体的转动状态发生变化，会产生角加速度，那么刚体受到的合外力矩与其角加速度有怎样的定量关系呢？

刚体定轴转动过程中，转轴不变，转动惯量 J 是常量，可将刚体定轴转动的角动量定理式

(6.15)写成

$$M = J\beta \tag{6.18}$$

式(6.18)就称为刚体定轴转动的转动定律。它与描述质点运动的牛顿第二定律有形式上的相似之处:合外力矩 M 与合外力 F 对应,角加速度 β 与加速度 a 对应,J 与惯性质量 m 对应。转动定律表明,当外力矩 M 一定时,J 转动惯量越大,角加速度 β 就越小,即刚体绕定轴转动的运动状态就难改变。与牛顿第二定律相类比便不难看出,J 是量度刚体对转轴的转动惯性大小的物理量,所以称为转动惯量。

应用转动定理解题与应用牛顿运动定律解题的方法相类似,即先隔离物体,然后分析受力,建立合适的坐标,最后列方程求解并讨论。下面举例说明转动定律的应用步骤。

例 6.7　一根轻绳跨过一个半径为 r,质量为 M 的定滑轮,绳的两端分别系有质量为 m_1 和 m_2 的物体,如图 6.18 所示,假设绳不能伸长,并忽略轮轴的摩擦,绳与滑轮也无相对滑动。求定滑轮转动的角加速度和绳的张力。

解　与应用牛顿运动定律解题的方法相类似,即隔离物体,分析受力,建立坐标,列方程求解并讨论。

根据题设条件,滑轮与绳之间无滑动,这表示两者之间存在摩擦,正是这一摩擦力矩带动滑轮转动;还是由于摩擦的存在,滑轮两边绳的张力也不相等。因忽略绳的质量,将绳与滑轮看成一个整体不会影响滑轮的转动,但可不计摩擦力矩(内力矩)的作用,于是画出三个研究对象的隔离体图,如图 6.18 所示。对于平动的物体 m_1 和 m_2 应用牛顿第二定律列方程

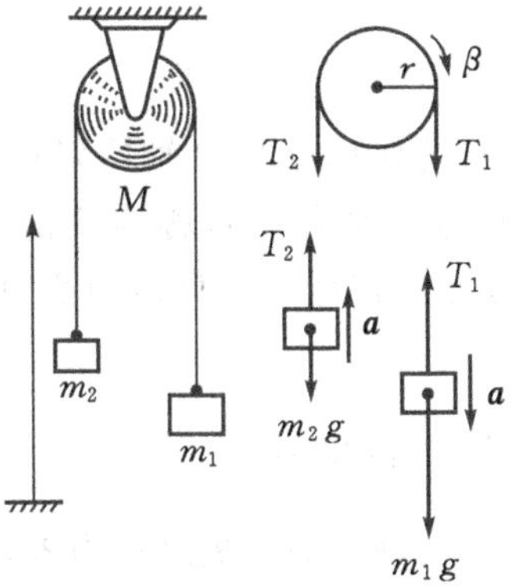

图 6.18　例 6.7 图

$$m_1 g - T_1 = m_1 a$$

$$T_2 - m_2 g = m_2 a$$

对于定滑轮,应用转动定律列方程

$$T_1 r - T_2 r = J\beta = \frac{1}{2}Mr^2\beta$$

绳不打滑时应有

$$a = r\beta$$

以上四个方程联立求解,得到

$$\beta = \frac{(m_1 + m_2)g}{(m_1 + m_2 + M/2)r}$$

$$a = \frac{(m_1 + m_2)g}{m_1 + m_2 + M/2}$$

$$T_1 = \frac{(2m_1 m_2 + m_1 M/2)g}{m_1 + m_2 + M/2}$$

$$T_2 = \frac{(2m_1 m_2 + m_2 M/2)g}{m_1 + m_2 + M/2}$$

从以上解答结果可知，忽略滑轮质量($M=0$)(或滑轮光滑，绳不可伸长时)，$T_1 = T_2$，这时的加速度 $a = \frac{m_1 - m_2}{m_1 + m_2} g$，这是在质点力学中求解同类问题时大家熟悉的结果。

例 6.8 一质量为 m，长为 l 的刚体棒悬挂于通过 O 点的水平轴，若棒在铅直位置时用一水平力 F 作用于距 O 为 l' 处，如图 6.19 所示。计算 O 轴对棒上端的作用力。

解 设 O 轴对棒上端的作用力为 N，因其方向未知，故用其分量表示为 N_x，N_y，如图 6.19 所示。在力 F 作用下，棒对 O 点的瞬时角加速度设为 β，则由转动定律

$$F \cdot l' = J\beta = \frac{1}{3} m l^2 \beta$$

将质心运动定理应用于刚体这个特殊的质点系，设此时刚体质心的加速度为 a_C，则有

$$F + N_x = m a_{Cx} = \frac{1}{2} m\beta l$$

$$N_y - mg = m a_{Cy} = 0$$

以上三式联立求解，得到

$$N_x = F\left(\frac{3l'}{2l} - 1\right), \quad N_y = mg$$

讨论：若 $l' = 2l/3$，则 $N_x = 0$，即力 F 的作用点距 O 轴恰好在棒长的 2/3 处，O 轴对棒不会有水平反力，这时力 F 的作用点称为打击中点。由此可知，在打垒球时，若击球手的击球点恰在球棒的打击中心时，握棒的手不会受到棒的作用力。

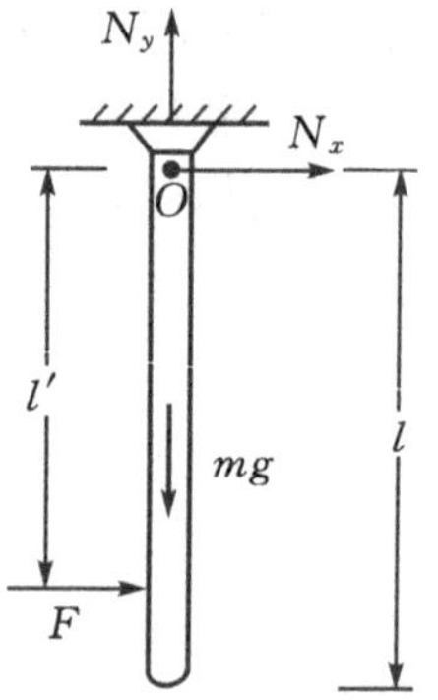

图 6.19 例 6.8 图

6.3.5 刚体定轴转动的角动量守恒定律

由式(6.15)可知，如果外力对转动轴 z 的力矩之和为零，则该物体对该轴的角动量保持不变。即在定轴转动的过程中，当 $M_{合外} = 0$，则有

$$L = L_0 = 常量 \tag{6.19}$$

这就是刚体定轴转动的角动量守恒定律。

对于定轴转动的刚体来说，角动量守恒意味着刚体以恒定的角速度绕固定轴作惯性转动；而对于绕定轴转动的可变形物体来说，角动量守恒就要求若物体的转动惯量发生变化，物体的角速度 ω 也必然随之改变，但二者的乘积保持不变。这种情况在实际生活中有着广泛的应用，例如花样滑冰运动员和芭蕾舞演员绕通过重心的铅直轴高速旋转时，由于外力(重力和水平面的支承力)对轴的力矩恒为零，因而表演者对旋转轴的角动量守恒，他们可以通过改变自身的姿态来改变对轴的转动惯量，从而来调节自己的旋转角速度。图 6.20(a)所示的演示系统也可定性地演示这种情况。可以证明，刚体对定轴的角动量守恒定律对于通过转动物体质心而平动的轴同样成立，如跳水运动员在跳板上起跳时，总是向上伸直手臂，跳到空中时，又使身体收缩，以减小转动惯量(通过自身质心的转轴)，获得较大的空翻速度，当快接近入水时，又

伸展身体减小角速度以便竖直进入水中，如图 6.20(b)所示。

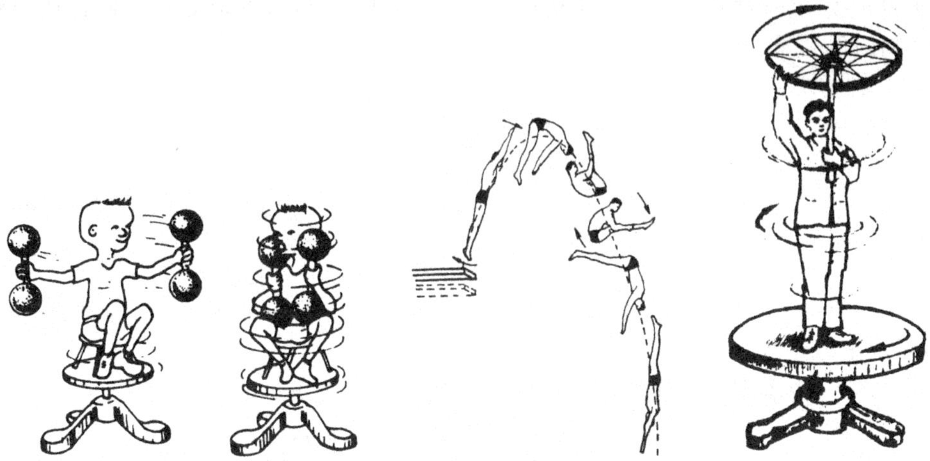

(a)　(b)　(c)

图 6.20　演示角动量守恒

当定轴转动的系统由多个物体组成时，若系统受到的外力矩之和为零，则不论系统内各物体在内力作用下是改变了系统的转动惯量，还是改变了系统内部分物体的角速度，都不能改变系统的总角动量。例如，若转动系统由两个物体组成，则当 $M_{合外}=0$ 时有

$$L=J_1\omega_1+J_2\omega_2=常量$$

这就是说，如果转动过程中系统内一个物体的角动量发生了某一改变，则另一物体的角动量必然有一个与之等值反号的改变量，从而总角动量保持不变。图 6.20(c)所示的演示实验说明了这一点：人站在可自由转动的转台上手举一车轮，使轮轴与转台转轴重合，开始时静止，系统的总角动量为零，当手用力使车轮转动时，人和转台就会反向转动，使其总角动量保持不变。直升飞机在尾部装置一个在竖直平面内转动的尾翼以抵消主翼在水平面内旋转时产生的角动量，从而避免直升飞机机身在水平面内打转；鱼雷尾部左右两螺旋浆沿相反方向旋转，以防雷身发生不稳定转动，这些都可用角动量守恒定律来解释。

例 6.9　一均匀圆盘，质量为 M，半径为 R，可绕铅直轴自由转动，开始处于静止状态，一个质量为 m 的人，在圆盘上从静止开始沿半径为 r 的圆周相对于圆盘匀速走动，如图 6.21 所示。求当人在圆盘上走完一周回到盘上原位置时，圆盘相对于地面转过的角度。

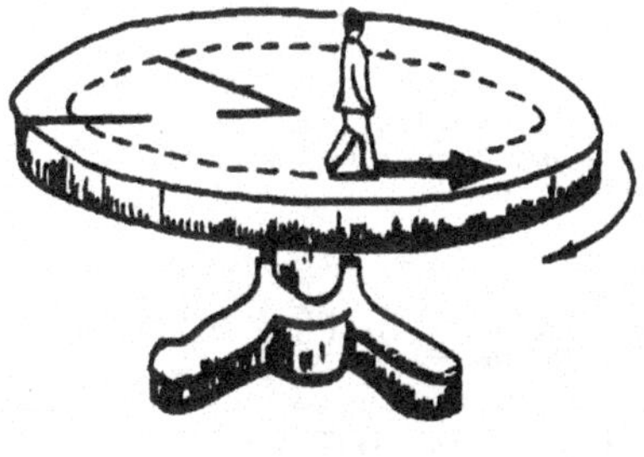

图 6.21　例 6.9 图

解　以圆盘和人组成的系统为研究对象，设人相对圆盘的速度为 v_r，圆盘绕固定铅直轴的角速度为 ω，在地面参考系中研究系统的运动，当人走动时，系统未受到对铅直轴的外力矩，系统对该轴的角动量守恒，于是有

$$mrv_r + \left(\frac{1}{2}MR^2 + mr^2\right)\omega = 0$$

由此解得

$$\omega = -\frac{mrv_r}{mr^2 + \frac{1}{2}MR^2}$$

式中负号表示圆盘转动的方向与人在圆盘上走动的方向相反。依题意，v_r 为常量，故 ω 亦为常量，即圆盘作匀速转动。

设在时间 Δt 内盘相对地面转过的角度为 θ，则

$$\theta = \omega\Delta t = -\frac{mrv_r}{mr^2 + \frac{1}{2}MR^2}\Delta t = -\frac{mr^2}{mr^2 + \frac{1}{2}MR^2}\frac{v_r}{r}\Delta t$$

而 $\frac{v_r}{r}\Delta t$ 为人相对于圆盘转过的角度，由题设可知

$$\frac{v_r}{r}\Delta t = 2\pi$$

因而，在此过程中圆盘相对于地面的角位移为

$$\theta = -\frac{2\pi mr^2}{mr^2 + \frac{1}{2}MR^2}$$

本题特别提示读者，应用角动量定理和角动量守恒定律时必须选择惯性系。

例 6.10　质量为 M，长度为 l 的均匀杆可绕水平轴 O 在铅直面内自由转动，如图 6.22 所示。一质量为 m 的小球以水平速度 v 与杆的下端相碰，碰后以速度 v' 反向运动。因碰撞时间很短，杆可视为一直保持在竖直位置，求碰撞后杆的角速度。

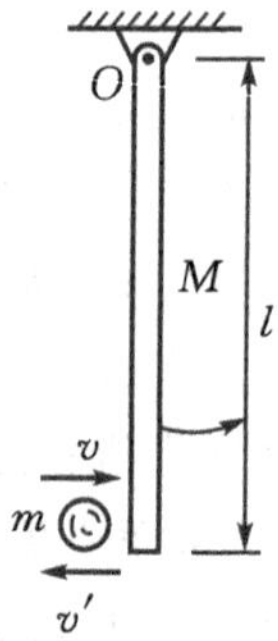

图 6.22　例 6.10 图

解　考虑小球和杆组成的系统，系统受到的外力为重力和轴 O 的作用力，它们对轴 O 的力矩为零，故系统的角动量守恒。小球对 O 轴的角动量为 mlv（碰撞前）和 $-mlv'$（碰撞后），杆的角动量碰撞前为零，碰撞后为 $J\omega$，$J = \frac{1}{3}Ml^2$ 是杆对 O 轴的转动惯量，ω 是碰撞后杆的角速度。根据角动量守恒定律，有

$$mlv = -mlv' + \frac{1}{3}Ml^2\omega$$

所以

$$\omega = \frac{3m(v+v')}{Ml}$$

试问：本题能否应用动量守恒定律来求解？为什么？

例 6.11　摩擦离合器由同轴的飞轮 1 和摩擦轮 2 组成。两轮结合前飞轮 1 以 ω_1 转动，轮 2 静止；两轮沿轴向结合后轮 1 减速，轮 2 加速，最后以同一角速度转动。已知两轮的转动惯

量分别为 J_1 和 J_2，计算两轮结合达到的共同角速度 ω（假设不计外力矩和轴承上的摩擦）。

解　两轮系统在结合时加有轴向外力，但对轴的力矩为零。轮间的切向摩擦力对转轴有力矩，但为内力矩，这一对内力矩的矢量和为零。所以，两轮对共同转轴的角动量守恒，即

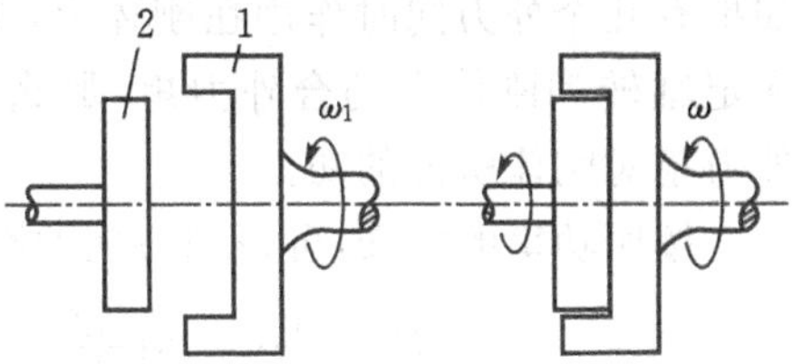

图 6.23　例 6.11 图

$$J_1\omega_1 = (J_1 + J_2)\omega$$

解得

$$\omega = \frac{J_1\omega_1}{J_1 + J_2}$$

应用角动量守恒定律求解问题的基本步骤如下：

(1)选择系统，进行受力分析，判断守恒条件。角动量守恒的条件是系统受合外力矩为零，这与动量守恒条件有所区别。

(2)根据题意选择转动的正方向。角动量守恒虽然是矢量表达式，但由于我们一般仅涉及刚体的定轴转动，矢量的方向仅有两种可能，所以确定矢量的正方向即可，而不必建立坐标系。

(3)依据题意写角动量守恒方程。方程中各矢量方向与正方向相同者为正值，否则为负值。另外，方程中各量应是相对于同一参考系的，这点与动量守恒定律相同。

(4)解方程，讨论。

6.4　力矩的功　定轴转动刚体的动能定理

质点在外力作用下发生了位移时就说力对质点做了功。类似地，如果刚体在力矩的作用下，转动了一段角位移，就说力矩对刚体做了功，这是力矩对空间的积累效应。

6.4.1　力矩的功和功率

我们知道计算定轴转动刚体的外力矩时，只需考虑在转动平面内的外力，或者外力在转动平面内的分量对转轴的力矩，如图 6.24 所示，有固定转轴的刚体受外力的作用 $\boldsymbol{F}$，转过微小角位移 $\mathrm{d}\theta$，设 $\boldsymbol{F}$ 在其作用点所在的转动平面内，此力的作用点发生了相应的线位移 $\mathrm{d}r$，其大小为 $\mathrm{d}s = r\mathrm{d}\theta$，则外力所做的元功为

$$\mathrm{d}A = \boldsymbol{F}\cdot\mathrm{d}\boldsymbol{r} = F_\tau \mathrm{d}s = F_\tau r\mathrm{d}\theta$$

由于 $\boldsymbol{F}$ 对转轴的力矩为 $M = F_\tau r$，因而上式可写成

$$\mathrm{d}A = M\mathrm{d}\theta \tag{6.20}$$

即，力矩所做的元功等于力矩 M 与刚体的角位移 $\mathrm{d}\theta$ 的乘积。若刚体在力矩 M 作用下转过 $\Delta\theta$ 角，那么在此过程中力矩对刚体所做的功为

$$A = \int_0^{\Delta\theta} M\mathrm{d}\theta \tag{6.21}$$

上式反应出力矩的功是力矩的空间积累效应，其本质上仍然是力的空间积累效应。如果力矩 M 的大小和方向都不变，该力矩对刚体所做的功为

$$A = M\cdot\Delta\theta \tag{6.22}$$

如果有几个外力同时作用在刚体上，上述中的 M 就是作用在定轴转动刚体上的合外力矩，那么上述两式就理解为合外力矩对刚体所做的功。

按照功率的定义，可得到力矩的瞬时功率为

$$P = \frac{\mathrm{d}A}{\mathrm{d}t} = M\frac{\mathrm{d}\theta}{\mathrm{d}t} = M\omega \tag{6.23}$$

即力矩的功率等于力矩与角速度的乘积。

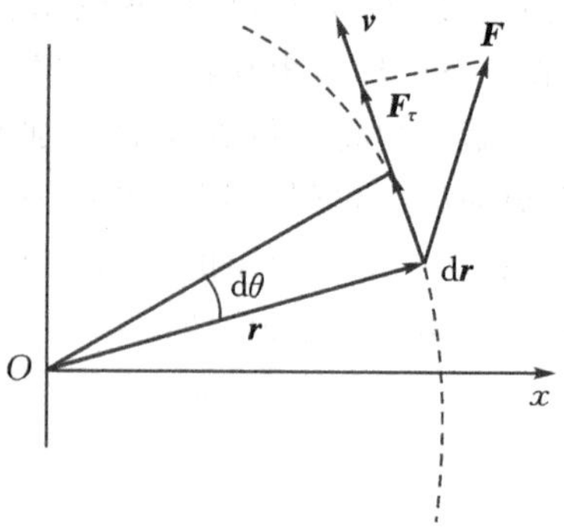

图 6.24　力矩的功

6.4.2　转动动能

刚体定轴转动时的动能称为转动动能。刚体可以看成是由许多质点组成的特殊的质点系，所以刚体的转动动能等于各质点动能的总和。设刚体中第 i 个质点的质量为 Δm_i，速度为 v_i，则该质点的动能为

$$E_{ki} = \frac{1}{2}\Delta m_i v_i^2$$

刚体在定轴转动过程中，所有质点都以相同的角速度做半径不同的圆周运动。设刚体的角速度为 ω，则第 i 个质点的速度为 $v_i = \omega r_i$，其动能用角速度表示为

$$E_{ki} = \frac{1}{2}\Delta m_i r_i^2 \omega^2$$

因而，整个刚体的动能就是对所有质点的动能求和，即

$$E_k = \sum_i \frac{1}{2}\Delta m_i v_i^2 = \frac{1}{2}\left(\sum_i \Delta m_i r_i^2\right)\omega^2 = \frac{1}{2}J\omega^2 \tag{6.24}$$

刚体绕固定轴转动的转动动能等于刚体对此轴的转动惯量与角速度平方乘积的一半。转动动能表达式 $\frac{1}{2}J\omega^2$ 与质点的动能(或刚体的平动动能) $\frac{1}{2}mv^2$ 在形式上相似，刚体转动角速度 ω 与质点的速率 v 对应，转动惯量 J 与质量 m 对应。本质上，转动动能仍然是物体运动时的动能，不是一种新的能量形式。

6.4.3　转动动能定理

前面我们讨论了力对质点或对质点系做功引起质点或质点系动能的变化。类似地，现在讨论外力矩对定轴转动的刚体做功的过程中，引起其转动动能的变化。将转动动能定理 $M = J\beta = J\frac{\mathrm{d}\omega}{\mathrm{d}t}$ 代入式(6.20)得到

$$\mathrm{d}A = M \cdot \mathrm{d}\theta = J \cdot \frac{\mathrm{d}\omega}{\mathrm{d}t} \cdot \mathrm{d}\theta = J \cdot \omega \cdot \mathrm{d}\omega$$

设在 t_1 到 t_2 时间内，刚体的角速度从 ω_1 变到 ω_2，并且假设在转动过程中转动惯量 J 不变，对上式积分即可得到合外力矩对刚体所做的功为

$$A = \int \mathrm{d}A = \int_{\omega_1}^{\omega_2} J \cdot \omega \cdot \mathrm{d}\omega = \frac{1}{2}J\omega_2^2 - \frac{1}{2}J\omega_1^2 \tag{6.25}$$

即合外力矩对刚体所做的功等于刚体转动动能的增量，这就是刚体定轴转动的动能定理。

6.4.4　刚体的重力势能

如果一个刚体受到保守力的作用，也可以引入势能的概念。刚体在定轴转动中涉及的势能主要是重力势能。这里把刚体一地球系统共有的重力势能简称刚体的重力势能，即取地面坐标系来计算势能值。对于一个不太大的质量为 m 的刚体，它的重力势能等于各质点元重力势能之和，即

$$E_p = \sum_i \Delta m_i g h_i = \left(\sum_i \Delta m_i h_i\right) g = mgh_c \tag{6.26}$$

式中，h_c 为刚体质心的高度，其定义式为

$$h_c = \frac{\sum_i \Delta m_i h_i}{m} \tag{6.27}$$

式(6.26)说明刚体的重力势能与它的质量全部集中在质心时所具有的势能一样，与刚体的方位无关。这也体现了重心概念在刚体力学中的重要性。

对于刚体系统，如果外力和非保守内力都不做功或者做功代数和为零，则该系统的机械能守恒，即

$$E = E_k + E_{pg} = \frac{1}{2}J\omega^2 + mgh_c = \text{恒量} \tag{6.28}$$

例 6.12　一根长为 l、质量为 m 的匀质杆，杆的一端可绕通过 O 点并垂直于纸面的轴转动，开始时，杆静止地处于水平位置 A，释放后杆向下摆动，如图 6.25 所示，求杆在铅直位置时(1)其下端点的线速度；(2)杆对支点的作用力。

解　(1)如图 6.25 所示，杆从水平位置运动到任意位置 B 时，重力矩 M 为

$$M = mg\frac{l}{2}\cos\theta$$

M 是一个变力矩，当杆在此位置转过一微小角位移 $d\theta$ 时，其元功为

$$dA = M \cdot d\theta = mg\frac{l}{2}\cos\theta \cdot d\theta$$

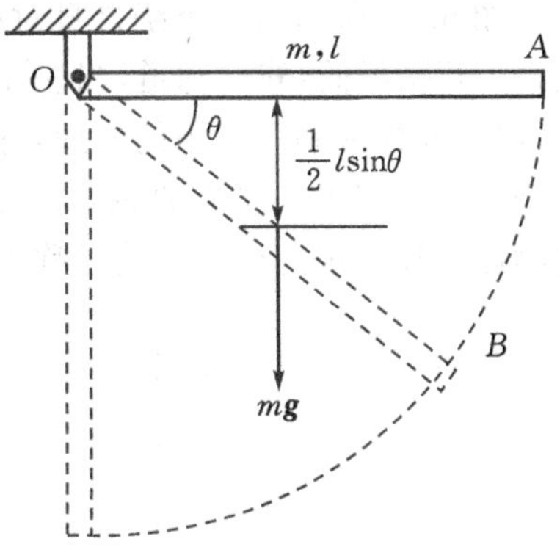

图 6.25　例 6.12 图

那么杆从水平位置转至铅直位置，即角位移从 $\theta_1 = 0$ 变化到 $\theta_2 = \frac{\pi}{2}$ 过程中，重力矩做的功为

$$A = \int dA = \int_0^{\frac{\pi}{2}} mg\frac{l}{2}\cos\theta \cdot d\theta = mg\frac{l}{2}$$

根据刚体的转动动能定理有

$$mg\frac{l}{2} = \frac{1}{2}J\omega^2$$

以及匀质杆对通过 O 点并垂直于纸面的轴的转动惯量 $J = \frac{1}{3}ml^2$，得到

$$\omega = \sqrt{\frac{3g}{l}}$$

其下端点对应的线速度

$$v = \omega \cdot l = \sqrt{3gl}$$

或者，因为杆在转动过程中只有重力矩做功，所以系统机械能守恒定律。根据机械能守恒定律立即有

$$mg\,\frac{l}{2} = \frac{1}{2}J\omega^2$$

(2)以杆为研究对象，取自然坐标，受力分析如图 6.26 所示。根据质心运动定理，有

$$N_n - mg = m\,\frac{v_c^2}{r_c}$$

$$N_\tau = ma_{c\tau}$$

式中，v_c 表示杆在铅直位置的质心速率；$a_{c\tau}$ 为杆在铅直位置的质心角速度；r_c 表示质心所在处的半径。杆处于铅直位置时不受力矩作用，由转动定理可知角加速度为零，故 $a_{c\tau} = 0$，得到 $N_\tau = 0$。将 $r_c = \frac{1}{2}l$，$v_c = \frac{1}{2}v = \frac{1}{2}\sqrt{3gl}$ 代入得到

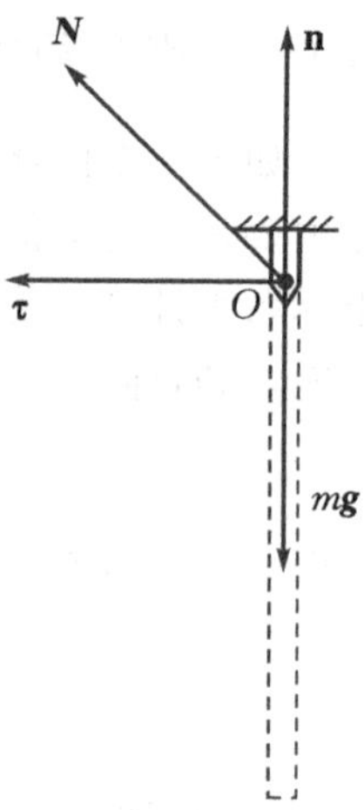

图 6.26 例 6.12 图

$$N = N_n = mg + \frac{3}{2}mg = \frac{5}{2}mg$$

*6.5 旋进 回转效应

图 6.27 所示为一个绕自身对称轴高速转动的玩具陀螺，它的顶点固定于惯性参考系的原点 O。根据经验，我们知道，当它不转动时，它会因受重力矩的作用而倒下，但当它快速自旋时，尽管同样受到重力矩的作用，却不会倒下来，而是在绕自身对称轴转动的同时，其对称轴还将绕通过固定点 O 的铅直轴 Oz 回转并扫出一个圆锥面来。我们把绕自身的对称轴高速转动的物体在外力矩的作用下其对称轴绕一固定的铅垂轴的回转运动叫做旋进。

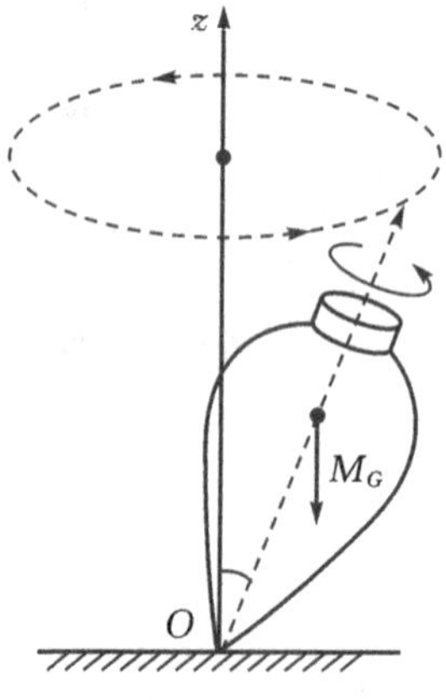

图 6.27 陀螺

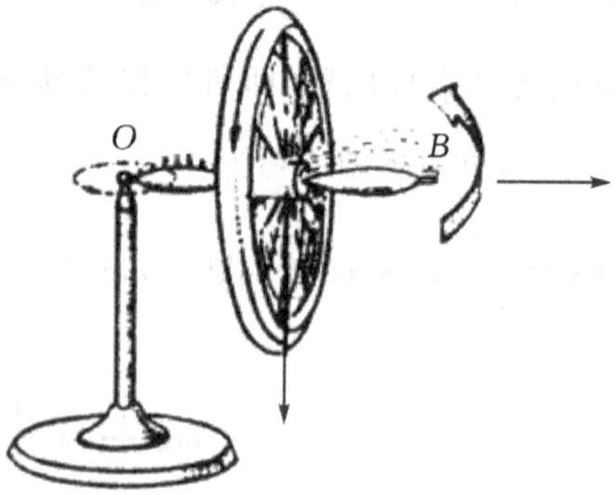

图 6.28 回旋仪

为了便于解释旋进现象和计算旋进的角速度，我们以图 6.28 所示的回转仪为例来进行讨论。回转仪的主要部件是一个边缘厚重的具有旋转对称轴的飞轮，飞轮可以绕自身对称轴自由转动。将飞轮自转轴 OB(水平地)一端置于支架的顶点 O 上，然后让飞轮绕其对称轴高速

旋转，这时，其对称轴不仅可以继续保持水平方位不倒，而且还将绕过 O 点的竖直轴在水平面内缓慢地回转，这就是回转仪在旋进。回转仪受外力矩作用产生旋进的效应称为回转效应。

回转仪绕其对称轴自转，具有角动量 L，因为对称轴是惯量主轴，所以角动量 L 的方向沿自转轴，在不计及旋进的角动量的情况下，L 也就是回转仪对定点 O 的总角动量。由于受外力矩（重力矩）M 的作用，根据角动量定理，在极短的时间 $\mathrm{d}t$ 内，回转仪的角动量将增加 $\mathrm{d}L$，其方向与外力矩 M 的方向相同。因为 $M \perp L$，所以 $\mathrm{d}L \perp L$，因而只使得 L 的方向发生改变，而不改变 L 的大小，从而回转仪的自转轴在水平面内由 Oa 位置转到 Ob 位置，从回转仪顶部往下看，其自转轴的回转方向是逆时针的，如图 6.29 所示。这就是对回转仪产生旋进的解释。关于玩具陀螺的旋进的解释，与之完全相似，留给读者练习。

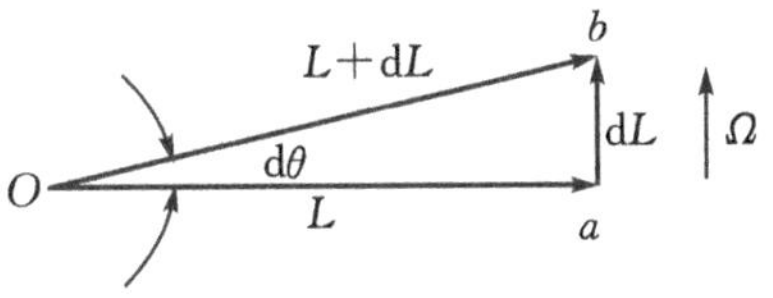

图 6.29　旋进示意图

接下来计算旋进的角速度，即回转仪自转轴绕固定垂直轴回转的角速度。由于在 $\mathrm{d}t$ 时间内，角动量 L 的增量为 $\mathrm{d}L$，因为 $|\mathrm{d}L| \ll |L|$，可以认为

$$\mathrm{d}L = L\mathrm{d}\theta = J\omega\mathrm{d}\theta$$

式中，$\mathrm{d}\theta$ 是 $\mathrm{d}t$ 时间内该自转轴相应的角位移。又由角动量定理可知

$$\mathrm{d}L = M\mathrm{d}t$$

所以，由以上两式可得

$$J\omega\mathrm{d}\theta = M\mathrm{d}t$$

因此，旋进的角速度

$$\Omega = \frac{\mathrm{d}\theta}{\mathrm{d}t} = \frac{M}{J\omega} \tag{6.29}$$

从以上的讨论可得到以下几点结论：

(1) 自转刚体的旋进轴（陀螺和回转仪例中的铅直轴）通过定点且与外力平行；

(2) 自转角速度 ω 愈大，旋进角速度 Ω 愈小，反之亦然；

(3) 旋进角速度 Ω 与倾角 φ（回转仪的自转轴对铅直轴的倾角）无关；

(4) 旋进的回转方向决定于外力矩的方向和 ω 的方向。

应当指出，以上的分析是近似的，只适用于自转角速度比旋进角速度 Ω 大得多的情况。因为只有在 $\omega \gg \Omega$ 时，才能在上面的计算中不计及旋进产生的那部分角动量。顺便指出，当回转仪的自转角速度较小时，则它的自转轴与铅直轴的夹角大小还会有周期性变化，这种现象称为章动，如图 6.30 所示。按上面的近似分析无法说明这一现象。关于回转仪的严密理论请参阅有关专著。

回转效应在实际生活中有着广泛的应用，例如，飞行中的炮弹或子弹由于受到空气阻力对其质心的力矩而使它们发生翻转，为了防止这种事故的发生，常在炮筒和枪膛内装置螺旋式来复线，使炮弹在射出时绕自己的对称轴迅速旋转，这样，在空气阻力矩的作用下炮弹或子弹在前进中将绕自己的行进方向旋进而不至翻转，如图 6.31 所示。

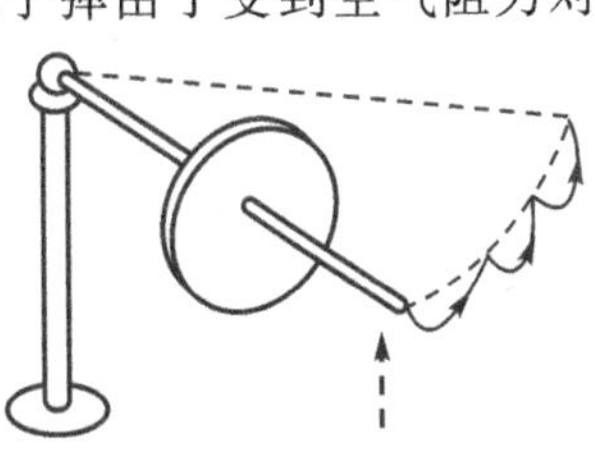

图 6.30　章动

但是任何事物总是一分为二的，回转效应有时也引起有害的作用，例如轮船转弯时，为了使船上涡轮机高速转子的转轴改变方向，必须通过轴承对转子施加力矩，与此同时，轴承也会受到极大

的反作用力，因此在设计和使用中必须考虑到这一点。

旋进的概念在微观领域里也常用到。例如原子中的电子同时参与轨道运动和自旋运动，都具有角动量。在外磁场中电子受磁力矩的作用以外磁场方向为轴线作旋进，正是电子的这种旋进运动引起了物质的抗磁性。

图 6.31 子弹的旋进

复习思考题

6.1 什么叫刚体？其运动形式有哪几种？

6.2 绕固定轴做匀速转动的刚体上各点都能绕轴做圆周运动，试问刚体上任意一点是否有切向加速度？是否有法向加速度？切向加速度和法向加速度的大小是否发生变化？

6.3 刚体的转动惯量的物理意思是什么？与哪些因素有关？

6.4 计算一个刚体对某转轴的转动惯量时，一般能不能认为它的质量集中于其质心，称为一个质点，然后计算这个质点对该轴的转动惯量？为什么？

6.5 为什么在研究刚体转动时，要研究力矩的作用？力矩和哪些因素有关？

6.6 一般说来，定轴转动刚体的角动量 L 的方向是否一定与角速度 ω 的方向平行，试举例说明。

6.7 有人将一个生蛋和一个熟蛋放在桌上旋转，就可辨别哪个是生的哪个是熟的，试说明其理由。

6.8 如图 6.32 所示，A，B 为两个完全相同的定滑轮，A 的绳端悬挂重 $P=mg$ 的重物，B 的绳端作用 $F=mg$ 的外力，则两个滑轮的角加速度是否相同？为什么？

6.9 试说明地球两极冰山的融化是地球自转角速度变化的原因之一。

6.10 一均匀细杆可绕 O' 轴自由转动，另有用一细绳悬挂在 O 点的小球从水平位置释放，与细杆在竖直位置碰撞，如图 6.33 所示。试问在碰撞过程中系统对 O 点的角动量是否守恒？对 O' 点的角动量是否守恒？为什么？

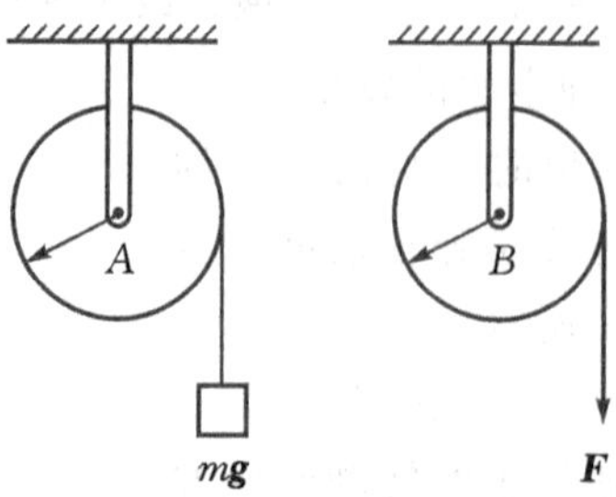

图 6.32

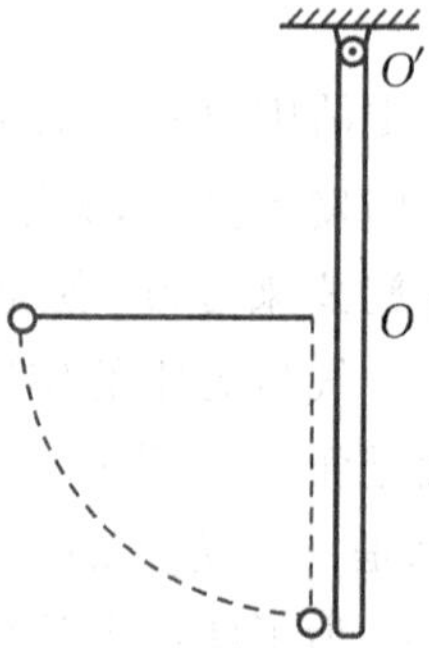

图 6.33

6.11　若一个系统的动量守恒，角动量是否一定守恒？反过来说对么？

6.12　刚体的转动动能本质上是什么？

6.13　试列举刚体动力学与质点动力学的相同点和不同点。

习　题

6.1　一汽车发动机曲轴的转速在 12 s 内由每分钟 1200 转匀加速地增加到每分钟 2700 转，求：(1)角加速度；(2)在此时间内，曲轴转了多少转？

6.2　如图 6.34 所示，发电机的轮 A 由蒸汽机的轮 B 通过皮带带动。两轮半径 $R_A=30\ \text{cm}$，$R_B=75\ \text{cm}$。当蒸汽机开动后，其角加速度 $\beta_B=0.8\pi\ \text{rad/s}^2$，设轮与皮带之间没有滑动。求(1)经过多少秒后发电机的转速达到 $n_A=600\ \text{r/min}$？(2)蒸汽机停止工作后一分钟内发电机转速降到 300 r/min，求其角加速度。

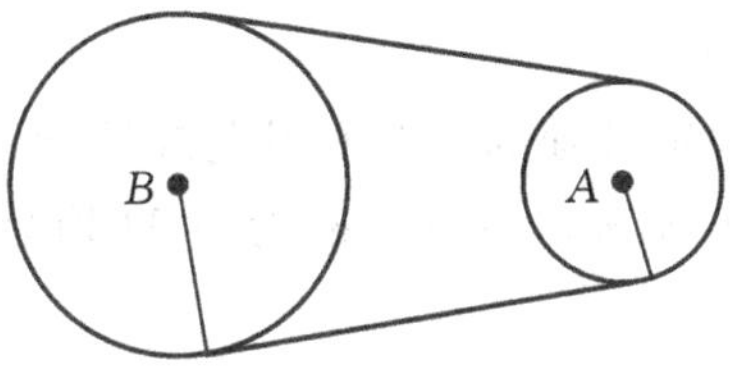

图 6.34

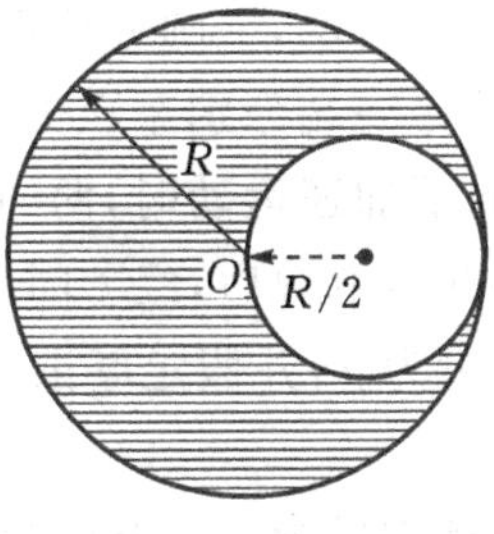

图 6.35

6.3　一个半径为 $R=1.0\ \text{m}$ 的圆盘，可以绕过其盘心且垂直于盘面的转轴转动。一根轻绳绕在圆盘的边缘，其自由端悬挂一物体。若该物体从静止开始匀加速下降，在 $\Delta t=2.0\ \text{s}$ 内下降的距离 $h=0.4\ \text{m}$。求物体开始下降后第 3 秒末，盘边缘上任一点的切向加速度与法向加速度。

6.4　一脉冲星质量为 $1.5\times10^{30}\ \text{kg}$，半径为 20 km。自旋转速为 2.1 r/s，并且以 $1.0\times10^{-15}\ \text{r/s}$ 的变化率减慢。问它的转动动能以多大的变化率减小？如果这一变化率保持不变，这个脉冲星经过多长时间就会停止自旋？设脉冲星可看作匀质球体。

6.5　图 6.35 所示，一个半径为 R，质量面密度为 σ 的薄圆盘上开了一个半径为 $R/2$ 的圆孔，圆孔与盘缘相切，试计算该圆盘对于通过原中心而与圆盘垂直的轴的转动惯量。

6.6　如图 6.36 所示，把两根质量均为 m，长为 l 的匀质细棒一端焊接相连，其夹角 $\theta=120°$，取连接处为坐标原点，两个细棒所在的平面为 Oxy 平面，求此结构分别对 Ox 轴、Oy 轴、Oz 轴的转动惯量。

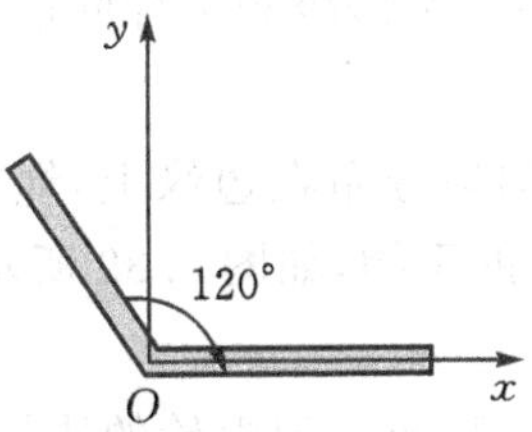

图 6.36

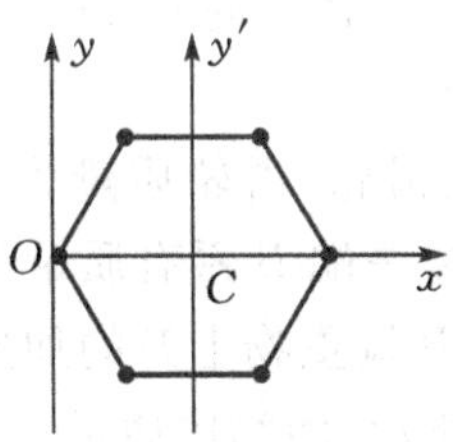

图 6.37

6.7 如图 6.37 所示，在边长为 a 的正六边形的六个顶点上各固定一个质量为 m 的质点，设这正六边形放在 Oxy 平面内，求：(1)对 Ox 轴、Oy 轴、Oz 轴的转动惯量；(2)对过中心 C 且平行于 Oy 的 Oy' 轴的转动惯量。

6.8 一转动惯量为 J 的圆盘绕一固定轴转动，初角速度为 ω_0，设它所受阻力矩与转动角速度成正比 $M=-k\omega$(k 为正常数)，求圆盘的角速度从 ω_0 变为 $\omega_0/2$ 时所需的时间。

6.9 一飞轮的转动惯量为 J，在 $t=0$ 时角速度为 ω_0，此后飞轮经历制动过程。阻力矩 M 的大小与角速度 ω 的平方成正比，比例系数 $K>0$。求：(1)当 $\omega=\omega_0/3$ 时，飞轮的角加速度；(2)从开始制动到 $\omega=\omega_0/3$ 所需要的时间。

6.10 为求半径 $R=0.5$ m 的飞轮对通过中心且垂直盘面轴的转动惯量，在飞轮上绕上细绳，绳末端悬一质量 $m_1=8$ kg 的重锤，让其自 2 m 高处由静止落下，历时 $t_1=16$ s，另换一质量 $m_2=4$ kg 的重锤重做实验，测得历时 $t_2=25$ s，假定轮与轴的摩擦力矩为常数 M_f，求飞轮的转动惯量。

6.11 如图 6.38 所示，一圆柱体质量为 m，长为 l，半径为 R，用两根轻软的绳子对称地绕在圆柱两端，两绳的另一端分别系在天花板上。现将圆柱体从静止释放，试求：(1)它向下运动时的线加速度；(2)向下加速运动时，两绳的张力。

6.12 电风扇开启电源后，经 t_1 时间达额定转速 ω_0，当关闭电源后，经 t_2 时间停止，已知风扇转子的转动惯量为 J，并假定摩擦阻力矩 M_r 和电机的电磁力矩 M 均为常量，试推算电机的电磁力矩 M。

6.13 匀质圆盘质量为 m、半径为 R，放在粗糙的水平桌面上，绕通过盘心的竖直轴转动，初始角速度为 ω_0，已知圆盘与桌面的摩擦系数为 μ，问经过多长时间后圆盘静止？

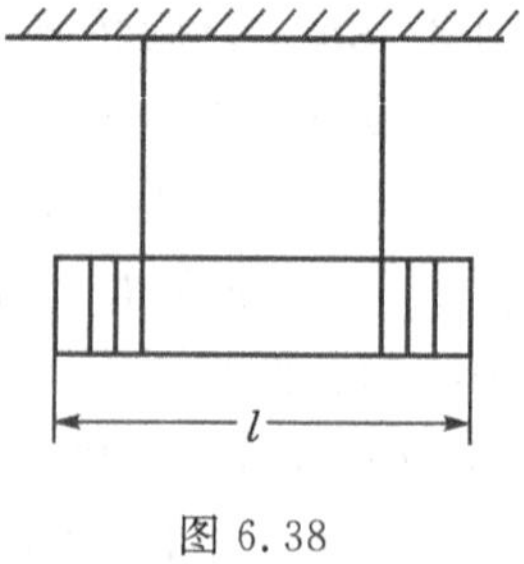

图 6.38

图 6.39

6.14 一砂轮直径为 1 m，质量为 50 kg，以 900 $r \cdot min^{-1}$ 的转速转动，一工件以 200 N 的正压力作用在轮的边缘上，使砂轮在 11.8 s 内停止，求砂轮和工件间的摩擦系数(轮与轴间摩擦不计)。

6.15 轻绳绕过定滑轮，滑轮质量为 $M/4$，均匀分布在边缘上，绳的 A 端有一质量为 M 的人抓住绳端，而绳的另一端 B 系有质量为 $M/2$ 的重物，如图 6.39 所示，设人从静止开始，相对于绳匀速上爬时，求 B 端重物上升的加速度。

6.16 如图 6.40 所示，两物体质量分别为 m_1 和 m_2，定滑轮的质量为 M、半径为 r，可视作均匀圆盘。已知 m_1 与桌面间的滑动摩擦系数为 μ_k，求 m_2 下落的加速度和两段绳子中的张力各是多少？设绳子和滑轮间无相对滑动，滑轮轴受的摩擦力忽略不计。

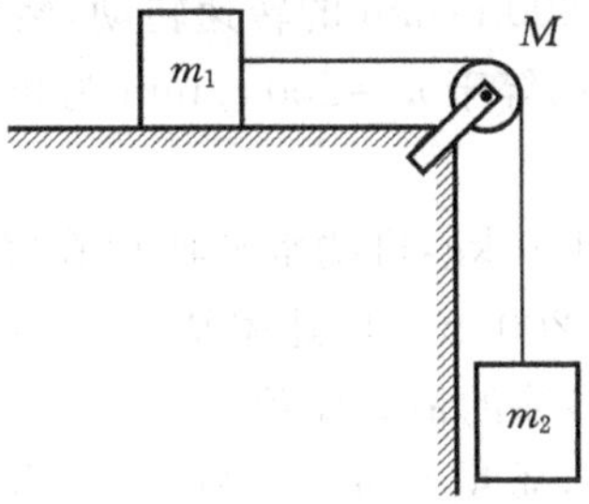

图 6.40

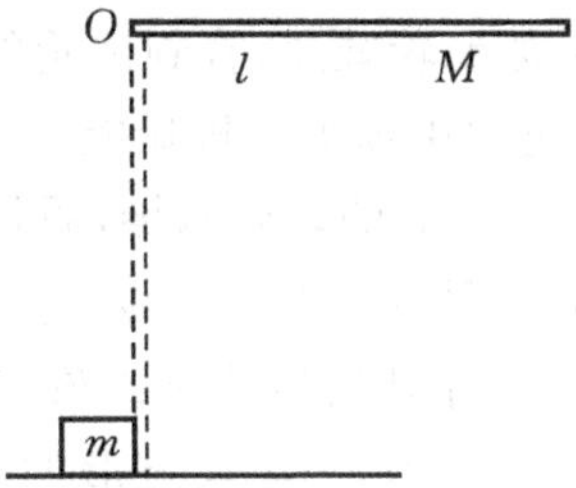

图 6.41

6.17　如图 6.41 所示，长为 l，质量为 M 的匀质细棒可绕过其端点的水平轴在竖直面内自由转动，现将棒提到水平位置并由静止释放，当棒摆到竖直位置时与放在地面上质量为 m 的物体相碰。设碰后棒不动，物体与地面的摩擦系数为 μ，求碰撞后物体经过多少时间停止运动？

6.18　质量为 0.05 kg 的小物块置于光滑的水平桌面上，系于轻绳的一端，绳的另一端穿过桌面中心的小孔用手拉住，如图 6.42 所示。小物块原以 3 $rad \cdot s^{-1}$ 的角速度在距孔 0.2 m 的圆周上转动。今将绳缓慢下拉，使小物块的转动半径减为 0.1 m，求小物块的角速度 ω。

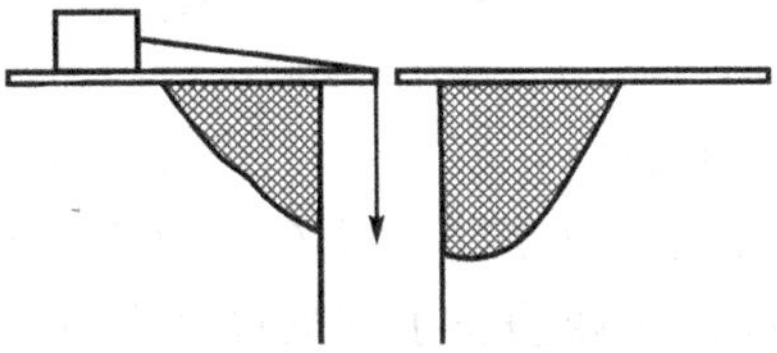

图 6.42

6.19　质量为 M、半径为 R 的水平转台，可绕过中心的竖直轴无摩擦地转动。质量为 m 的人站在转台的边缘，人和转台原来都静止。当人沿转台边缘走一周时，求人和转台相对地面转过的角度。

6.20　质量为 M、半径为 R 的水平转台，可绕过中心的竖直轴无摩擦地转动。初角速度为 ω_0，当质量为 m 的人以相对转台的恒定速率 v 沿半径从转台中心向边缘走去，求转台转过的角度随时间 t 的变化函数。

6.21　如图 6.43 所示，一质量为 m 的小球由一绳索系着，以角速度 ω_0 在无摩擦的水平面上，作半径为 r_0 的圆周运动。在绳的另一端作用一竖直向下的拉力后，小球作半径为 $r_0/2$ 的圆周运动。试求：(1)小球新的角速度；(2)拉力所做的功。

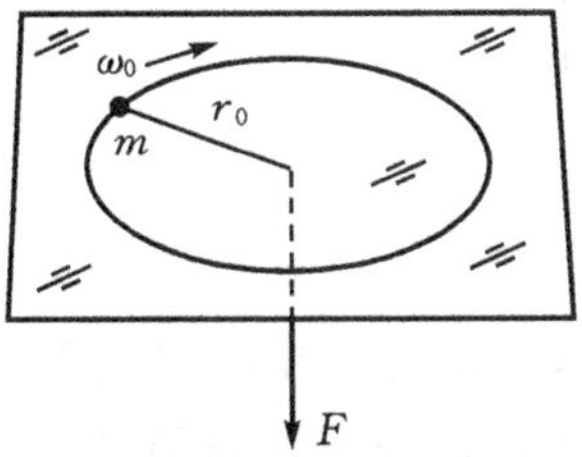

图 6.43

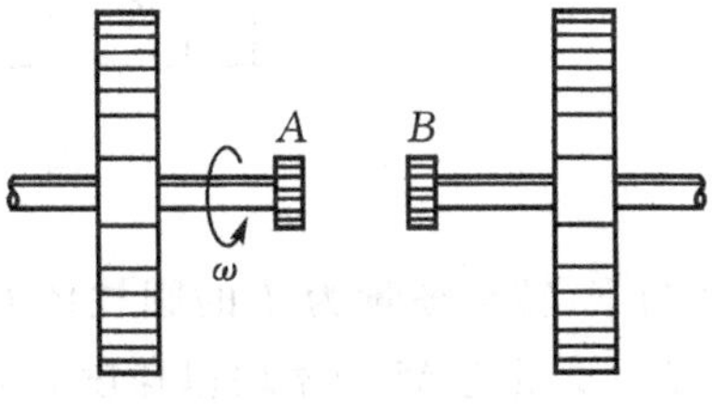

图 6.44

6.22 如图 6.44 所示，A 与 B 两飞轮的轴杆可由摩擦啮合器使之连接，A 轮的转动惯量 $J_1 = 10.0\ \text{kg}\cdot\text{m}^2$，开始时 B 轮静止，A 轮以 $n_1 = 600\ \text{r/min}$ 的转速转动，然后使 A 与 B 连接，因而 B 轮得到加速而 A 轮减速，直到两轮的转速都等于 $n = 200\ \text{r/min}$ 为止。求：(1)B 轮的转动惯量；(2)在啮合过程中损失的机械能。

6.23 长 $L = 0.40\ \text{m}$ 的匀质木棒，质量 $M = 1.0\ \text{kg}$，可绕水平轴 O 在竖直面内转动，开始时棒自然下垂，现有质量 $m = 8.0\ \text{g}$ 的子弹以 $v = 200\ \text{m/s}$ 的速率从 A 点射入棒中，设 A 点与 O 点距离为 L，求：(1)棒开始运动时的角速度；(2)棒的最大偏角。

6.24 如图 6.45 所示，一扇长方形的均质门，质量为 m、长为 a、宽为 b，转轴在长方形的一条边上。若有一质量为 m_0 的小球以速度 v_0 垂直入射于门面的边缘上，设碰撞是完全弹性的。求：(1)门对轴的转动惯量；(2)碰撞后球的速度和门的角速度；(3)讨论小球碰撞后的运动方向。

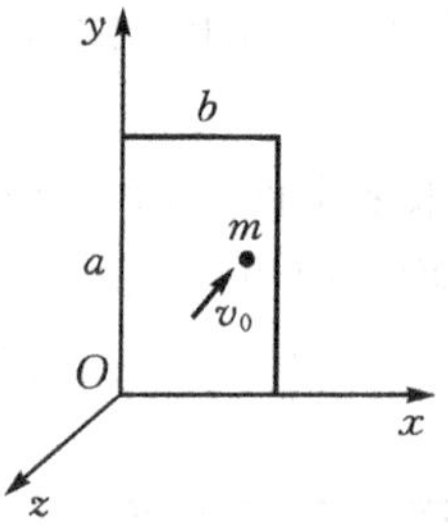

图 6.45

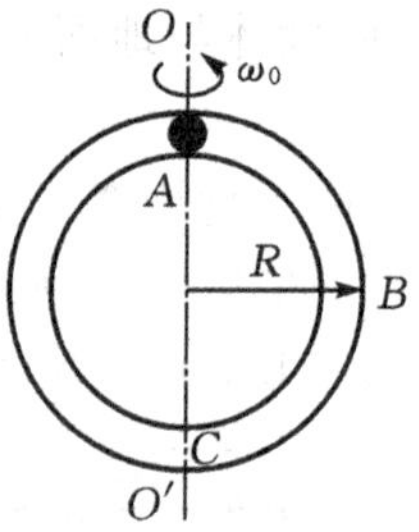

图 6.46

6.25 如图 6.46 所示，空心圆环可绕竖直轴 OO' 自由转动，转动惯量为 J，环的半径为 R，初始角速度为 ω_0。质量为 m 的小球静止于环的最高点 A，由于微扰，小球向下滑动。求：(1)当小球滑到 B 点时，环的角速度、小球相对于环的速度各为多少？(2)小球滑到最低点 C 点时，环的角速度、小球相对于环的速球度各为多少？

6.26 一长为 $L = 0.6\ \text{m}$，质量为 $M = 1\ \text{kg}$ 的均匀薄木板，可绕水平轴 OO' 无摩擦地转动，当木板静止在平衡位置时，有一质量为 $m = 10\times10^{-3}\ \text{kg}$ 的子弹垂直击中木板 A 点并穿板而过，A 距轴 $l = 0.36\ \text{m}$，子弹击中木板前的速度为 $500\ \text{m}\cdot\text{s}^{-1}$，穿出木块后的速度为 $200\ \text{m}\cdot\text{s}^{-1}$，如图 6.47 所示。求(1)子弹给木块的冲量；(2)木块获得的角速度。

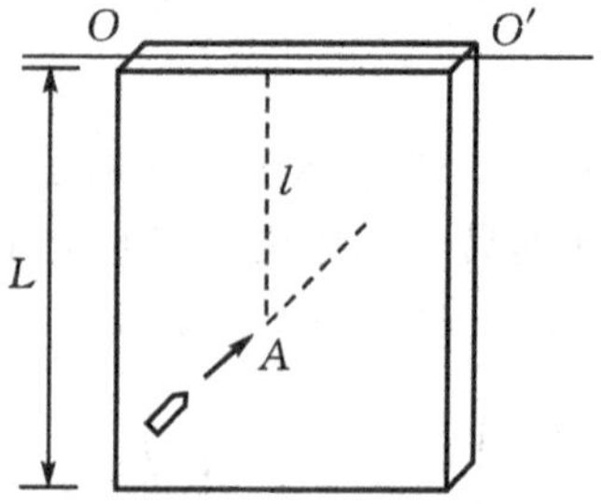

图 6.47

6.27 半径为 R、转动惯量为 J 的圆柱体 B 可绕水平固定的中心轴无摩擦地转动，起初圆柱体静止，今有一质量为 M 的木块以速度 v_1 由光滑平面的左方向右滑动，并擦过圆柱体表面滑向等高的另-·光滑平面，如图 6.48 所示，设木块和圆柱体脱离接触前无相对滑动，求木块滑过圆柱体后的速率 v_2。

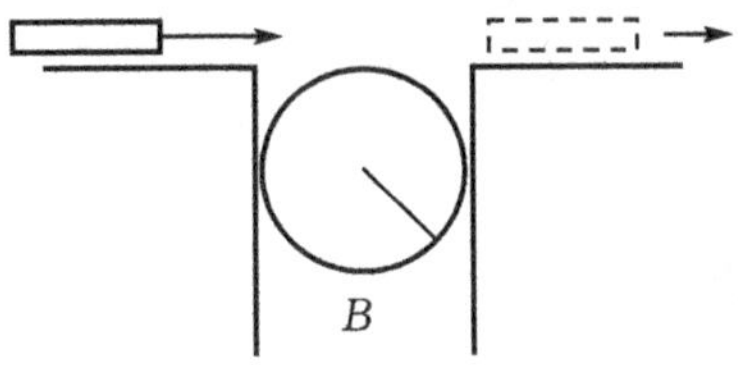

图 6.48

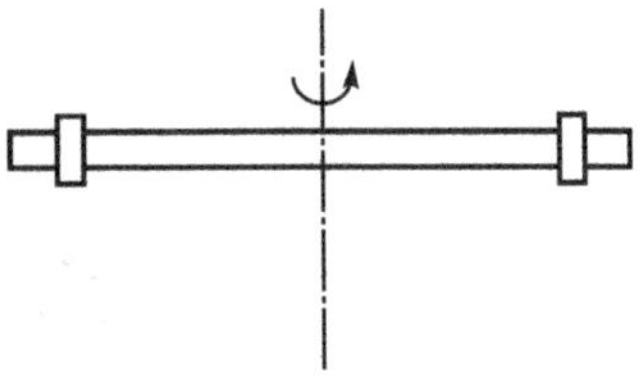

图 6.49

6.28　质量为 $M=0.03$ kg，长 $l=0.2$ m 的均匀细棒，在水平面内绕通过棒中心并与棒垂直的固定轴自由转动，细棒上套有两个可沿棒滑动的小物体，每个质量都是 $m=0.02$ kg，开始时两小物体分别被固定在距棒中心的两侧且距中心为 $r=0.05$ m 处，此时系统以 $n_1=15\ \mathrm{r\cdot min^{-1}}$ 的转速转动，如图 6.49 所示。若将小物体松开，求：(1)两小物体滑至棒端时系统的角速度多大？(2)两小物体飞离棒端后，棒的角速度多大？

6.29　视地球为质量 M、半径 R 的均匀球体，且绕通过球心的轴转动，设球外落物均匀地落到地球表面，使地球表面均匀积了 h 厚的一层尘埃（$h \ll R$），若果真如此，那么一天的时间将变化多少？

6.30　长为 l、质量为 M 的匀质杆，可绕通过杆端 O 点的水平轴自由转动，开始时杆铅直下垂。今有一子弹，质量为 m，以水平速度 v_0 射入杆的 A 点并嵌入杆中，$OA=2l/3$，则子弹射入后瞬间杆的角速度为多少？

6.31　弹簧、定滑轮和物体的连接如图 6.50 所示，弹簧一端固定在墙上，其劲度系数为 $k=200\ \mathrm{N\cdot m^{-1}}$，定滑轮的转动惯量是 $0.5\ \mathrm{kg\cdot m^2}$，其半径为 0.30 m。假设定滑轮轴上摩擦忽略不计，刚开始时物体静止而弹簧处于自然状态。(1)当质量 $m=6.0$ kg 的物体落下 $h=0.40$ m 时，它的速率为多大？(2)物体最低可以下落到什么位置？

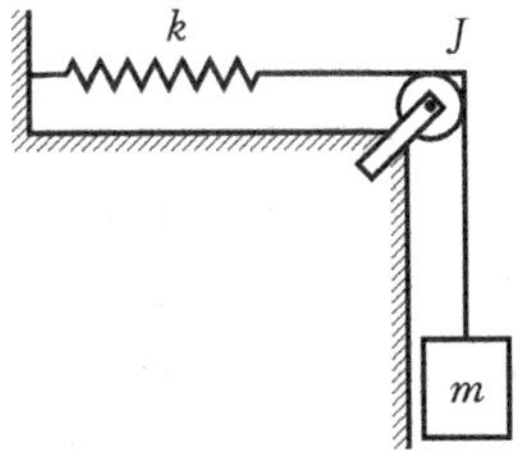

图 6.50

第 7 章

机械振动

所谓振动就是物体在一定位置附近的往复运动，也称机械振动。振动是日常生活和工程实际中常见的现象，例如钟摆的摆动，汽车行驶时的颠簸，电动机、机床等工作时的振动，受激励的房屋建筑、桥梁的振动。

振动并不限制在机械运动的范围，从广义上说，描述系统状态的参量在某一数值附近作周期性变化的过程都可以叫做振动，例如交流电路中电流、电压，电磁波在传播过程中空间任一点的电场强度和磁场强度随时间周期性的变化等。不同类型的振动虽有显著的区别，但振动量随时间的变化关系遵循相同的数学规律，有着相同的描述方法。研究机械振动的规律是研究其他形式的振动及波动的基础。

本章只研究几种特殊的线性振动，重点讨论其中的简谐振动。

7.1 简谐振动

简谐振动是一种最简单的也是最基本的机械振动，任何复杂的振动都可以看作若干简谐振动的合成。

7.1.1 简谐振动的动力学特征

质点在某位置所受的力等于零，此位置称平衡位置。若作用于质点的力总与质点相对平衡位置的位移成正比，且指向平衡位置，此作用力称线性回复力，例如，弹簧弹性力 $F=-kx$ 就是线性回复力。对于转动的刚体，所受力矩为零的位置称平衡位置。若作用于刚体的力矩相对平衡位置的角位移成正比，且力矩的效果总是使得刚体靠近平衡位置，此作用力矩称线性回复力矩。物体在线性回复力(力矩)作用下围绕平衡位置的往复运动称简谐振动。下面以弹簧振子、单摆、复摆为例，讨论简谐振动的动力学特征。

1. 弹簧振子

轻弹簧一端固定，另一端系一个可以自由运动的物体，物体与弹簧组成的系统称为弹簧振子。图 7.1 为一个在光滑水平面上放置的弹簧振子。取平衡位置为坐标原点，水平向右为 x 轴正向，设弹簧的劲度系数为 k，物体的质量为 m，忽略各种阻力，当物体位置坐标为 x 时候，所受合力等于此时弹簧的弹性力，可表示为

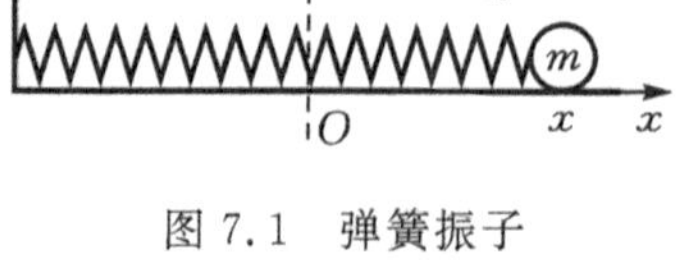

图 7.1 弹簧振子

$$F = -kx \tag{7.1}$$

由牛顿第二运动定律可得

$$m\frac{d^2x}{dt^2} = -kx$$

将上式整理为

$$\frac{d^2x}{dt^2} + \omega_0^2 x = 0 \tag{7.2}$$

其中

$$\omega_0^2 = \frac{k}{m} \tag{7.3}$$

2. 单摆

如 7.2 图所示，约定摆线在平衡位置右边 θ 角取正，左边则取负，向外转动方向为正方向。对摆球进行受力分析，根据牛顿第二运动定律，摆球的切向分量方程为

$$ml\frac{d^2\theta}{dt^2} = -mg\sin\theta$$

对于小角度摆动有 $\sin\theta \approx \theta$，上式整理为

$$\frac{d^2\theta}{dt^2} + \omega_0^2\theta = 0 \tag{7.4}$$

其中

$$\omega_0^2 = \frac{g}{l} \tag{7.5}$$

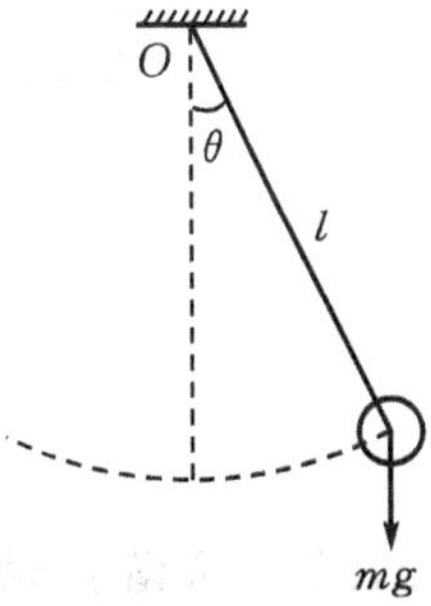

图 7.2　单摆

3. 复摆

刚体在竖直平面内绕不过质心的水平固定轴摆动，这样的系统称为复摆。如图 7.3 所示，θ 为刚体质心到轴的垂直连线与刚体处在平衡位置时该连线的夹角，同样约定平衡位置右边 θ 角取正，左边则取负，向外转动方向为正方向。质心到转轴距离记为 r_c，对于复摆，由转动定理可得

$$J\frac{d^2\theta}{dt^2} = -mgr_c\sin\theta$$

对于小角度摆动有 $\sin\theta \approx \theta$，上式整理为

$$\frac{d^2\theta}{dt^2} + \omega_0^2\theta = 0 \tag{7.6}$$

其中

$$\omega_0^2 = mgr_c/J \tag{7.7}$$

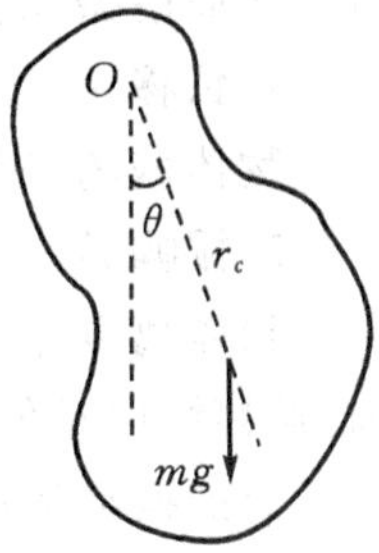

图 7.3　复摆

式(7.2)、式(7.4)、式(7.6)具有相同的形式，称作简谐振动的动力学方程。于是我们又可以把简谐振动定义为：若物体的动力学方程满足以下形式

$$\frac{d^2x}{dt^2} + \omega_0^2 x = 0 \tag{7.8}$$

且其中的 ω_0 取决于振动系统本身的性质，则物体作简谐振动。

例 7.1　一长方体木块浮于静水中，其浸入部分高为 a，今用手指沿竖直方向将其慢慢压下，使其浸入部分高度为 b，然后放手任其运动。试证明若不计阻力，木块的运动为简谐振动。

解　设木块质量为 m，底面积为 S，水的密度为 ρ，木块受到重力和浮力。木块平衡时

$$mg = f = \rho g S a$$

以水面上某点为原点，向上为 x 轴建立坐标系，则当木块在图 7.4(c)所示的位置时，合力为

$$F = f - mg = \rho g S(a - x) - mg$$

联立上两式，应用牛顿第二定律并整理得

$$\frac{\mathrm{d}^2 x}{\mathrm{d}t^2} + \frac{g}{a}x = 0$$

可见，木块作简谐振动。

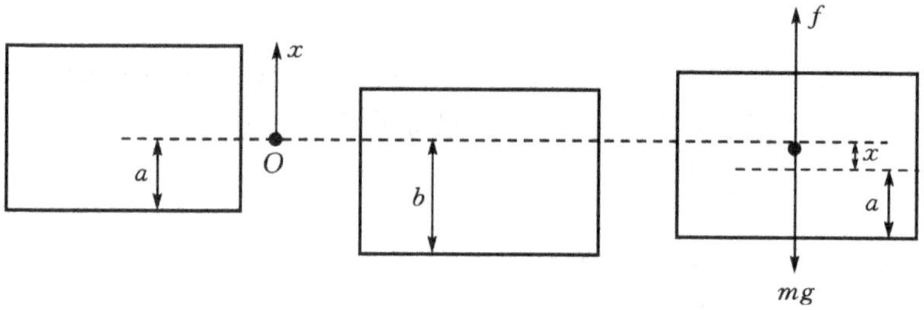

图 7.4　例 7.1 图

7.1.2　简谐振动的运动学方程

根据常微分方程的理论，简谐振动动力学方程(7.8)的解的一般形式如下

$$x = A\cos(\omega_0 t + \varphi) \tag{7.9}$$

式(7.9)就是简谐振动的运动学方程。其中 A 和 φ 是两个积分常数，由初始条件确定。运动学方程既可以写成余弦函数形式，也可以写成正弦函数形式，本书采用余弦函数形式。下面分析描述简谐振动各量的物理意义。

1. 位移 x

物体偏离平衡位置的坐标，可以是位移、角度等，位移有正有负。

2. 振幅 A

物体离开平衡位置的最大位移的绝对值称为振幅，振幅用 A 表示。它给出了振动的范围，振幅恒取正值，取值由初始条件决定。

简谐振动运动学方程式(7.9)对时间求一阶导数，可得简谐振动的速度

$$v = \frac{\mathrm{d}x}{\mathrm{d}t} = -A\omega_0\sin(\omega_0 t + \varphi) \tag{7.10}$$

将初始条件 $t = 0, x = x_0, v = v_0$ 代入式(7.9)、式(7.10)，得

$$\begin{cases} x_0 = A\cos\varphi \\ v_0 = -A\omega_0\sin\varphi \end{cases} \tag{7.11}$$

消去 φ 可得振幅

$$A = \sqrt{x_0^2 + \frac{v_0^2}{\omega_0^2}} \tag{7.12}$$

现在来讨论两种特殊情形：当 $t=0$ 时，若 $x=x_0$，$v=0$，则 $A=|x_0|$，物体位于最大位移处；若 $x=0$，$v=v_0$，物体在平衡位置，振幅 $A=\left|\frac{v_0}{\omega_0}\right|$，表明物体在平衡位置的初速越大，振幅就越大。

3. 周期 T、频率 ν 和圆频率 ω_0

物体作一次完全振动所经历的时间，称为振动的周期，用 T 表示周期。根据定义有

$$x=A\cos(\omega_0 t+\varphi)=A\cos(\omega_0(t+T)+\varphi)$$

由于余弦函数的周期为 2π，所以有

$$\omega_0 T=2\pi$$

因此

$$T=\frac{2\pi}{\omega_0} \tag{7.13}$$

对于弹簧振子，$\omega_0{}^2=\frac{k}{m}$，代入上式得弹簧振子周期为

$$T=2\pi\sqrt{\frac{m}{k}}$$

对于单摆，$\omega_0{}^2=\frac{g}{l}$，得单摆的周期为

$$T=2\pi\sqrt{\frac{l}{g}}$$

对于复摆，$\omega_0{}^2=mgr_c/J$，得单摆的周期为

$$T=2\pi\sqrt{\frac{J}{mgr_c}}$$

物体单位时间内作完全振动的次数称为频率，用 ν 表示频率。它等于周期 T 的倒数

$$\nu=\frac{1}{T} \tag{7.14}$$

频率的单位为赫兹(Hz)。

根据式(7.14)有

$$\omega_0=2\pi\nu \tag{7.15}$$

ω_0 与 ν 相差一常数因子 2π，可视为 2π 秒内振动的次数，称 ω_0 为圆频率，单位为 $\mathrm{rad\cdot s^{-1}}$ 或记为 $\mathrm{s^{-1}}$。利用周期、频率、圆频率之间的关系，简谐振动的运动学方程又可以表示为

$$x=A\cos(\frac{2\pi}{T}t+\varphi)$$

或者

$$x=A\cos(2\pi\nu t+\varphi)$$

周期、频率和圆频率都是表示谐振动的周期性特性的物理量，反映了振动的快慢，它们完全决定于振动系统本身的性质，因此，常分别称为振动系统的固有周期、固有频率和固有圆频率。

4. 相位 $(\omega_0 t+\varphi)$ 和相位差

振幅告诉我们振动的范围，周期或频率告诉我们振动的快慢，但振幅和周期无法确定振动系统任意瞬时的运动状态。系统的瞬时运动状态由物体的位移 $x=A\cos(\omega_0 t+\varphi)$ 和速度 v

$=-A\omega_0\sin(\omega_0 t+\varphi)$ 共同决定。容易看出，当振幅和圆频率确定时，振动物体在任意时刻 t 的位移和速度都由 $(\omega_0 t+\varphi)$ 决定，当然，反过来也可以说振动位移和速度共同决定了 $(\omega_0 t+\varphi)$，我们称 $(\omega_0 t+\varphi)$ 这个量为简谐振动的相位，例如，当振动物体运动状态是静止在最大位移 $x=A$ 处，对应的相位 $\omega_0 t+\varphi=0$；振动物体运动状态是在平衡位置 $x=0$ 处，并以速率 $A\omega_0$ 向负方向运动，对应的相位 $\omega_0 t+\varphi=\pi/2$。

所以，物体任意瞬时的振动状态都有一个对应的相位，简谐振动物体任何时刻的相位，决定了该时刻振动物体的运动状态。从这个意义上说，相位是描述振动状态的物理量。

当 $t=0$ 时，相位 $\omega_0 t+\varphi=\varphi$，$\varphi$ 代表初始时刻的相位值，称为初相。它反映了振动的初始状态。初相由初始条件决定。由式(7.11)有

$$\begin{cases}\cos\varphi=\dfrac{x_0}{A}\\[2ex]\sin\varphi=-\dfrac{v_0}{A\omega_0}\end{cases}\tag{7.16}$$

根据式(7.16)可以确定初相 φ。

在下一节研究两简谐振动合成时，两个振动的相位之差即相位差对合成的结果有着重要的影响。下面定义几种相位差关系。

对于两同方向同频率的简谐振动

$$x_1=A_1\cos(\omega t+\varphi_1),\ x_2=A_2\cos(\omega t+\varphi_2)\tag{7.17}$$

它们的相位差为

$$(\omega t+\varphi_2)-(\omega t+\varphi_1)=\varphi_2-\varphi_1=\Delta\varphi\tag{7.18}$$

此时相位差等于初相差。若相位差为 2π 的整数倍，代入式(7.17)，显然两振动有相同的相位，它们同时达到最大位移，同时同向偏离或靠近平衡位置，步调一致，称两振动同相或同步调；若相位差为 π 的奇数倍，代入式(7.17)，则发现两振动同时反向偏离或靠近平衡位置，步调刚好相反，称两振动反相或反步调；若相位差 $0<\varphi_2-\varphi_1<\pi$，则称 φ_2 超前 φ_1；若相位差 $\pi<\varphi_2-\varphi_1<2\pi$，则称 φ_2 落后 φ_1。对于相位差超出 $0\sim2\pi$ 范围的情形，可通过将相位差加或减 2π 的整数倍调整到 $0\sim2\pi$ 范围再行判断。

例 7.2 质点沿 x 轴作简谐振动，振幅为 20 cm，周期为 4 s，$t=0$ 时物体的位移为 10 cm，且向 x 轴正方向运动。求：(1)运动方程；(2) $t=0.5$ s 时，质点的速度和加速度。

解 (1)质点作简谐振动，设其运动方程为

$$x=A\cos(\omega t+\varphi)$$

由题意

$$A=20\ \text{cm},\ T=4\ \text{s},\ \omega=\frac{2\pi}{T}=\frac{\pi}{2}$$

当 $t=0$ 时，$x_0=10$ cm，代入运动方程得

$$20\cos\varphi=10$$

所以 $\varphi=\dfrac{\pi}{3}$ 或 $\dfrac{5}{3}\pi$。运动方程对时间 t 求一阶导，得到速度为

$$v=-\omega A\sin(\omega t+\varphi)$$

因为 $v_0>0$，即 $-\omega A\sin\varphi>0$，所以 $\varphi=\dfrac{5}{3}\pi$。质点的运动方程为

$$x = 20\cos(\frac{\pi}{2}t + \frac{5}{3}\pi) \quad (\text{cm})$$

$t = 0.5$ s 时，质点的速度和加速度分别为

$$v\Big|_{t=0.5} = \frac{dx}{dt}\Big|_{t=0.5} = 8.13\ \text{cm} \cdot \text{s}^{-1}$$

$$a\Big|_{t=0.5} = \frac{d^2x}{dt^2}\Big|_{t=0.5} = -47.6\ \text{cm} \cdot \text{s}^{-2}$$

负号表示此时质点的加速度方向与 x 轴正方向相反。

7.1.3　简谐振动的能量

以图 7.1 所示的水平弹簧振子为例，当物体的位移为 x 而速度为 v 时，系统的弹性势能和动能分别为

$$E_p = \frac{1}{2}kx^2 = \frac{1}{2}kA^2\cos^2(\omega t + \varphi) \tag{7.19}$$

$$E_k = \frac{1}{2}mv^2 = \frac{1}{2}m\omega^2 A^2\sin(\omega t + \varphi) \tag{7.20}$$

由上两式可知，系统的势能和动能都随时间 t 作周期性的变化，当物体的位移为零时，势能为零，动能最大；当物体位移最大时，势能达到最大值，动能却为零。根据三角函数公式，上两式变为

$$E_p = \frac{1}{4}kA^2[1 + \cos(2\omega t + 2\varphi)]$$

$$E_k = \frac{1}{4}m\omega^2 A^2[1 - \cos(2\omega t + 2\varphi)]$$

容易看出动能和势能的圆频率是振动圆频率的两倍，那么动能和势能的周期是振动周期的二分之一。由 $\omega^2 = \dfrac{k}{m}$，有

$$E_k = \frac{1}{2}kA^2\sin^2(\omega t + \varphi)$$

所以弹簧振子系统的总机械能

$$E = E_p + E_k = \frac{1}{2}kA^2 \tag{7.21}$$

可见弹簧振子作简谐振动的总能量为一恒量。这是因为振动过程中，只有保守内力做功，所以系统机械能守恒，但系统内动能和势能不断地相互转换。

虽然式(7.21)给出的是弹簧振子的机械能，它和振幅的平方成正比。这一点对其他的简谐振动系统也是适用的，可见振幅不仅给出了简谐振动的运动范围，而且反映了振动系统的能量的大小，即反映了振动的强度。

例 7.3　质量 $m=0.10$ kg 的物体以 $A=0.01$ m 的振幅作简谐振动，其最大加速度为 $4.0\ \text{m} \cdot \text{s}^{-2}$，求：(1)振动周期；(2)物体通过平衡位置时的总能量与动能；(3)当动能和势能相等时，物体的位移是多少？(4)当物体的位移为振幅的一半时，动能、势能各占总能量的多少？

解　(1)由 $a_{max} = A\omega^2$ 有

$$\omega = \sqrt{a_{max}/A} = 20\ ,\ T = \frac{2\pi}{\omega} = \frac{\pi}{10}\ \text{s}$$

(2) $E_k = E = \frac{1}{2}m\,\omega^2 A^2 = 2\times 10^{-3}\ \mathrm{J}$；

(3)动能和势能相等，所以 $E_p = \frac{1}{2}E$，即 $kx^2 = \frac{1}{2}kA^2$，由此可求出此时物体的位移

$$x = \pm\frac{\sqrt{2}}{2}A = \pm 7.07\times 10^{-3}\ \mathrm{m}；$$

(4)把 $x = \pm\frac{1}{2}A$ 代入方程 $x = A\cos(\omega t+\varphi)$，可得 $\cos(\omega t+\varphi) = \pm\frac{1}{2}$，那么

$$E_P = \frac{1}{2}m\omega^2 A^2\cos^2(\omega t+\varphi) = E\cos^2(\omega t+\varphi) = \frac{1}{4}E$$

此时动能势能分别占总能的 3/4 和 1/4。

例 7.4　若考虑弹簧质量，试求弹簧振子频率。

解　振子质量为 m 弹簧的劲度系数为 k，原长为 L，弹簧单位长度质量为 λ。

如图 7.5 所示，取弹簧自由伸长处为原点建立坐标。当弹簧质量和振子相比比较小时，可以假设弹簧质量形变沿 x 方向是均匀的。取弹簧自由伸长时距固定端 l 处的一元段 $\mathrm{d}l$，当物体位移为 x 时，该元段距固定端的距离变为 $l(1+\frac{x}{L})$，速度为 $\frac{l}{L}\frac{\mathrm{d}x}{\mathrm{d}t}$，可见弹簧各处速度大小也是按线性变化的。

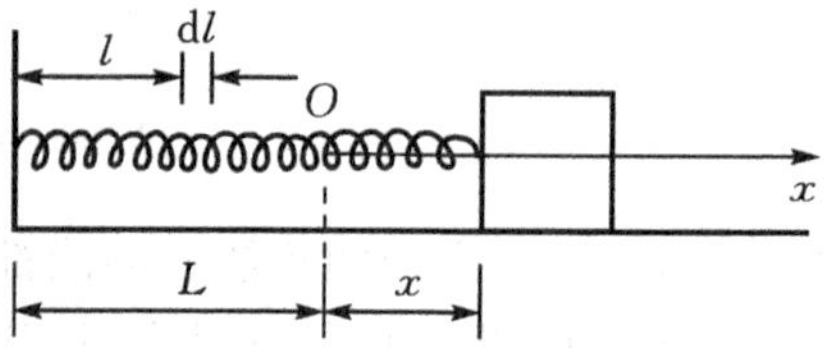

图 7.5　例 7.4 图

弹簧动能

$$E'_k = \int_0^L \frac{1}{2}\left(\frac{l}{L}\frac{\mathrm{d}x}{\mathrm{d}t}\right)^2\lambda\mathrm{d}l = \frac{1}{2}\frac{\lambda L}{3}\left(\frac{\mathrm{d}x}{\mathrm{d}t}\right)^2$$

振子的动能

$$E_k = \frac{1}{2}m\left(\frac{\mathrm{d}x}{\mathrm{d}t}\right)^2$$

弹簧振子系统的弹性势能

$$E_p = \frac{1}{2}kx^2$$

若不计各种阻力，则弹簧振子系统机械能守恒

$$E'_k + E_k + E_p = C \qquad (C\ 表示常量)$$

将此方程对时间求导，整理得

$$\frac{\mathrm{d}^2x}{\mathrm{d}t^2} + \frac{k}{m+\frac{\lambda L}{3}}x = 0$$

上式中的 λL 就是弹簧的质量，$m' = \lambda L/3$。弹簧振子的运动仍可认为是简谐振动，圆频率为

$$\omega_0 = \sqrt{\frac{k}{m+m'}}$$

一般情况下，这一计算频率的近似方法与严格理论计算相比较误差很小。在工程技术中，常采用此法处理弹簧质量不可忽略的问题。

7.1.4　简谐振动的几何表达

1. 简谐振动的振动曲线 x-t 图

由简谐振动的运动学方程可知，位移 x 和时间 t 成余弦关系，振动曲线形状是余弦曲线，如图 7.6 所示，振幅决定曲线的“高低”，频率决定曲线的“疏密”，不同的相位对应曲线上不同的点。

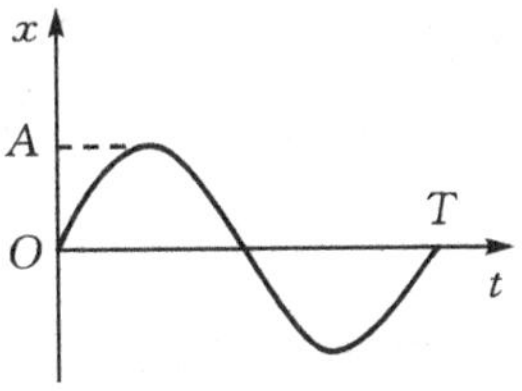

图 7.6　振动曲线

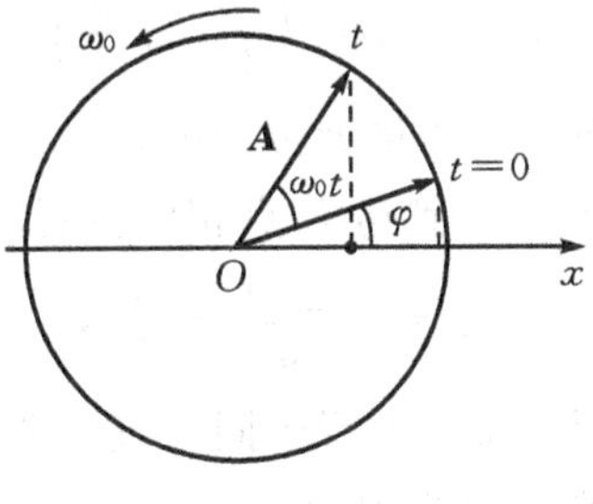

图 7.7　旋转矢量表达简谐振动

2. 简谐振动的旋转矢量表达法

在讨论简谐振动合成等问题时，旋转矢量表达简谐振动的方法使用起来特别方便，如图 7.7 所示，自 x 轴的原点 O 作一矢量 $\boldsymbol{A}$，它的模等于简谐振动的振幅 A，$t=0$ 时矢量 $\boldsymbol{A}$ 与 x 轴的夹角等于振动的初相 φ，让矢量 $\boldsymbol{A}$ 以圆频率 ω_0 大小的角速度绕 O 逆时针旋转，显然在 t 时刻，旋转矢量 $\boldsymbol{A}$ 与 x 轴夹角为 $(\omega_0 t+\varphi)$，我们把矢量 $\boldsymbol{A}$ 称旋转矢量。旋转矢量 $\boldsymbol{A}$ 在 x 轴上的投影为

$$x = A\cos(\omega_0 t+\varphi)$$

这正是简谐振动的运动学方程。

根据旋转矢量的运动特点，容易知道旋转矢量的端点作半径为 A 的匀速率圆周运动，矢量端点的速度和加速度在 x 轴上的投影恰好分别等于简谐振动的速度和加速度（读者自行验证）。

例 7.5　某振动质点的 x-t 曲线如图 7.8 所示，试求：

(1)运动方程；

(2)点 P 对应的相位；

(3)到达 P 点相应位置所需的时间。

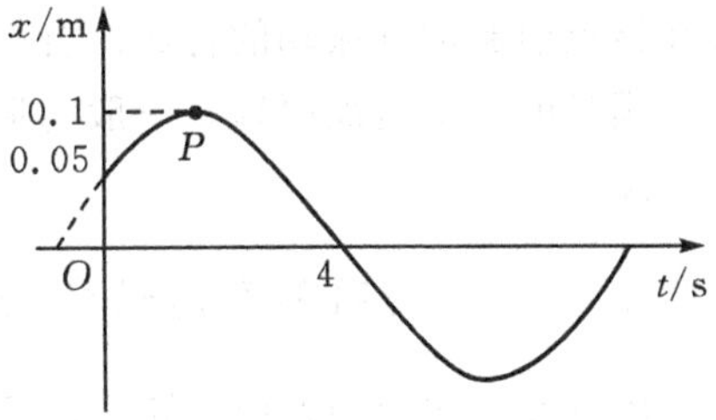

图 7.8　例 7.5 图

解　(1)设运动方程为

$$x = A\cos(\omega t+\varphi)$$

下面根据题意画旋转矢量：由 x-t 曲线可知，振幅 $A=0.1\ \text{m}$，当 $t=0$ 时，$x_0=A/2$ 且 $v_0>0$，所以 $t=0$ 时，旋转矢量与 x 轴夹角为 $-\dfrac{\pi}{3}$，即初相

$$\varphi=-\frac{\pi}{3}$$

同理可知 $t=4$ s时，旋转矢量转到了与 x 轴夹角为 $\frac{\pi}{2}$ 的地方，即经 4 s时间，旋转矢量转过 $\frac{\pi}{3}+\frac{\pi}{2}$ 的角度，如图 7.9 所示。因此有

$$\omega=\frac{\Delta\theta}{\Delta t}=\frac{5\pi}{24}$$

运动方程为

$$x=0.1\cos\left(\frac{5\pi}{24}t-\frac{\pi}{3}\right)\ \mathrm{m}$$

(2) P 点表示质点处于最大位移处，旋转矢量图可见 $\varphi_P=0$。

(3)旋转矢量图可见，到达 P 点相应位置转过 $\pi/3$，所需时间

$$\Delta t=\frac{\Delta\theta}{\omega}=\frac{8}{5}\ \mathrm{s}。$$

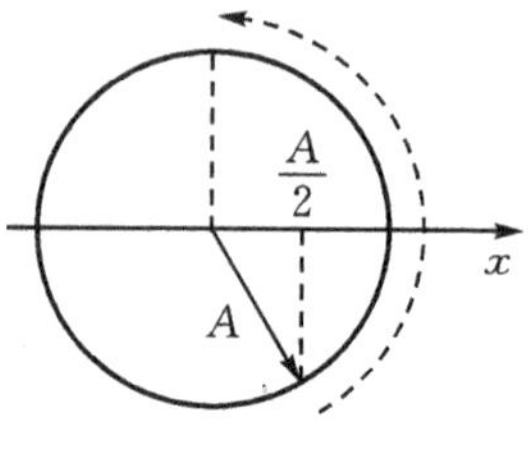

图 7.9 例 7.5 图

例 7.6 已知两个质点平行于同一直线并排作简谐振动，它们的频率、振幅相同，在振动过程中，每当它们经过振幅一半的地方时相遇，且运动方向相反。求：它们的相位差。

解 因为两质点作同频率的简谐振动，所以它们的相位差在每个时刻都一样。

两质点经过振幅的一般的地方时对应的旋转矢量如图 7.10 所示。

两质点振动的相位差

$$\Delta\varphi=\frac{2}{3}\pi$$

上述两个例子告诉我们，用旋转矢量表示简谐振动，既直观，计算上又更加简单。

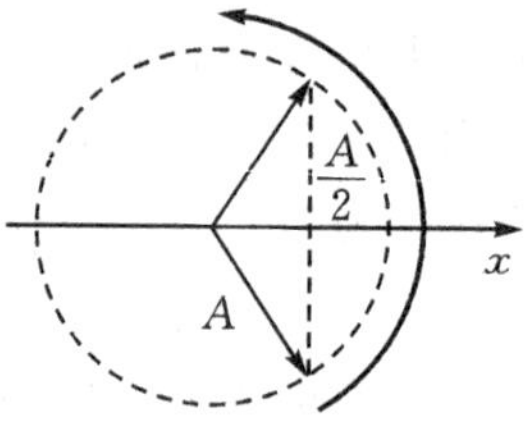

图 7.10 例 7.6 图

7.2 简谐振动的合成

两列或多列波同时在空间传播并且相遇的现象非常常见，在相遇区内，各点的振动是每列波在该点引起的分振动的合成。合振动的位移等于各个分振动位移的矢量和，这便是振动合成所满足的振动迭加原理。一般的振动合成比较复杂，下面讨论两个简谐振动合成的几种特殊情况。

7.2.1 同方向同频率简谐振动的合成

质点参与两个同方向同频率的简谐振动，分振动运动学方程为

$$\begin{cases}x_1=A_1\cos(\omega t+\varphi_1)\\x_2=A_2\cos(\omega t+\varphi_2)\end{cases}$$

由振动迭加原理可得质点的合振动位移

$$x=x_1+x_2=A_1\cos(\omega t+\varphi_1)+A_2\cos(\omega t+\varphi_2)$$

将余弦函数展开再重新并项得

$$x=A\cos(\omega t+\varphi) \tag{7.22}$$

其中 A 和 φ 是确定值，满足下面关系

$$\begin{cases} A = \sqrt{A_1^2 + A_2^2 + 2A_1A_2\cos(\varphi_2 - \varphi_1)} \\ \sin\varphi = (A_1\sin\varphi_1 + A_2\sin\varphi_2)/A \\ \cos\varphi = (A_1\cos\varphi_1 + A_2\cos\varphi_2)/A \end{cases} \tag{7.23}$$

可见同方向两个同频率的谐振动的合振动仍为同频率的简谐谐振动，合振动的振幅 A 和初相 φ 由分振动的振幅和初相决定。

下面用旋转矢量法研究振动合成。

将两个分振动用旋转矢量法表示，这里画的是 $t=0$ 时刻的旋转矢量，如图 7.11 所示，两个旋转矢量 $\boldsymbol{A}_1$ 和 $\boldsymbol{A}_2$ 在 x 轴上的投影分别为 x_1 和 x_2，因为 $\boldsymbol{A}_1$ 和 $\boldsymbol{A}_2$ 以相同的角速度 ω 作逆时针旋转，它们之间的夹角 $\varphi_2-\varphi_1$ 在旋转过程中保持不变，所以合矢量 $\boldsymbol{A}$ 的长度也不变，且以相同的角速度 ω 逆时针旋转，合矢量在 x 轴上的投影为 $x=x_1+x_2$。由此可见，两分振动对应的旋转矢量 $\boldsymbol{A}_1$ 和 $\boldsymbol{A}_2$ 的合成矢量 $\boldsymbol{A}$ 在 x 轴上的投影就是合振动的位移，即

$$x = A\cos(\omega t + \varphi)$$

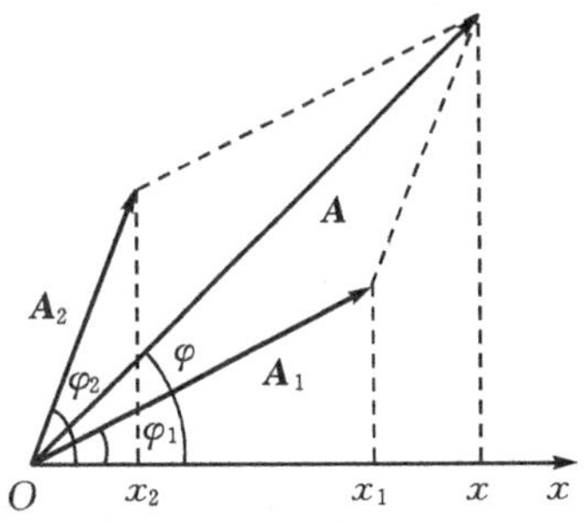

图 7.11　旋转矢量研究振动的合成

根据图 7.11 可以写出 A 和 φ 满足下面关系

$$\begin{cases} A = \sqrt{A_1^2 + A_2^2 + 2A_1A_2\cos(\varphi_2 - \varphi_1)} \\ \sin\varphi = (A_1\sin\varphi_1 + A_2\sin\varphi_2)/A \\ \cos\varphi = (A_1\cos\varphi_1 + A_2\cos\varphi_2)/A \end{cases}$$

这一结果与用三角法求得的结果式(7.23)是一致的。旋转矢量法来分析振动的合成更加的直观，计算上也更简单。

下面讨论相位差与合振动振幅的关系。由前面的讨论，合振动振幅为

$$A = \sqrt{A_1^2 + A_2^2 + 2A_1A_2\cos(\varphi_2 - \varphi_1)} \tag{7.24}$$

它与分振动振幅 A_1，A_2 及两分振动的相位差 $\varphi_2-\varphi_1$ 有关。对于确定的简谐分振动，各自的振幅是常数，合振动的振幅完全取决于相位差。

(1)当 $\varphi_2-\varphi_1=2n\pi$（$n$ 为整数）即两分振动同步调时，$A=A_1+A_2$，振动互相加强，合振幅最大。

(2)当 $\varphi_2-\varphi_1=(2n+1)\pi$（$n$ 为整数）即两分振动反步调时，$A=|A_1-A_2|$，互相削弱，合振幅最小，特别是当 $A_1=A_2$ 时，两分振动完全抵消。

(3)一般的情况下，合振幅在 A_1+A_2 和 $|A_1-A_2|$ 之间。

对于一个质点同时参与多个同一直线上的同频率的简谐振动，也可用同样的方法进行合成，其合振动仍为原直线上的同频率简谐振动，同一直线上的同频率简谐振动合成的方法，在讨论光波、声波以及电磁辐射的干涉和衍射时很有用处。

例 7.7　有两个同方向、同频率的简谐振动，它们的振动表式为：

$$x_1 = 0.05\cos\left(10t + \frac{3}{4}\pi\right), \quad x_2 = 0.06\cos\left(10t + \frac{1}{4}\pi\right) \text{(SI 制)}$$

(1)求它们合成振动的振幅和初相位。

(2)若另有一振动 $x_3=0.07\cos(10t+\varphi_3)$，问 φ_3 为何值时，x_1+x_3 的振幅为最大；φ_3 为

何值时，x_2+x_3 的振幅为最小。

解 根据题意，画出旋转矢量图，如图 7.12 所示。

(1)振幅

$$A=\sqrt{A_1^2+A_2^2}=\sqrt{0.05^2+0.06^2}=0.078\ \mathrm{m}$$

因为 $\tan\theta=\dfrac{A_1}{A_2}=\dfrac{5}{6}$ $\theta=39.8°=39°48'$

所以初相

$$\varphi=\varphi_2+\theta=84°48'$$

(2) $\varphi_3=\varphi_1=\dfrac{3\pi}{4}$，$x_1+x_2$ 振幅最大；

$\varphi_3-\varphi_2=\pm\pi$，$\varphi_3=\varphi_2\pm\pi=\dfrac{5\pi}{4}$(或 $-\dfrac{3\pi}{4}$) 时，x_2+x_3 振幅最小。

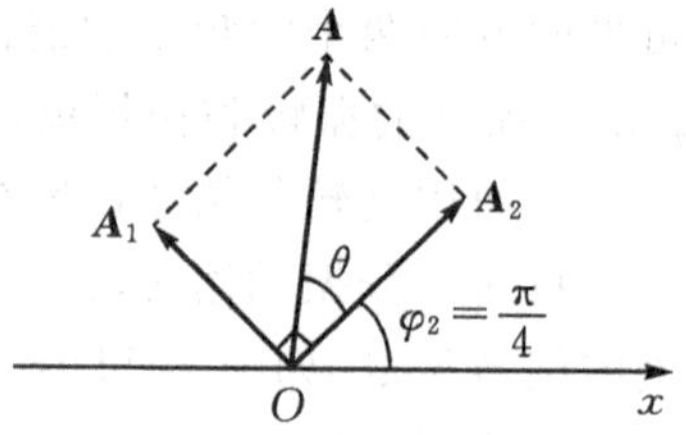

图7.12 旋转矢量研究振动的合成

7.2.2 同方向不同频率简谐振动的合成——拍

为突出频率不同对合成结果的影响，设质点参与的两分振动振幅相等，初相都等于零，分振动写成

$$\begin{cases}x_1=A\cos\omega_1 t\\x_2=A\cos\omega_2 t\end{cases}$$

合成运动

$$\begin{aligned}x=x_1+x_2&=A\cos\omega_1 t+A\cos\omega_2 t\\&=2A\cos\left(\frac{\omega_2-\omega_1}{2}t\right)\cos\left(\frac{\omega_2+\omega_1}{2}t\right)\end{aligned}\tag{7.25}$$

显然合成运动不是简谐振动，比较复杂。

我们只讨论简单而有趣的特例：当两分振动频率比较大又非常接近时，即 $\omega_1\approx\omega_2$，且 $|\omega_2-\omega_1|\ll\omega_1$ 时，合运动有着很有趣的特点。式(7.23)中的 $\cos\left(\dfrac{\omega_2-\omega_1}{2}t\right)$ 相对后面的余弦因子在时间上变化缓慢得多，将 $\left|2A\cos\left(\dfrac{\omega_2-\omega_1}{2}t\right)\right|$ 视为振幅，所以合运动是一个振幅缓慢变化的“准简谐振动”(见图 7.13)。合振动振幅时大时小周期变化的现象叫作拍。合振幅每变化一周期叫一拍，单位时间内拍出现的次数叫拍频，所以拍的圆频率为

$$\omega=|\omega_1-\omega_2|$$

拍频则为

$$\nu=|\nu_1-\nu_2|\tag{7.26}$$

拍现象有许多实际应用，例如，我们很容易听到声音的拍，利用标准音可以校准钢琴的频率；这是因为音调有微小差别就会出现拍音，这时便可利用拍音调整钢琴频率；拍现象还可以用来测速，运动物体发射或反射电磁波(或声波)时，发射波或反射波的频率会有微小改变(多普勒效应)，则发射波和反射波合成便可产生拍，测出拍频就得出频率改变量 $\Delta\nu$，由 $\Delta\nu$ 就可得出物体运动情况的信息，测出运动速度等。讨论多普勒效应时我们将介绍这方面的应用。

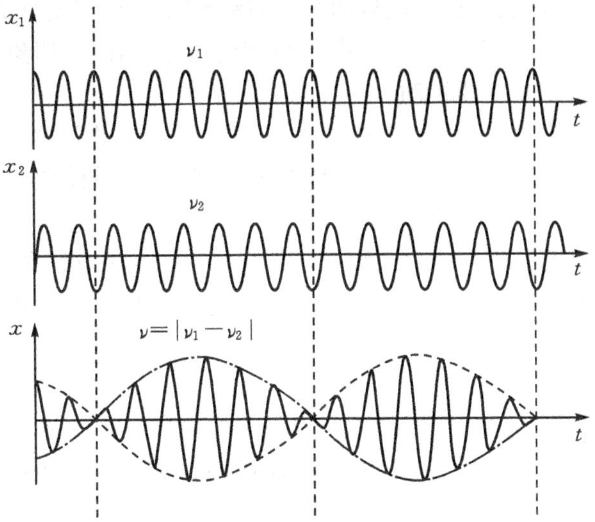

图 7.13　拍的形成

7.2.3　相互垂直同频率简谐振动的合成

质点参与相互垂直同频率两分振动，它们运动学方程

$$\begin{cases} x = A_1\cos(\omega t + \varphi_1) \\ y = A_2\cos(\omega t + \varphi_2) \end{cases}$$

将式中 t 消去，可得合振动的轨迹方程为

$$\frac{x^2}{A_1^2} + \frac{y^2}{A_2^2} - \frac{2xy}{A_1A_2}\cos(\varphi_2 - \varphi_1) = \sin^2(\varphi_2 - \varphi_1) \tag{7.27}$$

一般而言，这是个椭圆轨迹方程。具体形状由相位差 $\Delta\varphi = \varphi_2 - \varphi_1$ 决定，如图 7.14 所示。

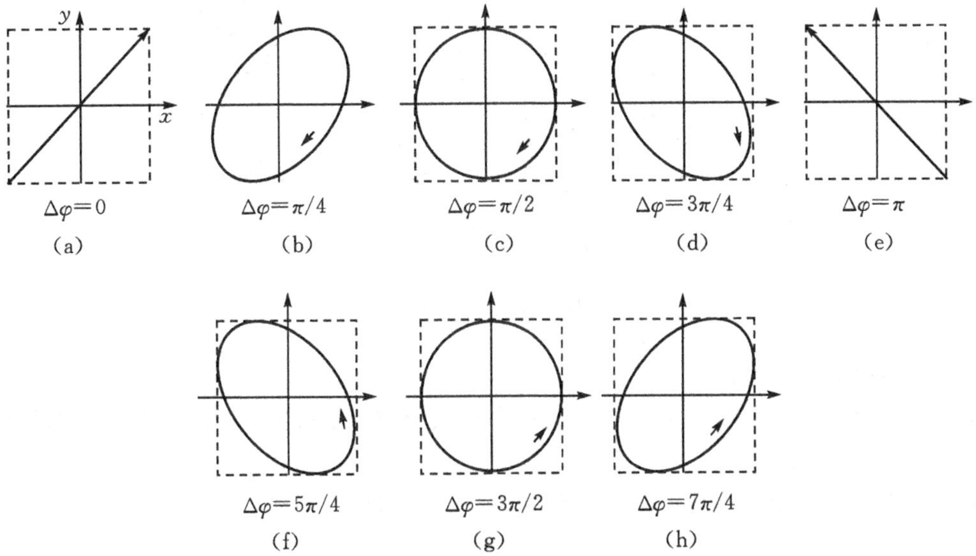

图 7.14　相互垂直同频率的简谐振动合成运动的轨迹情况

(1)当相位差为同相或反相时,合成运动才是同频率振幅为 $\sqrt{A_1^2+A_2^2}$ 的简谐振动。同相时过原点在一、三象限振动,如图 7.14(a)所示;反相时过原点在二、四象限振动,如图 7.14(e)所示。其他情况下,一般都是椭圆运动。

(2)当相位差为 $\pi/2$ 奇数倍时,合成运动为正椭圆运动,如图 7.14 (c) 和 (g) 所示。

(3)相位差取其他值,合成运动为方位形状各不相同的斜椭圆,如图 7.14(b)(d)(e)(f)(h)所示。

(4)合成运动的轨迹有左旋的也有右旋的。$0<\Delta\varphi<\pi$,y 方向振动相位超前 x 方向的,轨迹右旋,如图 7.14 的(b)(c)(d)所示;$\pi<\Delta\varphi<2\pi$,x 方向振动相位超前 y 方向的,轨迹左旋,如图 7.14(f)(g)(h)所示。关于左旋或是右旋的判断,详细过程在光学课中另有论述。

(5)两分振动振幅相等时,上述椭圆运动都成了圆运动。

两个方向互相垂直、同频率简谐振动的合成理论在研究电磁波和光的偏振及偏振实验技术中有重要应用。反过来,某个任意方向的谐振动或某些椭圆或某些圆运动也可以分解为两个频率相同、振动方向互相垂直的简谐振动。

7.2.4　相互垂直不同频率简谐振动的合成——李萨如图

两个互相垂直不同频率的简谐振动,合成运动的轨迹一般情况下不能形成稳定的图样,比较复杂,但如果两分振动频率比为整数比时,合成运动的轨迹将为稳定的曲线,曲线的具体形状和两频率的比值及初相位 φ_x 和 φ_y 的大小有关,这种图形叫做李萨如图,如图 7.15 所示。

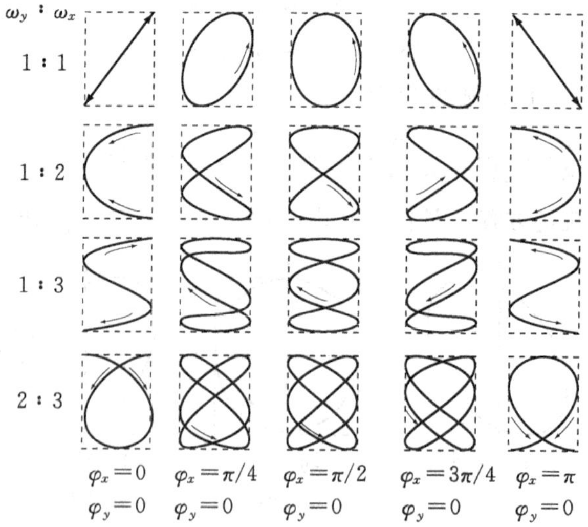

图 7.15　李萨如图

由李萨如图特点,可以一般性证明:

$\omega_x : \omega_y$ = 平行于 y 轴的直线与图形的最多交点个数 : 平行于 x 轴的直线与图形的最多交点个数

通过这一规律可以用已知的振动频率来确定另一未知的振动频率。

7.3　阻尼振动

简谐振动系统机械能守恒，是理想化的振动。在实际问题中，系统总是或多或少受到阻碍其运动的力的作用，例如介质的阻力，系统在振动时克服阻力做功，如果没有额外的能量补充，振幅会越来越小最终静止，这种振幅逐渐衰减的振动称为阻尼振动。

一般情况下，在摩擦阻力中以粘滞阻力为主，这里只讨论粘滞阻力的作用。在振动物体速度不太大的情况下，粘滞阻力 f 的大小可近似地认为与速度一次方成正比，方向与速度方向相反，即

$$f = -\gamma v = -\gamma \frac{dx}{dt}$$

式中，γ 为阻力系数。

质量为 m 的质点在线性回复力和上述阻力作用下的运动微分方程为

$$m\frac{d^2x}{dt^2} = -kx - \lambda\frac{dx}{dt}$$

令 $\omega_0^2 = \frac{k}{m}$，$2\beta = \frac{\gamma}{m}$，$\omega_0$ 为振动系统固有圆频率，β 称为阻尼系数，代入上式整理得

$$\frac{d^2x}{dt^2} + 2\beta\frac{dx}{dt} + \omega_0^2 x = 0 \tag{7.28}$$

这是一个二阶线性常系数齐次微分方程，它的解有如下三种情况。

(1) $\beta < \omega_0$ 时，称为欠阻尼状态。此时方程(7.28)的解为

$$x = Ae^{-\beta t}\cos(\omega t + \varphi) \tag{7.29}$$

式中，$\omega = \sqrt{\omega_0^2 - \beta^2}$，$A$ 和 φ 是积分常数，由振动系统初始状态决定。由上式可以看出，欠阻尼振动是振幅项 $Ae^{-\beta t}$ 和余弦周期项的乘积，振幅项随时间衰减，阻尼系数越大振幅衰减越快。质点欠阻尼振动曲线如图 7.16 所示。

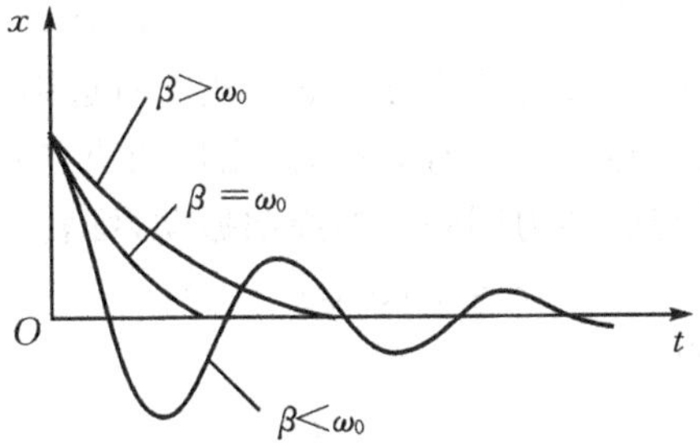

图 7.16　阻尼振动的三种状态

(2) $\beta > \omega_0$ 时，称为过阻尼状态。此时方程(7.28)的解为

$$x = Ae^{-(\beta - \sqrt{\beta^2 - \omega_0^2})t} + Be^{-(\beta + \sqrt{\beta^2 - \omega_0^2})t} \tag{7.30}$$

式中，A，B 为积分常数，由初始状态决定的。上式有衰减项没有周期项，质点坐标单调地趋于零作非周期运动，如图 7.16 所示。将弹簧振子放在粘度较大的油类介质中，将振子移开偏离平衡位置然后释放，可以观察到振子慢慢回到平衡位置停下来。

(3) $\beta=\omega_0$ 时，称为临界阻尼状态。此时方程(7.28)的解为

$$x=(C+Dt)\mathrm{e}^{-\beta t} \tag{7.31}$$

式中，C，D 为积分常数，由起始状态决定。质点没有往复运动作非周期运动，与欠阻尼和过阻尼情况相比，在临界阻尼的情况下，系统从开始振动后回到平衡位置静止所经过的时间最短，如图 7.16 所示。临界阻尼状态在实际问题中有很多应用，例如，灵敏电流计、精密天平等都是把阻尼设计成临界阻尼，这样仪器指针很快可以回到原点或零点，方便下一次测量。

7.4 受迫振动

7.4.1 受迫振动

实际问题中，阻尼不可避免，能量必有损耗，要使振动维持下去，则必须对系统施加外部作用力，振动系统在连续的周期性外力的作用下所做的振动称为受迫振动。机器运转时引起的底座的振动就是受迫振动。

设质量为 m 的质点除了受到线性回复力、粘滞阻力外，还有周期性驱动力 $F=F_0\cos\omega t$ 的作用，根据牛顿第二定律得受迫振动的动力学方程为

$$m\frac{\mathrm{d}^2x}{\mathrm{d}t^2}=-kx-\lambda\frac{\mathrm{d}x}{\mathrm{d}t}+F_0\cos\omega t$$

令 $\omega_0^2=\dfrac{k}{m}$，$2\beta=\dfrac{\lambda}{m}$，$f_0=\dfrac{F_0}{m}$，代入上式，整理后得

$$\frac{\mathrm{d}^2x}{\mathrm{d}t^2}+2\beta\frac{\mathrm{d}x}{\mathrm{d}t}+\omega_0^2x=f_0\cos\omega t \tag{7.32}$$

这是一个二阶线性常系数非齐次微分方程。它的解等于式(7.28)的解和式(7.32)的特解的和。

例如，当 $\beta<\omega_0$ 时，其解为

$$x=A'\mathrm{e}^{-\beta t}\cos(\omega' t+\varphi')+A\cos(\omega t+\varphi) \tag{7.33}$$

式中，A' 和 φ' 为由运动初始状态决定的积分常数。式子右边第一项为阻尼振动项，经过一段时间后会趋于消失，它只反映受迫振动的暂时状态，之后质点作由解的第二项所决定的振动，称稳定振动状态，稳定振动是与驱动力同频率的周期振动，可表示如下

$$x=A\cos(\omega t+\varphi) \tag{7.34}$$

将上式代入式(7.32)可以解出

$$A=\frac{f_0}{\sqrt{(\omega_0^2-\omega^2)^2+4\beta^2\omega^2}} \tag{7.35}$$

以及

$$\tan\varphi=\frac{-2\beta\omega}{\omega_0^2-\omega^2} \tag{7.36}$$

从上两式可以看出，稳定振动的振幅 A 和初相 φ 取决于振动系统本身性质、阻尼大小和驱动力特征。

需要注意，稳定振动式(7.31)形式上看起来和简谐振动一样，其实不然。因为稳定振动的振幅 A 和初相 φ 并非由振动系统初始条件决定，频率 ω 也并非由系统本身性质决定。

7.4.2　共振

根据式(7.35)作出 A-ω 曲线，如图7.17所示，图中不同的 β 值对应不同的曲线。在驱动频率 ω 一定的条件下，阻尼越大振幅越小；在阻尼 β 一定的条件下，振幅随驱动力的圆频率的增加而增加达到最大值，之后又随驱动频率的增加而减小，当驱动力频率达到很大时质点几乎不动。受迫振动的振幅出现极大值的现象称为位移共振，简称共振。共振时驱动力的圆频率称为共振频率。令式(7.35)对 ω 的导数等于零，可得位移共振频率为

$$\omega_r = \sqrt{\omega_0^2 - 2\beta^2} \tag{7.37}$$

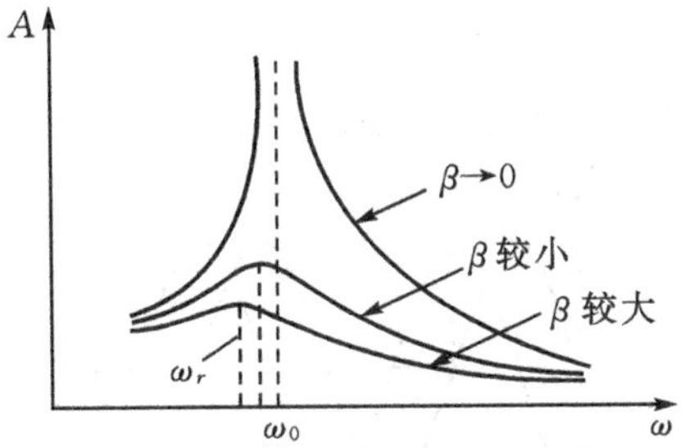

图7.17　A-ω 曲线

显然，共振频率并不等于振动系统的固有频率 ω_0。当阻尼无限小时，共振频率无限接近固有频率，此时振幅趋于无限大，共振异常剧烈。

共振现象普遍存在，持续发出的某种频率的声音会使玻璃杯破碎；机器的运转可以因共振而损坏机座；高山上的一声大喊，可引起山顶积雪发生大雪崩；地壳里的某一板块发生断裂时，产生的振动频率传到地面上，与建筑物产生强烈的共振，从而造成了楼房倒塌的惨剧；1940年美国华盛顿的普热海峡塔科麦桥，刚启用四个月，在一场大风中坍塌了；汽车在颠簸的道路上行驶，引起车厢的振动。我们可以利用共振的原理来削弱或者避免共振带来的危害。在桥梁的设计中应使桥梁的固有频率远离冲击力的频率避免发生共振；汽车的减震装置可以使得振动系统的固有频率足够低，形成一个低通滤波器，把大部分有害的高频振动滤掉。另一方面，人们又常常利用共振，古筝、二胡等乐器的木制琴身，就是利用了共振现象使其成为共鸣箱，将优美悦耳的音乐发送出去，以提高音响效果；收音机的调频装置就是利用了电磁共振现象，以接受某一频率的电台广播等。

复习思考题

7.1　什么是简谐振动？请分别从运动学和动力学两方面说明质点作谐振动的特点。

7.2　单摆的摆动一定是简谐振动吗？

7.3　作简谐振动的弹簧振子，在振子上绑一物块，系统的振动频率会有怎样的变化？

7.4　描述简谐振动的特征物理量有哪些？每个量具体体现了简谐振动的什么特征？

7.5　简谐振动系统在振动过程中动能、势能和总能的特点分别是怎样的？

7.6　同方向同频率谐振动合成后是什么运动？

7.7　什么是拍？什么情况下产生拍现象？拍频决定于什么因素？

7.8 相互垂直的两个同频率谐振动合成的结果，一般说来是什么运动？

7.9 什么是阻尼振动？出现欠阻尼、过阻尼、临介阻尼的条件是什么？

7.10 什么是受迫振动？受迫振动达到稳定时，振动频率为策动力频率，其运动方程的振幅和初相由什么决定？共振的条件是什么？

习 题

7.1 当质点以频率 ν 作简谐运动时，它的动能变化的频率为(　　)。

(A) $\frac{\nu}{2}$　(B) ν　(C) 2ν　(D) 4ν

7.2 两个同周期简谐运动的振动曲线如图 7.18 所示，x_1 的相位比 x_2 的相位(　　)。

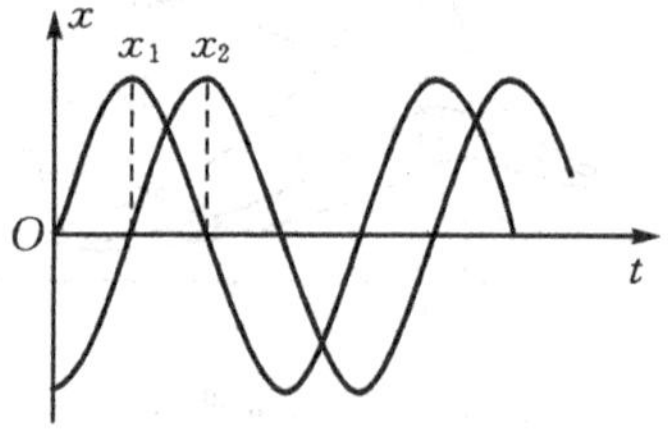

图 7.18

(A)落后 $\frac{\pi}{2}$　(B)超前 $\frac{\pi}{2}$　(C)落后 π　(D)超前 π

7.3 两个同方向、同频率的简谐运动，振幅均为 A，若合成振幅也为 A，则两分振动的初相位差为(　　)。

(A) $\frac{\pi}{6}$　(B) $\frac{\pi}{3}$　(C) $\frac{2\pi}{3}$　(D) $\frac{\pi}{2}$

7.4 一单摆的悬线长 l，在顶端固定点的铅直下方 $l/2$ 处有一小钉，如图 7.19 所示。则单摆的左右两方振动周期之比 T_1/T_2 为__________。

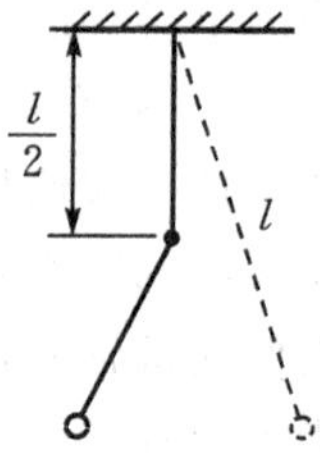

图 7.19

7.5 质量为 m 的物体和一轻弹簧组成弹簧振子，其固有振动周期为 T，当它作振幅为 A 的自由简谐振动时，其振动能量 $E=$ _________。

7.6 一质点按 $x=0.1\cos(\pi t+\frac{\pi}{3})$ (SI)的规律作简谐振动。求：(1)振幅、周期和频率；(2)初相位及 $t=0.5$ s 时的相位；(3) $t=0.5$ s 时的速度与加速度。

7.7 设一物体沿 x 轴作简谐振动，振幅为 2 cm，周期为 4.0 s，在 $t=0$ 时位移为 $\sqrt{2}$ cm，且这时物体向 x 轴正方向运动。试求：(1)初相位；(2) $t=1$ s 该物体的位置、速度和加速度；(3)在 $x=-\sqrt{2}$ cm 处，且向 x 轴负方向运动时，从这个位置第一次到达平衡位置所需的时间。

7.8 一物块在水平面上作简谐振动，振幅为 10 cm，当物块离开平衡位置 6 cm 时，速度为 24 cm/s。问：

(1)此简谐振动的周期是多少？

(2)物块速度为 ± 12 cm/s 时的位移是多少？

7.9　一质点在 Ox 轴上的 A，B 之间作简谐运动，如图 7.20 所示 O 为平衡位置，质点每秒往返三次，若分别以 x_1，x_2 为起始位置，写出它们的振动方程。

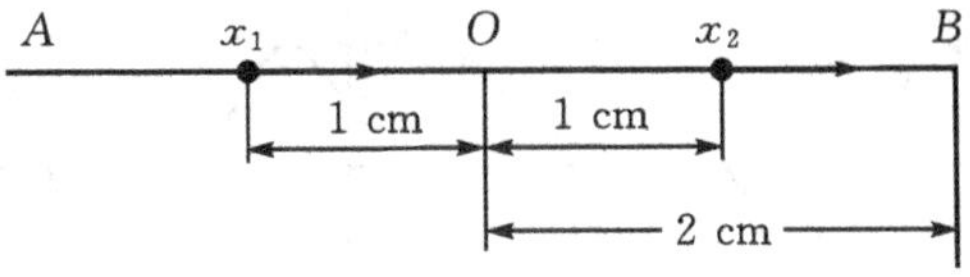

图 7.20

7.10　如图 7.21 所示，把液体灌入 U 形管内，液柱的振荡是否为简谐振动？若是则周期为多少？

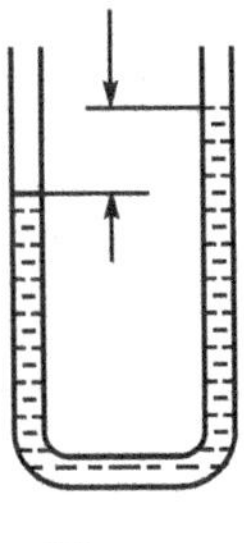

图 7.21

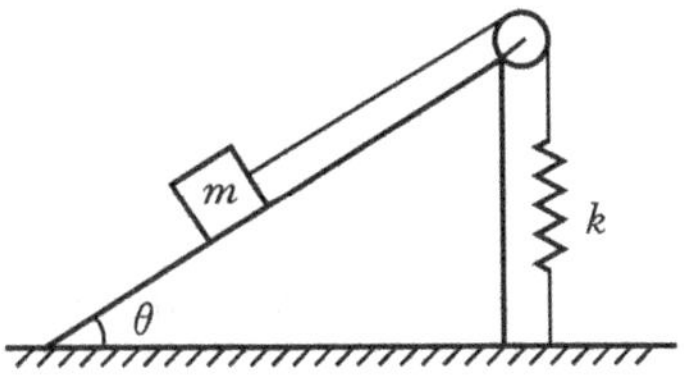

图 7.22

7.11　如图 7.22 所示所示，物体的质量为 m，放在光滑斜面上，斜面与水平面的夹角为 θ，弹簧的倔强系数为 k，滑轮的转动惯量为 I，半径为 R。先把物体托住，使弹簧维持原长，然后由静止释放，试证明物体作简谐振动，并求振动周期。

7.12　有一单摆，摆长 $l = 1.0\ \mathrm{m}$，摆球质量 $m = 10\times10^{-3}\ \mathrm{kg}$，当摆球处在平衡位置时，若给小球一水平向右的冲量 $F\Delta t = 1.0\times10^{-4}\ \mathrm{kg\cdot m\cdot s^{-1}}$，取打击时刻为计时起点 ($t=0$)，求振动的初相位和角振幅，并写出小球的振动方程。

7.13　一轻弹簧劲度系数为 k，下悬一质量为 M 的盘子，上端固定，现有一质量为 m 的物体从距盘高 h 处自由下落至盘上，并和盘粘为一体随盘开始振动。

(1)此时振动周期与空盘有何不同？

(2)此时振幅多大？

(3)取新平衡位置为坐标原点，并以向下为正，盘开始运动时为计时起始时刻，求初相及振动方程。

7.14　天花板下以 0.9 m 长的轻线悬挂一个质量为 0.9 kg 的小球，最初小球静止，后另有一质量为 0.1 kg 的小球沿水平方向以 1.0 m/s 的速度与它发生完全非弹性碰撞。求两小球碰撞后的运动学方程。

7.15　在光滑的桌面上，有劲度系数分别为 k_1 和 k_2 的两个弹簧以及质量为 m 的物体构成两种弹簧振子，如图 7.23 所示，试求这两个系统的固有圆频率。

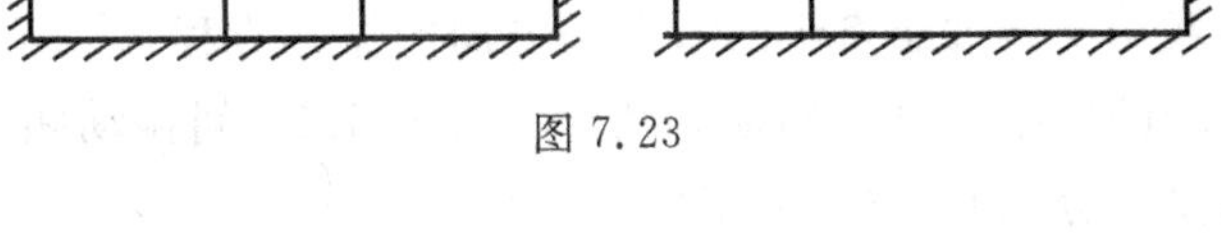

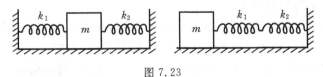

图 7.23

7.16 图 7.24 为两个谐振动的 x-t 曲线，试分别写出其简谐振动方程。

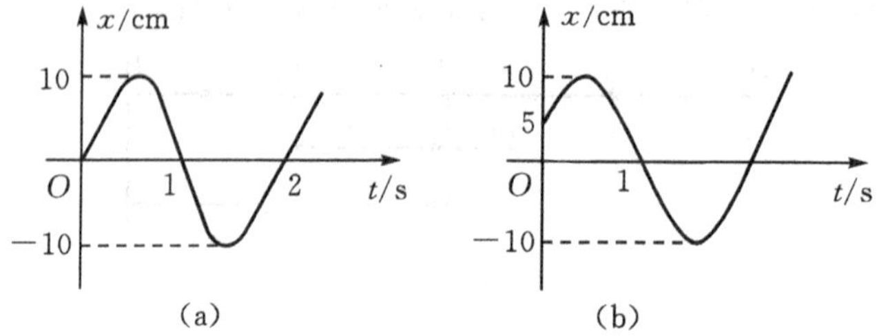

图 7.24

7.17 如图 7.25 所示为一简谐运动质点的速度与时间的关系图，振幅为 2 cm，求：

(1)振动周期；

(2)加速度的最大值；

(3)运动方程。

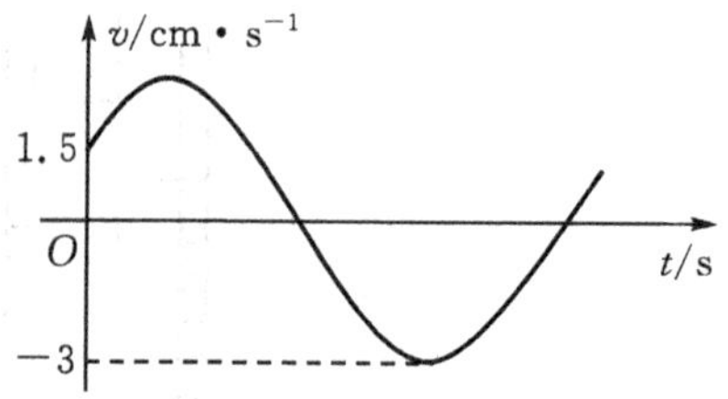

图 7.25

7.18 质量 $m = 10$ g 的小球与轻弹簧组成的振动系统运动方程为 $x = 0.5\cos(8\pi\ t + \frac{\pi}{3})$ cm，求：

(1)周期；

(2)振动的能量；

(3)小球动能与系统势能相等时小球的位置。

7.19 一质点同时参与两个在同一直线上的简谐振动，振动方程为

$$\begin{cases} x_1 = 0.4\cos(2t + \dfrac{\pi}{6}) \\ x_2 = 0.3\cos(2t - \dfrac{5}{6}\pi) \end{cases}$$

试分别用旋转矢量法和振动合成法求合振动的振动幅和初相，并写合振动方程。

7.20 两个同方向同频率的简谐振动，其合振动的振幅为 0.2 m，合振动的相位与第一个简谐振动的相位差为 $\pi/6$，若第一个简谐振动的振幅为 $\sqrt{3}/10$ m，求：

(1)第二个简谐振动的振幅；

(2)第一、二两个简谐振动的位相差。

7.21 两个同方向不同频率的谐振动的表达式分别为 $x_1 = A\cos 100\pi\ t$ 和 $x_2 = A\cos 102\pi t$，求它们的合振动频率及拍频。

7.22 将频率为 348 Hz 的标准音叉振动和一待测频率的音叉振动合成，测得拍频为 3.0 Hz，若在待测频率音叉的一端加上一小块物体，则拍频数将减少，求待测音叉的固有频率。

7.23 如图 7.26 所示，两个相互垂直的谐振动的合振动图形为一椭圆，已知 x 方向的振动方程为 $x = 6\cos 2\pi t$ cm，求 y 方向的振动方程。

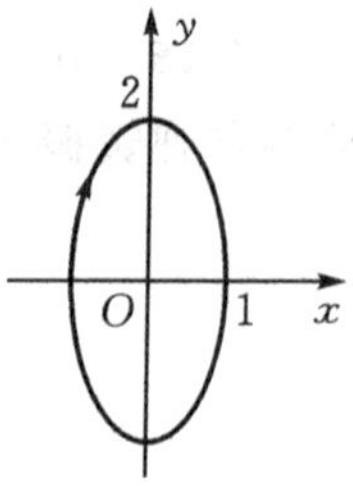

图 7.26

7.24 某阻尼振动的振幅经过一周期后减为原来的 1/2，问振动频率比振动系统的固有频率少几分之几？(欠阻尼状态)

7.25　火车在铁轨上行驶，每经过铁轨接轨处即受到一次震动，从而使装在弹簧上面的车厢上下振动。设每段铁轨长 12.5 m，弹簧平均负重 5.4×10^4 N，而弹簧每受 9.8×10^3 N 的力将压缩 1.6 mm，试问火车速度多大时，振动特别强？

7.26　设杆 OA 的质量可以忽略不计，其一端用铰链连接，可绕垂直于纸面的轴在铅直面内摆动，另一端固定有一质量为 m 的球，如图 7.27 所示。当杆在水平位置时，系统处于平衡状态，今设杆的摆角非常小，以致小球的运动可以认为是上下运动，试求系统的固有频率。

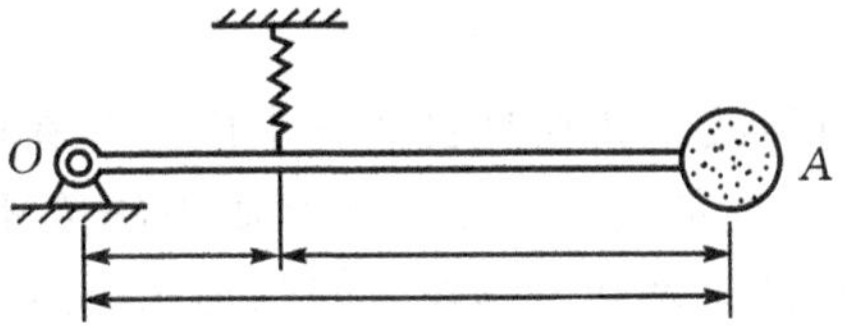

图 7.27

第 8 章

机械波

振动的传播即为波动，简称波。波动是自然界中广泛存在的一种运动形式，例如绳上的波、空气中的声波、水面波，这些波都是机械振动在介质中的传播，称为机械波。此外，无线电波、光波也是一种波，它是变化的磁场和电场在空间的传播，波的传播在没有介质的时候也可以进行，这种波称为电磁波。不同类型的波各不相同，但它们都具有波动的共同特征，例如都具有周期性，都能产生干涉和衍射等现象，数学描述有许多共同之处。研究机械波是研究其他类型的波的基础。

本章重点讨论机械波中的简谐波。一般的机械波可以看成是简谐波的叠加，主要内容有：描述简谐波的特征量，波的运动方程，波的能量，惠更斯原理，波的干涉，驻波，以及多普勒效应等。

8.1 机械波概述

机械波是机械振动在介质中的传播，是介质所有质元振动的集体表现。在深入研究机械波运动规律之前，需要对它进行概括性的描述。本节介绍机械波的形成和传播，波的描述以及波的分类。

8.1.1 机械波的产生和传播

能够传播机械振动的媒介物叫做介质。介质可以是气体、液体和固体，如绳子、水、空气、地壳等。当介质受到外部作用时会发生形变，若内部各质元之间的相对位移不大，它们之间的作用力是弹性力，这种质元之间以弹性力相互作用的介质称为弹性介质。

机械波是怎么形成的？弹性介质的质元因受外界的扰动源（简称振源或波源）的作用振动时，因介质内部各质元相互之间的弹性力作用，该质元的振动必定会带动附近的质元也发生振动，附近的质元又带动其近邻的质元，从而把振动由近及远地传播出去，每一质元开始振动的时刻都比前一质元晚一些，并且重复前一质元的振动状态。由此可见，要形成机械波，首先要有引起机械振动的物体，即波源；其次要有能够传播机械振动的弹性介质。波源和弹性介质是产生机械波的两个必备条件。

波传播的是什么？用手握住绳子的一端上下抖动，就会看到凹凸相间的波向绳的另一端传播出去，形成绳波，但绳子上各处质元只在原地起伏并不向另一端运动开去。可见，各质元只在各自平衡位置附近作振动，质元本身并不传播，传播出去的只是振动状态以及伴随振动状态的能量。振动状态常用相位来描述，所以振动状态的传播也可以用相位的传播来描述。

8.1.2 波的描述

1. 波的几何描述

为了形象地描述波在空间的传播，可用几何图形来表示波。如图 8.1 所示。

波线：表示波传播方向的一组带有箭头的线(箭头指向波的传播方向)称为波线，波线方向各质元的振动相位依次落后。

波面：波在传播过程中，任一时刻振动状态相同的质元连成的曲面叫做波面，波面垂直于波线，波面上各点振动状态相同即相位相同，所以也称为同相面。

波前：最前面的波面叫做波前。

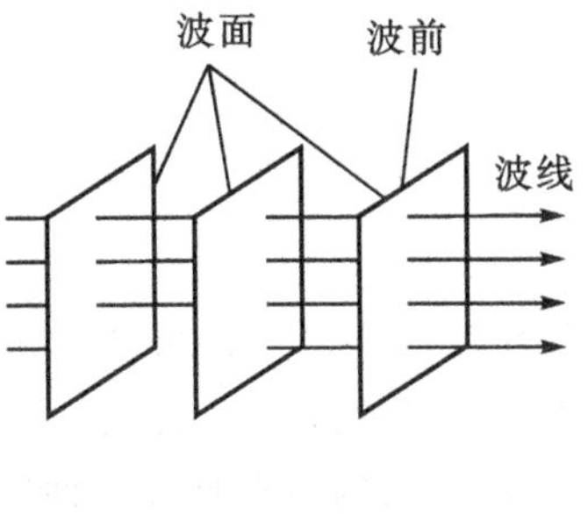

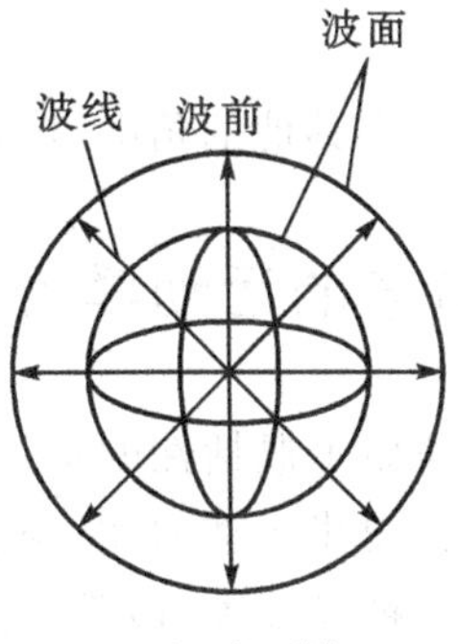

图 8.1 波的几何描述

2. 波的特征量描述

波长、波的周期(或频率)和波速是描述波特征的重要物理量，这些量也称波的特征量。

波长：同一波线上两个相邻的振动状态相同的两点之间的距离刚好是一个完整波形长度叫做波长，用 λ 表示。波长反映了波的空间周期性。

周期和频率：波前进一个波长的距离所需的时间叫做波的周期，用 T 表示。周期表征了波的时间周期性，它在数值上等于波源或各质元振动的周期。单位时间内，波前进距离中完整波的数目叫做波的频率，用 ν 表示。显然波的频率等于

$$\nu = \frac{1}{T} \tag{8.1}$$

波速：振动状态或振动相位在介质中传播的速度叫做波速，用 u 表示，也称为相速度(简称相速)。一个周期波前进一个波长的距离，故有

$$u = \frac{\lambda}{T} = \nu\lambda \tag{8.2}$$

该式是表示波的空间周期性与时间周期性两者之间关系的重要公式，对各类波都适用，具有普遍的意义。

波的周期(或频率)取决于振源，与介质无关，而波速只决定于介质的性质，与波源无关。例如多乐器演奏，虽然各种乐器(波源)频率不同，但在同一介质(空气)中传播，能同时传到听众的耳朵里。

8.1.3 波的分类

波的分类可以按照不同的角度进行。

(1)按介质质元振动方向与波的传播方向的关系分。振动方向与传播方向垂直的波叫做横波,如绳中传播的波;振动方向与传播方向平行的波则称为纵波,如声波。横波只能在固体中传播,纵波在固体、液体和气体中都能传播。有的波既不是横波也不是纵波,而是横波和纵波的混合波,比如水波、地震波等。

(2)按波面形状分。波面为平面的波叫做平面波,如图 8.1(a)所示;波面为球面的波则称为球面波,如图 8.1(b)所示;波面为柱面的波叫做柱面波。

(3)按波形是否传播分。波形定向传播的波叫行波,波形原地起伏并不定向传播的波叫驻波。

波还可以按照很多其他的角度进行分类。

8.2 平面简谐波的运动学方程

上一节对机械波做了概括性的描述,接下来可以定量研究机械波。传播过程中介质各质元均按照余弦或正弦规律运动的波,叫做简谐波。一般的波都可看成是由许多简谐波叠加而成,因此,简谐波是一种最基本、最重要的波,研究简谐波的波动规律为研究更复杂的波奠定了基础。

本节从运动学角度讨论平面(波面为平面)简谐波。为简单起见,假定平面简谐波是在无能量吸收(传播中振幅无衰减)、各向同性、均匀无限大介质中传播。

8.2.1 平面简谐波的运动学方程

平面波沿每一条波线传播的规律都一样,所以,只要知道一条波线上所有质元的振动状态,即给出沿这一波线上传播的波的表达式,整个空间各质元的振动状态也都确定了。

任选一条波线,以该波线为 x 轴,设平面简谐波以波速 u 沿 x 轴正方向传播,如图 8.2 所示。因为分析横波和纵波的方法完全一样,不妨考虑横波情形。各质元沿 y 方向振动,$x=0$ 即坐标原点 O 处的质元的振动方程为

$$y_0 = A\cos(\omega t + \varphi_0)$$

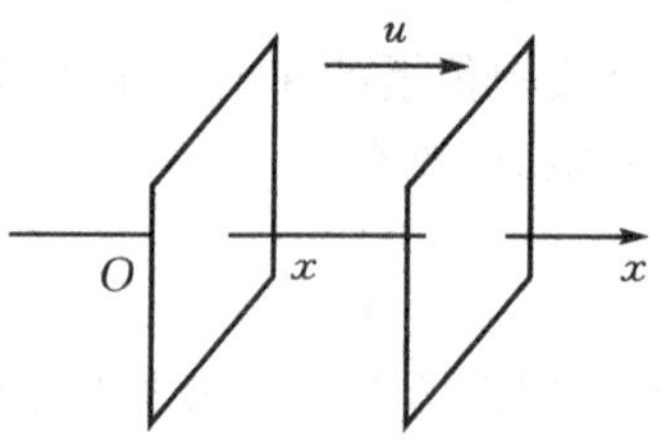

图 8.2 平面波的传播

"原点 O 处的质元"表示"平衡位置在原点处的质元",后同。y_0 表示原点处质元 t 时刻偏离平衡位置的位移;A,ω 和 φ_0 分别表示振幅、频率及原点处质元的初相。

波是振动状态的传播，$x=0$ 处质元的振动状态传播到 x 处质元，所需的时间为 $\Delta t=\frac{x}{u}$，即 x 处质元在时刻 t 的位移就是 $x=0$ 处质元在时刻 $t-\Delta t=t-\frac{x}{u}$ 的位移，所以，坐标 x 处质元在 t 时刻的位移为

$$y_x=A\cos\left[\omega\left(t-\frac{x}{u}\right)+\varphi_0\right]$$

因为 x 可以表示 x 轴上任意一点，所以上式给出了波传播中所有质元的运动学方程。常略去下标 x，得

$$y=A\cos\left[\omega\left(t-\frac{x}{u}\right)+\varphi_0\right] \tag{8.3}$$

此式称平面简谐波运动学方程。当 $\varphi_0=0$，即取原点处质元处在正最大位移时为计时起点，上式变为

$$y=A\cos\left[\omega\left(t-\frac{x}{u}\right)\right]$$

这是平面简谐波运动学方程的最简形式。

定义

$$k=\frac{\omega}{u}=\frac{2\pi}{\lambda} \tag{8.4}$$

k 表示 2π 长度上波的数目，称为波数。由周期、频率、圆频率、波速、波长和波数之间的关系，可把式(8.3)写成多种等价的其他形式，如

$$y=A\cos(\omega t-kx+\varphi_0)$$

$$y=A\cos\left[2\pi\left(\frac{t}{T}-\frac{x}{\lambda}\right)+\varphi_0\right]$$

等等。

上述讨论的结果是波沿 x 轴正方向传播得到的，若波沿 x 轴负方向传播，波的运动学方程则为

$$y=A\cos\left[\omega\left(t+\frac{x}{u}\right)+\varphi_0\right] \tag{8.5}$$

8.2.2　平面简谐波运动学方程的物理意义

现在对平面简谐波运动学方程进行更深入的讨论。以向 x 轴正方向传播的波为例，此时波的运动学方程为

$$y(t,x)=A\cos\left[2\pi\left(\frac{t}{T}-\frac{x}{\lambda}\right)+\varphi_0\right] \tag{8.6}$$

(1)当 $x=x_0$（常数）时，式(8.6)变为

$$y(t,x)=A\cos\left(2\pi\frac{t}{T}-2\pi\frac{x_0}{\lambda}+\varphi_0\right) \tag{8.7}$$

仅是 t 的余弦函数，它给出 x_0 处质元的振动方程。关于振动方程上一章有详细讨论，这里不复述。根据式(8.7)可以画出 x_0 处质元的振动曲线 y-t 曲线，如图 8.3 所示，振动曲线反映了波的时间周期性。

(2)当 $t = t_0$ (常数)时,式(8.6)变为

$$y(x) = A\cos\left(2\pi \frac{t_0}{T} - 2\pi \frac{x}{\lambda} + \varphi_0\right) \tag{8.8}$$

仅是 x 的余弦函数,它给出 t_0 时刻波在波线上各处质元的振动位移的整体分布情况,即给出了 t_0 时刻的瞬时波形。根据式(8.8)可画出反映该时刻波形的 y-x 曲线,称波形图,如图 8.4 所示,它反映了波的空间周期性,从波形的角度,式(8.6)给出了波形随时间的传播过程,式中

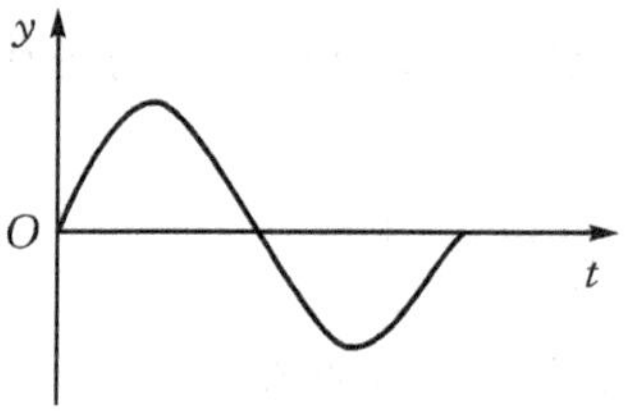

图 8.3　某一质元的振动曲线

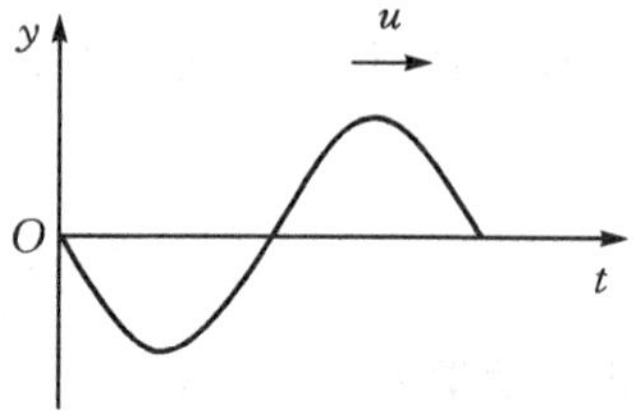

图 8.4　某时刻波形图

$$\left(2\pi \frac{t}{T} - 2\pi \frac{x}{\lambda} + \varphi_0\right)$$

也是相位,是波的相位,它给出任意时刻任意质元的相位。对某一时刻来说,相位随位置 x 的增大线性减小,质元越靠右越"下游",相位越落后,若波沿 x 负方向传播,质元越靠右越"上游",相位越超前。

例 8.1　已知一平面简谐波沿 x 轴正向传播,波的振幅为 0.1 mm,波的频率为 12.5 kHz,波速为 $5.0 \times 10^{-3}\ \mathrm{m \cdot s^{-1}}$,初始时刻坐标原点处的质元位移处在正的最大位移处。试求:(1)波长与周期;(2)波的运动方程;(3)离波源 0.1 m 处质点的振动方程;(4)在波源振动 0.0021 s 时的波形方程;(5)离波源 0.2 m 和 0.3 m 两点处质点振动的相位差。

解　(1)由已知的频率和波速可以求得

周期　　$T = 1/\nu = 8.0 \times 10^{-5}$ s

波长　　$\lambda = uT = 0.4$ m

(2)波沿 x 轴正向传播,所以,设波的运动方程为

$$y = A\cos\left(\frac{2\pi}{T}t - \frac{2\pi}{\lambda}x + \varphi_0\right)$$

将原点处质元的初始条件代入方程,可得

$$A\cos\varphi_0 = A$$

故 $\varphi_0 = 0$,波的运动方程为

$$y = 10^{-4}\cos(2.5\pi \times 10^4 t - 5\pi x)\ (\mathrm{m})$$

(3) $y|_{x=0.1} = 10^{-4}(\cos 2.5\pi \times 10^4 t - 5\pi \times 0.1) = 10^{-4}\cos(2.5 \times 10^4 \pi t - \frac{\pi}{2})$

(4) $y|_{t=0.0021} = 10^{-4}\cos(2.5\pi \times 10^4 \times 0.0021 - 5\pi x) = 10^{-4}\cos(\frac{\pi}{2} - 5\pi x)$

(5) $\Delta\varphi = (2.5\pi \times 10^4 t - 5\pi \times 0.2) - (2.5\pi \times 10^4 t - 5\pi \times 0.3) = \frac{\pi}{2}$

或 $\Delta\varphi = 2\pi \frac{\Delta x}{\lambda} = \frac{\pi}{2}$,即 0.2 m 处质元的相位超前 0.3 m 处质元的,且超前 $\frac{\pi}{2}$。

例 8.2　已知一沿 x 轴正方向传播的平面余弦波的周期 $T = 2$ s,且在 $t = \frac{1}{3}$ s 时的波形

如图 8.5 所示。(1)写出 O 点的振动表达式;(2)写出该波的运动方程。

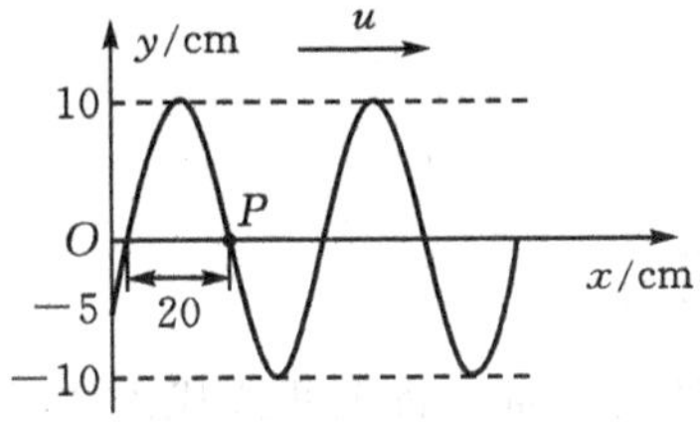

图 8.5

解 由图可得 $A=0.1\ \text{m}$, $\lambda=0.4\ \text{m}$, 已知 $T=2\ \text{s}$, 所以 $\omega=\pi$

(1)设 O 点处质点的振动表达式为

$$y_O=0.1\cos(\pi t+\varphi_0)$$

$t=\dfrac{1}{3}$ s 时 O 点的位移为 $y_O|_{t=1/3}=0.1\cos(\pi/3+\varphi_0)=-0.05$, 速度沿负方向,所以有

$$\pi/3+\varphi_0=\frac{2}{3}\pi,\ 即\ \varphi_0=\frac{2}{3}\pi$$

所以,O 点处质点的振动表达式为

$$y_O=0.1\cos\left(\pi t+\frac{\pi}{3}\right)\ (\text{m})$$

(2)已知 O 点的振动表达式和波的传播方向(沿 x 轴正向),可得波动表达式为

$$y=A\cos\left(\omega t-\frac{2\pi}{\lambda}x+\varphi_0\right)=0.1\cos\left(\pi t-5\pi x+\frac{1}{3}\pi\right)\ (\text{m})$$

8.3 平面波的波动方程 波速

前面从运动学角度讨论了平面简谐波,得出了波的运动学方程。这一节我们将从动力学角度分析波传播的内在机制。通过分析介质中质元的受力与形变,得到决定介质中波传播现象的更一般的规律,即波动方程。在此基础上,导出波速的公式。

8.3.1 波动方程

这里仅以平面横波为例。平面横波的一种典型是具有剪切弹性的固体中的横波,下面用微元法推导波动方程("剪切"概念以及相关结论并不是这里的重点,所以不做详细说明,而是直接将结论应用到推导过程中)。

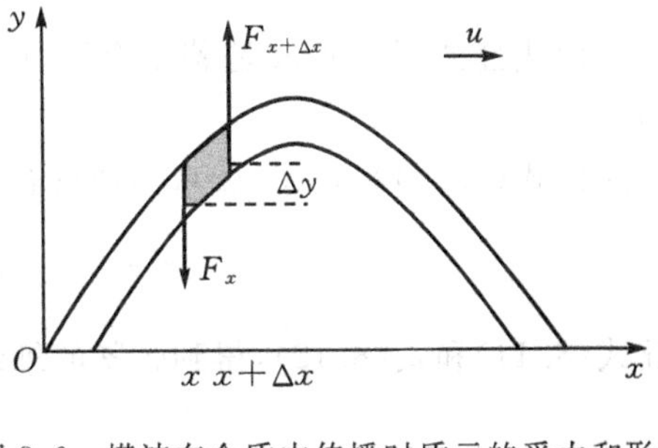

图 8.6 横波在介质中传播时质元的受力和形变

图 8.6 表示某瞬时横波的波形,取位于 x 和 $x+\Delta x$ 两波面间质量为 Δm 的质元,对该质元应用牛顿第二定律:

$$F_{x+\Delta x}-F_x=\Delta m\frac{\partial^2 y}{\partial t^2}\tag{8.9}$$

作用在质元上的力使它发生剪切形变,在形变较

小时，形变满足胡克定律

$$x\text{ 处：}\qquad \frac{F_x}{S}=G\left.\frac{\partial y}{\partial x}\right|_x$$

同样的

$$x+\Delta x\text{ 处：}\qquad \frac{F_{x+\Delta_x}}{S}=G\left.\frac{\partial y}{\partial x}\right|_{x+\Delta x}$$

其中 S 为质元横截面面积，G 为切变模量。将上两式代入式(8.9)可得

$$\frac{\partial^2 y}{\partial t^2}=\frac{GS}{\Delta m}\left(\left.\frac{\partial y}{\partial x}\right|_{x+\Delta x}-\left.\frac{\partial y}{\partial x}\right|_{x+\Delta x}\right)=\frac{GS}{\Delta m}\left.\frac{\partial^2 y}{\partial x^2}\right|_x\Delta x$$

因为 $S\Delta x$ 为质元的体积，所以 $S\Delta x/\Delta m$ 等于介质密度的倒数，上式整理得

$$\frac{\partial^2 y}{\partial t^2}=\frac{G}{\rho}\frac{\partial^2 y}{\partial x^2}\tag{8.10}$$

另一种典型是张紧的细线上的横波，此时横波是因为线内存在的张力而传播。通过分析线内张力，同样根据牛顿第二定律可以得到

$$\frac{\partial^2 y}{\partial t^2}=\frac{F_{\mathrm{T}}}{\rho_{线}}\frac{\partial^2 y}{\partial x^2}\tag{8.11}$$

式中，F_{T} 为无扰动时线中张力；$\rho_{线}$ 为单位长度细线的质量，称质量线密度。

式(8.10)和式(8.11)具有相同的形式，是波的动力微分方程，可以证明固体、液体和气体内的平面纵波的动力微分方程，也都具有这样的形式。这一系列微分方程称为平面波的波动方程。波动方程的两边偏导数都是以线性方式出现，这里波动方程是线性的。非线性情况本书不做讨论。

8.3.2 波 速

平面简谐波是平面波的特例，所以平面简谐波运动学方程式(8.3)必然是波动方程的特解，将式(8.3)两边分别对 x 和 t 求二阶导，可得

$$\begin{cases}\dfrac{\partial^2 y}{\partial t^2}=-A\omega^2\cos\left[\omega\left(t-\dfrac{x}{u}\right)+\varphi_0\right]\\[2ex]\dfrac{\partial^2 y}{\partial x^2}=-A\dfrac{\omega^2}{u^2}\cos\left[\omega\left(t-\dfrac{x}{u}\right)+\varphi_0\right]\end{cases}$$

于是有

$$\frac{\partial^2 y}{\partial t^2}=u^2\frac{\partial^2 y}{\partial x^2}\tag{8.12}$$

因为平面线性波可以看成是若干个平面简谐波的叠加，所以式(8.12)普遍适用各种平面线性波。

对比式(8.10)和式(8.12)，得到具有剪切弹性的固体中的横波波速为

$$u_{横}=\sqrt{\frac{G}{\rho}}\tag{8.13}$$

对比式(8.11)和式(8.12)，得到张紧的细线中横波波速则为

$$u_{线}=\sqrt{\frac{F_{\mathrm{T}}}{\rho_{线}}}\tag{8.14}$$

另外，固体中纵波波速为

$$u_{纵} = \sqrt{\frac{E}{\rho}} \tag{8.15}$$

式中，E 为杨氏模量；ρ 为介质密度。

液体和气体总称为流体，流体只传播纵波，波速为

$$u_{流} = \sqrt{\frac{K}{\rho}} \tag{8.16}$$

式中，K 为流体的体积模量；ρ 为介质密度。声波在空气中传播，空气压缩膨胀，温度改变，声速与温度有关。

一般来说，同一固体中纵波和横波的传播速度不同；同一温度下，不同介质中波速不同，例如 20℃时声波在棒形铁、铜中的传播速度分别为 5130 $\mathrm{m \cdot s^{-1}}$，3150 $\mathrm{m \cdot s^{-1}}$；同一介质中，不同温度下波速一般也不相同，例如声波在空气中的传播速度在温度 $t=0$ ℃时为 331.5 $\mathrm{m \cdot s^{-1}}$，在温度 $t=20$ ℃时为 343.65 $\mathrm{m \cdot s^{-1}}$。

8.4　波的能量和能流

机械波是振动状态在介质中传播的过程，介质质元振动时具有动能，同时质元产生形变而具有弹性势能。可见，波传播的过程也伴随着能量的传播。

8.4.1　波的能量和能量密度

以具有剪切弹性的固体中的平面简谐横波为例。波的运动学方程为

$$y = A\cos\left[\omega\left(t - \frac{x}{u}\right) + \varphi_0\right]$$

取 x 与 $x+\mathrm{d}x$ 之间的质元，如图 8.7 所示。根据运动学方程可以求出质元的振动速度

$$v = \frac{\partial y}{\partial t} = -A\omega\sin\left[\omega\left(t - \frac{x}{u}\right) + \varphi_0\right]$$

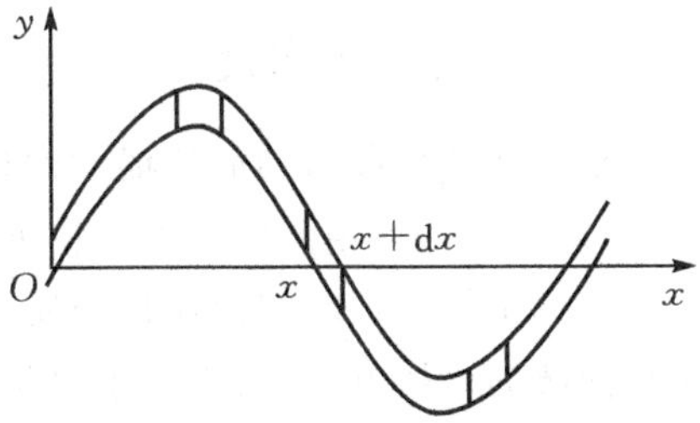

图 8.7　波的能量分布

质元的质量

$$\mathrm{d}m = \rho\mathrm{d}V$$

式中，ρ，$\mathrm{d}V$ 分别表示介质的密度和质元的体积。所以质元的振动动能

$$\mathrm{d}E_{\mathrm{k}} = \frac{1}{2}(\mathrm{d}m)v^2 = \frac{1}{2}\rho\mathrm{d}VA^2\omega^2\sin^2\left[\omega\left(t - \frac{x}{u}\right) + \varphi_0\right] \tag{8.17}$$

质元的剪切形变势能

$$\mathrm{d}E_{\mathrm{p}} = \frac{1}{2}G\mathrm{d}V\left(\frac{\partial y}{\partial x}\right)^2 = \frac{1}{2}G\mathrm{d}VA^2\frac{\omega^2}{u^2}\sin^2\left[\omega\left(t - \frac{x}{u}\right) + \varphi_0\right]$$

由上一节可知，此处波速 $u = \sqrt{G/\rho}$，代入上式得

$$\mathrm{d}E_{\mathrm{p}} = \frac{1}{2}\rho\mathrm{d}VA^2\omega^2\sin^2\left[\omega\left(t - \frac{x}{u}\right) + \varphi_0\right] \tag{8.18}$$

质元的总能等于动能势能之和

$$dE = \rho dVA^2\omega^2\sin^2\left[\omega\left(t-\frac{x}{u}\right)+\varphi_0\right] \tag{8.19}$$

由质元动能、势能和总能的表达式可知，每一质元的动能和势能随时间周期性变化，周期为波的周期的二分之一倍，任意时刻质元动能势能大小相等。当质元处在平衡位置时，振动速度最大动能最大，势能也最大；当质元处在最大位移时，振动速度为零动能为零，势能为零。总能量也随时间作周期性变化，时而达到最大值，时而为零，这与作简谐振动的弹簧振子系统总能量保持不变是不同的。图 8.7 也能直观反映质元能量变化特点，质元处在平衡位置时形变最大，所以势能最大，在最大位移处没有形变所以势能为零。

单位体积介质具有的能量叫能量密度，它可以反映介质中能量分布的特点，记为 ε

$$\varepsilon = \frac{dE}{dV} = \rho A^2\omega^2\sin^2\left[\omega\left(t-\frac{x}{u}\right)+\varphi_0\right]$$

可知，在某确定时刻，介质中能量按照体元平衡位置 x 周期性分布；对某一质元，质元能量随时间 t 周期性变化。

能量密度在一周期内的平均值叫平均能量密度，以 $\bar{\varepsilon}$ 表示。由于正弦的平方在一周期内的平均值为 $\frac{1}{2}$，所以有

$$\bar{\varepsilon} = \frac{1}{T}\int_0^T \varepsilon dt = \frac{1}{2}\rho\omega^2A^2 \tag{8.20}$$

它与介质的密度 ρ、波的振幅的平方及圆频率的平方成正比。

8.4.2 波的能流密度

平面波波形随时间向传播方向传播，是行波。行波在传播振动状态的同时伴随着能量的传播，能量的传播用能流和能流密度来描述。

能流是指单位时间内通过介质中与波传播方向垂直的面的能量。能流密度是个矢量，方向指向波的传播方向，大小等于单位时间内通过与波传播方向垂直的单位面积的能量。平均能流密度用 $\boldsymbol{I}$ 表示。

如图 8.8 所示，在一波面上取一面元 dS，一个周期内，体积为 $uTdS$ 柱体内的能量将流过该面元，流过的能量为 $\bar{\varepsilon}uTdS$，单位时间流过单位面积的能量则为 $\bar{\varepsilon}uTdS/(TdS)=\bar{\varepsilon}u$，平均能流密度

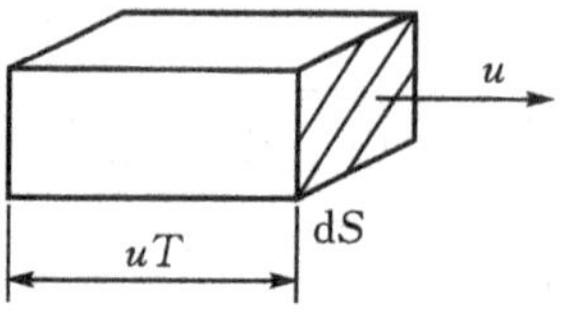

图 8.8 能流

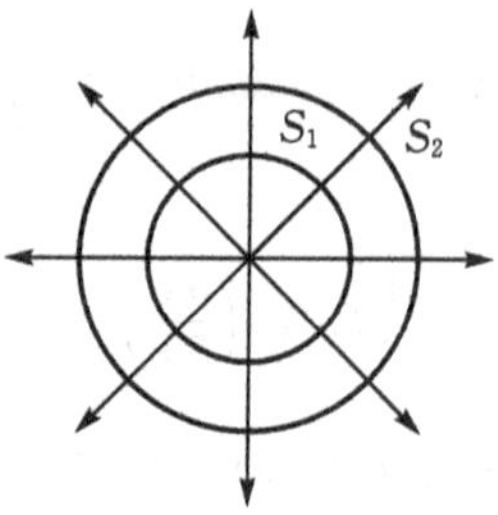

图 8.9 球面波

$$\boldsymbol{I} = \bar{\varepsilon}\boldsymbol{u} \tag{8.21}$$

对于平面简谐波，有

$$I = \frac{1}{2}\rho\omega^2 A^2 \boldsymbol{u} \tag{8.22}$$

能流密度的大小反映了波的强弱，故也把它的大小称为波的强度，波的强度与波的振幅平方成正比。

能流密度公式(8.22)对球面波同样适用，设球面波在均匀无吸收的介质中传播，如图 8.9 所示，取球面波两波面，面积分别为 $S_1 = 4\pi r_1^2$，$S_2 = 4\pi r_2^2$，单位时间内通过两波面的能量相等

$$I_1 S_1 = I_2 S_2$$

将式(8.22)代入上式，则有

$$\frac{1}{2}\rho A_1^2 \omega u S_1 = \frac{1}{2}\rho A_2^2 \omega u S_2$$

简化得

$$\frac{A_1}{A_2} = \frac{r_2}{r_1}$$

可见，球面波的各质元的振幅与它到离波源的距离成反比。所以球面简谐波的运动学方程可以表示为

$$y = \frac{A_0}{r}\cos\left[\omega\left(t - \frac{r}{u}\right) + \varphi_0\right] \tag{8.23}$$

式中，A_0 为常量，可根据某一波面上的振幅和波面半径来确定。上式在 $r = 0$ 时没有意义。实际上，当 r 很小时，波源不能看作点波源，波也不能看作球面波。

8.4.3　声波、声压和声强

声波是现实中大量存在的一类特殊机械波。人类听觉器官能感觉到，且频率在 20～20 000 Hz范围内的机械波，称为声波，这就是我们可以听到的声音；频率在 10^{-4}～20 Hz 的波称为次声波，例如，火山爆发、地震等常伴随次声波的产生；频率在 20000～5×10^8 Hz 的波称为超声波。

为了描述声波在介质中的强弱，常用声强和声压两个物理量。

声波平均能流密度的大小叫作声强，用 I 表示。对于 1000 Hz 的声波来说，刚好能听见的声强为 10^{-12} W/m^2，而引起耳膜压迫痛感的声强高达 1 W/m^2。可见，声强的取值范围非常大，比较声强时并不是很方便，由此引入声强级，取 10^{-12} W/m^2 为标准声强，记为 I_0。声强 I 与标准声强 I_0 之比的对数称作声强级，用 L 表示，于是有

$$L = \lg\frac{I}{I_0}(B) = 10\lg\frac{I}{I_0}(\mathrm{dB}) \tag{8.24}$$

单位为贝尔，国际符号为 B，更常用的单位为分贝，国际符号为 dB，1 B=10 dB。

需要注意，并非声强级越高，人耳就觉得越响。人耳对声音强弱的主观感觉称为响度，响度不仅和声强级还和频率有关。人耳对声音的感知有一个最小声强级，低于它的声音人耳就听不见了，这个最小声强级称为闻阈；同时，还有一个最大声强级，高于它的声音会使人感到不适或痛苦，这个最大声强称为痛阈。闻阈和痛阈和声波的频率有关。对于 1000 Hz 频率的声波，一般人的闻阈为 10 dB，痛阈则为 120 dB。

波的传播不仅传播能量还伴随着压强的传播，耳朵能听到声音就是压强作用的结果。介质中有声波传播时，某一点在某时刻的压强与无声波传播时的静压强之间的差值，叫做该点该

时刻的声压。由于介质中各点声振动作周期性变化，声压也相应地作周期性变化，声压有正有负，可以证明，对平面简谐声波来说，声压振幅 $p_{\max}$ 为

$$p_{\max} = \rho\omega u A \tag{8.25}$$

式中，ρ 表示介质密度，ω 为圆频率，u 为声速，A 为振动的振幅。根据式(8.22)，平面简谐声波的声强为

$$I = \frac{1}{2}\rho\omega^2 A^2 u$$

定义波阻 $Z = \rho u$ ，有

$$I = \frac{p_{\max}}{2Z} \tag{8.26}$$

这是声压和声强的关系式，由此可以通过测声压来研究声强。

8.5 波的衍射　惠更斯原理

生活中常见的水面波沿某方向传播时，遇到开有小孔的障碍物，我们发现水面波透过小孔后，并非按照小孔孔径的大小继续传播，而是如同小孔处有一点波源发出的球面波那样传播，这一现象称为波的衍射现象。衍射是波的重要特性之一。那么如何解释这一现象呢?

17 世纪末由荷兰人惠更斯提出惠更斯原理，其具体内容为：介质中波所传到的各点都可看作开始发射子波(或称次级波)的点波源，在以后的任一时刻，这些子波的包络面就是该时刻的波前，因此，只要知道某一时刻的波面，就可根据惠更斯原理用几何作图的方法决定以后任意时刻的波面。

根据惠更斯原理，可以画出平面波和球面波的波前，如图 8.10(a)(b)所示。平面波在传播中保持原状，球面波前在传播中成同心的、半径加大的球面，这正是我们所熟知的。

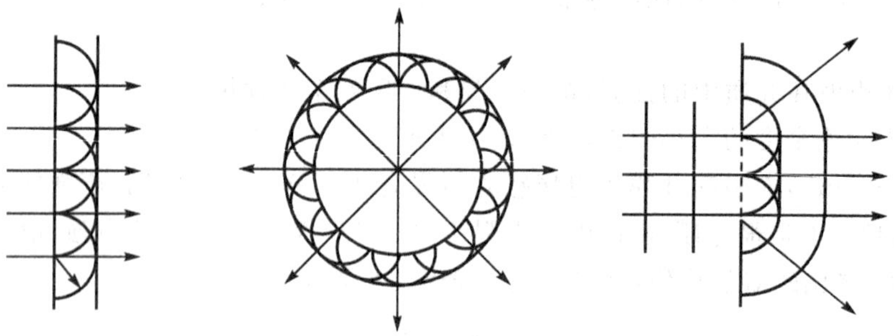

(a)平面波　(b)球面波　(c)衍射

图 8.10

惠更斯原理也可以解释波的衍射现象，按照惠更斯原理，当波通过小孔后，孔中间部分仍按原来方向直线传播，两侧波线绕道障碍物后面，如图 8.10(c)所示，可以看出，孔的尺寸越大衍射效果将越不明显。以后学习的光学课程中的定量计算结果表明：孔的尺寸远远大于波的波长时，衍射效果不明显，而接近波长时，衍射效果明显。声波的波长是米的量级，与生活中障碍物尺寸相当，衍射效果明显，而光波的波长为几百纳米，衍射效果不明显。隔墙能闻其声不见其人就是这个道理。

此外，波的反射和折射现象也可以用惠更斯原理作图解释。因此，根据惠更斯原理作图是我们讨论简单的波的传播问题的重要手段。

需要说明，惠更斯原理也有自身的不足之处。它的子波假设不涉及子波的振幅、相位等的分布问题，也不能说明为什么不出现倒退波等。菲涅耳对惠更斯原理作了重要补充，建立了更加完善的惠更斯-菲涅耳原理，这些内容将在光学课程中进行讨论。

8.6　波的叠加原理　波的干涉

本节讨论两列波或几列波传播时相遇的问题，它们相遇时将发生波的叠加。波的叠加满足叠加原理。若两列波满足特定条件，会产生波的干涉现象。

8.6.1　波的叠加

日常生活中经常会遇到几列波相遇的情况，例如，房间里人们在交谈，同时播放着音乐，音乐并不会改变人的声音，人的声音也不会影响音乐的旋律；不同电台发射的无线电波虽在空中相遇过，而传到收音机天线的电波仍是原电台的电波。

通过观察和实验，人们发现波的传播不因波相遇而发生相互影响，每个波列都保持单独传播时的特性而继续传播，这称为波的独立传播原理。

两列波互相独立的传播，在波相遇处，介质中各点的振动就是各波单独传播时在该点引起的振动的合成，这个结论称为波的叠加原理。

无论对机械波还是电磁波，当波的振幅不大时，叠加原理都成立。一般情况下，波叠加区域内各点振动的情况比较复杂，下面只讨论其中最简单但非常重要的情形——波的干涉。

8.6.2　波的干涉

当两列(或几列)满足一定条件的波在某区域同时传播时，两波相遇各空间点的合振动能各自保持恒定振幅，而不同位置各点以大小不同的合振幅振动，这种现象称波的干涉。光波干涉表现为空间各点光的强弱不同而形成明暗相间的花纹。图 8.11 为水波干涉图样。

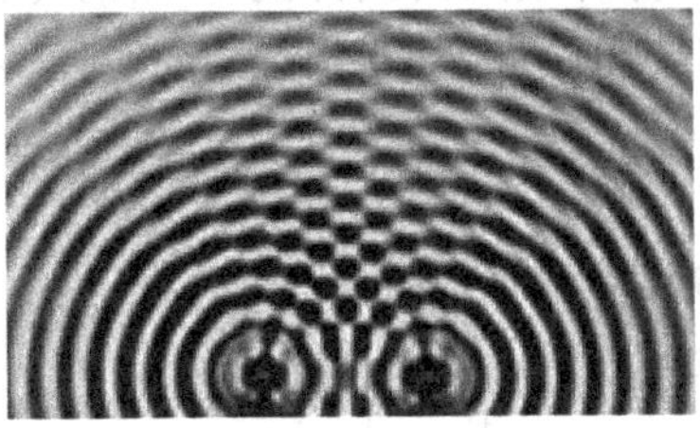

图 8.11　水波的干涉图样

两列波相遇产生干涉现象需要满足的条件是：第一，两列波振动方向相同；第二，两列波的频率相同；第三，两列波在空间每点引起的分振动具有各自固定的相位差。形成干涉现象的两列波称相干波，形成波的干涉的条件称相干条件。

以简谐横波为例分析两列波的干涉，如图 8.12 所示，设有两个以相同频率振动的波源 S_1 和 S_2，它们的振动方向相同，都垂直于纸面，振动位移为

$$\begin{cases} y_{10} = A_1\cos(\omega t + \varphi_1) \\ y_{20} = A_2\cos(\omega t + \varphi_2) \end{cases}$$

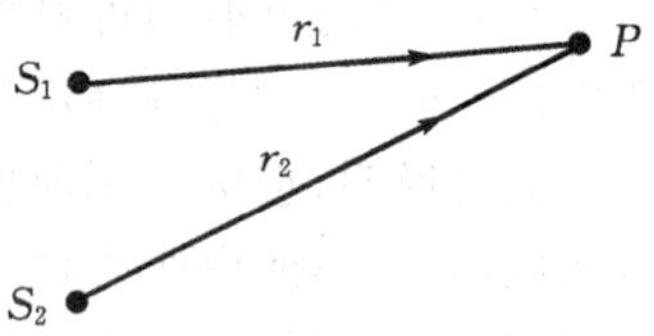

图 8.12 两列波的干涉

两波源发出的波在 P 点相遇，P 点到 S_1，S_2 的距离分别为 r_1 和 r_2，两波源在 P 点引起的分振动位移为

$$\begin{cases} y_1 = A_1\cos(\omega t + \varphi_1 - 2\pi \dfrac{r_1}{\lambda}) \\ y_2 = A_2\cos(\omega t + \varphi_2 - 2\pi \dfrac{r_2}{\lambda}) \end{cases}$$

P 点两分振动的相位差

$$\Delta\varphi = \varphi_2 - \varphi_1 - 2\pi \frac{r_2 - r_1}{\lambda} \tag{8.27}$$

由振动的合成知识可知同方向同频率两振动的合振动振幅为

$$A = \sqrt{A_1^2 + A_2^2 + 2A_1A_2\cos\Delta\varphi}$$

合振动的振幅由两波传到 P 点的振动的振幅 A_1 、A_2 和相位差 $\Delta\varphi$ 决定，式中 $2A_1A_2\cos\Delta\varphi$ 决定了各处合振幅大小，并反映干涉结果，称为干涉项。可以看出，只要各点的干涉项不随时间变化，即 $\Delta\varphi$ 恒定，则各点合振动的振幅就是稳定的，这就是干涉现象。

在波的干涉区域内，有两种特殊情况。

(1)相位差 $\Delta\varphi = 2n\pi$（n 为整数)处

$$A = A_1 + A_2$$

在这些点处合振幅最大，振动加强，称干涉相长。

(2)相位差 $\Delta\varphi = (2n+1)\pi$（$n$ 为整数)处

$$A = |A_1 - A_2|$$

在这些点处合振幅最小，振动减弱，称干涉相消。特别是当 $A_1 = A_2$ 时，$A = 0$，这些点静止不动。

其他情形的合振幅 A 介于 $|A_1 - A_2|$ 与 $A_1 + A_2$ 之间。

由式(8.24)可知，相位差 $\Delta\varphi$ 有两个影响因素，一是波源初相差 $\varphi_2 - \varphi_1$，另一个是 P 点分别与两波源的距离之差 $r_1 - r_2$，亦即波从两波源到 P 点的传播路程之差，称为波程差，用 $\Delta r = r_1 - r_2$ 表示。下面讨论一下仅因波程差而引起的相位差，令 $\varphi_2 = \varphi_1$，则

$$\Delta\varphi = \frac{2\pi(r_1 - r_2)}{\lambda} = \frac{2\pi}{\lambda}\Delta r \tag{8.28}$$

利用这个结果可知，若波源振动初相相同，则：

(1) $\Delta r = n\lambda$（n 为整数)处

$$A = A_1 + A_2$$

即波程差为波长的整数倍处，干涉相长。

(2) $\Delta r = (2n+1)\dfrac{\lambda}{2}$（$n$ 为整数)处

$$A = |A_1 - A_2|$$

即波程差为半波长的奇数倍处，干涉相消。

干涉现象是波动的重要特征现象，对于声波、光波，干涉现象都有重要意义，而且波干涉的概念对于近代物理概念的发展也起了重要作用。

例 8.3　设 S_1 和 S_2 为两相干波源，相距 $\frac{1}{4}\lambda$，S_1 的相位比 S_2 的相位超前 $\frac{\pi}{2}$，若两波在 S_1，S_2 连线方向上的强度相同均为 I_0，且不随距离变化，问在 S_1，S_2 连线上(1)在 S_1 外侧各点的合成波的强度如何？(2)在 S_2 外侧各点的强度如何？

解　因为两波源的强度相同，波的强度又正比于振动振幅，所以两波振动振幅相同，即 $A_1 = A_2$。

(1)如图 8.13 所示，P 点在 S_1 的外侧

$$\Delta\varphi = \varphi_{20} - \varphi_{10} - \frac{2\pi}{\lambda}(r_2 - r_1) = -\frac{\pi}{2} - \frac{2\pi}{\lambda} \times \frac{\lambda}{4} = -\pi$$

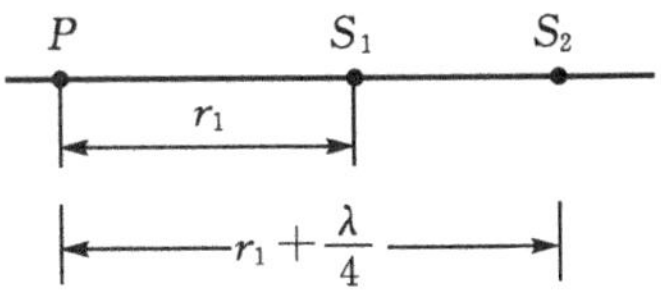

图 8.13　例 8.3 图

则 P 点的合振幅

$$A = \sqrt{A_1^2 + A_2^2 + 2A_1A_2\cos\Delta\varphi} = 0$$

S_1 外侧各点波的强度都为零。

(2)如图 8.14 所示，P 点在 S_2 的外侧

$$\Delta\varphi = \varphi_{20} - \varphi_{10} - \frac{2\pi}{\lambda}(r_2 - r_1) = -\frac{\pi}{2} - \frac{2\pi}{\lambda} \times (-\frac{\lambda}{4}) = 0$$

则 P 点的合振幅

$$A = 2A_1$$

$$\frac{I}{I_0} = \frac{(2A_1)^2}{{A_1}^2} = 4$$

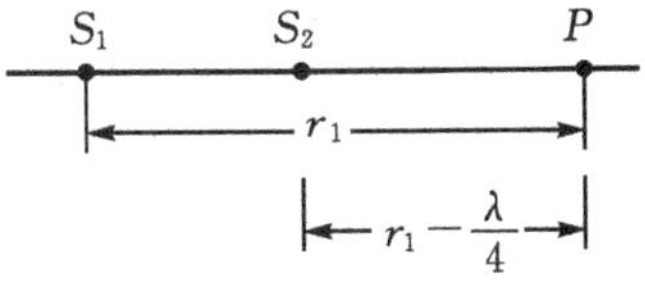

图 8.14　例 8.3 图

$I = 4I_0$，即 S_2 外侧各点波的强度都为原来的 4 倍。

这个例题说明，波的干涉使两波源单独存在时波在空间传播的情况发生了显著的改变，这表现了波动性的特征。

8.7　驻 波

8.7.1　驻波的表达式

驻波是一种特殊的波的干涉现象，振幅相同而传播方向相反的两列简谐相干波叠加得到的波称为驻波。

设有两列相干波，分别沿 x 轴正方向和负方向传播，两列波的波形重合时开始计时，以处在最大位移处的某一质元的平衡位置为坐标原点。则两列波运动方程可写成

$$y_1 = A\cos(\omega t - \frac{2\pi x}{\lambda})$$

和

$$y_2 = A\cos(\omega t + \frac{2\pi x}{\lambda})$$

合成波随时间的演化过程如图 8.15 所示，虚线表示两分波的波形，实线则表示合成波驻波的波形。

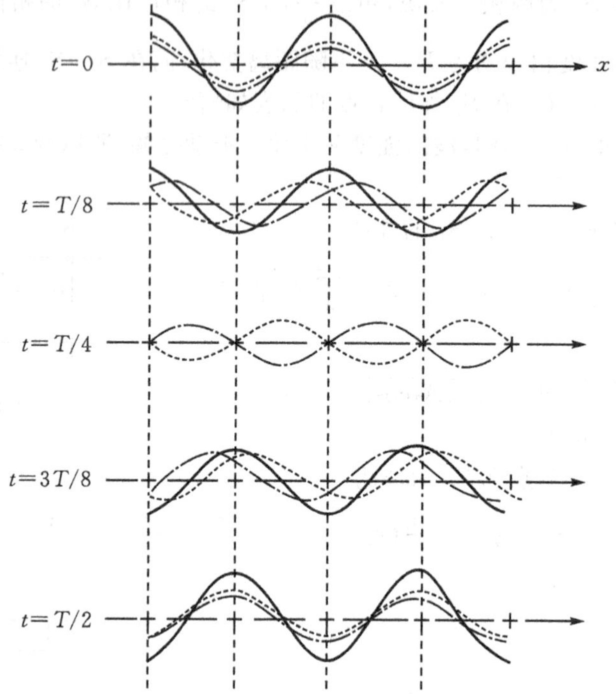

图 8.15 驻波的形成

按叠加原理，各点合振动位移

$$y = y_1 + y_2$$

利用三角函数和差化积公式有

$$y = 2A\cos\frac{2\pi x}{\lambda}\cos(\omega t) \tag{8.29}$$

上式就是驻波的表达式。

8.7.2 驻波的特点

前面讨论得到的驻波表达式为

$$y = 2A\cos\frac{2\pi x}{\lambda}\cos(\omega t)$$

式中，$\cos(\omega t)$ 因子只与时间有关，称为简谐振动项，它表明各质元都在作简谐振动，且频率等于分波频率 ω；而表达式中 $2A\cos\frac{2\pi x}{\lambda}$ 只与坐标有关，称为振幅项，振幅项随 x 周期变化，它的绝对值表明各质元振动的振幅不同。下面根据驻波表达式(8.29)以及图 8.15 分析总结驻波的特点。

1. 驻波的波形

合成波的波形上下起伏，不像行波的波形那样定向传播，如图 8.15 所示，因而称为驻波。

2. 驻波的振幅

驻波的振幅由 $\left|2A\cos\frac{2\pi x}{\lambda}\right|$ 决定，有些地方的质元的振幅为零，称为波节；有些地方的质

元的振幅最大，称为波腹。

令 $\left|2A\cos\frac{2\pi x}{\lambda}\right| = 0$，解得

$$x = (2n+1)\frac{\lambda}{4}\ (n\ 取整数) \tag{8.30}$$

即波节在 $\frac{\lambda}{4}$ 的奇数倍处。

令 $\left|2A\cos\frac{2\pi x}{\lambda}\right| = 2A$，解得

$$x = n\frac{\lambda}{2}\ (n\ 取整数) \tag{8.31}$$

即波腹在 $\frac{\lambda}{2}$ 的整数倍处，λ 是波长。

需要注意：计时起点和坐标原点的选取一旦改变，波节波腹的位置就会发生相应改变，但无论怎么选取计时起点和坐标原点，相邻波节之间、相邻波腹之间的距离始终是 $\frac{\lambda}{2}$，相邻波节、波腹之间的距离始终是 $\frac{\lambda}{4}$。如图 8.15 所示。

3. 驻波的相位

先讨论相邻波节之间各点的相位，选取相邻两个波节，由式(8.30)，两波节坐标可表示如下

$$x_i = (2i+1)\frac{\lambda}{4},\quad x_{i+1} = (2i+3)\frac{\lambda}{4}$$

则有

$$\frac{2\pi x_i}{\lambda} = i\pi + \frac{\pi}{2}\ 及\ \frac{2\pi x_{i+1}}{\lambda} = i\pi + \frac{3\pi}{2}$$

相邻两波节之间各点的 $\frac{2\pi x}{\lambda}$ 的值不是处于二、三象限就是处于一、四象限，无论哪种情况，余弦值都同号，根据驻波表达式(8.29)可知，相邻两波节之间各质元具有相同的相位。

再选择任意相邻两波腹 $x_i = i\frac{\lambda}{2}$ 和 $x_{i+1} = (i+1)\frac{\lambda}{2}$ 代入驻波表达式(8.26)，则有

$$y_i = 2A\cos(i\pi)\cos(\omega t),\quad y_{i+1} = 2A\cos(i\pi+\pi)\cos(\omega t)$$

显然 $y_i = -y_{i+1}$。

可见，相邻两波腹的相位是相反的。考虑到相邻两波节之间各质元具有相同的相位，又可以得以下结论：波节两侧各质元的振动相位相反。

综上，波节之间所有质元完全同步调，同时、同方向达到位移最大值，同时、同方向回到平衡位置，而波节两侧的质元则是反步调的、沿相反方向运动，同一时刻位移达到正负最大值。驻波的相位并不定向传播。

4. 驻波的能量

下面根据图 8.16 定性说明驻波的能量特点。在驻波中，波节保持静止，没有能量从节点处通过，两波节间总能量守恒。当各质元的振幅达到极大值时，各质元的振动速度均为零，动能为零，只有形变势能，这时波节附近的介质形变最大，势能主要集中在波节附近，如图 8.16

(a) 所示；当各质元同时通过平衡位置时，介质没有形变，势能为零，波腹附近的介质振幅最大，动能主要集中在波腹附近，如图 8.13 (b) 所示。由此可见，在驻波中，能量不断由波节附近逐渐集中到波腹附近，再由波腹附近又逐渐集中到波节附近，但始终只发生在相邻的波节和波腹之间。总之，驻波中的能量在波腹和波节之间转移，动能势能相互转换，驻波的能量并不定向传播。

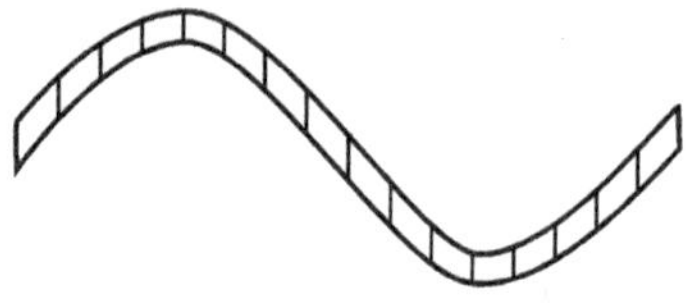

(a)质元都在位移最大处

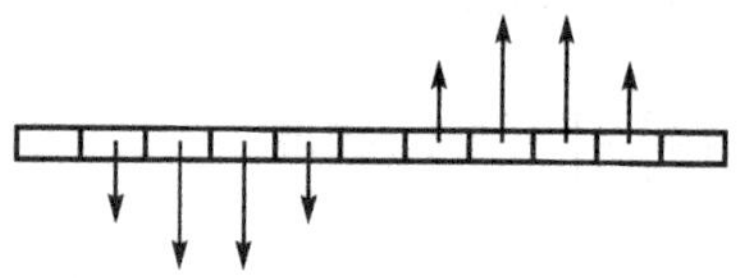

(b)质元都在平衡位置

图 8.16 驻波的能量

8.7.3 弦的固有振动

在一根两端固定的张紧的弦中，如乐器的弦，如果我们激起横向振动，则经两端反射后就会形成两列反向行进的波。这两列反向行波相互叠加，若能形成驻波，弦的两固定端不动必为波节，弦长 l 与波长 λ 应满足

$$l = n\frac{\lambda_n}{2} \qquad (n = 1,2,3,\cdots)$$

张紧的弦上传播横波的波速为 $u = \sqrt{\frac{F_{\mathrm{T}}}{\rho_{线}}}$，$F_{\mathrm{T}}$ 是弦的张力，$\rho_{线}$ 是弦的线密度。则弦的振动频率

$$\nu_n = \frac{u}{\lambda_n} = \frac{n}{2l}\sqrt{\frac{F_{\mathrm{T}}}{\rho_{线}}}\ (n = 1,2,3,\cdots) \qquad (8.32)$$

可见，只有频率满足式(8.32)才可以在弦上形成驻波，如图 8.17 所示。当 $n = 1$ 时，$\nu_1 = \frac{1}{2l}\sqrt{\frac{F_{\mathrm{T}}}{\rho_{线}}}$，频率最小，称为基频，对应的波称作基波；$n$ 取其他值时，频率是基频的整数倍，称为谐频，对应的波称作谐波，$n = 2$ 时为第一谐波，$n = 3$ 时为第二谐波，以此类推。

以上弦的基频和谐频都称为弦的固有频率或简正频率，它们所对应的驻波振动称为弦的固有振动或简正模。弦上驻波的波节波腹节波腹都在直线上，是一维波。在有界弦上之所以只存在一些特定的振动模式，是边界条件要求的结果。凡是有边界的振动物体，其上都存在驻波，如振动的鼓皮，被敲响的大钟，及各种正在发声的乐器等，它们的简正模式要比弦的简正模式复杂得多。图 8.18 是鼓皮上的二维驻波。

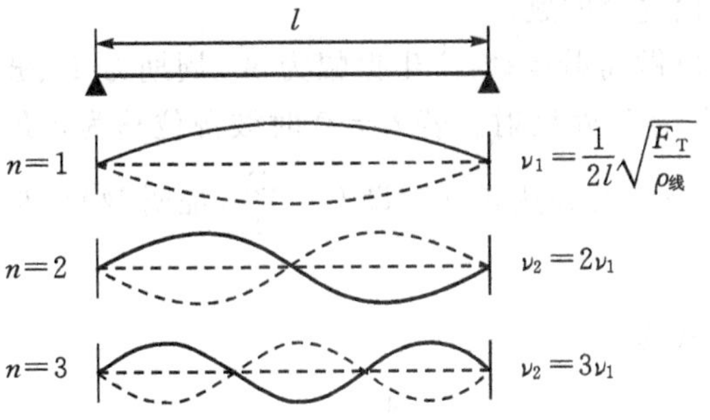

图 8.17　两端固定的弦上的简正模(前三个)

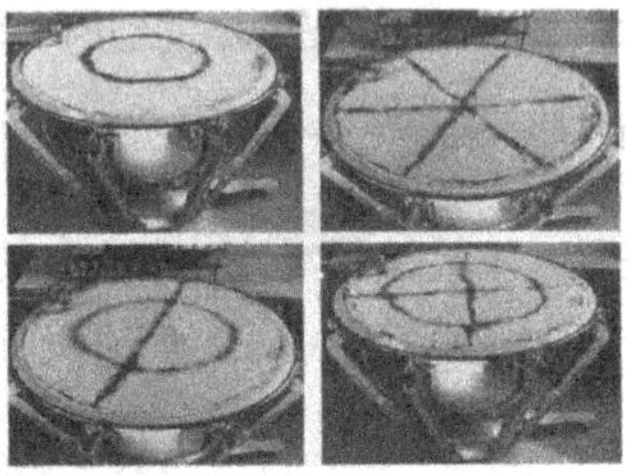

图 8.18　鼓皮上的二维驻波(图为几种简正模式)

8.7.4　半波损失

一列入射行波在介质的边界面会有反射也有透射。反射和透射的程度取决于介质的性质。常见的驻波是由行波与它在界面的反射波叠加而成。这里先以特殊情况为例,讨论行波在介质交界处的反射波与入射波的关系。

设一列平面简谐波沿 x 轴正向在弦中传播,波传播到界面处发生反射,反射波反向传播与入射波叠加,弦上各点的振动是入射波和反射波在各点振动的合成。

1. 介质一端是固定端

如图 8.19 所示,B 点是弦的固定端,一直保持静止,这说明入射波和反射波在界面处的振动位移相互抵消,即入射波和反射波在界面处振动反相,相位相差 π。因为先有入射波才可能反射,所以我们说反射波在界面处的振动相位发生突变,比入射波在该处的振动相位落后了 π 。相距半个波长的质元的振动相位相差 π ,所以上述现象称半波损失。相位突变不仅机械波在反射时存在,在电磁波包括光波反射时也存在。以后在光学中还要讨论这个问题。

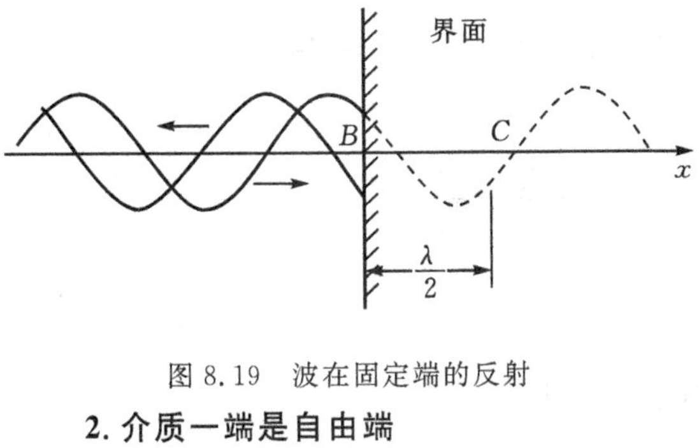

图 8.19　波在固定端的反射

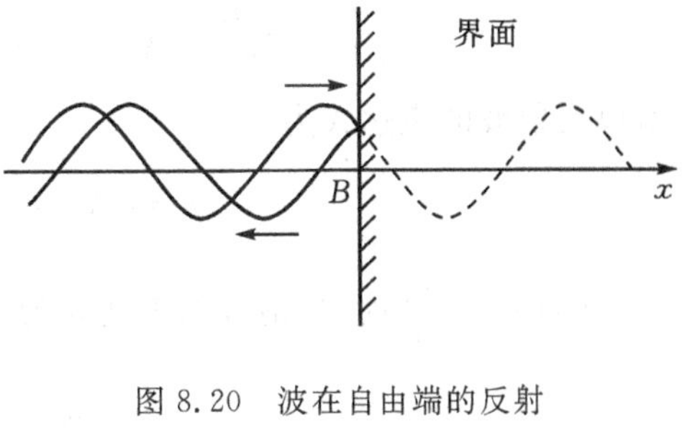

图 8.20　波在自由端的反射

2. 介质一端是自由端

如图 8.20 所示,B 点是弦的自由端。设入射波振幅为 A,实验发现,自由端 B 点的振动振幅为 $2A$,这说明 B 点有反射波存在,振幅为 $2A$ 说明界面处反射波与入射波的振动同相位,没有半波损失。

一般来说,两种介质的分界面处究竟出现波节还是波腹,这与波的种类和两种介质的性质以及波传播到界面入射角的大小有关。当弹性波垂直入射时,我们把密度 ρ 与波速 u 的乘积(称为特性阻抗)较大的介质称为波密介质,阻抗较小的介质为波疏介质。可以证明:当波从波疏介质传播到波密介质,入射波在界面反射点反射时有半波损失;当波从波密介质传播到波疏介质,入射波在界面反射点反射时没有半波损失。半波损失现象不仅机械波反射时存在,电磁波包括光波反射时也存在。以后在光学中还要讨论这个问题。

例 8.4 图 8.21 所示，位于 $x=0$ 处的波源 O 做简谐运动，产生振幅为 A 、周期为 T 、波长为 λ 的平面简谐波。波沿 x 轴负向传播，在固定端 B 处反射。若 $t=0$ 时波源位移为正最大，且 $OB=L$ ，求(1)入射波的波表达式；(2)反射波的波表达式；(3)设 $L=\dfrac{3\lambda}{4}$ ，证明 BO 间形成驻波，并给出因干涉而静止的点的位置。

解 (1)入射波沿 x 轴负向传播，设波的表达式为

$$y_1=A\cos 2\pi\left(\frac{t}{T}+\frac{x}{\lambda}+\varphi_0\right)$$

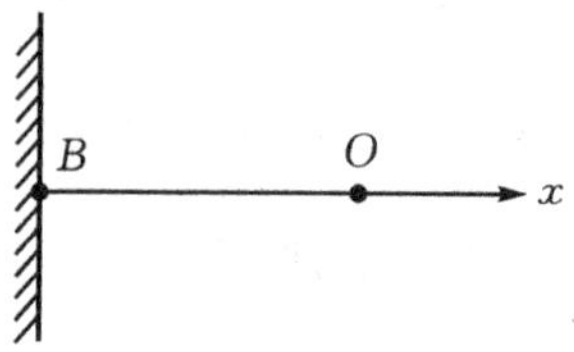

图 8.21 例 8.4 图

波源的初相由波源的初始条件求出

$$A\cos\varphi_0=A \quad 得 \quad \varphi_0=0$$

所以入射波波表达式为

$$y_1=A\cos 2\pi\left(\frac{t}{T}+\frac{x}{\lambda}\right)$$

(2)设反射波的表达式为

$$y_2=A\cos 2\pi\left(\frac{t}{T}+\frac{x}{\lambda}+\varphi'_0\right)$$

固定端 B 点的坐标 $x_B=-L$ ，入射波在 B 点激发的简谐振动表达式为

$$y_1\big|_{x=-L}=A\cos 2\pi\left(\frac{t}{T}+\frac{-L}{\lambda}\right)$$

反射波在 B 点激发的简谐振动表达式为

$$y_2\big|_{x=-L}=A\cos\left[2\pi\left(\frac{t}{T}-\frac{-L}{\lambda}\right)+\varphi'_0\right]$$

在 B 点反射的反射波有半波损失，入射波和反射波在 B 点的振动反相，所以有

$$2\pi\left(\frac{t}{T}-\frac{-L}{\lambda}\right)+\varphi'_0=2\pi\left(\frac{t}{T}+\frac{-L}{\lambda}\right)-\pi \quad 得\ \varphi'_0=-4\pi\frac{L}{\lambda}-\pi$$

所以反射波的表达式为

$$y_2=A\cos\left[2\pi\left(\frac{t}{T}-\frac{x}{\lambda}\right)-4\pi\frac{L}{\lambda}-\pi\right]$$

(3) $L=\dfrac{3\lambda}{4}$ 时，反射波的表达式为

$$y_2=A\cos 2\pi\left(\frac{t}{T}-\frac{x}{\lambda}\right)$$

BO 间两波叠加，合成波为

$$y=y_1+y_2=A\cos\left(\frac{2\pi x}{\lambda}+\pi\right)\cos\left(\frac{2\pi}{T}t-\pi\right)$$

为驻波。因干涉静止点的位置满足

$$\cos\left(2\pi\frac{x}{\lambda}+\pi\right)=0 \qquad 即 \quad 2\pi\frac{x}{\lambda}+\pi=\pm(2n+1)\frac{\pi}{2}$$

得

$$x=-\frac{\lambda}{2}\pm(2n+1)\frac{\lambda}{4},\quad n=0,1,2,\cdots$$

因为 $x \in \left[-\frac{3}{4}\lambda, 0\right]$，只能取 $n=0$，可得 BO 间因干涉而静止的点为 $x=-\frac{1}{4}\lambda$ 与 $x=-\frac{3}{4}\lambda$（反射点）处。

8.8　多普勒效应

我们都知道，列车进站时，站台上的人听到的汽笛声越来越大，音调变高，出站时汽笛声则越来越小，音调变低。若声源不动观察者运动，或者观察者和声源都在运动，也会发现音调变化的现象。这种由于波源或观察者的运动而造成观测频率和波源频率不同的现象，称为多普勒效应。需要说明，这里所谓的运动或静止都是相对于介质而言的。下面就来分析这一现象。

为简单起见，我们考虑波源与观测者的运动发生在两者的连心线上的情况，设波源的频率为 ν，相对介质的速度和波长分别为 u 和 λ，则

$$\nu = \frac{u}{\lambda} \tag{8.33}$$

当波源或观察者运动时，观察者测量到的波的频率、速度和波长分别为 ν'，u' 和 λ'，则

$$\nu' = \frac{u'}{\lambda'}$$

下面分情况比较观测频率 ν' 和波源频率 ν 的差别。

1. 波源静止而观察者运动

如图 8.22 (a) 所示，假设观察者以速度 u_R 向波源运动，此时观察者看到波面以速率 $u+u_R$ 通过观测位置。因此，观察者在单位时间内所接收到的完整的波的数目即 ν' 为

$$\nu' = — = \frac{u+u_R}{\lambda} = \frac{u+v_R}{u}\frac{u}{\lambda}$$

根据式(8.33)有

$$\nu' = \frac{u+u_R}{u}\nu \tag{8.34}$$

所以观察者向波源运动时所接收到的频率大于波源频率。

同理可得，当观察者远离波源运动时，观察者接收到的频率为

$$\nu' = \frac{u-v_R}{u}\nu \tag{8.35}$$

此时观察者接收到的频率低于波源的频率。

观测频率小于波源频率的现象在物理中被称为红移，观测频率大于波源频率的现象则称为紫移。

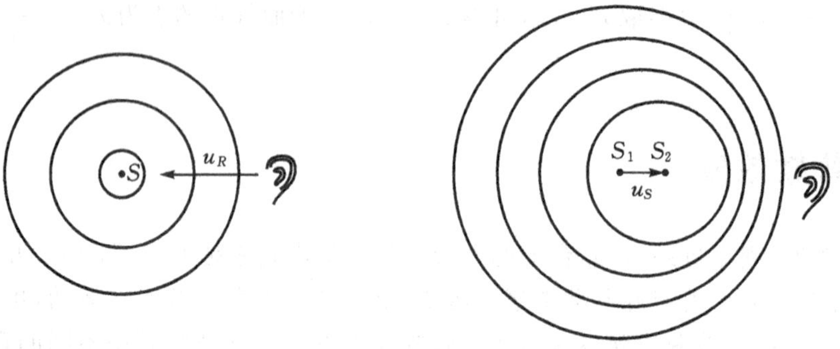

(a)波源静止而观察者运动　　(b)观察者静止而波源运动

图 8.22　多普勒效应

2. 观察者静止而波源运动

如图 8.22 (b) 所示，假设波源以速度 u_S 向观察者运动，在观察者看来，一个周期内波源走了 $u_S T$ 的距离，而波前相对于波源只移动了 $uT - u_S T$ 的距离，这一距离就是观察者眼中的波长，即

$$\lambda' = uT - u_S T$$

因此，相对于观察者而言，波的频率为

$$\nu' = — = \frac{u}{(u-u_S)T} = \frac{u}{(u-u_S)}\frac{u}{\lambda}$$

根据式(8.29)有

$$\nu' = \frac{u}{u-u_S}\nu \tag{8.36}$$

此时观察者接收到的频率大于波源的频率。

同理可得，当波源远离观察者时，观察者接收到的频率为

$$\nu' = \frac{u}{u+u_S}\nu \tag{8.37}$$

这时观察者接收到的频率低于波源的频率。

3. 观察者与波源同时运动

此时，观察者观测到的波的速度和波长都在变化，由前面的讨论可知

$$\nu' = \frac{u \pm u_R}{u \mp u_S}\nu \tag{8.38}$$

当波源和观察者相向运动时，分母 $\mp$ 号取负而分子的 $\pm$ 取正号，当波源和观察者相互背离时，刚好相反。

以上讨论结果是在波源与观测者的运动发生在两者的连心线上的情况下得到。当波源和观察者不再连线方向运动时，上述公式中的 u_R 和 u_S 表示波源和观察者在连线上的分速度。

例 8.5　一音叉发射频率为 204 Hz 的声波，它以一定的速率靠近墙壁，观察者在音叉后面听到拍音频率为 3 Hz，求音叉的运动速率。声速取 340 m/s。

解　已知 $\nu = 204$ Hz，$u = 340\ \mathrm{m \cdot s^{-1}}$，设音叉运动的速率为 u_s。

(1)观察者直接听到音叉传来声音的频率

$$\nu_1 = \frac{u}{u + u_S}\nu \text{ (Hz)}$$

(2)墙壁接到的声音的频率

$$\nu_2 = \frac{u}{u - u_S}\nu \text{ (Hz)}$$

墙壁反射声音的频率等于接受到的声音的频率 ν_2，静止观察者听到反射声音的频率等于墙壁反射声音的频率 ν_2，所以有

$$\nu_2 - \nu_1 = \Delta\nu = 3 \text{ Hz}$$

联立各式得到，音叉的运动速率

$$u_s = 2.5 \text{ m} \cdot \text{s}^{-1}$$

复习思考题

8.1　波是振动状态的传播，所以只需要知道波源的振动规律，就可以知道波的运动规律。这样理解对吗？为什么？

8.2　试说明平面简谐波的运动方程和质点简谐振动的运动方程之间的关系。

8.3　波的传播方向和介质质元的振动方向有什么区别？

8.4　以平面简谐横波在介质中传播为例，试说明介质内质元的能量特点，并与作简谐振动的弹簧振子系统的能量做比较。

8.5　为什么说波在传播振动状态的同时伴随着能量的传播？

8.6　试述平均能流密度的定义。它与哪些因素有关？

8.7　声压是指有声波传播时介质中的压强，对不对？

8.8　声音的声强越大，人耳就会觉得声音越响亮，对不对？

8.9　形成波的干涉的相干条件是什么？两相干波发生干涉，干涉相长和干涉相消的条件分别是什么？

8.10　波从一种介质进入另一种介质，波速、波长和频率各物理量中，哪些不变化？哪些变化？

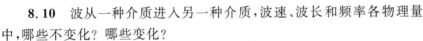

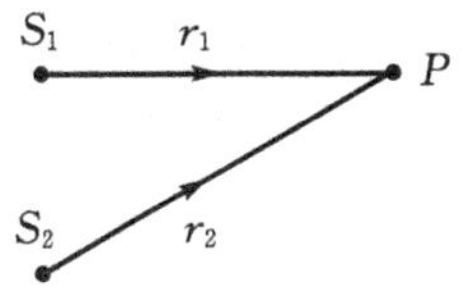

图 **8.23**

8.11　驻波是怎样形成的？驻波与行波有什么区别？

习　题

8.1　在简谐波传播过程中，沿传播方向相距为 $\lambda/2$（λ 为波长）的两点的振动速度必定(　　)。

(A)大小相同，而方向相反　　(B)大小和方向均相同

(C)大小不同，方向相同　　(D)大小不同，而方向相反

8.2　一平面简谐波在弹性媒质中传播，在媒质质元从最大位移处回到平衡位置的过程中(　　)。

(A)它的势能转换成动能　　(B)它的动能转换成势能

(C)它从相邻的一段媒质质元获得能量，其能量逐渐增加

(D)它把自己的能量传给相邻一段媒质质元,其能量逐渐减小

8.3 在驻波中,两个相邻波节间各质点的振动( )。

(A)振幅相同,相位相同 (B)振幅不同,相位相同

(C)振幅相同,相位不同 (D)振幅不同,相位不同

8.4 在波长为 l 的驻波中,两个相邻波腹之间的距离为( )。

(A) $\lambda/4$ (B) $\lambda/2$ (C) $3\lambda/4$ (D) λ l

8.5 频率为 500 Hz 的波,其波速为 350 m/s,相位差为 $2\lambda/3$ (λ 为波长)的两点间距离为______。

8.6 在截面积为 S 的圆管中,有一列平面简谐波在传播,其波的表达式为: $y=A\cos[\omega t-2\pi(x/\lambda)]$,管中波的平均能量密度是 ε,则通过截面积 S 的平均能流密度是______。

8.7 如图 8.24 所示,两列波长为 λ 的相干波在 P 点相遇。波在 S_1 点振动的初相是 φ_1, S_1 到 P 点的距离是 r_1;波在 S_2 点的初相是 φ_2, S_2 到 P 点的距离是 r_2,则 P 点是干涉极大的条件为:______________。

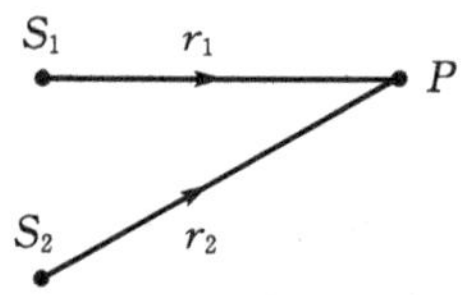

图 8.24

8.8 S_1 和 S_2 是波长为 λ 的两个相干波的波源,相距 $3\lambda/4$, S_1 的相位比 S_2 超前 $\pi/2$,若两波单独传播时,在过 S_1 和 S_2 的直线上各点的强度相同,不随距离变化,且两波的强度都是 I_0,则在 S_1, S_2 连线上 S_1 外侧和 S_2 外侧各点,合成波的强度分别是______和______。

8.9 已知波源在原点($x=0$)的平面简谐波的运动方程方程为

$$y=0.02\cos2\pi(\frac{t}{0.01}-\frac{x}{0.3}) \quad (\mathrm{SI})$$

试求:(1)振幅,频率,波速和波长;

(2)传播方向上距波源 0.1 m 处质点的振动方程及该振动初相。

8.10 一平面简谐波的运动方程为 $y=0.05\cos(10\pi t-4\pi x)$ (SI),求:

(1)此波的振幅、波速、频率和波长。

(2)介质中各质点振动的最大速度和最大加速度。

(3) $x=0.2$ m 处的质点在 $t=1$ s 时的相位,它是原点处质点在哪一时刻的相位?

8.11 横波沿一条张紧的长绳传播,其表达式为

$$y=0.04\cos\pi(5x-200t) \quad (\mathrm{SI})$$

(1)波是沿 x 轴正向还是负向传播?试求出波的振幅、波长、频率及波速。

(2)画出 $t_1=0.0025$ s 及 $t_2=0.005$ s 时的波形图。

(3)求 $t=0.0025$ s 时在 $x=0.15$ m 处绳质元的振动速度。

(4)如果绳的线密度 $\mu=0.05$ kg/m,求绳中张力 F_T。

8.12 已知某一维平面简谐波的周期 $T=2.5\times10^{-3}$ s,振幅 $A=1.0\times10^{-2}$ m,波长 $\lambda=1.0$ m,沿 x 轴正向传播。试写出此一维平面简谐波的波函数。(设 $t=0$ 时, $x=0$ 处质点在正的最大位移处)

8.13 图 8.25 表示平面简谐波在某瞬时的波形图,若波沿 x 轴正向传播,定性说明此时 x_1, x_2, x_3 处各质元的位移和速度为正还是为负?它们的相位如何(指出在第几象限)?若波沿 x 轴负方向传播情况又如何呢?

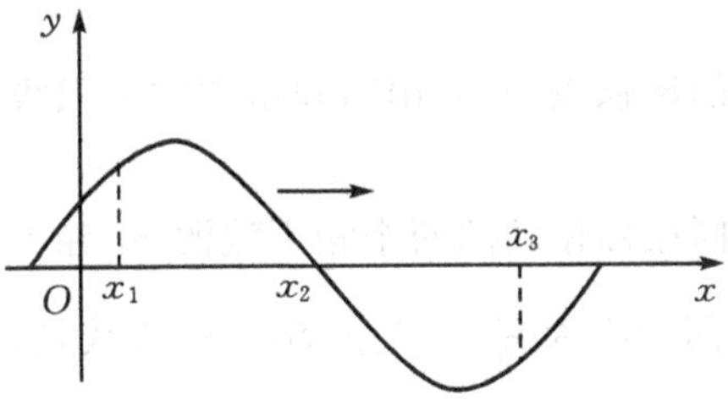

图 8.25

8.14　沿 x 轴正方向传播的平面简谐波波速 $u = 120$ m/s，$t = 0$ 时刻的波形图如图 8.26 所示，求平面简谐波的运动方程。

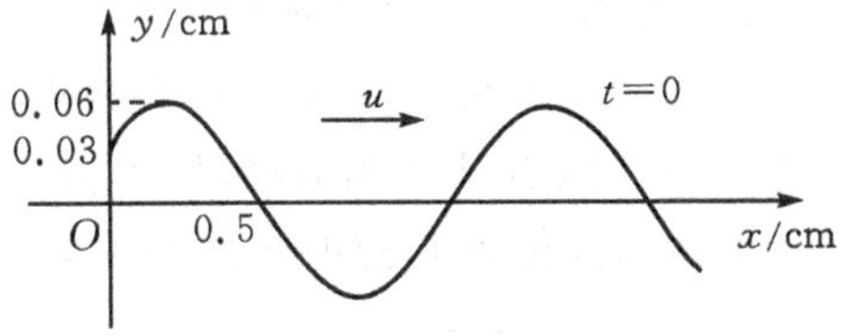

图 8.26

8.15　平面简谐波，沿 x 轴负方向传播。角频率为 ω，波速为 u。设 $t = T/4$ 时刻的波形如图 8.27 所示，求该波的运动方程。

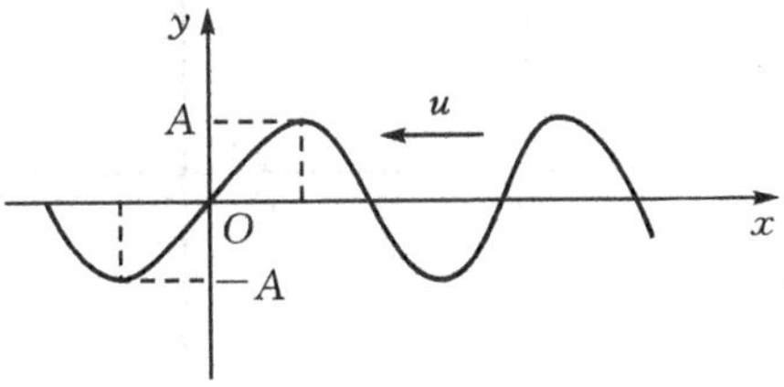

图 8.27

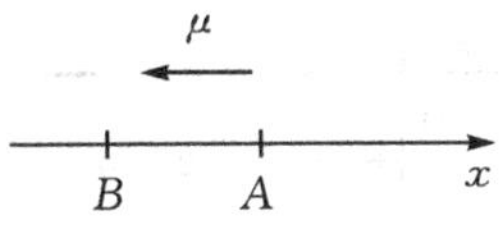

图 8.28

8.16　如图 8.28 所示，一平面波在介质中以速度 $u = 120$ m/s 沿 x 轴负方向传播，已知 A 点的振动方程为

$$y = 3\cos(4\pi t) \quad (\text{SI})$$

(1)以 A 点为坐标原点写出波的运动方程；

(2)以距 A 点 5 m 处的 B 点为坐标原点，写出波的运动方程。

8.17　一列沿 x 轴正向传播的简谐波，已知 $t_1 = 0$ 和 $t_2 = 0.25$ s时的波形如图 8.29 所示（t_1 和 t_2 之间的时间间隔在一个周期之内）。试求：

(1) P 点的振动表达式；

(2)此波的波动表达式；

(3)画出 O 点的振动曲线。

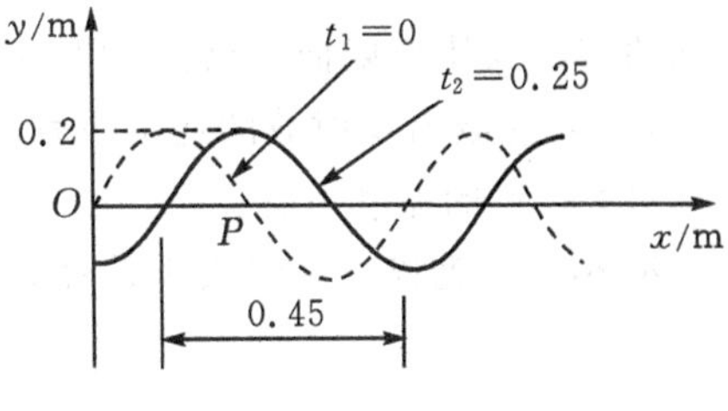

图 8.29

8.18　有一圆形横截面的铜丝，手张力 1.0 N，横截面积为 1.0 mm^2。求其中传播横波和纵波时的波速各多少？铜的密度为 8.9×10^3 kg/m^3，铜的杨氏模量为 12×10^9 N/m^3。

8.19　已知某种温度下水中声速为 1.45×10^3 m/s，求水的体变模量。

8.20　一弹性波在介质中以速度 $u = 103$ m/s 传播，振幅 $A = 1.0\times10^{-4}$ m，频率 $\nu = 10^3$ Hz，若该介质的密度为 800 kg/m^3，求：(1)该波的平均能流密度；(2) 1 分钟内垂直通过面积

$S = 4 \times 10^{-4}\ m^2$ 的总能量。

8.21 两人轻声说话时的声强级为 40 dB，闹市中的声强级为 80 dB，问闹市中的声强是轻声说话时声强的多少倍？

8.22 同相位、同频率、同振幅振动的两个相干波源 S_1 和 S_2，它们在同一介质中传播，设频率为 ν，波长为 λ，两者之间距离为 $\frac{3}{2}\lambda$，B 为 S_1，S_2 连线延长线上离 S_2 很远的一点，两波在该点的振幅可视为相等。试求：

(1) S_1，S_2 在 B 点引起的两分振动的相位差；

(2) B 点的合振动的振幅。

8.23 如图 8.30 所示，A，B 两点为同一介质中的两相干波源，其振幅皆为 0.05 m，频率为 100 Hz，但当 A 点为波峰时，B 点恰为波谷，设在介质中的波速为 10 m/s，试写出由 A，B 发出的两列波传到 P 点时干涉的结果。

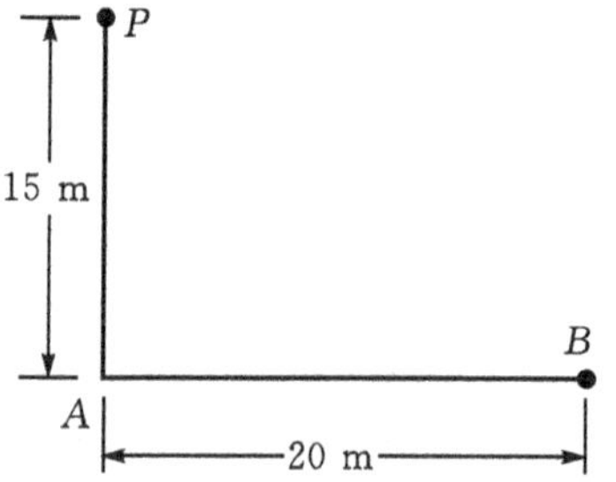

图 8.30

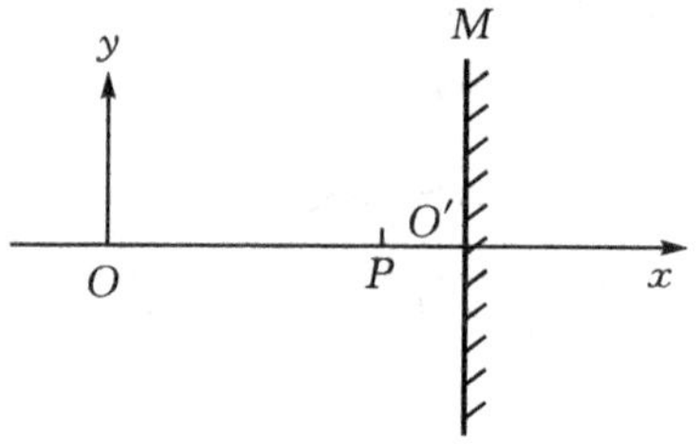

图 8.31

8.24 一沿 x 轴方向传播的入射波的表达式为 $y_1 = A\cos 2\pi\left(\frac{t}{T} - \frac{x}{\lambda}\right)$，在 $x = 0$ 处发生反射，反射点为一节点。求：

(1)反射波的表达式；

(2)驻波的表达式；

(3)波节、波腹的位置坐标。

8.25 如图 8.31 所示，一圆频率为 ω，振幅为 A 的平面简谐波沿 x 轴正方向传播，设在 $t = 0$ 时该波在原点 O 处引起的振动使媒质质元由平衡位置向 y 轴的负方向运动。M 是垂直于 x 轴的波密媒质反射面。已知 $OO' = 7\lambda/4$，$PO' = \lambda/4$（λ 为该波波长），设反射波不衰减，求：

(1)人射波与反射波的运动方程；

(2) P 点的振动方程。

8.26 一列横波在绳索上传播，其表达式为

$$y_1 = 0.05\cos\left[2\pi\left(\frac{t}{0.05} - \frac{x}{4}\right)\right] \quad \text{(SI)}$$

(1)现有另一列横波(振幅也是 0.05 m)与上述已知横波在绳索上形成驻波。设这一横波在 $x = 0$ 处与已知横波同相位，写出该波的运动方程。

(2)写出绳索上驻波的表达式；求出各波节的位置坐标表达式；并写出离原点最近的四个波节的坐标数值。

8.27 一观察者站在铁路旁，听到迎面开来的火车汽笛声的频率为 440 Hz，当火车驰过

他身旁之后，他听到汽笛声的频率为 392 Hz，问火车行驶的速度为多大？已知空气中声速为 330 $m \cdot s^{-1}$。

8.28　一警报器发射频率为 1000 Hz 的声波，离观察者向一固定的目标物运动，其速度为 10 m/s，试问：

(1) 观察者直接听到从警报器传来声音的频率为多少？

(2) 观察者听到从目标物反射回来的声音频率为多少？

(3) 听到拍频是多少？

第 9 章

狭义相对论基础

从 16 世纪到 20 世纪初的三百年里，经典物理已经发展到了相当完善的程度，例如以牛顿定律和万有引力定律为基础的经典力学，以热力学定律为基础的宏观理论（热力学）和以分子运动为基础的微观理论（统计物理学）以及以麦克斯韦方程组为基础的经典电磁学，它们在解决工程技术等实际问题中获得了空前的成功。正如英国著名物理学家开尔文勋爵在 1900 年新世纪伊始在瞻望 20 世纪物理学的发展的文章中说到："在已经基本建成的科学大厦中，后辈的物理学家只要做一些零碎的修补工作就行了。"又正如菲利普·冯·约利致马克斯·普朗克的信中所说的那样："理论物理实际上已经完成了，所有的微分方程都已经解出，青年人不值得选择一种将来不会有任何发展的事去做。"

但是，将经典物理用于描述可与光速相比拟的高速运动物体时，却产生了许多矛盾。为了解决所产生的矛盾，很多人都企图通过对经典理论的修正来实现，但均未获得成功。而爱因斯坦却另辟蹊径，提出了两条基本假设，并以此为基础建立了狭义相对论。狭义相对论批判地继承和创造性地发展了牛顿、麦克斯韦理论，它不仅能统一地解释已有的实验结果而不发生新的矛盾，而且还可以导出一系列新的普遍性的结果，预言一系列新的事实，已经被实验所证实。狭义相对论把一系列牛顿绝对时空融为一体，相对论的一切结果，在 $v \ll c$ 或在形式上 $c \to \infty$ 时，都与牛顿时空理论结果相同，这体现了物理理论发展中新旧理论之间的辩证关系。

爱因斯坦创立的相对论是 20 世纪物理学发展史上最伟大的成就之一，它和量子力学构成了现代物理学的两大理论基础。相对论分为狭义相对论和广义相对论。局限于惯性参考系的相对论理论称为狭义相对论，主要分析时空的相对性、高速运动的力学性质；推广到加速参考系包括引力场在内的相对论理论称为广义相对论，主要论述弯曲时空和引力理论，揭示时空、物质、运动和引力的统一性。现在，相对论理论体系已经成为宇宙天体、微观粒子、原子能等领域的理论研究基础。

本章重点讨论狭义相对论，从经典的相对性原理推广到狭义相对论基本原理，介绍洛伦兹变换、狭义相对论时空观以及相对论力学的一些重要结论。

9.1 经典力学的相对性原理　伽利略变换

9.1.1 力学相对性原理

在经典力学中，牛顿运动定律所适用的参考系称为惯性参考系。相对某一惯性系做匀速运动的一切参考系，牛顿运动定律同样适用，也是惯性参考系。假定和地面固定的参考系是惯性系，那么在相对地面作匀速直线运动的封闭船（也是惯性系）上，从挂在天花板上的装水杯子里落下的水滴竖直落在地板上，还是偏向船尾？当你抛一件东西给你的朋友时，是不是当你的朋友在船头时比他在船尾时，你所费的力要更大些？早在 1632 年伽利略通过实验观测，就对这些问题作出了明确的回答，只要船是在作匀速直线运动，则在封闭的船上就觉察不到物体的运动规律和地面上有任何不同。所以，尽管当上述水滴尚在空中时船已向前进了，但它仍将竖直地落在地板上；不管你的朋友是在船头还是在船尾，你抛东西给他时所费的力是一样的。伽利略所描述的现象说明：描述力学现象的规律不随观察者所选用的惯性系而变，或者说，在研究力学规律时一切惯性系都是等价的，这称为力学相对性原理（伽利略相对性原理）。也就是说：力学规律的数学表达形式不随人们所采用的惯性参考系而改变，反映了力学规律在所有惯性系中具有相同的形式。经典力学的相对性原理要求：描述力学基本规律的公式从一个惯性系换算到另一个惯性系时，形式必须保持不变。伽利略变换满足了这种换算关系。

9.1.2　伽利略坐标变换

如图 9.1 所示，S 系静止，S' 系相对 S 系以速度 $\boldsymbol{v}$ 沿 X 轴运动平动，对应坐标轴互相平行。$t'=t=0$ 时，两坐标系原点重合，t 时刻在两参考系中观察同一事件 P。由图可知 P 点在 S 系的坐标 (x,y,z,t) 与在 S' 系的坐标 (x',y',z',t') 之间的相互关系为

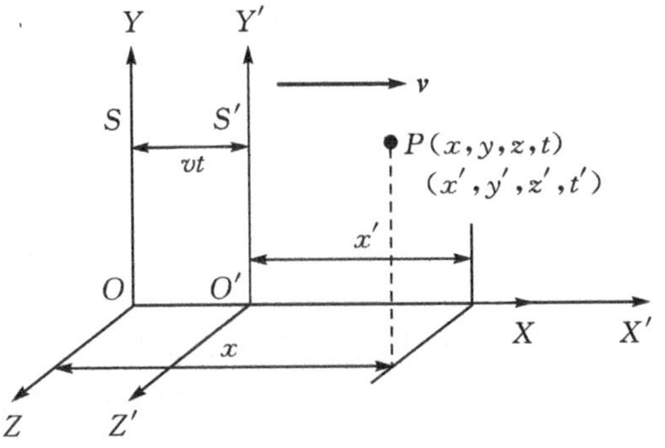

图 9.1　伽利略坐标变换

$$\begin{cases} x' = x - vt \\ y' = y \\ z' = z \\ t' = t \end{cases} \quad \text{或} \quad \begin{cases} x = x' + vt \\ y = y' \\ z = z' \\ t = t' \end{cases} \tag{9.1}$$

这就是伽利略坐标变换式。其矢量形式为

$$\boldsymbol{r}' = \boldsymbol{r} - \boldsymbol{v}t \quad t' = t \text{ 或 } \quad \boldsymbol{r} = \boldsymbol{r}' + \boldsymbol{v}t' \quad t = t' \tag{9.2}$$

它描绘了在两个不同惯性参考系观察同一事物时的时空关系。实际物体的低速运动都满足伽利略变换。

9.1.3　伽利略速度、加速度变换

为了描述质点 P 的运动情况，将伽利略坐标变换对时间求一阶导数，便可得到伽利略速度变换公式

$$\begin{cases}\dfrac{dx'}{dt'}=\dfrac{dx}{dt}-v\\ \dfrac{dy'}{dt'}=\dfrac{dy}{dt}\\ \dfrac{dz'}{dt'}=\dfrac{dz}{dt}\end{cases} \quad 或 \quad \begin{cases}\dfrac{dx}{dt}=\dfrac{dx'}{dt'}+v\\ \dfrac{dy}{dt}=\dfrac{dy'}{dt}\\ \dfrac{dz}{dt}=\dfrac{dz'}{dt}\end{cases}$$

亦即

$$\begin{cases}u'_x=u_x-v\\ u'_y=u_y\\ u'_z=u_z\end{cases} \quad 或 \quad \begin{cases}u_x=u'_x+v\\ u_y=u'_y\\ u_z=u'_z\end{cases} \tag{9.3}$$

其矢量形式为

$$\boldsymbol{u}'=\boldsymbol{u}-\boldsymbol{v} \quad 或者 \quad \boldsymbol{u}=\boldsymbol{u}'+\boldsymbol{v} \tag{9.4}$$

上式就是经典力学的速度变换公式。与第1章质点动力学中的相对运动的速度公式一致。

再将速度变换公式对时间求一阶导数，由于 $dv/dt=0$，便可得到

$$\begin{cases}a'_x=a_x\\ a'_y=a_y\\ a'_z=a_z\end{cases} \tag{9.5}$$

上式就是伽利略加速度变换式。其矢量形式为

$$\boldsymbol{a}'=\boldsymbol{a} \tag{9.6}$$

伽利略加速度变换式说明：在不同的惯性系中，同一质点的加速度是相同的，即质点的加速度在伽利略变换下是不变量。

由于在经典力学中认为质量不随参考系而变，并且与速度无关，是一个绝对量；力 $\boldsymbol{F}$ 在伽利略变换下也是不变量，即 $\boldsymbol{F}'=\boldsymbol{F}$，因此在两个相互做匀速直线运动的惯性参考系中，牛顿运动定律具有相同的形式，或者说牛顿第二定律在伽利略变换下形式不变，即在一切惯性系中力学定律具有完全相同的数学表达形式：

在 S 系中 $\boldsymbol{F}=m\boldsymbol{a}$

在 S' 系中 $\boldsymbol{F}'=m\boldsymbol{a}'$

同理，牛顿第一定律和第三定律在所有惯性系中都具有相同的形式。那么由牛顿定律推导出来的其他力学定律(如动量守恒定律、角动量守恒定律等)也必然在所有惯性系中都具有相同的形式。即在所有惯性系中力学定律都具有相同的形式，或者说在伽利略变换下形式不变，这一结论称为力学相对性原理。

伽利略变换实质上是以数学形式反映了牛顿力学所持的经典时空观。这种观点认为，自然界存在着与物质运动无关的绝对时间与绝对空间，时间与空间彼此独立，同时性、时间间隔与长度都具有绝对性，它们均与参考系的相对运动无关。经典力学是建立在绝对时空观基础上的。按照这种观点，在不同的参考系中有完全相同的时间流逝，任何参考系中空间的大小都可以用固定不变的尺子来量度。惯性系之间的坐标、速度和加速度变换——伽利略变换就是这种绝对时空观的具体体现，伽利略变换保证了经典力学规律在不同的惯性系中具有相同的表现形式。

9.1.4 经典力学的时空观

在狭义相对论建立之前，科学家们普遍认为，时间和空间都是绝对的，可以脱离物质运动

而存在，并且时间和空间也没有任何联系，这称为经典力学时空观，也称绝对时空观。牛顿在他的《自然哲学的数学原理》中曾引入了绝对空间和绝对时间这样两个概念，它也是与人们日常生活经验相符的。按照这种空间概念，人们把空间设想成一个"一切物体都在其上面进行各种机械运动的广阔舞台"，一切物体对于这个舞台即"绝对空间"的运动就是它们的绝对运动，这种"绝对运动"的速度就是物体的"绝对速度"。对于绝对时间的概念，用牛顿的话来说，就是："绝对的、真正的和数学的时间自身在流逝着，而且由于其本性在均匀地、与任何其他外界无关地流逝着"。在经典力学中，力学相对性原理是与绝对时空观紧密联系着的。根据伽利略坐标变换，可以总结出在经典力学中对于时间和空间的认识观点，即经典力学的时空观。

(1)绝对的、真正的数学时间，出于其本性而自行均匀地流逝着，与外界任何事物无关。或绝对的时间，就其本性而言与外界任何事物毫无关系，它永远保持不变或不动。绝对的运动是物体从某一绝对的处所转移到另一绝对的处所。即：时间存在一个绝对的计时系统；对于空间的运动存在一个绝对的参照系。

(2)时间和空间是彼此独立的。由伽利略坐标变换可以看出，进行位置变换时可以不用考虑时间因素，进行时间变换时与空间的位置也不相关，因此可以说二者彼此独立，互不联系。

(3)时间间隔的绝对性。根据坐标变换中的时间关系可知，一个事件在运动的参考系 S' 中所经历的时间 τ 与该事件在静止的参考系 S 中所经历的时间 τ_0 的关系为 $\tau = t'_2 - t'_1 = t_2 - t_1 = \tau_0$ 。这说明时间间隔的测量与参考系的选取无关，与观测者的运动状态无关，这就是经典力学的绝对时间观。

(4)空间间隔的绝对性。根据坐标变换中的空间关系可知，一个物体在运动的参考系中测量的长度与该物体在静止的参考系中测量的长度之间的关系为

$$L_0 = x_2 - x_1 = (x'_2 + vt'_2) - (x'_1 + vt'_1)$$

在相对于物体运动的参考系中测量物体的长度时，应保证同时测量物体两端的坐标，即有 $t'_2 = t'_1$ ，因此有

$$L_0 = x_2 - x_1 = x'_2 - x'_1 = L$$

两者相等。这说明，空间间隔的测量与参考系的选择无关，与观测者的运动状态无关，这就是经典力学的绝对空间观。

9.2 狭义相对论基本原理和洛伦兹变换

9.2.1 狭义相对论实验基础

1856 年麦克斯韦提出电磁场理论时，曾预言了电磁波的存在，并计算出电磁波将以 $3\times10^8\,\mathrm{m\cdot s^{-1}}$ 的速度在真空中传播。由于这个速度与光在真空中的传播速度相同，所以人们认为光是电磁波。当 1888 年赫兹在实验室中产生电磁波以后，光作为电磁波的一部分，在理论和实验上就完全确定了。在相对论创立之前，人们曾提出光波和其他电磁波的传播与弹性波一样，也需要凭借某种称之为以太的介质。然而，令人遗憾的是人们在用它来解释一些物理现象时矛盾重重。例如，真空中的电磁波是横波，而在关于弹性波的讨论中知道，只有固体介质才能传播横波；且波速正比于 $\sqrt{G/\rho}$ ，其中 G 为介质的剪切模量，ρ 为介质的密度。由于光速是一个很大的数值，这就要求 G 很大而 ρ 很小，即要求以太是一种几乎没有质量却具有很大刚

性的介质。另外,由于行星的运动完全服从万有引力定律,因此竟然还要求这种以太不能对行星等在其中运动的物体施加任何拖曳力。即要求以太:①没有质量;②完全透明;③对运动物体没有阻力;④非常刚性(高速运动所要求)。这种物质太特殊了。他们认为以太充满整个空间,即使真空也不例外,并认为在远离天体范围内,这种以太是绝对静止的,因而可用它来作绝对参照系。根据这种看法,如果能借助某种方法测出地球相对于以太的速度,作为绝对参照系的以太也就被确定了。在历史上,确曾有许多物理学家做了很多实验来寻求绝对参照系,但都没得出预期的结果。其中最著名的是 1881 年迈克尔逊探测地球在以太中运动速度的实验,以及后来迈克尔逊和莫雷在 1887 年所做的更为精确的实验。

迈克尔逊和莫雷实验的基本思想是:地球以 30 km/s 的速度通过以太运动,地面上的观察者将会感到"以太风",并且其运动方向要随季节而异,在略去地球自转及其他不均匀运动所引起的偏差后,地球的运动在实验持续的时间内可以看作是匀速直线运动,因而地球可看作是一个惯性系统。如图 9.2 所示,实验时先使干涉仪的一臂与地球的运动方向平行,另一臂与地球的运动方向垂直;按照经典的理论,在运动的系统中,光速应该各向不同,因而可看到干涉条纹;再使整个仪器转过 $\pi/2$,就应该发现条纹的移动,由条纹移动的总数,就可算出地球运动的速度 v 。

假定地球以速度 v 沿 MM_1 方向运动。若伽利略变换成立,光沿 MM_1,速度为 $c-v$,光沿 M_1M,速度为 $c+v$,光从 M—M_1—M 所需时间为

$$t_1=\frac{l}{c-v}+\frac{l}{c+v}=\frac{2l}{c(1-v^2/c^2)}$$

光沿 MM_2 的速度为 $(c^2-v^2)^{1/2}$,光从 M—M_2—M 所需时间为

$$t_2=\frac{2l}{(c^2-v^2)^{1/2}}=\frac{2l}{c\ (1-v^2/c^2)^{1/2}}$$

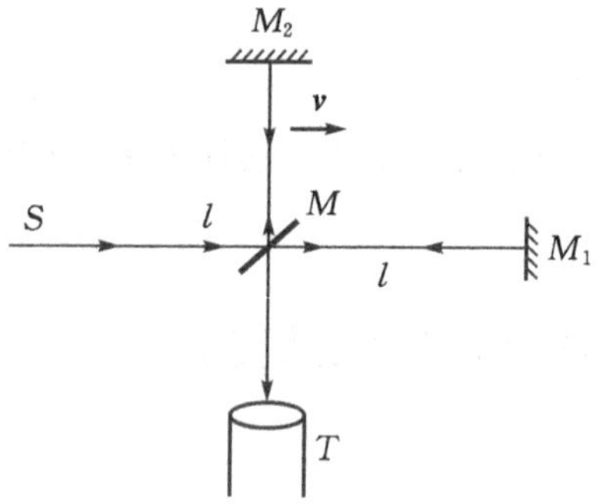

图 9.2 迈克尔逊-莫雷实验原理图

M 点发出的两束光到达望远镜的时间差

$$\begin{aligned}\Delta t=t_1-t_2&=\frac{2l}{c(1-v^2/c^2)}-\frac{2l}{c\ (1-v^2/c^2)^{1/2}}\\&=\frac{2l}{c}\left[\left(1+\frac{v^2}{c^2}+\cdots\right)-\left(1+\frac{v^2}{2c^2}+\cdots\right)\right]\\&=\frac{l}{c}\frac{v^2}{c^2}\ (v\ll c)\end{aligned}$$

光程差:$\delta=c\Delta t=lv^2/c^2$ 。

将仪器旋转 90°，前后两次光程变化 2δ，干涉条纹移动

$$\Delta N = \frac{2\delta}{\lambda} = \frac{2lv^2}{\lambda c^2}$$

在迈克尔逊-莫雷实验中，$l \sim 10\ \mathrm{m}$，光波波长 $\lambda = 500\ \mathrm{nm}$，再把地球公转速度 $v = 3.0 \times 10^4\ \mathrm{m/s}$ 代入，则得 $\Delta N = 0.4$。因为迈克尔逊干涉仪非常精细，它可以观察到 0.01 的条纹移动。因此，迈克尔逊和莫雷应当毫无困难地观察到有 0.4 条条纹移动。但是，他们没有观察到这个现象。对企图寻求作为绝对参照系的以太，迈克尔逊的实验结果十分令人失望。然而，当时仍有许多人坚信以太的存在，迈克尔逊本人因未找到以太而深感遗憾。荷兰物理学家洛仑兹为挽救以太，只给以太留下唯一的性质即不动性，他提出"长度收缩"假定以调和矛盾，引进了"当地时间"这个辅助量，建立了以静止的以太坐标系到其他惯性系的变换式，即著名的洛仑兹变换式。不过他并没有意识到这个变换式的深刻意义。

到目前为止，所有实验都指出：光速不依赖于观察者所在的参考系，而且与光源的运动无关；麦克斯韦方程组始终是正确的，真空中的光速始终是 $3 \times 10^8\ \mathrm{m \cdot s^{-1}}$；否定了特殊参考系——以太的存在，从而也否定了伽利略变换的绝对正确性。

9.2.2　狭义相对论基本原理

由牛顿时空观出发，已知在伽利略变换下，一切力学规律对所有的惯性系都有相同的形式，但电磁学却不服从伽利略相对性原理。设想两个人玩排球，甲传球给乙。乙看到球，是因为球发出的光到达了乙的眼睛。设甲乙之间的距离为 l，球发出的光相对于它的传播速度是光速 c。在甲即将传球给乙之前，球处于静止状态，球发出的光相对于地面的传播速度为光速 c，乙看到此情景的时刻比实际时刻晚 $\Delta t = l/c$。在甲的极端冲击力作用下，出手瞬间球的速度达到 v。按伽利略速度合成式，此刻球发出的光相对于地面的速度为 $c+v$，结果造成乙看到球出手的时候比它实际时刻晚 $\Delta t' = l/(c+v)$。显然，$\Delta t' < \Delta t$，也就是说，乙先看到球出手，后看到甲即将击球。这种先后颠倒的现象谁也没有看到过。

从逻辑上说，对同一种变换，力学规律有相同的形式，而电磁学规律的形式却不相同，这是不可思议的。这个矛盾的存在有两种可能性：一种可能性是麦克斯韦给出的电动力学定律并不正确，而伽利略变换是正确的；另一种可能性是麦克斯韦的电磁场理论是正确的，但力学规律在高速情况下并不正确，即伽利略变换在高速情况下不正确，应存在一种新的变换，在新变换形式下，电动力学规律服从相对性原理。

爱因斯坦认为这些困难是由于绝对空间和绝对时间的概念引起的。爱因斯坦面对这两条路，他大胆地选择第二条道路。根据实验事实和哲学思考出发，爱因斯坦在 1905 年 6 月完成了《论动体的电动力学》论文，提出了两个简单的基本假设，经过严密的逻辑推理建立了狭义相对论。

第一个基本假设：所有物理规律，无论是力学的，还是电磁学的，对于所有惯性系都具有相同的数学形式，这就是相对性原理。

这个假设是力学相对性原理的推广，使相对性原理不仅适用于力学现象，也适用于电磁现象以及所有物理现象。既然用任何方法都无法区分任意两个惯性系，那也就无法判断绝对参考系的存在。也即根本不存在一个所谓的占有优势地位的、处于绝对静止的绝对参考系，进而全盘否定了牛顿绝对空间的观点。

第二个基本假设:在所有惯性系中,真空中的光速在任何方向上都恒为 c,并与光源的运动无关,这就是光速不变原理。

这个假设尊重了实验结果,但显然同牛顿的绝对时空观和它的数学表达——伽利略变换——相矛盾,动摇了经典物理学的根基。既然光速为一固定值,那么在迈克尔逊-莫雷实验中,不论装置转到什么位置,光程差也不会改变,条纹就不会移动。因此需要寻找一个与爱因斯坦两个基本假设相一致的新变换,来联系两个相对运动的惯性参考系。

这两条基本假设构成了爱因斯坦的狭义相对论,是因为这个原理限于相互作匀速直线运动的惯性系。爱因斯坦 1905 年建立狭义相对论时,上述两条基本原理称作“两条基本假设”。因为当时只有为数不多的几个实验事实。至今已经百年,大量实验事实直接、间接地验证了这两条基本假设和相对论的结论,因此改称为原理。

9.2.3 洛伦兹坐标变换

设有一静止惯性参照系 S,另一惯性系 S' 沿 X 轴正向相对 S 以 $\boldsymbol{v}$ 匀速运动,$t=t'=0$ 时,相应坐标轴重合,如图 9.3 所示。一事件 P 在 S,S' 上时空坐标 (x,y,z,t) 与 (x',y',z',t') 变换关系如何?

1. 用相对性原理求出变换关系式

对于坐标原点 O,在坐标系 S 中来观测,不论什么时间,总是 $x=0$;但是在坐标系 S' 中来观测,其在 t' 时刻的坐标是 $x'=-vt'$,亦即 $x'+vt'=0$。可见同一空间点 O 点,数值 x 和 $x'+vt'$ 同时为零。因此我们可以假设在任何时刻、对于任何点(包括 O 点) x 和 $x'+vt'$ 之间都有一个比例关系为

$$x=k\,(x'+vt')^m \qquad ①$$

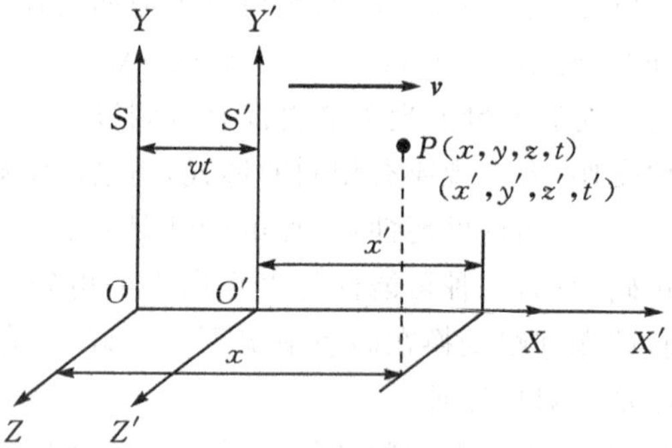

图 9.3 两个相对做匀速直线运动的坐标系

式中,k,m 均为不为零的常数。由于两组时空坐标是对一事件而言的,那么它们应有一一对应关系,即要求它们之间为线性变换,故 $m=1$,即

$$x=k(x'+vt') \qquad ②$$

同理,对于坐标系 S' 的坐标原点 O' 及任何点,也可以得到

$$x'=k'(x-vt) \qquad ③$$

根据狭义相对性原理,两个惯性系是等价的,上二式除了把 v 改为 $-v$ 外,它们应有相同形式,即要求 $k=k'$。于是有

$$x' = k(x - vt) \qquad \text{④}$$

由式②和式④，分别消去 x 和 x'，可分别得到

$$t' = kt + \frac{1-k^2}{kv}x \text{ 或 } t = kt' - \frac{1-k^2}{kv}x' \qquad \text{⑤}$$

2. 用光速不变原理求系数 k

设 $t = t' = 0$ 时，两坐标系的原点重合，一光信号从原点沿 Ox 轴前进，则在任一时刻(在 S 系中测量的时间为 t，在 S' 系中测量的时间为 t')，光信号到达的坐标在两坐标系中分别为：

$$x = ct, \quad x' = ct' \qquad \text{⑥}$$

将式⑥代入式②得到

$$ct = k(ct' + vt') = k(c+v)t'$$

同理，将式⑥代入式④得到

$$ct' = k(ct - ut) = k(c-u)t$$

上述二式两边相乘有：

$$c^2tt' = k^2(c^2 - v^2)tt'$$

由此解得

$$k = \frac{1}{\sqrt{1 - v^2/c^2}} = \frac{1}{\sqrt{1-\beta^2}} \qquad \text{⑦}$$

其中 $\beta = v/c$。在物理上，常常把 $k = 1/\sqrt{1-v^2/c^2}$ 称为洛伦兹因子，用字母 γ 表示。将式⑦代入式④、式⑤中，有

$$\begin{cases} x' = \dfrac{x - vt}{\sqrt{1-\beta^2}} \\ y' = y \\ z' = z \\ t' = \dfrac{t - \dfrac{v}{c^2}x}{\sqrt{1-\beta^2}} \end{cases} \tag{9.7}$$

及其逆变换

$$\begin{cases} x = \dfrac{x' + vt'}{\sqrt{1-\beta^2}} \\ y = y' \\ z = z' \\ t = \dfrac{t' + \dfrac{v}{c^2}x'}{\sqrt{1-\beta^2}} \end{cases} \tag{9.8}$$

早在爱因斯坦建立狭义相对论之前，洛伦兹在研究电磁场理论、解释迈克尔逊-莫雷实验时就提出了这些变换方程式，因此上式也称为洛伦兹变换公式。

对于洛伦兹变换须做如下几点说明：

(1)在狭义相对论中，洛伦兹变换占据中心地位。它以确切的数学语言反映了相对论与伽利略变换及经典相对性原理的本质差别。新的相对论时空观的内容都集中在洛伦兹变换上。相对论的物理定律的数学表达式在洛伦兹变换下保持不变。

(2)洛伦兹变换是同一事件在不同惯性系中两组时空坐标之间的变换方程。在应用时，必须首先确定 (x,y,z,t) 和 (x',y',z',t') 是代表了同一事件。

(3)从变换式可以看出，不仅 x' 是 x，t 的函数，t' 也是 x，t 的函数，而且都与两惯性系的相对运动速度 $\boldsymbol{v}$ 有关，即相对论将时间、空间及它们与物质的运动不可分割地联系起来了。

(4)因为时空坐标都是实数，所以 $\sqrt{1-v^2/c^2}$ 为实数，要求 $v\leqslant c$，v 为参考系的任意两个物理系统的相对速度。可知，物体的速度上限为 c，$v>c$ 时洛伦兹变换无意义。也即，任何物体都不能超过光速运动，这是狭义相对论理论本身的要求，也被现代科技实践所证实。

(5)当 $v/c\ll 1$ 时，$\beta=v/c\to 0$，$\gamma=1/\sqrt{1-v^2/c^2}\to 1$，$vx/c^2\to 0$，因此洛伦兹变换式回归到伽利略变换

$$\begin{cases}x'=x-vt\\ y'=y\\ z'=z\\ t'=t\end{cases}\qquad 或\qquad \begin{cases}x=x'+vt\\ y=y'\\ z=z'\\ t=t'\end{cases}$$

这说明，伽利略变换只是洛伦兹变换的一种特殊情况，而洛伦兹变换更具有普遍性。通常把 $v\ll c$ 叫做经典极限条件或非相对论条件。

例 9.1 S'系相对 S 系运动的速率为 $0.6c$，S 系中测得一事件发生在 $t_1=2\times10^{-7}$ s，$x_1=50$ m 处；第二事件发生在 $t_2=3\times10^{-7}$ s，$x_2=10$ m 处，求 S'系中的观察者测得两事件发生的时间间隔和空间间隔。

解 由 $v=0.6c$，得到洛伦兹因子

$$\gamma=\frac{1}{\sqrt{1-v^2/c^2}}=\frac{5}{4}$$

由洛伦兹变换

$$x'=\gamma(x-vt)\ ,\ t'=\gamma\left(t-\frac{v}{c^2}x\right)$$

得到

$$t'_2-t'_1=\gamma\left[t_2-t_1-\frac{v}{c^2}(x_2-x_1)\right]=2.25\times10^{-7}\ \text{s}$$

$$x'_2-x'_1=\gamma[x_2-x_1-v(t_2-t_1)]=-72.5\ \text{m}$$

例 9.2 在惯性系 S 中，相距 $\Delta x=5\times10^6$ m 的两个地方发生两事件，时间间隔 $\Delta t=10^{-2}$s；而在相对于 S 系沿正 x 方向匀速运动的 S' 系中观测到这两事件却是同时发生的。试计算在 S' 系中发生这两事件的地点间的距离 $\Delta x'$ 是多少？

解 设两系的相对速度为 v。根据洛伦兹变换，对于两事件，有

$$\Delta x=\frac{\Delta x'+v\Delta t'}{\sqrt{1-v^2/c^2}}$$

$$\Delta t=\frac{\Delta t'+\frac{v\Delta x'}{c^2}}{\sqrt{1-v^2/c^2}}$$

由题意 S' 系中观测到这两事件却是同时发生的，有 $\Delta t'=0$，可得

$$\Delta t=\frac{v}{c^2}\Delta x$$

及
$$\Delta x' = \Delta x\sqrt{1 - v^2/c^2}$$
由上两式可得
$$\Delta x' = \sqrt{(\Delta x)^2 - (c\Delta t)^2} = 4 \times 10^6\ \mathrm{m}$$

9.2.4 洛伦兹速度变换

设一运动质点在惯性系 S 的时空坐标为 (x,y,z,t)，相应的速度为 (u_x,u_y,u_z)；在另一惯性系 S' 的时空坐标为 (x',y',z',t')，相应的速度为 (u'_x,u'_y,u'_z)。根据速度定义，在 S 系中，
$$u_x = \frac{\mathrm{d}x}{\mathrm{d}t},\quad u_y = \frac{\mathrm{d}y}{\mathrm{d}t},\quad u_z = \frac{\mathrm{d}z}{\mathrm{d}t}$$
在 S' 系中
$$u'_x = \frac{\mathrm{d}x'}{\mathrm{d}t'},\quad u'_y = \frac{\mathrm{d}y'}{\mathrm{d}t'},\quad u'_z = \frac{\mathrm{d}z'}{\mathrm{d}t'}$$
对洛伦兹坐标变换公式取微分，得
$$\begin{aligned}\mathrm{d}x' &= \gamma(\mathrm{d}x - v\mathrm{d}t)\\ \mathrm{d}y' &= \mathrm{d}y\\ \mathrm{d}z' &= \mathrm{d}z\\ \mathrm{d}t' &= \gamma\left(\mathrm{d}t - \frac{v}{c^2}\mathrm{d}x\right)\end{aligned} \tag{9.9}$$
用式(9.9)中的第四式分别去除其他三式，得到
$$\begin{aligned}u'_x &= \frac{\mathrm{d}x'}{\mathrm{d}t'} = \frac{u_x - v}{1 - \frac{v}{c^2}u_x}\\ u'_y &= \frac{\mathrm{d}y'}{\mathrm{d}t'} = \frac{u_y}{\gamma\left(1 - \frac{v}{c^2}u_x\right)}\\ u'_z &= \frac{\mathrm{d}z'}{\mathrm{d}t'} = \frac{u_z}{\gamma\left(1 - \frac{v}{c^2}u_x\right)}\end{aligned} \tag{9.10}$$
此式称为洛伦兹速度变换式。

将上式中带“′”与不带“′”的量互换，并将 v 换成 $-v$，即可得到洛伦兹速度变换的逆变换
$$\begin{aligned}u_x &= \frac{u'_x + v}{1 + \frac{v}{c^2}u'_x}\\ u_y &= \frac{u'_y}{\gamma\left(1 + \frac{v}{c^2}u'_x\right)}\\ u_z &= \frac{u'_z}{\gamma\left(1 + \frac{v}{c^2}u'_x\right)}\end{aligned} \tag{9.11}$$

由洛伦兹速度变换式可以得出以下结论：

(1)当物体运动的速率 u 或 u' 远小于光速，且 $v \ll c$ 时，含 $1/c^2$ 的项趋于零，于是洛伦兹速度式变换自然过渡到伽利略变换式，这说明伽利略变换是洛伦兹速度变换在低速条件下的近似。

(2)洛伦兹变换本身就包含光速不变的概念。当一束光沿 x 轴传播时，光对 S 系的速度 $u_x = c$，代入洛伦兹速度变换式(9.10)得到，光对 S' 系的速度 $u'_x = c$。假设此时光沿着 y 轴传播，请试证明在 S' 系的速度仍为 c。

例 9.3　假设 S' 系相当于 S 系的运动速度为 $v = 0.9c$，在 S' 系中一运动粒子的速度为 $u'_x = 0.9c$，试分别用经典理论和相对论求在 S 系中的观察者观测到该粒子的运动速度。

解　根据经典理论的伽利略速度变换式有

$$u'_x + v = 0.9c + 0.9c = 1.8c$$

根据相对论的洛伦兹速度变换式有

$$u_x = \frac{u'_x + v}{1 + \dfrac{v}{c^2}u'_x} = \frac{0.9c + 0.9c}{1 + \dfrac{0.9c}{c^2}0.9c} = 0.994c$$

相对论的速度合成公式保证了合成速度不会超过光速。

9.3　狭义相对论的时空观

在洛伦兹变换下，空间距离和时间间隔都要发生变化，只有在闵可夫斯基的四维时空中的线元，即间隔才是不变量。对这种时空性质，闵可夫斯基曾有过这样一句名言："从今以后，空间本身和时间本身都已成为阴影，只有两者的结合才能独立存在。"我们将从洛伦兹变换出发，讨论长度、时间和同时性等基本概念。从所得结果可以更清楚地认识到，狭义相对论对经典的时空观进行了一次十分深刻的变革。

9.3.1　时间的相对性

爱因斯坦认为时间是物理的，是要被测量的。测量时间的唯一方式是用真实的、物理的钟。

设想一下，一乘客坐在一列慢速运动的火车上，中午 12 点利用站台上的钟来校正了自己的手表上的时间。火车缓慢驶离车站后，我们可以确定该乘客手表上的时间与站台的时间将保持一致。即牛顿力学的世界里(低速情形下)，时间是绝对的——与火车运动无关。假设该乘客同样在中午 12 点利用站台上的钟来校正了自己的手表上的时间后，火车以光速驶离车站。之后，该乘客所能看到的站台上的时间将永远是 12 点，而自己手表上的时间仍然在一秒一秒的往前走，即站台上的时间对他来说是永恒的，站台上的钟停止。再设想一下，有一个车站工作人员站在站台上，对于该人来说，站台上的钟在一秒一秒的往前走，而火车上的乘客手表上的时间将是停止的。因而，相对论的世界里(高速情形下)，时间是相对的——与火车运动相关；以光速运动时，运动时间成为永恒。这种情况不是由不准确的钟表引起的，它是时间的一种属性：时间是物理的，是要被测量的。宇宙中并没有一个单一的"真实"时间，并没有"普适"时间；只有"乘客"的时间，"车站工作人员"的时间，和其他一切可能的被某个观测者观测到的时间。

9.3.2　同时的相对性

按牛顿力学，时间是绝对的，因而同时性也是绝对的。这就是说，在同一个惯性系 S 中观察的两个事件是同时发生的，在惯性系 S' 看来也是同时发生的。但按照相对论观点，时间是相对的，因而同时性也是相对的。设在 S 系观测到两同时事件的时空坐标分别为 (x_1, y_1, z_1, t) 和 (x_2, y_2, z_2, t)，在 S' 系观测得该两事件的时空坐标分别为 (x'_1, y'_1, z'_1, t'_1) 和 (x'_2, y'_2, z'_2, t'_2)。根据洛伦兹变换，有

$$t'_1 = \frac{t - \frac{v}{c^2}x_1}{\sqrt{1 - v^2/c^2}}, \quad t'_2 = \frac{t - \frac{v}{c^2}x_2}{\sqrt{1 - v^2/c^2}},$$

则在 S' 系观测得该两事件的时间间隔为

$$\Delta t' = t'_2 - t'_1 = \frac{t - \frac{v}{c^2}x_2}{\sqrt{1 - v^2/c^2}} - \frac{t - \frac{v}{c^2}x_1}{\sqrt{1 - v^2/c^2}} = \frac{\frac{v}{c^2}(x_2 - x_1)}{\sqrt{1 - v^2/c^2}} \tag{9.12}$$

可以看出，$\Delta t'$ 的取值与两事件的空间坐标有关：若在 S 系中观测者观测到的两事件不仅同时而且同地发生，即 $x_2 - x_1 = 0$，则 $\Delta t' = 0$，即在 S' 系中的观测者也将发现该两事件是同时发生的；若在 S 系中观测者观测到的两同时事件发生于不同的地点，即 $x_2 - x_1 \neq 0$，则 $\Delta t' \neq 0$，即在 S' 系中的观测者将发现该两事件不是同时发生的。因而，在洛伦兹变换下，同时性具有相对性。

同时的相对性符合狭义相对论的两条基本原理。光相对于任何惯性参考系的速度都是 c，这是我们讨论的前提基础。在甲惯性参考系中观察是同时异地的事件，在其他惯性参考系中观察是异时异地的事件；在其他惯性参考系中观察是同时异地事件，在甲惯性参考系中观察是异时异地的事件，这就说明任何一个惯性参考系都不比其他惯性参考系优越，所有惯性参考系都是等价的，符合相对性原理。

9.3.3　时间间隔的相对性

同时的相对性很自然地让我们思考时间间隔是否也具有相对性。为研究不同参考系中同一事件所经历的事件关系，先定义两个物理量，

(1)固有时间：在相对于事件发生地静止的参考系中测量的时间，用 τ_0 表示；

(2)运动时间：在相对于事件发生地运动的参考系中测量的时间，用 τ 表示。

设运动参考系 S' 以速度 $\boldsymbol{v}$ 相对于静止参考系 S 沿 Ox 轴方向运动，在 S 系中某固定点 P 处发生一个事件，事件开始于 t_1 时刻，结束于 t_2 时刻。在参考系 S 中观测的时间为固有时间，即

$$\tau_0 = t_2 - t_1 \tag{9.13}$$

设在参考系 S' 观测此事件开始于 t'_1 时刻，结束于 t'_2 时刻。则在参考系 S' 观测的时间为运动时间，即

$$\tau = t'_2 - t'_1 \tag{9.14}$$

根据洛伦兹变换，有

$$\tau = t'_2 - t'_1 = \frac{t_2 - \frac{v}{c^2}x_2}{\sqrt{1 - v^2/c^2}} - \frac{t_1 - \frac{v}{c^2}x_1}{\sqrt{1 - v^2/c^2}}$$

因为 P 为固定点，有 $x_1 = x_2$，因而有

$$\tau = \frac{t_2 - t_1}{\sqrt{1 - v^2/c^2}} = \frac{\tau_0}{\sqrt{1 - v^2/c^2}} = \gamma\tau_0 \tag{9.15}$$

在上式中，由于洛伦兹因子 $\gamma = 1/\sqrt{1 - v^2/c^2} > 1$，则有 $\tau > \tau_0$，即在相对于事件发生地运动的参考系中观测的时间，要比相对于事件发生地静止的参考系中观测的时间长些，这就是时间膨胀效应，或者运动的时钟变慢效应。换句话说，一时钟由一个与它作相对运动的观察者来观察时，就比由与它相对静止的观察者观察时走得慢。时间膨胀效应说明，同一事件所经历的时间与参考系的选择有关，不同的参考系中观测结果不同，其中相对于事件发生地静止的参考系中观测的固有时间最短。时间膨胀效应现已被大量的实验事实所证实，在高速领域里也有着许多应用，如航天技术就必须考虑这一点，否则无法进行精确的计算。

关于时间膨胀效应，有下面三点需要注意：

(1)时间膨胀纯粹是一种相对论效应，时间本身的固有规律(例如钟的结构)并没有改变。

(2)在 S 上测得 S' 上的钟慢了，同样在 S' 上测得 S 上的钟也慢了。它是相对论的结果。

(3) $v \ll c$ 时，$\gamma = 1/\sqrt{1 - v^2/c^2} \to 1$，$\Delta t = \Delta t'$，为经典结果。

例 9.4 人们在实验室参考系中观测以 $0.91c$ 高速飞行的Ⅱ介子，测得其平均飞行的直线距离 $L = 17.135$ m，试由相对论理论推算Ⅱ介子的固有寿命。

解 设实验室参考系为 S，高速飞行的Ⅱ介子为 S' 系。在 S 系中Ⅱ介子的平均寿命(运动时间)为

$$\Delta t = \frac{L}{v} = \frac{17.135}{0.91 \times 2.9979 \times 10^8} \text{ s} \approx 6.281 \times 10^{-8} \text{ s}$$

由 $\Delta t = \dfrac{\Delta t_0}{\sqrt{1 - v^2/c^2}}$ 可得介子的固有寿命为

$$\Delta t_0 = \Delta t \sqrt{1 - v^2/c^2} = 6.281 \times 10^{-8} \times \sqrt{1 - 0.91^2} = 2.604 \times 10^{-8} \text{ s}$$

例 9.5 假设在海拔 9000 m 高山处产生的 μ 子，静止时的平均寿命为 $\tau_0 = 2\mu$s，以速度 $v = 0.998c$ 向山下运动。在下述两参考系中估计在山脚下能否测到 μ 子？(1)在地面参考系中观测；(2)在 μ 子参考系中观测(见例 9.7)。

解 如果按经典力学计算，在 μ 子向地面飞过的距离

$$l_1 = \tau_0 v = 5.988 \times 10^2 \text{ m}$$

这结果表明，μ 子连半山腰也不能到达。但是实际上，地面上已经接受到了这种粒子，这说明经典力学难以说明高速粒子的运动，必须用相对论来解释。

设地面为 S 系，对于地面的观测者来说，随同 μ 子一起运动的惯性系为 S' 系。由于 μ 子相对于 S' 系静止，所以它的产生和消亡发生在同一地点，故 μ 子的平均寿命为 $\tau_0 = 2\ \mu$s 为固有时间。又由于 S' 系相对于 S 系以 $v = 0.998c$ 运动，所以在 S 系中 μ 子的产生和消亡发生在不同地点。假设 μ 子的平均非固有寿命为 τ，则由式(9.15)可得

$$\tau = \frac{\tau_0}{\sqrt{1 - v^2/c^2}} = 3.2 \times 10^{-5} \text{ s}$$

地面上的观测者测得 μ 子飞过的距离

$$l_2 = v\tau = 9.46 \times 10^3 \text{ m}$$

$l_2 > 9000$ m，所以 μ 子可以到达地面，与实测结果一致。

9.3.4　空间间隔的相对性

在高速领域，不仅时间间隔的测量具有相对性，空间间隔的测量也具有相对性。为方便讨论，先定义两个物理量，

(1)固有长度：在相对物体静止的参考系中测量的物体长度，用 L_0 表示；

(2)运动长度：在相对物体运动的参考系中测量的物体长度，用 L 表示。

下面以静止于地面的一把直尺的长度测量为例，讨论固有长度和运动长度两者的关系。如图 9.4 所示，运动参考系 S' 沿 S 系的 Ox 轴正向以速度 $\boldsymbol{v}$ 相对于静止参考系 S 运动，直尺静止放置于 S 系的 Ox 轴。根据定义，在 S 系中测量直尺的长度为固有长度，设直尺两端的坐标分别为 x_2，x_1，则有

$$L_0 = x_2 - x_1 \tag{9.16}$$

注意，由于直尺相对于 S 系静止，因而进行长度测量时，直尺两端的坐标可以同时测量，也可以先后测量，均不会影响测量结果。

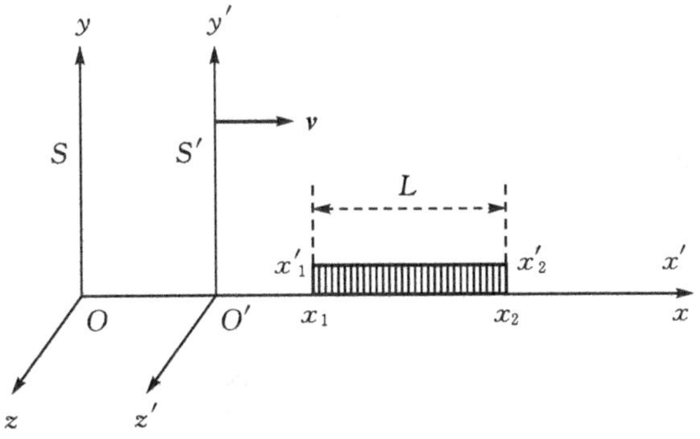

图 9.4　空间间隔的相对性

在运动参考系 S' 中测量直尺的长度为运动长度，设直尺两端的坐标分别为 x'_2，x'_1，则有

$$L = x'_2 - x'_1 \tag{9.17}$$

注意，由于直尺相对于 S' 系运动，所以进行长度测量时，直尺两端的坐标必须同时测量，否则会影响测量结果，即要求测量两端坐标对应的时间关系为 $t'_2 = t'_1$。根据洛伦兹坐标变换，有

$$\begin{aligned} L_0 = x_2 - x_1 &= \frac{x'_2 + vt'_2}{\sqrt{1 - v^2/c^2}} - \frac{x'_1 + vt'_1}{\sqrt{1 - v^2/c^2}} \\ &= \frac{x'_2 - x'_1}{\sqrt{1 - v^2/c^2}} = \frac{L}{\sqrt{1 - v^2/c^2}} = \gamma L \end{aligned} \tag{9.18}$$

在上式中，由于洛伦兹因子 $\gamma = 1/\sqrt{1 - v^2/c^2} > 1$，则有 $L_0 > L$，即在相对于物体运动的参考系中测量的长度要比在相对于物体静止的参考系中观测的长度短些，这称为长度收缩效应。长度收缩效应说明，空间间隔的测量与参考系的选择有关，不同的参考系中观测结果不同，其中相对于物体静止的参考系中观测的固有长度最长。

关于长度收缩，有下面四点需要注意：

(1)长度缩短是纯粹的相对论效应，是由空间、时间测量特点所决定的，是一种时空属性和客观实在，并非物体发生了形变或者发生了结构性质的变化，与人们在日常生活中所感觉的远处物体“变小”是不同的。

(2)在狭义相对论中，所有惯性系都是等价的，所以，在 S 系中 x 轴上静止的杆，在 S' 上测得的长度也短了。

(3)相对论长度收缩只发生在物体运动方向上(因为 $y' = y$，$z' = z$)。

(4) $v \ll c$ 时，$\gamma = 1/\sqrt{1-v^2/c^2} \to 1$，$L = L_0$，即为经典情况。

例 9.6 一长为 1m 的棒静止地放在 $x'O'y'$ 平面内，在 S' 系的观察者测得此棒与 $O'x'$ 轴成 45° 角，如图 9.5 所示。试问从 S 系的观察者来看，此棒的长度以及棒与 Ox 轴的夹角是多少？假设 S' 系相对 S 系的运动速度 $v = \sqrt{3}c/2$。

解 在 S' 系中细棒长度为固有长度，棒长沿 x',y' 的投影为

$$l'_{x'} = l'_{y'} = \frac{\sqrt{2}}{2}\ \text{m}$$

在 S 系中测量细棒，因与运动方向垂直的长度不变，有

$$l_y = l'_{y}{}' = \frac{\sqrt{2}}{2}\ \text{m}$$

细棒沿运动方向收缩，所以有

$$l_x = l'_{x}{}' \sqrt{1-\frac{v^2}{c^2}} = \frac{\sqrt{2}}{4}\ \text{m}$$

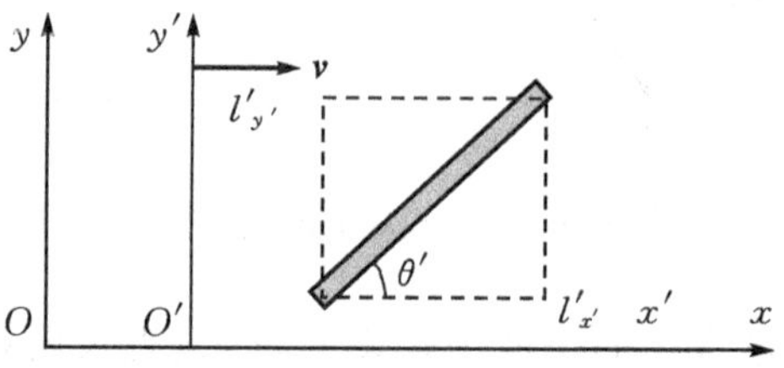

图 9.5 例 9.6 图

S 系中测得细棒的长度为

$$l = \sqrt{l_x^2 + l_y^2} = 0.79\ \text{m}$$

棒与 Ox 轴的夹角

$$\theta = \arctan\frac{l_y}{l_x} \approx 63.43°$$

例 9.7 假设在海拔 9000 m 高山处产生的 μ 子，静止时的平均寿命为 $\tau_0 = 2\ \mu\text{s}$，以速度 $v = 0.998c$ 向山下运动。在下述两参考系中估计在山脚下能否测到 μ 子？(1)在地面参考系中观测(见例 9.5)；(2)在 μ 子参考系中观测。

解 在 μ 子参考系中，μ 子是静止的，地球则以速度 v 接近 μ 子，在 τ_0 时间内，地球接近的距离为

$$l_1 = \tau_0 v = 5.988 \times 10^2\ \text{m}$$

$l_0 = 9000$ m 经洛伦兹收缩后的值为：

$$l'_0 = l_0\sqrt{1-\frac{v^2}{c^2}} = 5.689\times10^2\ \text{m}$$

$l_1 > l'_0$，故 μ 子能到达地球。

9.3.5　相对论时空观满足因果律

从以上讨论知道，同时是相对的，时间间隔也是相对的。现在我们要问两事件的先后秩序是否也是相对的？如果两个事件有因果关系，那么两事件的先后秩序应该是绝对的，不容颠倒。如播种必在收获之先，人的死亡必在出生之后，因果关系的绝对性反映了事物发展变化的客观事实，与参考系的选择无关。下面讨论相对论在什么条件下才与这个要求一致。

设两事件 P_1 和 P_2 的时空坐标在 S 系中为 (x_1, t_1) 和 (x_2, t_2)，在 S' 系中为 (x'_1, t'_1) 和 (x'_2, t'_2)，则由洛伦兹变换，有

$$\Delta t' = t'_2 - t'_1 = \frac{t_2 - \frac{v}{c^2}x_2}{\sqrt{1-v^2/c^2}} - \frac{t_1 - \frac{v}{c^2}x_1}{\sqrt{1-v^2/c^2}} = \frac{(t_2 - t_1) + \frac{v}{c^2}(x_2 - x_1)}{\sqrt{1-v^2/c^2}}$$

如果两事件有因果关系，即事件 P_2 是由事件 P_1 引起的，事件 P_1 发生的同时发出一信号，事件 P_2 接受该信号后发生，且 $t_2 - t_1 > 0$。这一信号在 t_1 时刻到 t_2 时刻这段时间内从 x_1 传递到 x_2，其传播速度为

$$v_s = \frac{x_2 - x_1}{t_2 - t_1}$$

因而有

$$\Delta t' = t'_2 - t'_1 = \frac{(t_2 - t_1) + \frac{v}{c^2}(x_2 - x_1)}{\sqrt{1-v^2/c^2}} = \frac{(t_2 - t_1)}{\sqrt{1-v^2/c^2}}\left(1 - \frac{v}{c^2}v_s\right)$$

由于信号传播速度 $v_s \leqslant c$，且 $v < c$（两惯性系之间的相对速度，它不可能超过光速 c），故有 $\Delta t' = t'_2 - t'_1$ 与 $(t_2 - t_1)$ 同号，即在 S 系中两件具有因果律的事件，在 S' 系不改变两事件发生的先后次序，同样具有因果律。由此可见，相对论与因果律并不矛盾。因果事件先后秩序的绝对性对相对论理论的要求是：所有物体运动的速度、信号传播的速度及作用传递的速度等都不能超过光速 c。

对于没有因果关系的两事件的先后秩序，在不同的惯性系看来，是不同的。因为对这两事件来说，$(x_2 - x_1)/(t_2 - t_1)$ 不代表什么速度，所以它大于 c 当然是可能的，因而 $\Delta t' = t'_2 - t'_1$ 与 $(t_2 - t_1)$ 可能就异号。

9.3.6　狭义相对论的时空观

相对论的时空性质不承认普适的时间与不变的空间，而认为不同的惯性系有不同的尺和钟。在这个意义上它的时空是"相对"的，但这种相对性并不意味着任何主观任意性。归根到底，它只不过是光速不变性这一客观事实的反映，光速不变性还规定了事件间的"间隔"是绝对的，不随参考系而异，这就是狭义相对论时空观中相对和绝对的统一。

(1)两个事件在不同的惯性系看来，它们的空间关系是相对的，时间关系也是相对的，只有将空间和时间联系在一起才有意义；

(2)时-空不互相独立，而是不可分割的整体；

(3)光速是建立不同惯性系间时空变换的纽带；

(4)时间延缓效应是互逆的，每个观测者都发现相对于自己运动的时钟比相对于自己静止的时钟要慢；

(5)长度收缩效应是互逆的，每个观测者都发现相对于自己运动的长度比相对于自己静止的长度要短。

9.4 狭义相对论质点动力学

相对论原理要求任何物理规律在不同的惯性系中形式相同，描述物理定律的方程式就是满足洛伦兹变换的不变式。而牛顿运动方程不满足洛伦兹变换下不变的要求。因此，我们要对牛顿力学规律加以修改，使它满足相对论的协变性要求。一个表达物理规律的方程，当坐标系经过变换而方程的形式不变时，称这方程对于这个变换为协变的。狭义相对论要求所有表达物理规律的方程对洛伦兹变换是协变的，或称之具有洛伦兹协变性。

9.4.1 相对论性质量

19 世纪的科学家们都相信，物质不可摧毁，也即是说，在一切自然过程中，物质的静止质量都守恒，虽然它的形式可能发生改变，但其总量不变。当时的化学家进行了高精度的质量测量，都发现即使在高能化学反应中，静止质量也守恒。根据牛顿运动定律，如果给物体施加一恒力，那么该物体将在恒力的作用下加速运动，那么只要时间足够长，物体的速度就可以超过光速，这与爱因斯坦的狭义相对论原理矛盾。另外，由粒子加速器加速打出的粒子速率总是小于光速，无论如何提高加速梯度和长度。1901 年考夫曼等人发现从放射性镭中放出来的高速电子（β 射线），质量随速度变化而变化，如图 9.6 所示。理论和实验都表明：当物体速率远小于光速时，运动质量和静止质量基本相等，可以看作与速度大小无关的常量；而当速率接近光速时，运动质量迅速增大。

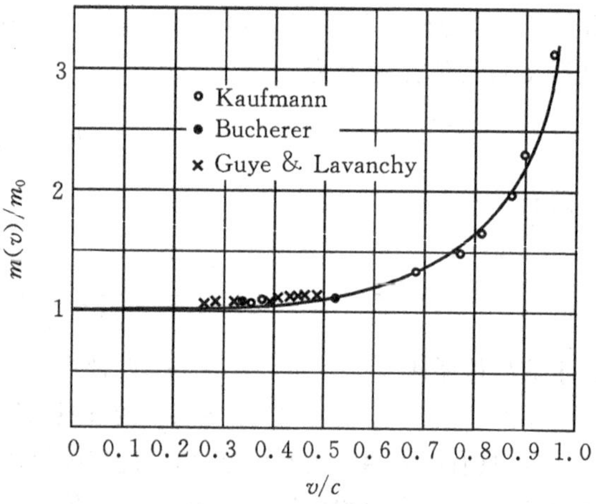

图 9.6　电子质量随速度变化的实验曲线

9.4.2 动量、质量与速度的关系

在相对论中定义一个质点的动量 $\boldsymbol{p}$ 为

$$\boldsymbol{p} = m\boldsymbol{v} \tag{9.19}$$

式中，$\boldsymbol{v}$ 为速度，m 仍可看作为该质点的质量。不过由于动量 $\boldsymbol{p}$ 在数值上不一定与速度 $\boldsymbol{v}$ 成正比，可把这种对正比关系的偏离归结到比例系数 m 内，即假设质量 m 是速度 $\boldsymbol{v}$ 的函数。由于空间的各向同性，可以认为 m 只依赖于速度的大小 v，而与方向无关，即

$$m = m(v)$$

且应当在低速近似下，$v/c \to 0$ 时，过渡到经典力学中的质量，$m \to m_0$（静质量）。

下面考察两个全同粒子的完全非弹性碰撞过程。如图 9.7 所示，A，B 两个全同粒子正碰后结合成一个复合粒子。我们从 S 和 S' 两个惯性系来讨论：在 S 系中 B 粒子静止，A 粒子的速度为 v，它们的质量分别为 $m_B = m_0$（静止质量）和 $m_A = m(v)$（运动质量）。同理，S' 系中 A 粒子静止，B 粒子的速度为 $-v$，它们的质量分别为 $m_A = m_0$ 和 $m_B = m(v)$。显然，S' 系相对于 S 系的速度为 v。设碰撞后复合粒子在 S 系中的速度为 u，质量为 $M(u)$；在 S' 系中速度为 u'，由对称性可知，$u' = -u$，故复合粒子的质量仍为 $M(u)$。根据守恒定律，有

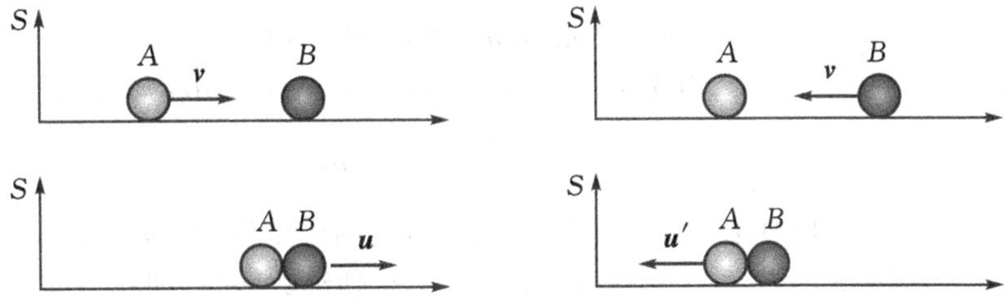

图 9.7　两个全同粒子的完全非弹性碰撞

质量守恒：　$$m_0 + m(v) = M(u)$$

动量守恒：　$$m(v)v = M(u)u$$

两式消去 $M(u)$，解得

$$1 + \frac{m_0}{m(v)} = \frac{v}{u} \qquad ⑧$$

另一方面，由洛伦兹速度变换式有

$$u' = -u = \frac{u - v}{1 - \frac{uv}{c^2}}$$

即

$$1 - \frac{uv}{c^2} = \frac{u}{v} - 1$$

解得

$$\frac{v}{u} = 1 \pm \sqrt{1 - v^2/c^2}$$

因为 $u < v$，舍去负号。将正号解代入式⑧，得到

$$m(v) = \frac{m_0}{\sqrt{1 - v^2/c^2}} = \gamma m_0 \tag{9.20}$$

这就是相对论中非常重要的质量-速度关系。因此相对论性动量的表达式为

$$\boldsymbol{p} = m\boldsymbol{v} = \frac{m_0 \boldsymbol{v}}{\sqrt{1 - v^2/c^2}} \tag{9.21}$$

由式(9.21)和图 9.6 可见，当 $\beta = v/c \to 1$ 时，质量 $m(v)$ 迅速趋向于无穷。也就是说，物体的速度愈接近于光速，它的质量就愈大，动量也愈大，因而就愈难加速。当物体的速率趋向于光速时，质量和动量一起趋于无穷大。所以光速 c 是一切物体速率的上限。对于光、电磁辐射等，其速率为 c，则其静止质量为零。如果 v 超过光速，质速关系将给出虚质量，这在物理上是没有意义的，也是不可能的。

9.4.3 质量和能量的关系

根据动能定理,物体的动能等于物体从静止开始到以速度 $\boldsymbol{v}$ 运动时合外力所做的功,即

$$E_{\mathrm{k}}=\int_{a}^{b}\boldsymbol{F}\cdot\mathrm{d}\boldsymbol{r}=\int_{0}^{v}\frac{\mathrm{d}(m\boldsymbol{v})}{\mathrm{d}t}\cdot\mathrm{d}\boldsymbol{r}=\int_{0}^{v}\boldsymbol{v}\cdot\mathrm{d}(m\boldsymbol{v})$$

由 $m=\dfrac{m_0}{\sqrt{1-v^2/c^2}}$,得到 $m^2c^2-m^2v^2=m_0^2c^2$,对该式两边微分,得到

$$2mc^2\mathrm{d}m-2mv^2\mathrm{d}m-2m^2v\mathrm{d}v=0$$

简化得到 $c^2\mathrm{d}m=v^2\mathrm{d}m+mv\mathrm{d}v$,由于 $\boldsymbol{v}\cdot\mathrm{d}(m\boldsymbol{v})=m\boldsymbol{v}\cdot\mathrm{d}\boldsymbol{v}+\boldsymbol{v}\cdot\boldsymbol{v}\mathrm{d}m=mv\mathrm{d}v+v^2\mathrm{d}m$,故有

$$E_{\mathrm{k}}=\int_{0}^{v}\boldsymbol{v}\cdot\mathrm{d}(m\boldsymbol{v})=\int_{m_0}^{m}c^2\mathrm{d}m=mc^2-m_0c^2 \tag{9.22}$$

此式为相对论动能公式。相对论动能等于因运动而引起的质量增量 $\Delta m=m-m_0$ 乘以光速的平方。在非相对论极限下, $v/c\ll 1$,对洛伦兹因子作泰勒级数展开,即

$$\frac{1}{\sqrt{1-v^2/c^2}}=1+\frac{1}{2}\frac{v^2}{c^2}+\frac{3}{8}\frac{v^4}{c^4}+\cdots\approx 1+\frac{1}{2}\frac{v^2}{c^2}+O\left(\frac{v^4}{c^4}\right)$$

代入式(9.22)得到

$$E_{\mathrm{k}}=m_0c^2\left[\frac{1}{2}\left(\frac{v^2}{c^2}\right)+O\left(\frac{v^4}{c^4}\right)\right] \tag{9.23}$$

忽略高次项,就是我们熟悉的牛顿力学动能公式。

式(9.22)中的 mc^2 称为物体的总能量,用 E 表示,即

$$E=mc^2=\frac{m_0c^2}{\sqrt{1-v^2/c^2}}=\gamma m_0c^2 \tag{9.24}$$

此式称为质能关系,它说明物体的总能量与其质量成正比。式(9.22)还可以改写成

$$E=m_0c^2+E_{\mathrm{k}} \tag{9.25}$$

由此可以看出,当物体静止时, $E_{\mathrm{k}}=0$,但它仍有 m_0c^2 的能量,这一能量称为物体的静止能量,简称静能

$$E_0=m_0c^2 \tag{9.26}$$

一个宏观上静止的物体所具有的静能实际上包括组成该物体的分子、原子以及原子中的电子、质子、质子因运动所具有的动能,以及这些微观粒子之间因相互作用而具有的势能。

例 9.8 在惯性系中,有两个静止质量都是 m_0 的粒子 A 和 B,它们以相同的速率 v 相向运动,碰撞后合成为一个粒子,求这个粒子的静止质量 M_0 。

解 因为是完全非弹性碰撞,所以碰撞后形成一个复合粒子。由动量守恒定律可知,这个复合粒子是静止的。

由能量守恒定律可得

$$\frac{m_0c^2}{\sqrt{1-v^2/c^2}}+\frac{m_0c^2}{\sqrt{1-v^2/c^2}}=M_0c^2$$

解得

$$M_0=\frac{2m_0}{\sqrt{1-v^2/c^2}}$$

由于洛伦兹因子 $1/\sqrt{1-v^2/c^2}>1$,所以 $M_0>2m_0$ 。由此可见,复合粒子的静质量比组成粒

子的静质量之和大。但是系统的总质量必守恒，即碰撞前两粒子的质量和等于碰撞后复合粒子的总质量。或者说，因为碰撞前两粒子的动能通过非弹性碰撞转化为碰撞后复合粒子的静能，因此系统的静质量增加了。这一事实说明，系统的总质量和总能量是守恒的，而静止质量和静止能量却不一定守恒。

由式(9.24)或者式(9.25)可知，当物体的总能量发生变化时，必将伴随着相应的质量变化，反之亦然，其关系为

$$\Delta E = (\Delta m) \cdot c^2$$

Δm 称为质量亏损。光速 $c = 3 \times 10^8$ m/s，按质能关系计算，1 kg 的物体包含的静质能有 9×10^{16} J，而 1 kg 汽油的燃烧值为 4.6×10^7 kg，这只是其静质能的二十亿分之一（5×10^{-10}）。可见，物质所包含的化学能只占静质能的极小一部分，而核能（通常叫做"原子能"）占的比例就大多了。例如铀 235 本身的质量约为 235 原子质量单位(u)，而裂变时所释放的能量可达 200 MeV，这约相当于 1/5 原子质量单位的质量亏损，占它总静质能的 8.5×10^{-4}，比例比化学能大了六个多数量级。这就是为什么原子能是前所未有的巨大能源。而在日常生活中，物体的能量变化不大，因而相应的质量变化也很小。例如，将 1 kg 的水由 0 ℃加热到 100 ℃时，其能量变化 $\Delta E = 4.18 \times 10^5$ J，相应的质量变化为 $\Delta m = 4.6 \times 10^{-12}$ kg，这一质量变化如此微小以至于无法测出。

质能关系把"质量"和"能量"两个概念紧密地联系在一起。它说明，一定的质量就代表一定的能量，质量和能量是相当的，二者之间的关系只是相差一个常数因子 c^2。质量和能量都是物质属性的量度，质量和能量可以相互转化，当然这只能是物质属性的转化。在相对论中，质量的概念不独立存在，质量守恒定律和能量守恒定律统一为质能守恒定律，简称能量守恒定律。爱因斯坦建立的相对论推出了 $E = mc^2$ 这样一个简洁的公式，为开创原子能时代提供了理论基础。所以人们常把此式看作是一个具有划时代意义的理论公式，在各种场合印在宣传品上，作为纪念爱因斯坦伟大功绩的标志。

9.4.4　动量和能量的关系

为了得到能量和动量的关系，我们对式(9.24)取平方

$$m^2c^4 - m^2v^2c^2 = m_0^2c^4$$

上式左边第一项为 E^2，第二项为 p^2c^2，因此有

$$E^2 = p^2c^2 + m_0^2c^4 \tag{9.27}$$

或者

$$E = \sqrt{p^2c^2 + m_0^2c^4} \tag{9.28}$$

这便是相对论的能量动量公式。可用图 9.8 所示的直角三角形来表示，底边为与参考系无关的静质能 $E_0 = m_0c^2$，斜边为总能量 E，其随正比于动量的高 pc 增大而增大。在极端相对论情况下，$v \to c$，$E \sim pc$；在非相对论情况下，$c \to \infty$，$E \sim E_0$。

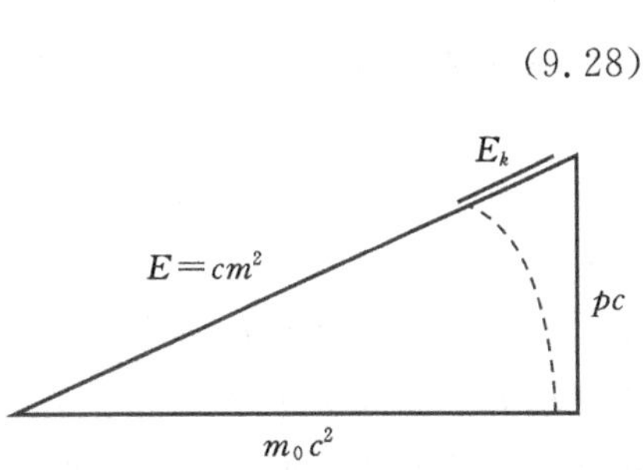

图 9.8　总能量与动量的关系

有些微观粒子，如光子、中微子，是没有静止质量的，因而也没有静质能。故而它们没有静止状态，一旦产生，速率总是 c。由 $m_0 = 0$，则得到这类粒子的动量

与能量的关系式

$$E = pc \text{，或 } p = \frac{E}{c} = mc$$

我们同样也可以根据质能关系来定义它们的动质量

$$m = \frac{E}{c^2}$$

由于光速 c 是不变的，此时动质量不再有惯性的含义，而成了能量的同义词。例如，一个正负电子对撞湮灭变成两个光子，此时静质能全部转化为动能。

例 9.9 要使电子的速度从 $v_1 = 1.2 \times 10^8$ m/s 加速到 $v_2 = 2.4 \times 10^8$ m/s，必须对它做多少功？（电子静止质量 $m_e = 9.11 \times 10^{-31}$ kg）

解 根据功能原理，$W = \Delta E$，根据相对论能量公式

$$\Delta E = m_2 c^2 - m_1 c^2$$

根据相对论质量公式

$$m_2 = \frac{m_0}{\sqrt{1 - v_2^2/c^2}},\ m_1 = \frac{m_0}{\sqrt{1 - v_1^2/c^2}}$$

因此得到

$$W = \frac{m_0 c^2}{\sqrt{1 - v_2^2/c^2}} - \frac{m_0 c^2}{\sqrt{1 - v_1^2/c^2}} = 4.72 \times 10^{-14}\ \text{J} = 2.95 \times 10^5\ \text{eV}$$

例 9.10 太阳的辐射能来源于内部一系列核反应，其中之一是氢核（${}_1^1\text{H}$）和氘核（${}_1^2\text{H}$）聚变为氦核（${}_2^3\text{He}$），同时放出 γ 光子，反应方程为

$${}_1^1\text{H} + {}_1^2\text{H} \rightarrow {}_2^3\text{He} + \gamma$$

已知 ${}_1^1\text{H}$，${}_1^2\text{H}$ 和 ${}_2^3\text{He}$ 的原子质量依次为 1.007825u，2.014102u 和 3.016029u，原子质量单位 $1\text{u} = 1.66 \times 10^{-27}\text{kg}$。试估算 γ 光子的能量。

解 $\Delta m = 1.007825\text{u} + 2.014102\text{u} - 3.016029\text{u} = 0.979 \times 10^{-29}$ kg

根据质能方程

$$\Delta E = \Delta mc^2 = \frac{0.979 \times 10^{-29} \times (3 \times 10^8)^2}{1.6 \times 10^{-19}} = 5.51\ \text{MeV}$$

狭义相对论建立一个多世纪以来，它经受住了实践和历史的考验，已经成为研究宇宙星体、粒子物理以及一系列工程物理等问题的基础，是人们普遍承认的物理理论。相对论对于现代物理学的发展和现代人类思想的发展有巨大的影响。相对论从逻辑思想上统一了经典物理，使经典物理学成为一个完美的科学理论体系。狭义相对论在相对性原理的基础上统一了牛顿力学和麦克斯韦电动力学两个科学体系，指出它们都服从狭义相对论的原理，都满足在洛伦兹变换下具有不变性，牛顿力学只不过是物体在低速运动下很好的近似规律。相对论严格地考察了时间、空间、物质和运动这些物理学的基本概念，给出了科学而系统的时空观和物质观，从而使物理学在逻辑上成为完美的科学体系。随着科学技术的不断发展，一定还会有新的、目前尚不知道的事实被发现，甚至还会有新的理论出现。然而，以大量的实验事实为依据的狭义相对论在科学上的地位是无法否定的。这就像在低速、宏观物体运动中，牛顿力学仍然是十分精确的理论一样。

*9.5　广义相对论简介

在 9.2 中我们介绍爱因斯坦相对性原理，物理定律在所有的惯性系中都具有相同的形式，因此各个惯性系都是等价的(或平权的)，不存在特殊绝对的惯性系。然而牛顿万有引力定律在洛仑兹变换下会改变形式，可见它不是一个相对论化的方程式。将牛顿万有引力定律推广成相对论性的，并不像前面介绍的其他理论的推广那么直接，即难于将它变成一个平直时空中的相对论理论。爱因斯坦于 1916 年提出了一个四维弯曲时空中的引力理论——广义相对论，它是牛顿引力定律的相对论推广。广义相对论成功地解释了牛顿万有引力定律所不能解释的引力现象——水星轨道近日点的旋进，而且广义相对论的预言也得到了一系列实验和天文观测的直接或间接证实。

9.5.1　广义相对论的基本原理

爱因斯坦在 1905 年提出狭义相对论之后，便试图在此基础上对牛顿的引力理论进行相对论性的推广，他规定了他的新理论应当满足相对性原理和光速不变原理，并且应当自然而然地给出引力质量是等于惯性质量这一结果，提出了广义相对论的三条基本原理。

1. 等效原理

在经典力学中曾引入两种质量的概念。一种是反映物体惯性大小的惯性质量 m，另一种是反映物体产生和接受引力大小的引力质量 m'。但这两个质量之比对一切物体都相同，那么在实用上我们就可以把它们当成同一个量来对待，这就叫做惯性质量(m)和引力质量(m')的等同性或等效性。

伽利略自由落体实验就证明了它们的等同性。两个物体 A 和 B 在地面附近自由下落加速度分别为 a_A 和 a_B，则有

$$m_A a_A = G\frac{M_e{}' m_A{}'}{R_e^2}$$

$$m_B a_B = G\frac{M_e{}' m_B{}'}{R_e^2}$$

其中 $M_e{}'$ 和 R_e 分别表示地球的引力质量和半径，两式相除得

$$\frac{m_A a_A}{m_B a_B} = \frac{m_A{}'}{m_B{}'}$$

实验表明 $a_A = a_B = g$，得到

$$\frac{m_A{}'}{m_A} = \frac{m_B{}'}{m_B}$$

所以只要令某一标准物体的惯性质量等于引力质量，则所有物体的惯性质量都等于引力质量。令 $m_A = m_A{}'$，对所有物体都有

$$m = m'$$

后来牛顿的单摆实验，厄阜的扭称实验及后人的改进型实验，皆证明所有物体引力质量都精确地等于惯性质量。

考虑一个没有窗户的密封舱中的观察者。爱因斯坦通过舱内的理想实验发现，舱内一切物体都会自由下落，下落的加速度与物体的固有属性(质量 m)无关。在经典力学的基础上，他

指出，有两种可能的解释：①密封舱是一个惯性系，舱内物体的自由下落是舱下面的地球的引力场造成的，如图 9.9(a)所示；②密封舱是一个非惯性系，舱内物体自由下落是密封舱在太空中向上加速飞行造成的，舱下面并没有地球也没有引力场，如图 9.9(b)所示。

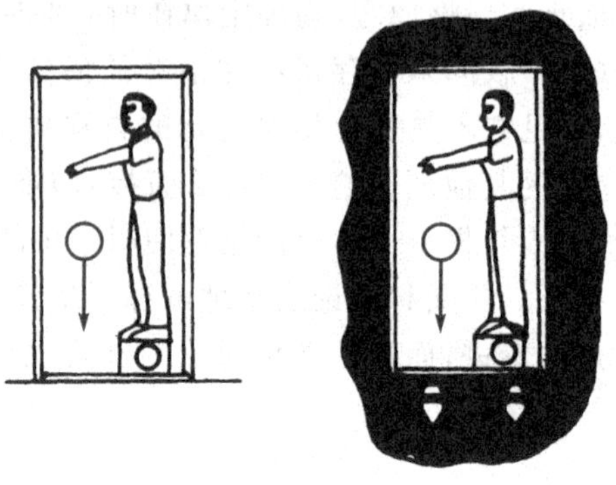

(a) (b)

图 9.9 密封仓自由落体试验

由于引力正比于引力质量，惯性力正比于惯性质量，而这两种质量又是严格相等的，因此，观测者在密封舱内再进一步做任何力学实验，也不可能区分他的舱是属于上述两种可能性的哪一种。换言之，他的任何力学实验都无法区别这是引力的效果还是惯性力的效果。因此说引力和惯性力是等效的。事实上，也可以引进场的概念，把产生惯性力的场叫加速场，密封舱是一个非惯性系，当密封舱的加速度 $a=-g$ 时，在这个作匀加速直线运动的非惯性系中(见图 9.9(b))所引起的力学效应(如物体以加速度 g 自由下落)，可以用加速场表示，它和一个静止于地球表面(具有均匀的恒定的引力场影响)的惯性系中(见图 9.9 (a))的力学效应(物体自由落体)完全相当。这就清楚告诉我们，在加速场中，和在引力场中一样，密封舱中的物体的加速度和物体的质量无关。正是在这个意义上，我们看到了关于引力场和加速场的等效性。由此，可以表述如下，在处于均匀的恒定引力场影响下的惯性系中，所发生的一切物理现象，可以和一个不受引力场影响，但以恒定加速度运动的非惯性系内(即在相同条件下和引力场等效的加速场)的物理现象完全相同，这便是通常所说的等效原理。

2. 广义相对论的相对性原理

爱因斯坦把 9.2 所引述的相对性原理称为狭义相对性原理，并把它推广到一切惯性系的和非惯性系的参考系。由上述引力场和加速场等效性的事实，我们可以想见，物理学定律在非惯性系中和在惯性系中是完全一样的，但应要求包括有引力在内的情况。这便是广义相对论的相对性原理。

3. 马赫原理

爱因斯坦在马赫对牛顿绝对时空观的批判中汲取了精华，提出了时间空间的几何不能先验地给定，而应当由物质及运动所决定。这就是所谓的马赫原理。

等效原理、广义相对性原理和马赫原理，是爱因斯坦提出的广义相对论的基本原理。在此基础上，爱因斯坦采用了黎曼几何来描述具有引力场的时间和空间，写出了正确的引力场方程，进而精确地解释了水星近日点的反常旋进，预言了光线偏折、引力红移等一系列新的效应，并对宇宙结构进行了开创性的研究。

9.5.2　广义相对论的检验

现在我们来看广义相对论预言的几个可观测效应和对这些效应的实验验证。

1. 水星近日点的反常旋进

按照牛顿引力理论，水星在太阳的作用下，水星围绕太阳作封闭的椭圆运动，太阳位于椭圆的一个焦点上。水星离太阳最近的位置称为近日点，它的位置应是不变的。但 1859 年实际的天文观测告诉我们，水星的轨道并不是严格的椭圆，而是每转一圈，它的长轴也略有转动(见图 9.10)。长轴的这一转动称为行星近日点的旋进。牛顿力学认为这种旋进是由于其他行星对水星的引力作用所致。且通过计算表明，其他行星的影响最多使水星近日点的旋进的角速率为 5557.62″/100 年，但水星近日点的旋进角速率为 5600.73″/100 年，仍有 43.11″/100 年的旋进值(也称为反常旋进值)一直得不到解释，成为牛顿理论多年不能克服的困难。然而爱因斯坦创立的广义相对论成功地预言了，水星近日点的旋进还应有 43.03″/100 年的附加值，这是时空弯曲对平方反比律的修正引起的。由于此数值与观察结果十分接近，被看作广义相对论初期重大验证之一。

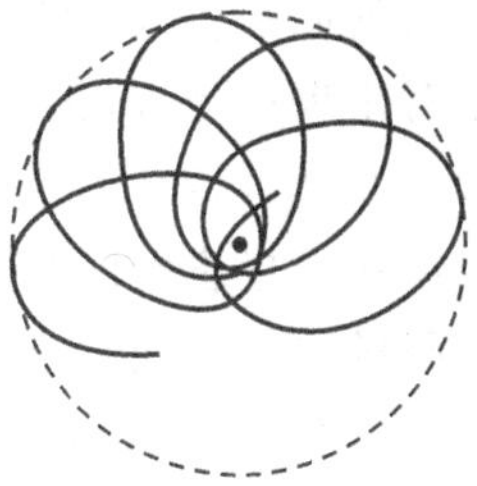

图 9.10　水星近日点的反常旋进

2. 光线的引力偏折

在广义相对论中，光经过质量为 M 的引力中心附近时，将会由于时空弯曲而偏向引力中心，其偏转程度比仅考虑光的运动质量受万有引力而偏转的程度要大，如图 9.11 所示。爱因斯坦预言，如果星光擦过太阳边缘到达地球，则太阳引力场所造成的星光偏转角为 1.75″。

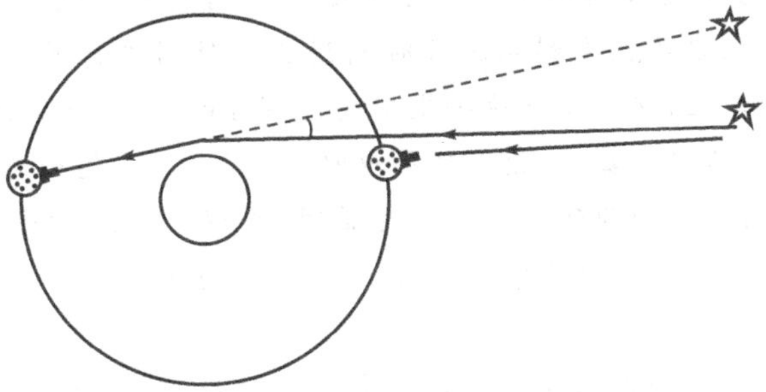

图 9.11　光线的引力偏折

1919 年爱丁顿领导的观测队，第一次定量地证实了广义相对论关于光线偏折的预言，轰动了世界。近年来，用射电天文学的定位技术所得到的光线偏折角是 1.761″±0.016″。

3. 引力红移

既然对于在引力作用下速度大小可与光速相比时的物体，牛顿引力理论已经不能再用了，那么光本身在引力场中运动，一定是从原则上就不能应用牛顿引力理论了。光与引力场之间的相互作用，在本质上是属广义相对论的范围。

在广义相对论中，根据等效原理就可推出，处在引力场中原子辐射的频率要受到引力势的影响而向红端移动，这就是所谓的引力红移。由于太阳表面的引力场比地球表面的强，一个在太阳表面上的氢原子所发射的光到达地球时的频率，比地球上的氢原子所发射的光频率要低一些。1964 年得到的实验结果，在约 1%的精度上检验了等效原理关于引力红移的预言。

4. 雷达回波延迟

引力场中时缓尺缩、光速减小的一个可观测效应是雷达回波延迟。当地球 E、太阳 S 和某行星 P 几乎排在一条直线上的时候，从 E 掠过 S 表面 Q 点向 P 发射一束电磁波，然后经原路径反射回来。令 $\overline{EQ}=a$，$\overline{QP}=b$，按照牛顿理论，雷达信号往返所需时间 $t=2(a+b)/c$；广义相对论理论预言，雷达回波将延迟一定时间 Δt。对于某一行星若为金星，理论计算的结果是 $\Delta t=2.05\times10^4\,\mathrm{s}$。1971 年夏皮罗等人的测量结果对此的偏离不到 2%。到 20 世纪 80 年代，利用在火星表面的“海盗着陆舱”宇宙飞船的应答器来代替反射的主动型实验，使相对论性延迟测量中的不确定度从 5%减少到 0.1%，检验精度提高了 50 倍。

迄今为止，广义相对论已经令人惊叹地通过了所有的检验。现在，人们正在筹划建造新的仪器设备，以使能够在地球上直接探测引力辐射，并以这些新型的“引力望远镜”来研究宇宙以及宇宙中所发生的各种最引人入胜的现象。

科学家简介

爱因斯坦(Albert Einstein，1879—1955 年)

阿尔伯特·爱因斯坦，犹太人，1879 年出生于德国符腾堡的乌尔姆镇一个小业主家庭；智力发展很迟，3 岁时才会说话，7 岁上学，小学和中学学习成绩都较差。16 岁(1895 年)那年，他来到瑞士的苏黎世，投考大学落榜；补习一年后，于第二年(1896 年)考入瑞士苏黎世工业大学学习，并于 1900 年毕业。

1902—1909 年，他在瑞士专利局工作。他早期一系列最有创造性、具有历史意义的研究工作，如相对论的创立等，都是在专利局工作时利用业余时间进行的。1905 年爱因斯坦取得苏黎世大学的哲学博士学位，这一年是他一生中成就辉煌的一年，他连续在德国《物理学杂志》上发表了多篇著名论文，其中一篇是《论动体的电动力学》。在这篇论文中，他首次提出了相对论的理论，即后人所称的相对论原理和光速不变原理，并以此为基础建立了狭义相对论，对经典力学的时空观进行了一场深刻的革命，从而深刻地改变了人们关于时间与空间的概念，当时他只有 26 岁。

1909 年经物理学家普朗克推荐他任苏黎世大学副教授，1921 年升任教授，1913 年当选为普鲁士科学院院士，同年任柏林大学教授兼皇家学会物理研究所所长。1921 年他获得诺贝尔物理学奖，是因为他对理论物理学的贡献，其中特别提到的是发现光电效应定律，没有特别提出相对论，是因为当时对于相对论的意义，科学家们的认识还不一致。1932 年他与物理学家朗之万一起反对法西斯主义，1933 年希特勒上台，宣布爱因斯坦的相对论是“犹太邪说”，并趁他访问英国之际缺席判处他死刑。同年 10 月，他前往美国定居，任普林斯顿高级研究院研究员，1940 年他加入美国国籍，直到 1955 年逝世。

爱因斯坦是一位可与牛顿相媲美的科学巨匠，对物理学做过许多重大贡献，如创立了狭义相地论，发展了量子理论，建立了广义相对论(1915 年)等等。他所以能取得这样伟大的科学成就，归因于他勤奋、刻苦的工作态度与求实、严谨的科学作风，更重要地应归因于他那对一切传统和现成的知识所采取的独立的批判精神。他不迷信权威，敢于离经叛道，敢于创新。他提出科学假设的胆略之大，令人惊奇，但这些假设又都是他的科学作风和创新精神的结晶。

爱因斯坦的精神境界高尚，在巨大的荣誉面前，他从不把自己的成就全部归功于自己，总是强调前人的工作为他创造了条件。例如关于相对论的创立，他曾讲过："我想到的是牛顿给我们的物体运动和引力的理论，以及法拉第和麦克斯韦借以把物理学放到新基础上的电磁场概念，相对论实在可以说是对麦克斯韦和洛仑兹的伟大构思画了最后一笔。"当他的质能关系被铀原子核裂变实验证实时，许多人热烈地赞扬他是一位伟大的天才。爱因斯坦却加以否定："我不是天才"。1952 年，以色列总统魏斯曼去世后，政府和公众舆论都要求爱因斯坦出任以色列总统，但他对前来劝说的各方人士的回答只有一句话："我当不了总统"。他始终把献身科学看做是自己的神圣职责。

爱因斯坦认为，人生的主要目的不是索取而是奉献。他曾说过："人是为别人而生存的"，"人只有献身于社会，才能找出那实际上是短暂而有风险的生命的意义"。这句话至今仍在不断地激励人们奋发进取，成为人们，特别是青年学生的行为准则和座右铭。

复习思考题

9.1　狭义相对论是在怎样的科学背景下诞生的？

9.2　爱因斯坦创立狭义相对论的基本思考线索是什么？其思想的独特性表现在哪些方面？

9.3　相对论的时间和空间概念与牛顿力学的有何不同？有何联系？

9.4　同时的相对性是什么意思？为什么会有这种相对性？如果光速是无限大，是否还会有同时性的相对性？

9.5　在某一参考系中同一地点、同一时刻发生的两个事件，在任何其他参考系中观察观测都将是同时发生的，对吗？这里的参考系均指惯性系。

9.6　洛伦兹变换与伽利略变换的本质差别是什么？如何理解洛伦兹变换的物理意义？

9.7　一高速列车穿过一山底隧道，列车和隧道静止时有相同的长度，山顶上有人看到当列车完全进入隧道中时，在隧道的进口和出口处同时发生了雷击，但并未击中列车。试按相对论理论定性分析列车上的旅客应观察到什么现现象？这现象是如何发生的？

9.8　下面几种说法是否正确？

(1)所有惯性系的物理定律都是等价的；

(2)在真空中，光速与光的频率和光源的运动无关；

(3)在任何惯性系中，光在真空中沿任何方向的传播速度都相同？

(4)任何物体的运动速度都不能超过真空中的光速。

9.9　在狭义相对论中，质量、动量和动能的表达式是什么？

9.10　在相对论中，对动量定义 $\boldsymbol{p}=m\boldsymbol{v}$ 和公式 $\boldsymbol{F}=\dfrac{\mathrm{d}\boldsymbol{p}}{\mathrm{d}t}$ 的理解，在与牛顿力学中的有何不同？在相对论中，$\boldsymbol{F}=m\boldsymbol{a}$ 一般是否成立？为什么？

9.11　正负电子对湮灭后，放出两个 γ 光子。因动量守恒，在质心系内两光子沿相反方向运动。光子的静质量为零，它们相对于质心系的速率都是 c，它们之间的相对速度是多少？

习 题

9.1 惯性系 S' 相对惯性系 S 沿 x 轴作匀速直线运动，取两坐标原点重合时刻作为计时起点。在 S 系中测得两事件的时空坐标分别为 $x_1=6\times10^4$ m，$t_1=2\times10^{-4}$ s，以及 $x_2=12\times10^4$ m，$t_2=1\times10^{-4}$ s。已知在 S' 系中测得该两事件同时发生。试问：

(1) S' 系相对 S 系的速度是多少？

(2) S' 系中测得的两事件的空间间隔是多少？

9.2 从 S 系观察到有一粒子在 $t_1=0$ 时由 $x_1=100$ m 处以速度 $v=0.98c$ 沿 x 方向运动，10 s 后到达 x_2 点，如在相对 S 系以速度 $u=0.96c$ 沿 x 方向运动的 S' 系中观察，粒子出发和到达的时空坐标 t'_1，x'_1，t'_2，x'_2 各为多少？（$t=t'=0$ 时，S' 与 S 的原点重合)，并算出粒子相对 S' 系的速度。

9.3 在 S 惯性系中观测到相距 $\Delta x=9\times10^8$ m 的两地点相隔 $\Delta t=5$ s 发生两事件，而在相对于 S 系沿 x 轴方向以匀速运动的 S' 系中发现此两事件恰好发生在同一地点。试求在 S' 系中此两事件的时间间隔。

9.4 在正负电子对撞机中，电子和正电子以 $v=0.9c$ 的速率相向运动，两者的相对速率是多少？

9.5 关于狭义相对论，下列几种说法中错误的是哪种表述：

(A)一切运动物体的速度都不能大于真空中的光速；

(B)在任何惯性系中，光在真空中沿任何方向的传播速率都相同；

(C)在真空中，光的速度与光源的运动状态无关；

(D)在真空中，光的速度与光的频率有关。

9.6 两飞船 A，B 均沿静止参照系的 x 轴方向运动，速度分别为 v_1 和 v_2。由飞船 A 向飞船 B 发射一束光，相对于飞船 A 的速度为 c，则该光束相对于飞船 B 的速度为__________。

9.7 在惯性系 S 和 S'，分别观测同一个空间曲面。如果在 S 系观测该曲面是球面，在 S' 系观测必定是椭球面。反过来，如果在 S' 系观测是球面，则在 S 系观测定是椭球面，这一结论是否正确？

9.8 一光源在 S' 系的原点 O' 发出一光线，其传播方向在 $x'y'$ 平面内且与 x' 轴夹角为 θ'。试求在 S 系中测得的此光线的传播方向，并证明在 S 系中此光线的速度仍是 c。

9.9 两个宇宙飞船相对于恒星参考系以 $0.8c$ 的速度沿相反方向飞行，求两飞船的相对速度。

9.10 论证结论：在某个惯性系中有两个事件同时发生在不同地点，在有相对运动的其他惯性系中，这两个事件一定不同时。

9.11 试证明：

(1)如果两个事件在某惯性系中是同一地点发生的，则对一切惯性系来说这两个事件的时间间隔，只有在此惯性系中最短；

(2)如果两个事件在某惯性系中是同时发生的，则对一切惯性关系来说这两个事件的空间间隔，只有在此惯性系中最短。

9.12 某星体与地球之间的距离是 16 光年。一观察者乘坐以 $0.8c$ 速度飞行的飞船从地球出发向着星体飞去。该观察者测得飞船到达星体所花的时间是多少？

9.13　一质点在惯性系 S 中作匀速圆周运动，轨迹方程为 $x^2+y^2=a^2$，$z=0$，在以速度 u 相对于 S 系沿 x 轴方向运动的惯性系 S' 中观测，该质点的轨迹如何？

9.14　一门宽为 a，今有一固有长度 l_0 ($l_0>a$)的水平细杆，在门外贴近门的平面内沿其长度方向匀速运动。若站在门外的观察者认为此杆的两端可同时被拉进此门，则该杆相对于门的运动速率 u 至少为多少？

9.15　从地球上测得地球到最近的恒星半人马座 α 星的距离是 4.3×10^{16} m，设一宇宙飞船以速度 $0.99c$ 从地球飞向该星。

(1)飞船中的观察者测得地球和该星间距离是多少？

(2)按照地球上的时钟计算，飞船往返一次需要多少时间？若以飞船上的时钟计算，往返一次的时间又为多少？

9.16　两个惯性系中的观察者 O 和 O' 的相对速度相互接近，如果 O' 测得两者的初始距离是 20 m，则 O' 测得两者经过多少时间相遇？

9.17　长度 $l_0=1$ m 的米尺静止于 S' 系中，与 x' 轴的夹角 $\theta'=30°$，S' 系相对 S 系沿 x 轴运动，在 S 系中观测者测得米尺与 x 轴夹角为 $\theta=45°$。试求：

(1) S' 系和 S 系的相对运动速度；

(2) S 系中测得的米尺长度。

9.18　求下列两种情况下 A 相对 B 的速度。

(1)火箭 A 和 B 分别以 $0.8c$ 和 $0.6c$ 的速度相对地球向 $+x$ 和 $-x$ 方向飞行，试求由火箭 B 测得 A 的速度；

(2)若火箭 A 相对地球以 $0.8c$ 的速度向 $+y$ 方向运动，火箭 B 的速度不变。

9.19　μ 子的静止质量是电子静止质量的 207 倍，静止时的平均寿命 $\tau_0=2\times10^{-6}$ s，若它在实验室参考系中的平均寿命 $\tau=7\times10^{-6}$ s，试问其质量是电子静止质量的多少倍？

9.20　匀质细棒静止时质量为 m_0，长度为 l_0，当它沿棒长方向作高速的匀速直线运动时，测得它的长为 l，则该棒所具有的动能 E_k 是多少？

9.21　一个电子从静止开始加速到 $0.1c$，需对它做多少功？若速度从 $0.9c$ 增加到 $0.99c$ 又要做多少功？

9.22　一静止电子(静止能量为 0.51 MeV)被 1.3 MeV 的电势差加速，然后以恒定速度运动。求：

(1)电子在达到最终速度后飞越 8.4 m 的距离需要多少时间？

(2)在电子的静止系中测量，此段距离是多少？

9.23　一电子在电场中从静止开始加速，电子的静止质量为 9.11×10^{-31} kg。

(1)问电子应通过多大的电势差才能使其质量增加 0.4%？

(2)此时电子的速率是多少？

9.24　已知一粒子的动能等于其静止能量的 n 倍，求：

(1)粒子的速率；

(2)粒子的动量。

9.25　北京正负电子对撞机中，电子可以被加速到能量为 3.00×10^9 eV。求：

(1)这个电子的质量是其静止质量的多少倍？

(2)这个电子的速率为多大？和光速相比相差多少？

(3)这个电子的动量有多大？

9.26 一个质子的静止质量为 $m_P=1.67265\times10^{-27}$ kg，一个中子的静止质量为 $m_n\doteq 1.67495\times10^{27}$ kg，一个质子和一个中子结合成的氘核的静止质量为 $m_D=3.34365\times10^{-27}$ kg。求结合过程中放出的能量是多少 MeV？这能量称为氘核的结合能，它是氘核静能的多少倍？

9.27 太阳发出的能量是由质子参与一系列反应产生的，其总结果相当于热核反应：

$$_1^1H+_1^1H+_1^1+_1^1\rightarrow{}_2^4He+2_0^1e$$

已知：一个质子$_1^1H$ 的静止质量是 $m_P=1.67265\times10^{27}$ kg，一个氦核$_2^4He$ 的静止质量是 $m_{He}=6.64250\times10^{-27}$ kg，一个正电子$_0^1e$ 的静止质量是 $m_e=9.11\times10^{-31}$ kg。求：

(1)这一反应所释放的能量是多少？

(2)消耗 1kg 的质子可以释放的能量是多少？

(3)目前太阳辐射的总功率为 $P=3.9\times10^{26}$ W，它每秒钟消耗多少千克质子？

9.28 两个静止质量都是 m_0 的小球，其中一个静止，另一个以 $v=0.8c$ 运动。它们对心碰撞后粘在一起，求碰后合成小球的静止质量。

9.29 某人测得一静止棒长为 l，质量为 m，于是求得此棒线密度为 $\rho=m/l$。假定此棒以速度 v 在棒长方向上运动，此人再测棒的线密度为多少？若棒在垂直度方向上运动，它的线密度又为多少？

9.30 质量为 1u 的粒子对应的能量是多少 MeV？

附录Ⅰ　数学知识简介

1. 标量和矢量

在物理学中，时间、质量、功、能量、温度等，只有大小和正负，而没有方向，这类物理量称为标量。位移、速度、加速度、力、动量、冲量等，既有大小又有方向，而且相加减时遵从平行四边形或三角形的运算法则，这类物理量称为矢量(也称为向量)。通常用带箭头的字母或黑体字母(例如 A)来表示矢量，以区别于标量。在作图时，我们可以在空间用一有向线段来表示，如图Ⅰ-1所示，线段的长度表示矢量的大小，而箭头的指向则表示矢量的方向。

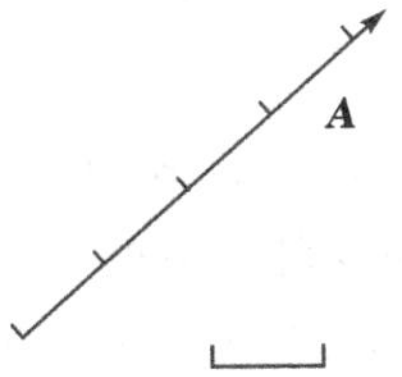

图Ⅰ-1　矢量 A

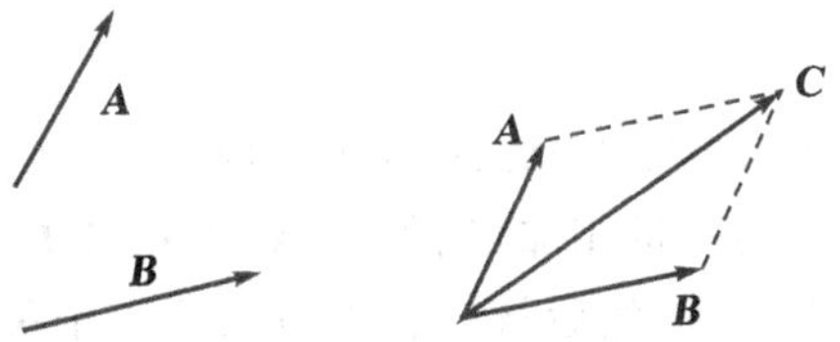

图Ⅰ-2　矢量合成的平行四边形法则

因为矢量具有大小和方向这两个特征，所以只有大小相等、方向相同的两个矢量才相等。如果有一矢量和另一矢量 $\boldsymbol{A}$ 大小相等而方向相反，这一矢量就称为 $\boldsymbol{A}$ 矢量的负矢量，用 $-\boldsymbol{A}$ 来表示。

将一矢量平移后，它的大小和方向都保持不变，这样，在考察矢量之间的关系或对它们进行运算时，往往根据需要将矢量进行平移。

2. 矢量的模和单位矢量

矢量的大小称为矢量的模。矢量 $\boldsymbol{A}$ 的模常用符号 $|\boldsymbol{A}|$ 或 A 表示。

如果矢量 $\boldsymbol{e}_A$ 的模等于1，且方向与矢量 $\boldsymbol{A}$ 相同，则 $\boldsymbol{e}_A$ 称为矢量 $\boldsymbol{A}$ 方向上的单位矢量，引进了单位矢量之后，矢量 $\boldsymbol{A}$ 可以表示为

$$A=|\boldsymbol{A}|\boldsymbol{e}_A$$

这种表示方法实际上是把矢量 $\boldsymbol{A}$ 的大小和方向这两个特征分别地表示出来。

对于空间直角坐标系($Oxyz$)来说，通常用 $\boldsymbol{i},\boldsymbol{j},\boldsymbol{k}$ 分别表示沿 x,y,z 三个坐标轴正方向的单位矢量。

3. 矢量的加法和减法

矢量的运算不同于标量的运算，例如，一个物体同时受到几个不同方向的力作用时，在计算合力时，不能简单地运用代数相加，而必须遵从平行四边形法则，因此矢量相加的方法常称为平行四边形法则。

设有两个矢量 $\boldsymbol{A}$ 和 $\boldsymbol{B}$，如图Ⅰ-2所示，将它们相加时，可将两矢量的起点交于一点，再以

这两个矢量 ***A*** 和 ***B*** 为邻边作平行四边形，从两矢量的交点作平行四边形的对角线，此对角线即代表 ***A*** 和 ***B*** 两矢量之和，用矢量式表示为

$$\boldsymbol{C}=\boldsymbol{A}+\boldsymbol{B}$$

C 称为合矢量，而 ***A*** 和 ***B*** 则称为 ***C*** 矢量的分矢量。

因为平行四边形的对边平行且相等，所以两矢量合成的平行四边形法则可简化为三角形法则：即以矢量 ***A*** 的末端为起点，作矢量 ***B***（见图Ⅰ-3），则不难看出，由 ***A*** 的起点画到 ***B*** 的末端的矢量就是合矢量 ***C***。同样，如以矢量 ***B*** 的末端为起点，作矢量 ***A***，由 ***B*** 的起点画到 ***A*** 的末端的矢量也就是合矢量 ***C***。

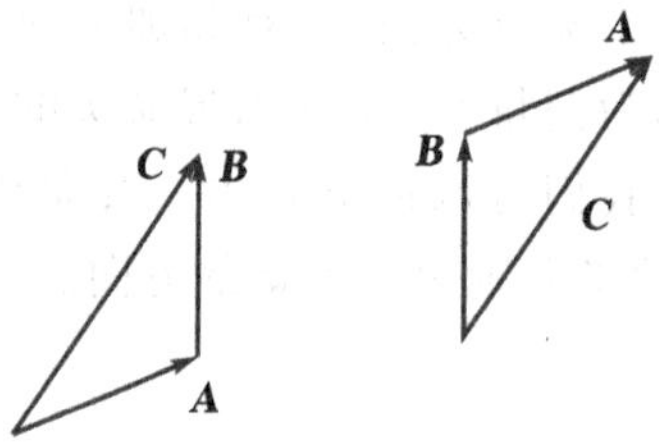

图Ⅰ-3 矢量合成的三角形法则

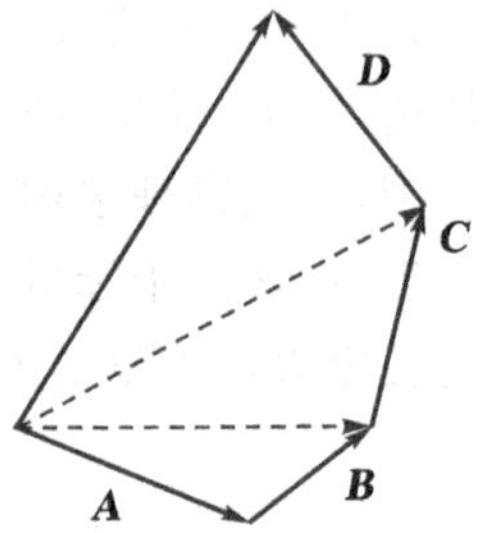

图Ⅰ-4 矢量合成的多边形法则

对于两个以上的矢量相加，例如求 ***A***，***B***，***C*** 和 ***D*** 的合矢量，则可根据三角形法则，先求出其中两个矢量的合矢量，然后将该合矢量与第三个矢量相加，求出这三个矢量的合矢量，依此类推，就可以求出多个矢量的合矢量（见图Ⅰ-4）。从图中还可以看出，如果在第一个矢量的末端画出第二个矢量，再在第二个矢量的末端画出第三个矢量……，即把所有相加的矢量首尾相连，然后由第一个矢量的起点到最后一个矢量的末端作一矢量，这个矢量就是它们的合矢量。由于所有的分矢量与合矢量在矢量图上围成一个多边形，所以这种求合矢量的方法常称为多边形法则。

合矢量的大小和方向，也可以通过计算求得，如图Ⅰ-5 中，矢量 ***A***，***B*** 之间的夹角为 θ，那末，合矢量 C 的大小和方向很容易从图上看出

$$C=\sqrt{(A+B\cos\theta)^2+(B\sin\theta)^2}=\sqrt{A^2+B^2+2AB\cos\theta}$$

$$\varphi=\arctan\frac{B\sin\theta}{A+B\cos\theta}$$

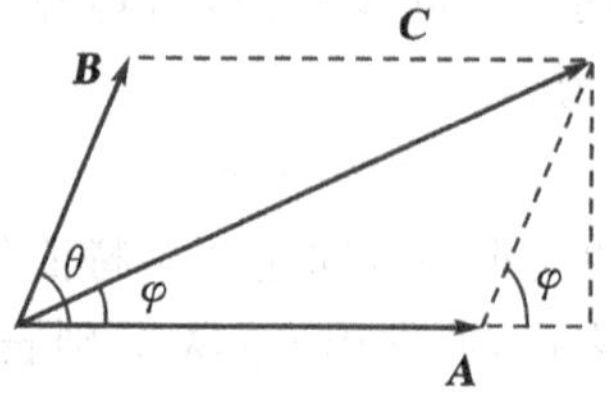

图Ⅰ-5 矢量 ***A*** 和 ***B*** 的合成

矢量的减法是按矢量加法的逆运算来定义的，例如，问 ***A***，***B*** 两矢量之差 ***A***－***B*** 等于多少？它将是另一个矢量 ***D***，我们记作 ***D***＝***A***－***B***，如果把 ***D***，***B*** 相加起来就应该得到 ***A***。由图Ⅰ-6 可知，***A***－***B*** 等于由 ***B*** 的末端到达 ***A*** 的末端的矢量。从图Ⅰ-6 还可以看出，***A***－***B*** 也等于 ***A*** 和－***B*** 的合矢量，即

$$\boldsymbol{A}-\boldsymbol{B}=\boldsymbol{A}+(-\boldsymbol{B})$$

所以求矢量差 $\boldsymbol{A}-\boldsymbol{B}$ 可按图Ⅰ-6中所示的三角形法或平行四边形法。

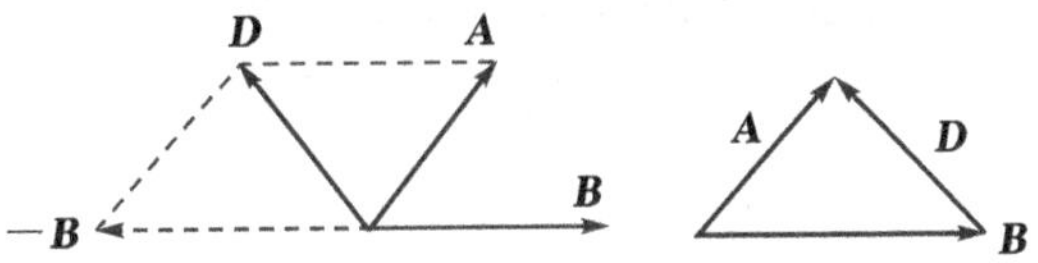

图Ⅰ-6　矢量相减的平行四边形和三角形法则

如果求矢量差 $\boldsymbol{B}-\boldsymbol{A}$,用同样的方法可以知道,等于由 $\boldsymbol{A}$ 的末端到达 $\boldsymbol{B}$ 的末端的矢量,它的大小同 $\boldsymbol{A}-\boldsymbol{B}$ 的大小相等,但方向相反。

4. 矢量合成的解析法

两个或两个以上的矢量可以合成为一个矢量,同样,一个矢量也可以分解为两个或两个以上的分矢量。但是,一个矢量分解为两个分矢量时,则有无限多组解答,如果先限定了两个分矢量的方向,则解答是唯一的。我们常将一矢量沿直角坐标轴分解,由于坐标轴的方向已确定,所以任一矢量分解在各轴上的分矢量只需用带有正号或负号的数值表示即可,这些分矢量的量值都是标量,一般叫做分量,如图Ⅰ-7所示,矢量 $\boldsymbol{A}$ 在 x 轴和 y 轴上的分量分别为

$$A_x=A\cos\theta$$

$$A_y=A\sin\theta$$

显然,矢量 $\boldsymbol{A}$ 的模与分量 A_x,A_y之间的关系为

$$|\boldsymbol{A}|=\sqrt{A_x^2+A_y^2}$$

矢量 A 的方向可用与 x 轴的夹角 θ 来表示,即

$$\theta=\arctan\frac{A_y}{A_x}$$

运用矢量的分量表示法,可以使矢量的加减运算得到简化。设有两矢量 $\boldsymbol{A}$ 和 $\boldsymbol{B}$,其合矢量 $\boldsymbol{C}$ 可由平行四边形求出。如矢量 $\boldsymbol{A}$ 和 $\boldsymbol{B}$ 在坐标轴上的分量分别为 A_x,A_y和 B_x,B_y。由图中很容易得出,合矢量 $\boldsymbol{C}$ 在坐标轴上的分量满足关系式

$$C_x=A_x+B_x$$

$$C_y=A_y+B_y$$

就是说,合矢量在任一直角坐标轴上的分量等于分矢量在同一坐标轴上各分量的代数和。这样,通过分矢量在坐标轴上的分量就可以求得合矢量的大小和方向。

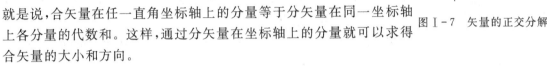

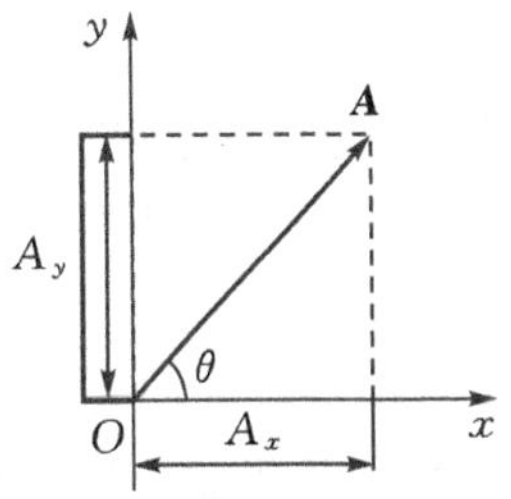

图Ⅰ-7　矢量的正交分解

5. 矢量的数乘

一个数 m 和矢量 $\boldsymbol{A}$ 相乘,那么得到另一个矢量 $m\boldsymbol{A}$,其大小是 $m|\boldsymbol{A}|$,如果 $m>0$,其方向与 $\boldsymbol{A}$ 相同;如果 $m<0$,其方向与 $\boldsymbol{A}$ 相反。

6. 矢量的坐标表示

矢量的合成与分解是密切相连的。在空间直角坐标系中,任一矢量 $\boldsymbol{A}$ 都可沿坐标轴方向分解为三个分矢量(见图Ⅰ-8),即

$$\overrightarrow{Ox}=A_x\boldsymbol{i}\ ,\quad \overrightarrow{Oy}=A_y\boldsymbol{j}\ ,\quad \overrightarrow{Oz}=A_z\boldsymbol{k}$$

由矢量合成的三角形法，则不难得到

$$\boldsymbol{A} = A_x\boldsymbol{i} + A_y\boldsymbol{j} + A_z\boldsymbol{k}$$

其中 A_x，A_y，A_z 为矢量 $\boldsymbol{A}$ 在坐标轴上的分量，上式即为矢量的坐标表示，于是矢量 $\boldsymbol{A}$ 的模为

$$|\boldsymbol{A}| = \sqrt{A_x^2 + A_y^2 + A_z^2}$$

而矢量 $\boldsymbol{A}$ 的方向则由这矢量与坐标轴的夹角 α,β,γ 来确定：

$$\cos\alpha = \frac{A_x}{|\boldsymbol{A}|}, \qquad \cos\beta = \frac{A_y}{|\boldsymbol{A}|}, \qquad \cos\gamma = \frac{A_z}{|\boldsymbol{A}|}$$

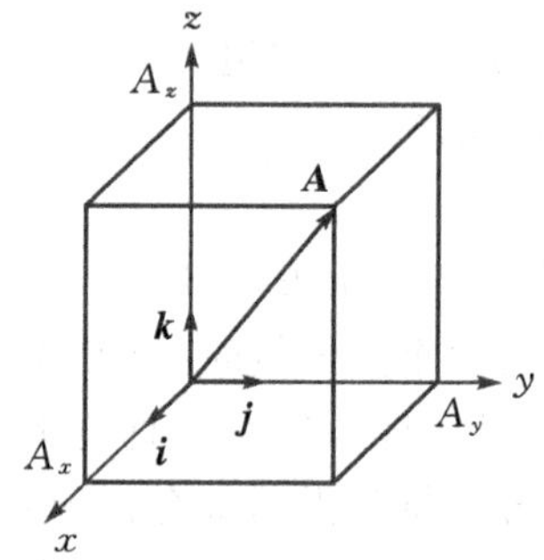

图Ⅰ-8 矢量在空间直角坐标系中的分解

由此，又可得到矢量加减法的坐标表示式。设 $\boldsymbol{A}$ 和 $\boldsymbol{B}$ 两矢量的坐标表达式为

$$\boldsymbol{A} = A_x\boldsymbol{i} + A_y\boldsymbol{j} + A_z\boldsymbol{k}$$

$$\boldsymbol{B} = B_x\boldsymbol{i} + B_y\boldsymbol{j} + B_z\boldsymbol{k}$$

于是 $\boldsymbol{A} \pm \boldsymbol{B} = (A_x \pm B_x)\boldsymbol{i} + (A_y \pm B_y)\boldsymbol{j} + (A_z \pm B_z)\boldsymbol{k}$。

7. 矢量的标积和矢积

在物理学中，我们常常遇到两个矢量相乘的情形。例如，功 A 与力 $\boldsymbol{F}$ 和位移 $\boldsymbol{s}$ 的关系为

$$A = Fs\cos\theta$$

其中 θ 是力与位移之间的夹角，力 $\boldsymbol{F}$ 和位移 $\boldsymbol{s}$ 都是矢量，而功 A 是只有大小与正负、没有方向的量，即标量。又如力矩 $\boldsymbol{M}$ 的大小为

$$M = Fd = Fr\sin\theta$$

其中 d 是力臂，$\boldsymbol{r}$ 是力的作用点的位置矢量，θ 是 $\boldsymbol{r}$ 和 $\boldsymbol{F}$ 之间的夹角；$\boldsymbol{r}$ 和 $\boldsymbol{F}$ 也都是矢量，而力矩 $\boldsymbol{M}$ 也是矢量。由此可知，两矢量相乘有两种结果：两矢量相乘得到一个标量的叫做标积（或称点积）；两矢量相乘得到一个矢量的叫做矢积（或称叉积）。

设 $\boldsymbol{A},\boldsymbol{B}$ 为任意两个矢量，它们的夹角为 θ，则它们的标积通常用 $\boldsymbol{A}\cdot\boldsymbol{B}$ 来表示，定义为

$$\boldsymbol{A}\cdot\boldsymbol{B} = AB\cos\theta$$

上式说明：标积 $\boldsymbol{A}\cdot\boldsymbol{B}$ 等于矢量 $\boldsymbol{A}$ 在矢量 $\boldsymbol{B}$ 方向上的投影 $A\cos\theta$ 与矢量 $\boldsymbol{B}$ 的模的乘积，也等于矢量 $\boldsymbol{B}$ 在矢量 $\boldsymbol{A}$ 方向上的投影 $B\cos\theta$ 与矢量 $\boldsymbol{A}$ 的模的乘积。

引进了矢量的标积以后，功就可以用力和位移的标积来表示，即

$$A = \boldsymbol{F}\cdot\boldsymbol{s}$$

根据标积的定义，可以得出下列结论：

(1)当 $\theta = 0$，即 $\boldsymbol{A},\boldsymbol{B}$ 两矢量平行时，$\cos\theta = 1$，所以 $\boldsymbol{A}\cdot\boldsymbol{B} = AB$。当 $\boldsymbol{A}$ 和 $\boldsymbol{B}$ 相等时，$\boldsymbol{A}\cdot\boldsymbol{A} = A^2$。

(2)当 $\theta=\frac{\pi}{2}$,即 $\boldsymbol{A},\boldsymbol{B}$ 两矢量垂直时, $\cos\theta=0$,所以 $\boldsymbol{A}\cdot\boldsymbol{B}=0$ 。

(3)根据以上两点结论可知,直角坐标系的单位矢量 $\boldsymbol{i},\boldsymbol{j},\boldsymbol{k}$ 具有正交性,即

$$\boldsymbol{i}\cdot\boldsymbol{i}=\boldsymbol{j}\cdot\boldsymbol{j}=\boldsymbol{k}\cdot\boldsymbol{k}=1$$

$$\boldsymbol{i}\cdot\boldsymbol{j}=\boldsymbol{j}\cdot\boldsymbol{k}=\boldsymbol{k}\cdot\boldsymbol{i}=0$$

利用上述性质,对 $\boldsymbol{A},\boldsymbol{B}$ 两矢量求标积有

$$\begin{aligned}\boldsymbol{A}\cdot\boldsymbol{B}&=(A_x\boldsymbol{i}+A_y\boldsymbol{j}+A_z\boldsymbol{k})\cdot(B_x\boldsymbol{i}+B_y\boldsymbol{j}+B_z\boldsymbol{k})\\&=A_xB_x+A_yB_y+A_zB_z\end{aligned}$$

矢量 $\boldsymbol{A}$ 和 $\boldsymbol{B}$ 的矢积 $\boldsymbol{A}\times\boldsymbol{B}$ 是另一矢量 $\boldsymbol{C}$

$$\boldsymbol{C}=\boldsymbol{A}\times\boldsymbol{B}$$

其定义如下:矢量 $\boldsymbol{C}$ 的大小为

$$C=AB\sin\theta$$

其中 θ 为 $\boldsymbol{A},\boldsymbol{B}$ 两矢量间的夹角, $\boldsymbol{C}$ 矢量的方向则垂直于 $\boldsymbol{A},\boldsymbol{B}$ 两矢量所组成的平面,指向由右手法则,即从 $\boldsymbol{A}$ 经由小于 180°的角转向 $\boldsymbol{B}$ 时大拇指伸直时所指的方向决定(见图Ⅰ-9)。

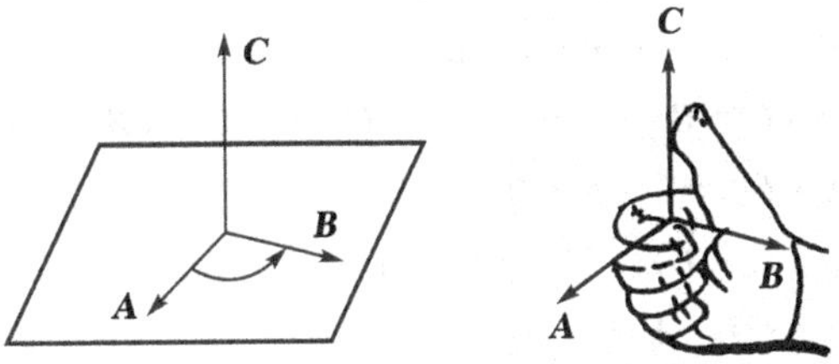

图Ⅰ-9　矢量的矢积($\boldsymbol{A}\times\boldsymbol{B}=\boldsymbol{C}$)

引进了矢量的矢积以后,力矩就可以用力作用点的位置矢量 $\boldsymbol{r}$ 与力 $\boldsymbol{F}$ 的矢积来表示,即

$$\boldsymbol{M}=\boldsymbol{r}\times\boldsymbol{F}$$

根据矢量矢积的定义,可以得出下列结论:

(1)当 $\theta=0$,即 $\boldsymbol{A},\boldsymbol{B}$ 两矢量平行时, $\sin\theta=0$,所以 $\boldsymbol{A}\times\boldsymbol{B}=0$。

(2)当 $\theta=\frac{\pi}{2}$, 即 $\boldsymbol{A},\boldsymbol{B}$ 两矢量垂直时, $\sin\theta=1$, 矢积 $\boldsymbol{A}\times\boldsymbol{B}$ 具有最大值,它的大小为 AB。

(3)矢积 $\boldsymbol{A}\times\boldsymbol{B}$ 的方向与 $\boldsymbol{A},\boldsymbol{B}$ 两矢量的次序有关。$\boldsymbol{A}\times\boldsymbol{B}$ 与 $\boldsymbol{B}\times\boldsymbol{A}$ 所表示的两矢量的方向正好相反,即

$$\boldsymbol{A}\times\boldsymbol{B}=-(\boldsymbol{B}\times\boldsymbol{A})$$

(4)在直角坐标系中,单位矢量之间的矢积为

$$\boldsymbol{i}\times\boldsymbol{i}=\boldsymbol{j}\times\boldsymbol{j}=\boldsymbol{k}\times\boldsymbol{k}=0$$

$$\boldsymbol{i}\times\boldsymbol{j}=\boldsymbol{k}\ ,\ \boldsymbol{j}\times\boldsymbol{k}=\boldsymbol{i}\ ,\ \boldsymbol{k}\times\boldsymbol{i}=\boldsymbol{j}$$

利用上述性质,对 $\boldsymbol{A},\boldsymbol{B}$ 两矢量求矢积有

$$\begin{aligned}\boldsymbol{A}\times\boldsymbol{B}&=(A_x\boldsymbol{i}+A_y\boldsymbol{j}+A_z\boldsymbol{k})\times(B_x\boldsymbol{i}+B_y\boldsymbol{j}+B_z\boldsymbol{k})\\&=(A_yB_z-A_zB_y)\boldsymbol{i}+(A_zB_x-A_xB_z)\boldsymbol{j}+(A_xB_y-A_yB_x)\boldsymbol{k}\end{aligned}$$

利用行列式的表达式,上式可写成

$$\boldsymbol{A}\times\boldsymbol{B}=\begin{vmatrix}\boldsymbol{i} & \boldsymbol{j} & \boldsymbol{k}\\ A_x & A_y & A_z\\ B_x & B_y & B_z\end{vmatrix}$$

矢量计算中,有时会遇到三个矢量所构成的乘积,如 $\boldsymbol{A}\cdot(\boldsymbol{B}\times\boldsymbol{C})$ 和 $\boldsymbol{A}\times(\boldsymbol{B}\times\boldsymbol{C})$ 。前者是求两矢量 $\boldsymbol{A}$ 和 $(\boldsymbol{B}\times\boldsymbol{C})$ 的标积,结果是一标量,后者是求两矢量 $\boldsymbol{A}$ 和 $(\boldsymbol{B}\times\boldsymbol{C})$ 的矢积,结果是一矢量。不难证明:

(1) $\boldsymbol{A}\cdot(\boldsymbol{B}\times\boldsymbol{C})=A_x(B_yC_z-B_zC_y)+A_y(B_zC_x-B_xC_z)+A_z(B_xC_y-B_yC_x)$

$$=\begin{vmatrix}A_x & A_y & A_z\\ B_x & B_y & B_z\\ C_x & C_y & C_z\end{vmatrix}$$

此式在数值上恰好等于以 $\boldsymbol{A},\boldsymbol{B},\boldsymbol{C}$ 三矢量为棱边的平行六面体的体积。

(2) $\boldsymbol{A}\cdot(\boldsymbol{B}\times\boldsymbol{C})=\boldsymbol{B}\cdot(\boldsymbol{C}\times\boldsymbol{A})=\boldsymbol{C}\cdot(\boldsymbol{A}\times\boldsymbol{B})$

$=-\boldsymbol{A}\cdot(\boldsymbol{C}\times\boldsymbol{B})=-\boldsymbol{B}\cdot(\boldsymbol{A}\times\boldsymbol{C})=-\boldsymbol{C}\cdot(\boldsymbol{B}\times\boldsymbol{A})$

(3) $\boldsymbol{A}\times(\boldsymbol{B}\times\boldsymbol{C})=\boldsymbol{B}\,(\boldsymbol{A}\cdot\boldsymbol{C})-\boldsymbol{C}\,(\boldsymbol{A}\cdot\boldsymbol{B})$

(4) $\boldsymbol{A}\times(\boldsymbol{B}\times\boldsymbol{C})=-\boldsymbol{A}\times(\boldsymbol{C}\times\boldsymbol{B})=(\boldsymbol{C}\times\boldsymbol{B})\times\boldsymbol{A}$

$=-(\boldsymbol{B}\times\boldsymbol{C})\times\boldsymbol{A}$

8. 矢量函数的导数

在物理上遇见的矢量常常是参量 t(时间)的函数,因而写作 $\boldsymbol{A}(t),\boldsymbol{B}(t)$ 等等,这是一元函数的情况。下面只介绍一元函数的求导。一般地说,如果某一矢量是标量变量(例如空间坐标 x,y,z 和时间 t 的函数,则是多元函数的情况。多元函数的求导比较复杂一些,可由一元函数的求导作推广,这里不作介绍。

矢量函数 $\boldsymbol{A}(t)$ 可表示为

$$\boldsymbol{A}(t)=A_x(t)\boldsymbol{i}+A_y(t)\boldsymbol{j}+A_z(t)\boldsymbol{k}$$

注意 $\boldsymbol{i}$, $\boldsymbol{j}$, $\boldsymbol{k}$ 是常矢量,而 $A_x(t)$, $A_y(t)$, $A_z(t)$ 是 t 的函数。现假定这三个函数都是可导的,当自变量 t 改变为 $t+\Delta t$ 时,$\boldsymbol{A}$ 和 $A_x(t)$, $A_y(t)$, $A_z(t)$ 便相应地有增量:

$$\Delta\boldsymbol{A}=\boldsymbol{A}(t+\Delta t)-\boldsymbol{A}(t)$$

$$\Delta A_x=A_x(t+\Delta t)-A_x(t)$$

$$\Delta A_y=A_y(t+\Delta t)-A_y(t)$$

$$\Delta A_z=A_z(t+\Delta t)-A_z(t)$$

于是

$$\Delta\boldsymbol{A}=\Delta A_x(t)\boldsymbol{i}+\Delta A_y(t)\boldsymbol{j}+\Delta A_z(t)\boldsymbol{k}$$

以 Δt 相除,并令 $\Delta t\to 0$,求极限,便得

$$\lim_{\Delta t\to 0}\frac{\Delta\boldsymbol{A}}{\Delta t}=\lim_{\Delta t\to 0}\frac{\Delta A_x}{\Delta t}\boldsymbol{i}+\lim_{\Delta t\to 0}\frac{\Delta A_y}{\Delta t}\boldsymbol{j}+\lim_{\Delta t\to 0}\frac{\Delta A_z}{\Delta t}\boldsymbol{k}$$

即

$$\frac{\mathrm{d}\boldsymbol{A}}{\mathrm{d}t}=\frac{\mathrm{d}A_x}{\mathrm{d}t}\boldsymbol{i}+\frac{\mathrm{d}A_y}{\mathrm{d}t}\boldsymbol{j}+\frac{\mathrm{d}A_z}{\mathrm{d}t}\boldsymbol{k}$$

高阶导数的概念也可应用到矢量函数上,例如 $\boldsymbol{A}(t)$的二阶导数可写作

$$\frac{d^2\boldsymbol{A}}{dt^2}=\frac{d^2A_x}{dt^2}\boldsymbol{i}+\frac{d^2A_y}{dt^2}\boldsymbol{j}+\frac{d^2A_z}{dt^2}\boldsymbol{k}$$

下面列出一些有关矢量函数的导数的简单公式：

(1) $\frac{d}{dt}(\boldsymbol{A}+\boldsymbol{B})=\frac{d\boldsymbol{A}}{dt}+\frac{d\boldsymbol{B}}{dt}$。

(2)当 $\boldsymbol{C}$ 是常量，则 $\frac{d}{dt}(C\boldsymbol{A})=C\frac{d\boldsymbol{A}}{dt}$。

(3)当 $f(t)$ 是 $\boldsymbol{t}$ 的可微函数，则

$$\frac{d}{dt}[f(t)\boldsymbol{A}(t)]=f(t)\frac{d\boldsymbol{A}}{dt}+f'(t)\boldsymbol{A}$$

(4) $\frac{d}{dt}(\boldsymbol{A}\cdot\boldsymbol{B})=\boldsymbol{A}\cdot\frac{d\boldsymbol{B}}{dt}+\frac{d\boldsymbol{A}}{dt}\cdot\boldsymbol{B}$。

(5) $\frac{d}{dt}(\boldsymbol{A}\times\boldsymbol{B})=\boldsymbol{A}\times\frac{d\boldsymbol{B}}{dt}+\frac{d\boldsymbol{A}}{dt}\times\boldsymbol{B}$。

这些公式的证明是很简单的，不再一一加以证明。例如公式(4)可证明如下：

令

$$u(t)=\boldsymbol{A}(t)\cdot\boldsymbol{B}(t)$$

这里 $u(t)$ 是两矢量 $\boldsymbol{A}$ 和 $\boldsymbol{B}$ 的标积，是 t 的标量函数；令

$$u(t+\Delta t)=u(t)+\Delta u(t)$$

$$\boldsymbol{A}(t+\Delta t)=\boldsymbol{A}(t)+\Delta\boldsymbol{A}(t)$$

$$\boldsymbol{B}(t+\Delta t)=\boldsymbol{B}(t)+\Delta\boldsymbol{B}(t)$$

于是

$$\begin{aligned}\Delta u&=(\boldsymbol{A}+\Delta\boldsymbol{A})\cdot(\boldsymbol{B}+\Delta\boldsymbol{B})-(\boldsymbol{A}\cdot\boldsymbol{B})\\&=\Delta\boldsymbol{A}\cdot\boldsymbol{B}+\boldsymbol{A}\cdot\Delta\boldsymbol{B}+\Delta\boldsymbol{A}\cdot\Delta\boldsymbol{B}\end{aligned}$$

当 $\Delta t\to 0$ 时，$\Delta\boldsymbol{A}\to 0$，所以得到

$$\frac{\Delta u}{\Delta t}=\frac{\Delta\boldsymbol{A}}{\Delta t}\cdot\boldsymbol{B}+\boldsymbol{A}\cdot\frac{\Delta\boldsymbol{B}}{\Delta t}+\Delta\boldsymbol{A}\cdot\frac{\Delta\boldsymbol{B}}{\Delta t}。$$

矢量函数的导数在物理上有很多应用。首先是用于计算质点运动的瞬时速度和瞬时加速度。

9. 矢量函数的积分

这里，先说明上述求导数的逆问题。这就是，当某矢量函数 $\boldsymbol{A}(t)$的导数 $\frac{d\boldsymbol{A}}{dt}$ 已知时，如何求得这个原函数 $\boldsymbol{A}(t)$。我们把 $\frac{d\boldsymbol{A}}{dt}$ 记作矢量函数 $\boldsymbol{B}(t)$，即已知

$$\frac{d\boldsymbol{A}}{dt}=\boldsymbol{B}(t)=B_x(t)\boldsymbol{i}+B_y(t)\boldsymbol{j}+B_z(t)\boldsymbol{k}$$

这里三个标量函数 $B_x(t)$，$B_y(t)$，$B_z(t)$ 分别代表 $\frac{dA_x}{dt}$，$\frac{dA_y}{dt}$，$\frac{dA_z}{dt}$。所以，将 $\boldsymbol{B}(t)$对时间 t 求积分，可改变为将 $B_x(t)$，$B_y(t)$，$B_z(t)$ 分别对时间 t 求积分，即

$$A=\int\boldsymbol{B}dt=A_x\boldsymbol{i}+A_y\boldsymbol{j}+A_z\boldsymbol{k}$$

上式中的 $A_x(t)$，$A_y(t)$，$A_z(t)$ 分别是下面的三个积分

$$A_x=\int B_x(t)dt，\quad A_y=\int B_y(t)dt，\quad A_z=\int B_z(t)dt$$

关于矢量函数的积分，尤其是当这个函数是空间坐标 x,y,z 的多元函数时，还有如线积

分、面积分、体积分等其他较复杂的积分计算(要按不同的定义式进行)。例如,功的计算就是对一个矢量函数求线积分的问题。我们知道,当力 $\boldsymbol{F}$ 作用在一个物体上,力的作用点移动一个微小位移 $\mathrm{d}\boldsymbol{s}$ 时,该力 $\boldsymbol{F}$ 所做的微功 $\mathrm{d}A=\boldsymbol{F}\cdot\mathrm{d}\boldsymbol{s}$,所以,当力的作用点移动一段路程 ab 时,该力 $\boldsymbol{F}$ 所做的总功应为

$$A=\int_a^b \boldsymbol{F}\cdot\mathrm{d}\boldsymbol{s}=\int_a^b F\cos\theta\mathrm{d}s=\int_a^b F_s\mathrm{d}s$$

式中,θ 是力 $\boldsymbol{F}$ 和位移 $\mathrm{d}\boldsymbol{s}$ 之间的夹角,F_s 是 $\boldsymbol{F}$ 沿 $\mathrm{d}\boldsymbol{s}$ 方向的分量。这种形式的积分叫做 $\boldsymbol{F}$ 沿曲线 ab 的线积分。如果这积分沿着封闭曲线进行(即从 a 点出发仍旧回到 a 点),则这积分可写为 $\oint \boldsymbol{F}\cdot\mathrm{d}\boldsymbol{s}$ 。

一般地说,对一矢量函数 $\boldsymbol{B}(x,y,z)$ 沿某一曲线 C(起点 a,终点 b)求线积分,可写作:

$$\int_{Cab}\boldsymbol{B}\cdot\mathrm{d}\boldsymbol{s}$$

由于 $\boldsymbol{B}=B_x\boldsymbol{i}+B_y\boldsymbol{j}+B_z\boldsymbol{k}$, $\mathrm{d}\boldsymbol{s}=\mathrm{d}x\boldsymbol{i}+\mathrm{d}y\boldsymbol{j}+\mathrm{d}z\boldsymbol{k}$,则

$$\boldsymbol{B}\cdot\mathrm{d}\boldsymbol{s}=B_x\mathrm{d}x+B_y\mathrm{d}y+B_z\mathrm{d}z$$

所以

$$\int_{Cab}\boldsymbol{B}\cdot\mathrm{d}\boldsymbol{s}=\int_{Cab}B_x\mathrm{d}x+\int_{Cab}B_y\mathrm{d}y+\int_{Cab}B_z\mathrm{d}z$$

即化为计算三个标量函数的积分的总和。对于力 $\boldsymbol{F}$ 而言,这样三个积分式 $\int_{Cab}F_x\mathrm{d}x$,$\int_{Cab}F_y\mathrm{d}y$,$\int_{Cab}F_z\mathrm{d}z$ 就是分力 F_x,F_y 和 F_z 所做的功。

附录Ⅱ 国际单位制(SI)

表1 国际单位制(SI)基本单位

量的名称	单位名称		单位符号	定义
	全称	简称		
长度	米	米	m	米等于光在真空中1/299792458秒的时间间隔内行程的长度
质量	千克(公斤)	千克(公斤)	kg	千克是质量单位,等于国际千克原器的质量
时间	秒	秒	s	秒是Cs-133原子基态的两个超精细能级之间跃迁所对应的辐射的9192631770个周期的持续时间
电流	安培	安	A	安培是一恒定电流,若保持在处于真空中相距1米的两无限长而圆截面可忽略的平行直导线内,则此两导线之间发生的力在每米长度上等于 2×10^{-7} 牛顿
热力学温度	开尔文	开	K	热力学温度单位开尔文,是水的三相点热力学温度的1/27316
物质的量	摩尔	摩	mol	(1)摩尔是一系统的物质的量,该系统中所包含的基本单元数与0.012千克碳-12的原子数目相等 (2)在使用摩尔时,基本单位应予指明,可以是原子、分子、电子及其他粒子,或是这些粒子的特定组合
发光强度	坎德拉	坎	cd	坎德拉是一光源在给定方向上的发光强度,该光源发出频率为 540×10^{12} 赫兹的单色辐射,且在此方向上的辐射强度为1/683瓦特每球面度

表2 国际单位制辅助单位

量的名称	单位名称	单位符号	定义
平面角	弧度	rad	弧度是一个圆内两条半径之间的平面角,这两条半径在圆周上截取的弧长与半径相等
立体角	球面度	sr	球面度是一立体角,其顶点位于球心,而它在球面上所截取的面积等于球半径为边长的正方形面积

表 3 国际单位制的词头

所表示的因数	词头名称	词头符号	所表示的因数	词头名称	词头符号
10^{18}	艾	E	10^{-1}	分	d
10^{15}	拍	P	10^{-2}	厘	c
10^{12}	太	T	10^{-3}	毫	m
10^{9}	吉	G	10^{-6}	微	μ
10^{6}	兆	M	10^{-9}	纳	n
10^{3}	千	k	10^{-12}	皮	p
10^{2}	百	h	10^{-15}	冰	f
10^{1}	十	da	10^{-18}	阿	a

附录Ⅲ 基本物理常量

表 1 基本物理常量 1986 年的推荐值

物理量	符号	数值
真空中光速	c	299 792 458 m·s^{-1}
真空磁导率	μ_0	12.566 370 614×10^{-7} N·A^{-2}
真空电容率	ε_0	8.854 187 817×10^{-12} F·m^{-1}
万有引力常量	G	6.672 59×10^{-11} m^{3}·kg^{-1}s^{-2}
普朗克常量	h	6.626 075 5×10^{-34} J·s
元电荷	e	1.602 177 33×10^{19} C
磁通量子	Φ_0	2.067 834 61×10^{15} Wb
玻尔磁子	μ_B	9.724 015 4×10^{24} J·T^{-1}
核磁子	μ_N	5.050 786 6×10^{27} J·T^{-1}
里德伯常量	R_∞	10 973 731.534 m^{-1}
玻尔半径	a_0	0.529 177 249×10^{-10} m
电子质量	m_e	9.109 389 7×10^{-31} kg
电子磁矩	μ_e	9.284 770 1×10^{-24} J·T^{-1}
质子质量	m_p	1.672 623 1×10^{-27} kg
质子磁矩	μ_p	1.410 607 61×10^{-26} J·T^{-1}
中子质量	m_n	1.674 928 6×10^{-27} kg
中子磁矩	μ_n	0.966 237 07×10^{-26} J·T^{-1}
阿伏伽德罗常量	N_A	6.022 136 7×10^{-23} mol^{-1}
摩尔气体常量	R	8.31 50 J·mol^{-1}·K^{-1}
玻耳兹曼常量	K	1.380 658×10^{-23} J·K^{-1}
斯特藩常量	σ	5.670 51×10^{-8} W·m^{-2}·K^{-4}

表 2 保留单位和标准值

物理量	符号	数值
电子伏特	eV	1.602 177 33×10^{-19} J
原子质量单位	u	1.660 540 2×10^{-27} kg
标准大气压	atm	101 325 Pa
标准重力加速度	g_n	9.806 65 m·s^{-2}